普通高等教育农业农村部"十三五"规划教材
2018年陕西普通高等学校优秀教材
全国高等农业院校优秀教材

食品标准与技术法规

SHIPIN BIAOZHUN YU JISHU FAGUI

第三版

张建新　于修烛　主编

中国农业出版社
北　京

第三版编审人员

主　编　张建新（西北农林科技大学）
　　　　于修烛（西北农林科技大学）
副主编　黄　和（广东海洋大学）
　　　　王　燕（湖南农业大学）
　　　　葛武鹏（西北农林科技大学）
参　编（以姓氏笔画为序）
　　　　王越男（内蒙古农业大学）
　　　　朱仁俊（云南农业大学）
　　　　任大勇（吉林农业大学）
　　　　李　颖（青岛农业大学）
　　　　李永强（云南农业大学）
　　　　李昌文（郑州轻工业大学）
　　　　张华峰（陕西师范大学）
　　　　张清安（陕西师范大学）
　　　　陈　琳（西北农林科技大学）
　　　　陈德经（陕西理工大学）
　　　　赵　勤（四川农业大学）
　　　　徐春成（西北农林科技大学）
　　　　曹冬梅（黑龙江八一农垦大学）
　　　　曾　桥（陕西科技大学）
主　审　励建荣（渤海大学）
　　　　赵丽芹（内蒙古农业大学）

第一版编写人员

主　编　张建新（西北农林科技大学）

副主编　黄　和（广东海洋大学）

　　　　唐晓珍（山东农业大学）

参　编（以姓氏笔画为序）

　　　　王慧芳（陕西省产品质量监督检验所）

　　　　朱仁俊（云南农业大学）

　　　　乔聚林（山东农业大学）

　　　　江　洁（中国海洋大学）

　　　　孙海燕（陕西理工学院）

　　　　欧阳韶辉（西北农林科技大学）

　　　　赵冬燕（山东农业大学）

　　　　曹冬梅（黑龙江八一农垦大学）

第二版编写人员

主　编　张建新（西北农林科技大学）

副主编　黄　和（广东海洋大学）

　　　　　王　燕（湖南农业大学）

　　　　　于修烛（西北农林科技大学）

参　编（以姓氏笔画为序）

　　　　　王越男（内蒙古农业大学）

　　　　　朱仁俊（云南农业大学）

　　　　　任大勇（吉林农业大学）

　　　　　李　颖（青岛农业大学）

　　　　　李永强（云南农业大学）

　　　　　李昌文（郑州轻工业学院）

　　　　　张华峰（陕西师范大学）

　　　　　张清安（陕西师范大学）

　　　　　陈德经（陕西理工学院）

　　　　　赵　勤（四川农业大学）

　　　　　曹冬梅（黑龙江八一农垦大学）

　　　　　曾　桥（陕西科技大学）

第三版前言

标准是食品安全之母，法规是食品安全之魂。食品标准与法规是构筑国家食品安全监管的基础防线，规范食品生产经营活动的行动指南，提高人民群众食品安全保护能力的知识超市，也是打击假冒伪劣食品、遏制食品安全犯罪的专用工具和确保健康中国战略实施的有力保障。食品标准与法规不仅关系到人民群众的身体健康和生命安全，而且关系到社会稳定和国家的形象。

为了培养食品质量与安全专业人才，西北农林科技大学于2002年率先招收食品质量与安全专业本科学生，并首开"食品标准与法规"课程，经过近20年的探索与教学实践，针对食品安全形势变化和市场监管体制调整，形成了与国家食品安全监督管理相适应的课程体系。为了适应新时期教育教学改革的要求，探索信息技术在教育教学中的应用，积极建设了在线开放课程，并先后在爱课程（中国大学MOOC）和智慧树平台上线，截至目前，选课学校累计150多所，参加学习人数达到20 000多人，反响较好。2018年本课程被评为陕西省精品在线开放课程。与课程配套的《食品标准与技术法规》教材自出版以来，在全国高等院校应用较广，并获得多项荣誉：第一版在2007年获全国高等农业院校优秀教材；第二版在2017年获全国高等农业院校优秀教材，2018年获陕西普通高等学校优秀教材二等奖。近几年，国家对市场监管体制进行了调整，食品标准与法规的修正与修订较为密集，鉴于此，受中国农业出版社委托，我们组织了教材的修订工作。

《食品标准与技术法规》（第三版）是在第二版的基础上进行修订与完善。内容涉及农产品加工、食品加工、食品经营、餐饮服务法律法规及标准化管理、食品标准制定、食品检测检验实验室资质认定、食品安全质量认证以及国际食品标准与法规，共8章。在内容的讲述中，注重思政元素的挖掘，将价值塑造、知识传授和能力培养融为一体。第1章绪论由张建新编写；第2章食品标准化管理与标准制定由张建新和葛武鹏编写；第3章食品安全管理及安全控制由王燕、赵勤、曾桥、李永强、朱仁俊、任大勇和曹冬梅编写；第4章食品质量管理及质量控制由于修烛、张华峰、王越男和徐春成编写；第5章计量管理与食品检测检验机构认证由黄和和张建新编写；第6章食品生产经营许可及食品安全认证与管理由于修烛、李昌文、陈琳和任大勇编写；第7章食品安全国家标准由王燕、曾桥、陈德经、李颖和葛武鹏编写；第8章国际食品法规与国际标准由曹冬梅和张清安编写。全书由张建新教授统稿。渤海大学励建荣教授与内蒙古农业大学赵丽芹教授在百忙之中对书稿进行了审阅并提出许多宝贵意见，在此表示衷心的感谢！

建议选用本教材的院校使用中国大学MOOC平台"食品标准与法规"慕课的教学资源，采用线上线下混合式授课。建议课时32学时，以讲授和研讨为主，可安排网络直播见面课4次，课堂研讨课4次，作业3~4次。考核分为线上和线下两部分，其中，线上考核包括学习进度、章节测试、互动讨论、期末考试等，占最终成绩的50%；线下考核包括平时成绩、研讨课、作业等，占最终成绩的50%。

本教材适用于食品质量与安全和食品科学与工程专业等食品类专业本科生，食品科学、农产品贮藏与加工、粮食油脂与蛋白质工程和水产品贮藏与加工专业的研究生，也可作为政府食品质量与安全管理部门、食品国际贸易管理、食品生产经营企业高级管理人员与技术人员的参考书和培训教材。

本教材在编写过程中参考了有关专家的论著，在此深表感谢。在教材编写和出版过程中，得到了中国农业出版社、西北农林科技大学教务处和食品学院的大力支持，对此表示最诚挚的感谢！由于本教材涉及标准化学、法学、管理学和食品科学与工程等相关学科，内容广博，编者限于水平，不妥之处殷切期望同仁和读者不吝指教，以便再次修订时完善。

编　者
2020年3月于陕西杨凌

第一版前言

民以食为天,食以安为先。食品质量与安全关系到广大人民群众的身体健康和生命安全,关系到经济健康发展和社会稳定,关系到政府和国家的形象。食品标准与技术法规是组织食品生产与加工的先决条件和主要依据,食品标准决定食品安全性,要提高食品质量与安全的水平就必须首先提高食品标准与技术法规的安全性水平。随着全球经济一体化的推进,食品标准与技术法规在市场经济和国际贸易中的战略地位日益突出,以食品标准为准绳和以食品法律法规为支撑是提升现代食品工业的一项战略举措。

《食品标准与技术法规》是全国高等农林院校"十一五"规划教材之一。经专家组审定由西北农林科技大学为主编单位。主编单位根据有关院校的申请,选择并组织了广东海洋大学、山东农业大学、陕西省产品质量监督检验所、云南农业大学、中国海洋大学、黑龙江八一农垦大学和陕西理工学院承担了本教材的编写任务。为了确保教材编写的质量和专业性、权威性,在广东海洋大学召开了全国高等农林院校"十一五"规划教材《食品标准与技术法规》编写工作会议,交流了课程建设与教学经验,讨论了教材编写大纲和具体编写要求,确定了教材编写任务和分工。《食品标准与技术法规》共8章,第一章由张建新编写。第二章由张建新和孙海燕编写。第三章第一节和第二节由唐晓珍编写;第三节、第四节、第五节和第六节由朱仁俊编写。第四章第一节和第二节由王慧芳编写;第三节由曹冬梅编写;第四节由王慧芳编写。第五章第一节由张建新编写;第二节和第三节由黄和编写。第六章第一节由王慧芳编写;第二节由唐晓珍和赵冬燕编写;第三节由曹冬梅编写;第四节和第五节由唐晓珍和乔聚林编写;第六节和第七节由黄和编写;第八节由王慧芳编写。第七章由江洁编写。第八章由曹冬梅和欧阳韶辉编写。全书由张建新统稿并审校。

本教材适用于食品质量与安全和食品科学与工程专业本科生,并可作为食品科学研究生、食品质量与安全管理部门以及食品企业技术人员的参考书。

《食品标准与技术法规》涉及食品生产与加工的整个过程,内容广泛,本教材在编写过程中广泛吸收了不同方面的专家和教授的观点,参考了有关专家和教授的论著,在此表示感谢。在教材编写过程中,得到了中国农业出版社、西北农林科技大学和广东海洋大学的大力支持,对此表示最诚挚的感谢。由于本教材涉及标准化学、法学、管理学、食品科学与工程等有关学科,且内容体系庞大,教材中难免有不妥的地方,热忱期望同仁和读者不吝指教,以便再版时修订完善。

编 者

2007 年 5 月

目 录

第三版前言
第一版前言

第1章 绪论 ... 1

1.1 相关概念 ... 1
1.1.1 标准与标准化的概念 ... 1
1.1.2 技术法规与合格评定的概念 ... 3
1.1.3 标准与法规的区别及其关系 ... 4
1.2 市场经济法律法规体系与作用 ... 5
1.2.1 市场经济法律法规体系的结构 ... 5
1.2.2 食品标准与法规在市场经济法律法规体系中的作用 ... 7
1.3 食品质量安全监控体系框架 ... 8
1.3.1 影响食品质量安全的关键因素 ... 8
1.3.2 食品质量安全监控体系 ... 9
1.4 食品标准与法规的研究对象 ... 11
1.5 学习意义与学习要求 ... 12
1.5.1 学习意义 ... 12
1.5.2 学习要求 ... 12
关键术语 ... 13
思考题 ... 13
参考文献 ... 14

第2章 食品标准化管理与标准制定 ... 15

2.1 标准化概述 ... 15
2.1.1 国际标准化发展概况 ... 16
2.1.2 中国标准化发展概况 ... 20
2.1.3 标准化在市场经济体系中的战略地位 ... 22
2.2 标准化科学概论 ... 24
2.2.1 标准化方法原理 ... 24
2.2.2 标准的种类 ... 26
2.2.3 标准化过程 ... 28

2.3 标准化改革与标准化法修订 ... 33
2.3.1 标准化改革 ... 33
2.3.2 标准化法修订 ... 35
2.3.3 新标准化法的结构与主要内容 ... 36
2.4 食品标准的制定 ... 41
2.4.1 标准制定沿革 ... 41
2.4.2 食品国家标准制定的原则与程序 ... 43
2.4.3 食品企业标准的制定范围和原则以及程序 ... 44
2.5 GB/T 1.1—2020 ... 48
2.5.1 术语和定义 ... 49
2.5.2 标准化文件的类别 ... 49
2.5.3 目标、原则和要求 ... 50
2.5.4 文件名称和结构 ... 52
2.5.5 层次的编写 ... 55
2.5.6 要素的编写 ... 58
2.5.7 要素的表述 ... 64
2.6 食品产品标准编写 ... 73
2.6.1 试验方法 ... 74
2.6.2 检验规则 ... 75
2.6.3 标志、包装、运输与贮存 ... 75
2.7 食品安全国家标准 ... 76
关键术语 ... 77
思考题 ... 77
参考文献 ... 77

第3章 食品安全管理及安全控制 ... 78

3.1 概述 ... 78
3.1.1 基本概念 ... 78
3.1.2 国内外食品安全管理概况 ... 80
3.1.3 中国食品安全法规体系 ... 83
3.2 食品安全法 ... 84
3.2.1 概述 ... 84
3.2.2 基本概念 ... 85
3.2.3 食品安全法结构与主要内容 ... 85
3.3 保健食品安全管理 ... 101
3.3.1 保健食品的概念及注册备案管理 ... 101
3.3.2 保健食品注册功能 ... 108
3.3.3 保健食品注册检验机构 ... 108
3.3.4 保健食品原料与辅料的管理 ... 111
3.4 新食品原料安全管理 ... 113
3.4.1 新食品原料相关概念 ... 113
3.4.2 新食品原料的安全性要求 ... 113

3.4.3　新食品原料的管理规定 ·· 113
3.4.4　新食品原料的申请规定 ·· 113
3.4.5　新食品原料的受理与审查许可公告管理规定 ·· 114
3.4.6　新食品原料的重新审查和标识管理规定 ··· 115
3.4.7　新食品原料的法律责任 ·· 115
3.5　食品添加剂新品种安全管理 ·· 115
3.5.1　食品添加剂新品种的概念 ·· 115
3.5.2　食品添加剂新品种的基本要求 ··· 115
3.5.3　食品添加剂新品种的许可管理 ··· 116
3.5.4　食品添加剂新品种的监管 ·· 118
3.6　食品安全法实施条例解读 ·· 118
3.6.1　食品安全法实施条例修订背景 ··· 118
3.6.2　食品安全法实施条例结构和修订主要内容 ··· 119
关键术语 ·· 121
思考题 ·· 121
参考文献 ·· 121

第4章　食品质量管理及质量控制 122

4.1　概述 ··· 122
4.1.1　基本概念 ·· 122
4.1.2　食品质量与管理 ·· 124
4.1.3　我国质量管理法规体系 ·· 125
4.2　产品质量法 ··· 126
4.2.1　概述 ·· 126
4.2.2　基本概念 ·· 127
4.2.3　产品质量法结构与主要内容 ·· 128
4.2.4　产品质量法重要条款解释 ·· 130
4.3　国家产品质量监督抽查制度 ·· 134
4.3.1　概述 ·· 134
4.3.2　抽查管理暂行办法结构与主要内容 ··· 135
4.3.3　监督抽查类别 ·· 140
关键术语 ·· 145
思考题 ·· 145
参考文献 ·· 145

第5章　计量管理与食品检测检验机构认证 146

5.1　概述 ··· 146
5.1.1　计量概况 ·· 146
5.1.2　计量及其相关概念 ··· 147
5.1.3　计量的特性 ·· 149
5.1.4　我国食品检验机构概况 ·· 150

5.2 计量法 ... 150
5.2.1 概述 ... 150
5.2.2 计量法结构与主要内容 ... 152
5.3 检验检测机构资质认定 ... 154
5.3.1 资质认定的类型 ... 154
5.3.2 基本概念 ... 156
5.3.3 资质认定的对象与分级 ... 157
5.3.4 资质认定的性质与目的 ... 158
5.3.5 资质认定评审的特点 ... 158
5.3.6 资质认定的通用要求 ... 159
5.3.7 食品检验机构资质认定条件 ... 165
5.4 资质认定程序 ... 167
5.4.1 资质认定程序 ... 167
5.4.2 监督评审 ... 169
5.4.3 扩项/复查评审 ... 170
5.5 检测和校准实验室能力认可准则 ... 170
5.5.1 通用要求 ... 171
5.5.2 结构要求 ... 171
5.5.3 资源要求 ... 172
5.5.4 过程要求 ... 174
5.5.5 管理体系要求 ... 179
5.6 资质认定的准备 ... 182
5.6.1 质量体系文件的作用和特点 ... 183
5.6.2 质量体系文件编写的准备 ... 183
5.6.3 质量手册的编写 ... 183
5.6.4 程序文件的编写 ... 184
5.6.5 作业指导书的编写 ... 185
5.6.6 质量体系文件的执行和修订 ... 185

关键术语 ... 185

思考题 ... 185

参考文献 ... 186

第6章 食品生产经营许可及食品安全认证与管理 ... 187

6.1 食品生产经营许可概述 ... 187
6.2 食品生产许可证管理 ... 189
6.2.1 食品生产许可的法律依据 ... 189
6.2.2 食品生产许可证管理办法的结构 ... 189
6.2.3 食品生产许可证管理办法的主要内容 ... 190
6.3 食品经营许可证及餐饮业量化分级制度 ... 193
6.3.1 食品经营相关概念 ... 193
6.3.2 食品经营许可证管理办法的结构 ... 194
6.3.3 食品经营许可证管理办法的主要内容 ... 194

    6.3.4 餐饮业量化分级管理制度 ………………………………………………… 198
  6.4 绿色食品管理与认证 …………………………………………………………… 198
    6.4.1 绿色食品概述 ………………………………………………………………… 198
    6.4.2 绿色食品标准体系 …………………………………………………………… 199
    6.4.3 绿色食品管理与规范 ………………………………………………………… 200
    6.4.4 绿色食品申报与认证 ………………………………………………………… 201
  6.5 有机产品监管与认证 …………………………………………………………… 204
    6.5.1 有机产品概述 ………………………………………………………………… 204
    6.5.2 有机产品标准体系 …………………………………………………………… 205
  6.6 农产品地理标志 ………………………………………………………………… 209
    6.6.1 农产品地理标志概述 ………………………………………………………… 209
    6.6.2 农产品地理标志管理 ………………………………………………………… 210
  关键术语 ………………………………………………………………………………… 211
  思考题 …………………………………………………………………………………… 211
  参考文献 ………………………………………………………………………………… 211

第 7 章 食品安全国家标准 …………………………………………………………… 212

  7.1 食品添加剂标准 ………………………………………………………………… 212
    7.1.1 概述 …………………………………………………………………………… 212
    7.1.2 GB 2760—2014 食品添加剂使用标准基本框架 …………………………… 213
    7.1.3 GB 2760—2014 中的术语与定义 …………………………………………… 213
    7.1.4 食品添加剂使用原则 ………………………………………………………… 214
    7.1.5 食品添加剂功能类别 ………………………………………………………… 214
    7.1.6 食品分类系统 ………………………………………………………………… 215
    7.1.7 GB 2760—2014 标准中各类食品添加剂的使用规定 ……………………… 216
  7.2 食品营养强化剂使用标准 ……………………………………………………… 218
    7.2.1 概述 …………………………………………………………………………… 218
    7.2.2 食品营养强化剂使用标准基本框架 ………………………………………… 219
    7.2.3 GB 14880—2012 中的术语与定义 ………………………………………… 219
    7.2.4 营养强化的主要目的 ………………………………………………………… 219
    7.2.5 食品营养强化剂的使用要求 ………………………………………………… 219
    7.2.6 可强化食品类别的选择要求 ………………………………………………… 219
    7.2.7 营养强化剂的使用规定 ……………………………………………………… 220
    7.2.8 食品类别（名称）说明 ……………………………………………………… 221
    7.2.9 食品营养强化剂与食品添加剂的关系 ……………………………………… 221
    7.2.10 营养强化剂的使用量和在终产品中的含量 ………………………………… 221
  7.3 食品标签 ………………………………………………………………………… 222
    7.3.1 食品标签概述 ………………………………………………………………… 222
    7.3.2 预包装食品标签通则 ………………………………………………………… 222
    7.3.3 预包装食品营养标签通则 …………………………………………………… 226
    7.3.4 预包装特殊膳食用食品标签通则 …………………………………………… 229
  7.4 食品感官理化与微生物检验 …………………………………………………… 231

7.4.1 食品感官检验 ·· 231
　　7.4.2 食品理化检验方法 ··· 231
　　7.4.3 微生物学检验标准 ··· 231
　　7.4.4 食品生产通用卫生规范 ··· 232
关键术语 ·· 240
思考题 ·· 240
参考文献 ·· 241

第8章 国际食品法规与国际标准 ·· 242

8.1 国际食品标准与法规 ·· 242
　　8.1.1 国际食品法典委员会 ·· 242
　　8.1.2 世界贸易组织 ·· 247
　　8.1.3 国际标准化组织 ··· 250
8.2 其他国家食品法规与标准 ·· 255
　　8.2.1 欧盟食品法规与标准 ·· 255
　　8.2.2 美国食品法规与标准 ·· 259
　　8.2.3 日本食品标准与法规 ·· 263
关键术语 ·· 266
思考题 ·· 266
参考文献 ·· 266

第1章 绪　　论

> 📝 **内容要点**
> - 标准与标准化的概念及其含义
> - 技术法规与合格评定的概念及其含义
> - 标准与法规的区别及其关系
> - 市场经济法律体系结构及地位
> - 食品质量安全监控体系框架
> - 食品标准与法规的研究对象
> - 课程学习意义与学习要求

1.1 相关概念

标准是人类认识和掌握客观事物规律的经验结晶，标准修订是人类认识和掌握客观事物规律的积累与深化。标准化则是人类实践经验和科技发展不断积累与不断深化过程的具体体现。"不以规矩不成方圆"，所谓规矩就具有我们今天所讲标准的属性。在市场经济建设和运行中，特别是中国进入新时代，标准与标准化有着极其重要的地位。世界标准日（10月14日）的主题深刻地反映了其核心价值，如2017年标准化助力质量提升，2018年国际标准与第四次工业革命，2019年视频标准创造全球舞台。

关于标准与标准化的概念，不同组织在不同时期都有其规定的定义，本书依据GB/T 20000.1—2014《标准化工作指南　第1部分：标准化和相关活动的通用术语》给出的标准和标准化以及相关定义，也是我国最权威的定义。

1.1.1 标准与标准化的概念

1.1.1.1 标准

标准（standard）是指通过标准化活动，按照规定的程序经协商一致制定，为各种活动或其结果提供规则、指南或特性，供共同使用和重复使用的文件。

> 注1：标准宜以科学、技术和经验的综合成果为基础。
> 注2：规定的程序指制定标准的机构颁布的标准制定的程序。
> 注3：诸如国际标准、区域标准、国家标准等，由于它们可以公开获得以及必要时通过修正或者修订保持与最新技术水平同步，因此它们被视为构成公认的技术规则，其他层次上通过的标准，诸如专业协（学）会标准，企业标准等，在地域上可影响几个国家。

对标准本质的进一步理解是掌握标准概念的关键。

标准：各种活动或其结果的规则、指南或特性，且具有共同使用和重复使用的特性。依据活动的范围或者其结果的范围，标准可以分成国际标准、区域标准、国家标准、行业标准、地方标准、团体标准和企业标准。"共同使用和重复使用"是对制定标准对象的要求，也可以理解为制定必须具备的两个特性。

标准的来源：科学、技术和经验的综合成果，这里的"经验"最好是成功经验，绝不能把失败的经验写到标准中去。"协商一致制定"指的是制定标准，要使执行标准各方达成一致，一般要求有关成员 3/4 以上通过，这样标准才具有公信力，也才能得到相关方的有效实施。

标准的时效性：标准不是一成不变的，而是不断发展变化的，具有一定的时效性，标准不断修订就是要吸收最先进科学、技术和成功的经验，以保持与当代科技发展水平相协调。

标准的本质：标准是规则、指南或特性，统一是标准的本质，但统一到什么程度，这个"度"应该与当代科技发展水平相协调。

按照现行《中华人民共和国标准化法》（以下简称《标准化法》）的规定，标准（标准样品）涵盖了农业、工业、服务业和社会事业等领域，不仅仅局限于技术领域。

1.1.1.2 标准化

标准化（standardization）是为了在既定范围获得最佳秩序，促进共同效益，对现实问题或潜在问题确定共同使用和重复使用的条款以及编制、发布和应用文件的活动。

> 注1：标准化活动确立的条款，可形成标准化文件，包括标准和其他标准化文件。
> 注2：标准化的主要效益在于为了产品、过程或服务的预期目的改进它们的适用性，促进贸易、交流以及技术合作。

从标准化概念的字面上来看，"为了在既定范围获得最佳秩序"表明标准化的范围，也就是说国际标准化是指在全球范围内的标准化，国家标准化是指在一个国家范围内的标准化，企业标准化是指在一个企业范围内的标准化。

"现实问题或潜在问题"是指标准化对象主要包括两个方面，现实问题指的是已经发生的，潜在问题指的是还没有发生的。潜在问题的标准化，标准化专家则称之为潜在标准化或者超前标准化。在标准化研究领域中，对现实问题研究比较多，而对潜在问题研究较少。如食品安全领域出现的现实问题，对苏丹红、盐酸克伦特罗、三聚氰胺等研究比较深入，而对转基因食品潜在问题的研究相对较少。

"共同使用和重复使用"的含义与标准中意义基本一致，指的是标准化对象应该具备这两个特性，否则标准化也是没有实际意义的。

"活动"，任何活动都有一个过程，这里活动指的就是标准化过程。

对标准化本质的进一步理解是掌握标准化概念的关键。

标准化目的：为了在既定范围获得最佳秩序，促进共同效益。标准化关注的是"共同效益"，但是企业标准化不仅要促进"共同效益"，而且要更加关注企业自身的效益。

标准化对象：现实问题或潜在问题，且具有共同使用和重复使用的特性。

标准化活动：标准化不是一个孤立的事物，是一项有组织、有目的的活动，且活动过程不是一次完成的，而是一个反复循环、螺旋式上升的过程。每完成一个循环，标准的水平就会提高一步。

标准化结果：标准化活动的结果就是生产标准，包括技术规程、技术规范等。主要任务是制定标准、组织实施标准以及对标准的制定、实施进行监督。

标准化效果：标准化效果要通过标准的实施来完成，一个好的标准如果没有在实际中得到应用或实施，这个标准再好也没有实际价值。

> 中国传统文化中"谦受益，满招损""择善人而交，择善书而读，择善言而听，择善行而从"和"勿以恶小而为之，勿以善小而不为"等都可以理解为做人的标准，其关键是"立德"，"德"立起来，"树人"即做人的标准就形成了。

1.1.2 技术法规与合格评定的概念

1.1.2.1 技术法规

技术法规（technical regulation）是规定技术要求的法规，它或者直接规定技术要求，或者通过引用标准、技术规范或规程来规定技术要求，或者将标准、技术规范或规程的内容纳入法规中。

> 注：技术法规可附带技术指导，列出为了符合法规要求可采取的某些途径，即权宜性条款。

基本概念

从技术法规的含义来看，就是规定技术要求的法规。从技术法规的来源看，有以下几种情况：一是直接规定技术要求，如《保健食品注册与备案管理办法》《新食品原料管理办法》《食品生产许可证管理办法》等；二是通过引用标准、技术规范或者规程来规定技术要求，如《食品生产许可证管理办法》对生产用水的具体要求，就是通过引用GB 5749—2006《生活饮用水卫生标准》来规定技术要求的；三是将标准、技术规范或规程的内容纳入技术法规中，如在《食用农产品市场销售质量安全监督管理办法》中对产地信息的证明，就可采用绿色食品、有机农产品以及农产品地理标志等认证标准通过后所标注的产地信息，作为产地证明。

在技术法规注中的权宜性条款，是指符合技术法规的要求的一种或多种途径的条款。

1.1.2.2 合格评定

最新的GB/T 27000—2006/ISO/IEC 17000:2004《合格评定 词汇和通用原则》给出的"合格评定"（conformity assessment）的定义，是指与产品、过程、体系、人员或机构有关的规定要求得到满足的证实。

> 注1：合格评定的专业领域包括GB/T 27000—2006其他地方所定义的活动，如检测、检查和认证，以及对合格评定机构的认可。
>
> 注2：GB/T 27000—2006标准所称的"合格评定对象"或"对象"包含接受合格评定的特定材料、产品、安装、过程、体系、人员或机构，产品的定义包含服务。

2016年新修订的《中华人民共和国认证认可管理条例》中所称的认证是指由认证机构证明产品、服务、管理体系符合相关技术规范、相关技术规范的强制性要求或者标准的合格评定活动。也就是说合格评定就是认证认可活动。

在农产品食品行业常见的如食品产品的生产许可、食品抽检、食品实验室资质认定、ISO 9000 质量管理体系认证、ISO 22000 食品安全管理体系认证、HACCP（危害分析与关键点控制）认证、ISO 14000 环境管理体系认证、GMP（良好操作规范）认证、GAP（良好农业规范）认证、绿色食品认证、有机产品认证、农产品地理标志认证和 SA 8000 企业社会责任认证；GSP（企业标准化良好化行为）评价等都可以统称为合格评定。

1.1.3 标准与法规的区别及其关系

1.1.3.1 技术法规与标准的区别

根据技术法规和标准的定义，国际上技术法规和标准的区别如下：

标准与法规的区别

（1）技术法规和标准的法律效力不同。 技术法规是强制性的，从本质上说，技术法规是政府运用技术手段对市场进行干预和管理，是政府控制市场的一种严厉措施。而标准是自愿性的。

（2）技术法规和标准的制定主体不同。 技术法规是由国家立法机关或其授权的政府部门制定的规章。而标准则是经协商一致制定由公认机构批准的一种规范性文件。

（3）技术法规和标准的制定目的不同。 技术法规的制定主要是出于国家安全要求，以防止欺诈行为、保护人类健康或安全、保护动植物健康或安全、保护环境等为目的，体现为对公共利益的维护。而标准制定则偏重于指导生产，保证产品质量与安全，提高经济效益和社会效益。

（4）技术法规和标准的内容不同。 技术法规作为强制性规定，为保持其内容的稳定性和连续性，一般侧重于规定对产品的基本要求。而标准为规范生产，则多规定具体的技术细节。另外，与标准相比，技术法规除了关于产品特性或其相关过程和生产方法的规定之外，还包括适用的管理规定。

（5）技术法规和标准对国际贸易的影响不同。 与标准相比，技术法规的强制性和法律约束力使其对国际贸易的影响更大、更直接，成为最重要的技术性贸易措施之一。不符合技术法规要求的产品，禁止在市场上销售；而那些符合标准的产品，如不符合市场的需求，其市场占有率就会很小。

（6）技术法规和标准的特性不同。 技术法规缺乏统一的、固定的特性，常常因国家之间文化特性的差异而不同。而标准具有相对统一的、固定的特性，是"协商一致的产物"，在理论上是可协调的。

总而言之，技术法规和标准从内涵到外延都不相同，属于不同的范畴。

1.1.3.2 技术法规与标准的分类

技术法规一般可以分成两类：规定性技术法规和功能导向型技术法规。

规定性技术法规指确定了要达到特定结果的方法类技术法规。由于规定性技术法规为被调控者和调控者提供了确定性，所以，很容易将执行者拘泥在单一解决方案上，而没有机会采取其他既可以达到目标又具有经济性的方案，从而成为抑制创新和采纳新技术的障碍，对贸易和经济的发展产生不利影响。

功能导向型技术法规以精确的术语规定了要达到的目标，但允许通过对实体本身进行调控来确定其达到结果的方法。功能导向型技术法规允许为被调控的实体设计最有效率和效果最佳的达标方法。只要最终结果相同，可以采用多种技术途径。因此，其最大特点是具有方法学上的灵活性。

《标准化法》第二条把标准分为国家标准、行业标准、地方标准、团体标准和企业标准五个类型，把国家标准分为强制性标准和推荐性标准，其中强制性标准具有与国外技术法规等同效力和地位，这是我国标准不同于国外标准的一个最显著的特点。如食品安全国家标准就具有技术法规的性质，必须强制执行。

1.1.3.3 法规与标准的关系

由于人类活动的目的性和社会性，决定了每一个社会都需要对人们的行为进行必要的社会调整，确定个人和集体的行为，为其指明发挥作用的方向，这是建立社会秩序、维持社会正常运转所必不可缺的。这种社会调整的实现，最初就是通过"规范"来实现的，法学意义上的规范是指某一种行为的准则、规则。

规范通常可分为两大类：一是社会规范，即调整人们在社会生活中相互关系的规范，如法律、法规、规章、制度、政策、纪律、道德、教规、习俗等；二是技术规范，即调整人与自然规律的关系的规范，它是针对人们利用自然力、生产工具等应遵循的规则，是自然规则作用于人类的形式。

标准是一种特殊规范，标准从本质上属于技术规范范畴，规范在技术领域常以标准、规程出现。标准具有规范的一般属性，主要表现在：①标准是社会和社会群体共同意识，即社会意识的表现，它不仅要被社会所认同（协商一致），而且须经过公认的权威机构批准。②标准是具有一般性的行为规则，它不是针对具体人（事物）而是针对某类人（事物）在某种状况下的行为规范。③标准是社会实践的产物，它产生于人们的社会实践，并服从和服务于人们的社会实践。④标准受社会经济制度的制约，是一定经济要求和社会制约的体现。⑤标准是进行社会调整、建立和维护社会正常秩序的工具。

但标准又具有与一般社会规范不同的特点，主要表现在：①虽然同其他规范一样都是调整社会秩序的规范，但标准调整的重点是人与自然规律的关系，它规范人们的行为，使之尽量符合客观的自然规律和技术法则。②虽然同其他规范一样，标准是社会和社会群体意志的体现，是被社会所认同的规范，但这种认同是通过利益相关方之间的平等协商达成的，标准是协商一致的产物，不存在一方强加于另一方的问题。③标准虽是一种规范，它本身并不具有强制力，即使所谓的强制性标准，其强制性质也是法律授予的，如果没有法律支持，它是无法强制执行的。④标准有特定的产生（制定）程序、编写原则和格式要求。它不仅与立法程序完全不同，而且也与其他社会规范的生成过程不同。

1.2 市场经济法律法规体系与作用

1.2.1 市场经济法律法规体系的结构

市场经济法律法规体系是一项十分庞大的系统工程，其结构如图 1-1 所示，由 8 个部分构成。无论是社会主义国家，还是资本主义国家，其市场经济法律法规体系框架及其内容是基本一致的，但具体内容应符合该国宪法的相关规定。也就是说："一个国家法律体系的本质，由这个国家的法律确立的社会制度的本质所决定。"

法和经济基础是密不可分的，其相互关系主要表现为：第一，法是建立在一定的经济基础之上的上层建筑的重要组成部分，其性质由产生它的经济基础的性质决定，但不能由此简单地认为法不受其他社会因素的影响和制约。第二，法反作用于产生它的经济基础。法的这种反作用有两种情况，一是促进生产力的发展，对社会起进步作用，二是阻碍生产力的发展，对社会发展起反作用。法律究竟起什么作用，主要取决于它所确认和维护的生产关系的性质。

社会主义市场经济就是法治经济，它是商品经济发展到一定程度的必然产物。正如恩格斯所说："在社会发展的某个很早的阶段，产生了这样一种需要。把每天重复着的生产、分配和交换产品的行为用一个共同的规则概括起来，设法使个人服从生产和交换的一般条件。这个规则首先表现为习惯，而后便成为法律。"这就深刻地揭示了法律和法治的产生以及它们的作用和本质都要从当时的社会生产和交换的关系中去理解。

社会主义市场经济条件下不同时期出现的法律法规是适应商品经济和人民生活发展的需要而产生的，同样市场经济的发展也需要通过法律法规来加以规范和保障其有序运行。所谓法治就是依法治理，法治是人类文明的结晶，是社会发展的产物和社会进步的重要标志之一。

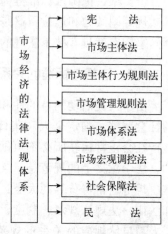

图 1-1　市场经济的法律法规体系结构

中国特色社会主义法律法规体系以宪法为统帅，由法律、行政法规、地方性法规等多个层次的法律规范构成。这些法律规范由不同立法主体按照宪法和法律规定的立法权限制定，具有不同法律效力，都是中国特色社会主义法律法规体系的有机组成部分，共同构成一个科学和谐的统一整体。我国市场经济法律法规体系框架，可从以下几个部分去理解：

(1) 宪法。《中华人民共和国宪法》第十五条规定"国家实行社会主义市场经济。国家加强经济立法，完善宏观调控。国家依法禁止任何组织或者个人扰乱社会经济秩序"。这是我国建设市场经济法律法规体系的依据和基础。一个国家的市场经济法律法规体系的建立，必须遵循本国宪法的规定。就中国社会主义市场经济法律法规体系而言，必须遵守《中华人民共和国宪法》的规定，这是因为宪法规定了我国的经济制度、政治制度、调整经济关系的基本原则，还规定了各项立法应该遵循的基本原则。只有以宪法作为基础，才能保证法制的统一。宪法中第二十六条"国家保护和改善生活环境和生态环境，防治污染和其他公害"，这是我国食品安全的法源。

(2) 市场主体法。市场主体法是市场主体组织形式和地位的法律规范。市场主体就是以企业为主的法人，以及事业性质的法人。主要法律包括公司法、中外合资经营企业法、中外合作经营企业法、外资企业法、国有企业法、集体企业法、个人企业法、企业破产法等。

(3) 市场主体行为规则法。市场主体行为规则法是关于市场主体之间交易行为的法律规范，主要包括债权法、票据法、证券交易法、保险法、海商法、知识产权法（专利法、著作权法、商标法）、仲裁法、广告法、拍卖法、担保法、对外贸易法等。

(4) 市场管理规则法。市场管理规则法是规定市场平等竞争条件，维护公平竞争秩序的具有普遍性的法律规范。包括反不正当竞争法、反垄断法、消费者权益保护法、计量法、标准化法、产品质量法、农产品质量安全法、食品安全法、进出口商品检验法、经济合同法、技术合同法、仲裁法、国家赔偿法、行政诉讼法、行政处罚法、环境保护法、水污染防治法、大气污染防治法等。

(5) 市场体系法。市场体系法是确认不同市场、规定个别市场法则的法律规范。主要包括期货交易法、信贷法、技术贸易法、信息法、招投标法等。

(6) 市场宏观调控法。市场宏观调控法是政府对市场实施宏观调控的法律规范，无论是社会主义国家，还是资本主义国家，政府都不同程度地采用宏观调控措施来确保本国的利益。主要包括预算法、银行法、产业政策法、计划法等。

(7) 社会保障法。 社会保障法是在市场经济条件下对劳动者提供社会保障的法律规范。包括劳动法、社会保险法、未成年人保护法、妇女权益保护法、老年人权益保障法、预防未成年人犯罪法、残疾人保障法、社会救济法等。

(8) 民法。 民法是调整平等主体之间的财产关系和人身关系的法律规范的总称。民法调整平等主体的公民之间、法人之间、公民和法人之间的财产关系和人身关系，在市场经济的法律法规体系中属于基本法的地位。包括民法通则（民法典）、物权法、劳动合同法、收养法、债权责任法、就业促进法、劳动争议调解仲裁法、继承法、婚姻法、人格权法、涉外民事关系法律适用法等。

在该法律法规体系中，除了国内的法律法规外，还会涉及其他国家和国际上的法律法规、条约、协定等。如世界贸易组织（WTO）的一系列规则和我国与其他国家签订的双边或多边协议。

新中国成立以来特别是改革开放40多年来，中国的立法工作取得了举世瞩目的成就。以宪法为核心的中国特色社会主义法律法规体系不断完善，截至2019年2月，中国现行宪法和现行有效法律共267部、行政法规5 497条、部门规章93 092条，司法解释3 970条，地方性法规8 800多部，涵盖社会关系各个方面的法律部门已经齐全，各个法律部门中基本的、主要的法律已经制定，相应的行政法规和地方性法规比较完备，法律体系内部总体做到了科学、和谐、统一，中国特色社会主义法律法规体系已经形成。

法律法规与标准是保证市场经济正常运转和公平竞争的一个重要的特殊工具。综之，我们可以清楚看到，与食品加工有关的法律主要涵盖于市场管理规则法之中，学习食品标准与法规，掌握其在市场经济中的运行机制具有重要意义。

1.2.2 食品标准与法规在市场经济法律法规体系中的作用

法律法规对市场经济的规范作用主要表现在规范市场经济运行过程中政府管理和市场主体的行为，明确什么是合法的，或者法定应该无条件执行的；什么是非法的，或者是必须明令禁止的。在我国市场经济和企业行为还不够完善和规范的情况下，运用国家政权的力量，制定规范市场经济运行的法规，对不合理的经济行为实行必要的干预，是很重要的一项措施。

我国现行食品和农产品质量安全的法律法规主要有：《中华人民共和国食品安全法》《中华人民共和国农产品质量安全法》《中华人民共和国产品质量法》《中华人民共和国计量法》《中华人民共和国国境卫生检疫法》《中华人民共和国标准化法》《中华人民共和国进出境动植物检疫法》《中华人民共和国进出口商品检验法》《中华人民共和国农业法》《中华人民共和国畜牧法》《中华人民共和国动物防疫法》等。可见，我国食品安全法律体系主要由食品安全法、农产品质量安全法、产品质量法和与食品相关的法律四个部分构成。

2018年修订实施的《中华人民共和国食品安全法》（以下简称《食品安全法》），确定了我国食品安全监管体系，按照"从农田到餐桌"的全程监管的理念，坚持"预防为主、风险管理、全程控制、社会共治"的工作思路，改变了按照一个监管环节由一个部门监管的分工原则，采取"分段监管为主、品种监管为辅"的方式，成立国家市场监督管理总局，实现了"三合一"，即整合食品药品监管部门、工商行政管理部门和质量监督管理部门，明确食品安全监管部门、食品生产经营的职责和要求，这对于保证食品质量与安全是至关重要的。针对农产品、食品生产加工的实际，提出产前和产后两个层次分工负责的监管，农业农村部负责产前也就农产品原料生产监管，国家市场监督管理总局负责产后即农产品加工监管，以维护公平竞争的市场秩序，遏制各种欺诈行为和干扰市场经济正常秩序的现象，确保农产品和食品质量安全。

就标准本质而言，标准不等于法律法规，但标准与法律法规有着密切的内在的联系，在功能上有许多相似之处。要保持市场经济良好的秩序，就必须有法律法规的硬约束与相应标准的相互配套，充分发挥法律法规和标准特有的功能和作用，才能确保市场经济的正常运行，实现提高食品质量与安全的目标要求。

1.3 食品质量安全监控体系框架

1.3.1 影响食品质量安全的关键因素

市场经济法律法规体系与食品质量安全框架及研究对象（下）

近几年发生的非法人为添加物如"三聚氰胺""苏丹红""孔雀石绿""盐酸克伦特罗""塑化剂"等重大食品安全事件，加之食品本身存在的安全性危害因素，食品安全问题受到世界各国政府及消费者普遍关注，成为人们议论的热点话题。

由于食品和食用农产品在质量安全方面本身就存在着"信息不对称"问题，普通消费者很难全面、准确地把握农产品和食品质量安全水平，如核心营养素多少，营养价值、添加剂种类及其含量水平等指标，人们在选购农产品和食品时，多以感官（外观）或者品牌、包装标识来初步判定其质量安全性。信息不对称使农产品和食品出现"同质化"问题，在复杂的市场竞争中存在着"劣币驱逐良币"的危机，甚至消费者还会面临经销商价格欺诈的风险。

与其他工业产品相比，食品和食用农产品在生产、加工、贮存、运输和销售的过程中有很多二次污染的风险，且容易受到多方面的污染，这些污染物质可能来自环境污染和生产加工、贮存、运输过程之中，也可能来自食品和食用农产品本身天然存在的有毒有害物质和致敏物质。

通常把食品的危害种类按其性质分为以下4类：

(1) 生物性危害。食品的生物性危害包括微生物、寄生虫和昆虫的污染，以微生物为主，危害较大，其中主要为细菌和细菌毒素、霉菌和霉菌毒素。主要有：①威胁生命致害因子，如肉毒杆菌、霍乱弧菌、鼠伤寒沙门菌、河豚毒素、麻痹性贝类毒素等。②引起严重后果或慢性病的因子，如沙门菌、志贺菌、空肠弯曲菌、副溶血性弧菌、甲肝病毒、致病性大肠杆菌等。③造成中度或轻微疾病的因子，如产气荚膜梭菌、蜡样芽孢杆菌、多数寄生虫、组胺类物质等。④藻类和贝类毒素，如麻痹性贝类毒素（paralytic shellfish poisons，PSP）、腹泻性贝类毒素（diarrhetic shellfish poisons，DSP）、健忘性贝类毒素、神经性贝类毒素、藻青菌毒素（cyanobacteria toxins，CT）等。

(2) 化学性危害。化学性危害来源复杂，种类繁多。主要有：①来自生产、生活和环境中的污染物，如农药、化肥、兽药、有害金属、多环芳烃化合物、硝酸盐、N-亚硝基化合物、二噁英、杀虫剂、杀菌剂、除虫剂、除草剂、灭鼠剂等。②从生产加工、运输、贮存和销售工具、容器、包装材料及涂料等溶入食品中的原料材质、单体及助剂、消毒剂、洗涤剂等物质。③在食品加工贮存中产生的物质，如酒类中有害的醇类（甲醇、杂醇油）、醛类等。④滥用食品添加剂等。

(3) 物理性危害。物理性危害主要包括杂质和放射性危害。主要有：①食品中存在的杂质或者异物，如砂粒、木屑、头发等。②食品的放射性主要来自放射性物质的开采、冶炼、生产以及在生活中的应用与排放。特别是半衰期较长的放射性核素污染，在食品安全上要特别注意。

(4) 品质危害。品质危害主要指的是养殖业产品由于受到动物福利因素的影响而产生的品质问题，如笼养鸡鸡蛋和大山里散养土鸡的蛋、意大利蜜蜂生产的蜂蜜和中华蜜蜂生产的土蜂蜜在品质上的差异等。

据世界卫生组织（WHO）报道，全世界每年发生的食源性疾病70%由致病微生物引起，也就是说致病微生物是影响食品质量安全的最大危险。

1.3.2 食品质量安全监控体系

关于食品质量安全监控体系的建设与实施，国际上有许多技术方法与措施，由于社会制度、经济发展水平和文化背景等差异，不同国家采取了不同的但适应本国的食品质量安全监控方式与方法，在确保食品质量安全方面发挥了重大作用，有力地维护了国家安全和消费者健康。但与消费者对食品安全的满意程度还有一定的差距。世界范围内的食品安全问题，不仅使相关国经济上受到严重损害，还威胁社会稳定和国家安全。如美国每年约有7 200万人发生食源性疾病，占总人口的30%左右，约造成3 500亿美元的经济损失；英国在1987—1999年期间证实的疯牛病病牛达17万头，损失达300亿美元，影响了消费者对政府的信任；比利时二噁英污染事件，卫生部长和农业部长下台，也使执政长达40年之久的社会党政府垮台；德国出现疯牛病后，卫生部长和农业部长被迫引咎辞职；2000年日本乳制品中检测出大肠杆菌O157，引起世界范围内的普遍关注和消费者恐惧；2008年发生于中国的奶制品污染事件引起了全社会的关注，消费者忧心忡忡。因此，建立有效的食品安全监控体系已经成为各国政府一项十分重要的任务。

我国仍处于食品安全风险隐患凸显和食品安全事件集中爆发期，食品安全形势依然严峻：①源头污染问题突出。一些地方工业"三废"违规排放导致农业生产环境污染，农业投入品使用不当、非法添加和制假售假等问题依然存在，农药兽药残留和添加剂滥用仍是食品安全的最大风险。②食品产业基础薄弱。食品生产经营企业多、小、散，全国1 180万家获得许可证的食品生产经营企业中，绝大部分为10人以下小企业。企业诚信观念和质量安全意识普遍不强，主体责任尚未完全落实。互联网食品销售迅猛增长又给中小企业带来了新的风险和挑战。③食品安全标准与发达国家和国际食品法典标准尚有差距。食品安全标准基础研究滞后，科学性和实用性有待提高，部分农药兽药残留等相关标准缺失、检验方法不配套。④监管能力尚难适应需要。监管体制机制仍需完善，法律法规制度仍需进一步健全，监管队伍特别是专业技术人员短缺，打击食品安全犯罪的专业力量不足，监管手段、技术支撑等仍需加强，风险监测和评估技术水平亟待提升。

"十三五"时期是全面建成小康社会的决胜阶段，也是全面建立严密高效、社会共治的食品安全治理体系的关键时期。尊重食品安全客观规律，坚持源头治理、标本兼治，确保人民群众"舌尖上的安全"，是全面建成小康社会的客观需要，是公共安全体系建设的重要内容，必须下大力气抓紧抓好。2017年2月14日国务院印发《"十三五"国家食品安全规划》，在对我国食品安全监管体系现状和存在主要问题分析的基础上，提出到2020年，食品安全抽检覆盖全部食品类别、品种，国家统一安排计划、各地区各有关部门每年组织实施的食品检验量达到每千人4份；农业污染源头得到有效治理，主要农产品质量安全监测总体合格率达到97%以上；食品安全现场检查全面加强，对食品生产经营者每年至少检查1次；食品安全标准更加完善，产品标准覆盖所有日常消费食品，限量标准覆盖所有批准使用的农药兽药和相关农产品；食品安全监管和技术支撑能力得到明显提升。规划明确了包括全面落实企业主体责任、加快食品安全标准与国际接轨、完善法律法规制度、严格源头治理、严格过程监管、强化抽样检验、严厉处罚违法违规行为、提升技术支撑能力、加快建立职业化检查员队伍、加快形成社共治格局、深入开展国家食品安全示范城市创建和农产品质量安全县创建行动等11项主要任务。

就全世界食品安全监控而言，目前基本按照"从农田到餐桌"的全程控制来实现监控目标，在农产品生产、食品生产加工、食品流通以及餐饮服务等过程中，主要涉及以下4个方面的技术基础：①食品质量安全监控的重要依据——食品标准；②食品质量安全监控的实施手段——测量（计量）；③食品质量安全监控的最终目标——质量（安全）；④食品质量安全监控的有效途径——合格评定。

在总结前人的观点和考虑未来发展需要的基础上，依据"安全产品是生产出来的，而不是检验出来"的思路，把食品市场监控重点放在食品生产加工的全过程，提出食品质量安全监控体系：

食品质量安全监控体系＝标准体系＋合格评定体系＋市场准入体系＋
消费者评价体系＋信息化（互联网＋）体系

可见，食品质量安全监控体系由5个子体系构成，即标准体系、合格评定（认证）体系、市场准入体系、消费者评价体系和信息化（互联网＋）体系（图1-2）。这5个子体系是一个科学的有机整体，相互渗透、相互制约，各自发挥着相应的功能，形成以标准体系为核心，以合格评定和市场准入为抓手，以消费者评价为补充的食品质量安全监控的基本构架。这个体系适用于农产品（包括种植业与养殖业）和食品生产加工的安全控制管理。

```
(1) 标准体系——基石(standardization system)
    技术标准体系——"种"(seed)
      产品质量标准——把关(check on)
      产地或加工环境标准——前提(prerequisite)
      生产资料或添加剂标准——保障(guarantee)
      生产或加工技术规程——指南(guide)
      包装标识标准——承诺(promise)
      物流营销标准——流通(circulation)
    管理标准体系——"花"(flower)
    工作标准体系——"根"(root)
(2) 合格评定体系——证明(conformity assessment)
(3) 市场准入体系——监管(market access)
(4) 消费者评价体系——声誉(consumer evaluation)
(5) 信息化(互联网＋)体系——公开(information disclosure)
```

图1-2 食品质量安全监控体系

（1）标准体系。 标准体系是一个十分复杂的体系，也是该体系框架中最为庞大的体系，主要包括技术标准体系、管理标准体系和工作标准体系，涉及农产品和食品生产加工的全过程。一个行之有效的标准体系由数百个，甚至数千个标准组成，而且许多都是企业内部控制性标准。由于企业的规模不尽相同，对标准与标准化认识和重视程度也有一定的差异，因此，形成的标准体系中标准的数量也就有明显的不同。但不管标准体系中标准数量有多少，在技术标准体系中最为关键的标准是不能缺少的，这主要包括5类标准，如"把关""前提""保障""指南""承诺""流通"。我们把技术标准体系中的产品质量标准称之为"把关"标准，把关标准可以是国际标准、国家标准、行业标准、地方标准和企业标准中的产品标准，只要产品质量安全符合"把关"标准要求，就应该说产品质量安全是合格的。要生产和加工出符合"把关"标准的产品，那么相应对生产和加工环境就有一定的要求，这个具体的要求，我们称之为"前提"标准，如要生产绿色食品、有机产品，其产地环境就必须符合绿色食品、有机产品相应的生产环境标准的要求，这是一个必要前提，否则，就不能生产出符合绿色食品、有机产品标准的产品。生产和加工条件虽然符合要求，但生产过程中使用的生产资料和添加剂是否符合标准的规定，也直接影响着产品质量安全。因此，只有这些用于生产和加工的生产资料如化肥、农药、兽药和食品添加剂等符合标准，才能保障产品质量安全，我们把对生产资料和添加剂的要求标准称之为"保障"标准。产地、原料都有了安全保障，一定程度上提高了产品安全性，但如果生产加工过程出现问题，还会产生新的安全问题。因此，制定生产加工技术规程，明确如何操作，并按照规定的程序，产品质量安全才有保障，这些标准我们称之为"指南"标准。指南性标准制定应该以企业标准为主，尤其是在农产品生产中，避免制定行业标准，这是因为我国同一产品生产的环境条件差异大，行业标准很难适应不同地区的需要。技术标准体系中包括包装标识标准，就是为了使消费者对产品的产地和生产企业等获得知情权。同时也是生产者和加工企业对消费者的一个承诺，我们称之为"承诺"标准。另外，还有一类标准是指物流营销标准，我们称之为"流通"标准，只有按照规定的物流营销标准来进行相应产品的质量安全管理，才能保证消费者的安全食用。上述6类标准是技术标准体系的核心和灵魂，无论什么规模的企业，这6类标准均不得缺少。

(2) **合格评定体系**。合格评定体系，实际上就是国际上通用的产品质量安全认证和相关体系认证。主要包括 ISO 9000 认证、HACCP 认证、GAP 认证、GMP 认证、ISO 22000 认证、SA 8000 认证、绿色食品认证、有机产品认证、无公害农产品产地与产品认证、ISO 14000 认证等。这些都属于第三方认证，是对生产和加工企业的质量安全确认，因此，我们认为通过认证就是取得一个质量安全的"证明"。一般情况下，获得这个证明是要收费的，当然，在市场经济条件下只凭这样的证明还是不能完全确保质量安全的。

(3) **市场准入体系**。市场准入体系，是政府加强食品质量安全管理的重要手段，实质上是把食品生产加工纳入工业产品许可证制度来管理，没有许可证就不能进入市场，这个体系是由政府相关部门负责实施，我们称之为"监管"体系。食品生产由市场监督管理部门负责监管；食用农产品（包括水产品、畜禽产品）生产与动物屠宰由农业农村部门负责监管。只有取得了相应生产许可证，才能从事相关食品的生产加工资格，产品也才能进入相应的市场。

(4) **消费者评价体系**。消费者评价体系，是食品质量安全监控体系中的重要补充。"群众的眼睛是雪亮的"，市场上类型繁多的食品，其质量安全如何，消费者对不同食品、不同品牌等有着较为深刻的认识，并不断积累判定食品优劣的经验，形成了各具特色的消费风格和习惯。因此，把消费者的评价纳入该体系十分必要。消费者评价的实施，要根据评价的目标，制订相应要求和具体的实施方案，针对不同问题编制调查提纲，内容设计要全面、准确反映评价需要，经过实际分析归类，确定消费者对产品质量安全的满意度。

(5) **信息化（互联网＋）体系**。信息化（互联网＋）体系，是通过互联网平台公开农产品和食品的产地、生产加工环节等信息，让消费者了解农产品和食品的相关信息，实现公平、安全消费。

这样一个食品质量安全监控体系框架，无论政府监管职能如何变化，均可适用，严格按照这个体系框架来组织食品生产经营和食用农产品生产，并实施有效的监管，食品安全质量才会有保障，人民群众对食品安全的满意度也会不断提高。

1.4 食品标准与法规的研究对象

法学是以法律为其研究对象的一门独立学科。法规属于法学的一个重要组成部分，那么不难想象，法规的研究对象就是法律法规，具体来讲就是法律法规的产生、规定要求、实施以及变化的规律等。食品法规就是专门研究与食品有关的法律法规和管理制度，如食品安全法、农产品质量安全法、标准化法、产品质量法、计量法、各类食品生产加工技术规范等。

食品标准研究的对象是一个比较复杂的体系，它与食品标准化研究对象的层次、加工门类和加工过程要素三维空间（图1-3）有着十分重要的必然联系。

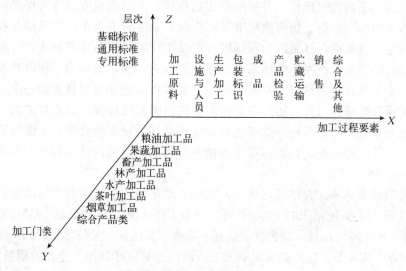

图 1-3　食品生产加工标准化研究对象三维空间

对上述三维空间的分析不难得出：

　　食品生产加工门类＋食品加工过程要素＋标准层次＝食品生产加工标准体系

食品标准与法规的研究对象是法学中有关食品质量与安全、食品卫生的法规与食品标准化对象相互交叉的部分，属于一门新兴的技术管理学科，在安全食品生产和食品市场监管中具有重要地位。

1.5　学习意义与学习要求

1.5.1　学习意义

学习本课程的意义主要表现在以下 3 个方面。

(1) 是落实习近平总书记关于农产品和食品安全"四个最严"总要求的需要。 党中央、国务院高度重视农产品和食品安全监管工作。在 2013 年 12 月 23 日～24 日中央农村工作会议、2015 年 5 月 29 日中共中央政治局第二十三次集体学习、2016 年 12 月 21 日中央财经领导小组第十四次会议，习近平总书记都提出要用最严谨的标准、最严格的监管、最严厉的处罚、最严肃的问责，即"四个最严"，加快建立科学完善的食品药品安全治理体系，坚持产管并重，严把"从农田到餐桌""从实验室到医院"的每一道防线，确保人民群众"舌尖上的安全"。特别是首次提到从实验室到医院这道防线。最严谨的标准是前提，最严格的监管是关键，最严厉的处罚是利器，最严肃的问责是保障。

(2) 是明确"依法以标"生产经营和科学监管的需要。 学习本课程就是按照"依法以标"生产经营和科学监管，建立"从农田到餐桌"的每一道防线，就是要通过制定标准和完善现有法律法规体系，做到农产品、畜产品、水产品生产及其加工、流通到消费不留盲区，做到无缝衔接，确保食品生产经营走标准化生产的道路，使食品安全监管走上法制的轨道。

(3) 是提高食品安全保护意识和确保生命健康的需要。 随着社会经济的发展，人民群众对食品安全的要求不断提高，学习食品标准与法规可以提高食品安全的保护意识，确保社会的稳定和谐，保障公众身体健康和生命安全。

1.5.2　学习要求

食品标准与法规是食品质量与安全专业的必修课、食品科学与工程等食品专业类的选修课，是从事食品安全管理和品质控制工作最必需的应知应会内容。

本课程分为8章，具体要求如下：

第1章 绪论。熟练掌握标准、标准化和技术法规、合格评定4个概念；了解食品标准与法规的研究对象；熟悉标准与技术法规的区别和市场经济法律法规体系；掌握食品安全监控体系框架的内容；了解课程的学习意义及学习要求。

第2章 食品标准化管理与标准制定。了解国内外标准化的管理概论和标准化战略地位；熟悉标准化方法原理和标准种类；掌握标准化过程及发展模式，以及标准化法的主要内容及国家标准化改革。最为重要的是学习GB/T 1.1—2020《标准化工作导则 标准化文件的结构与起草规则》，学会食品产品标准的制定编写。这一章是本课程的重点内容之一。

第3章 食品安全管理及安全控制。了解食品安全的相关概念和国内外食品安全管理概况；熟悉食品安全法和食品安全法实施条例主要内容和中国食品安全监管体系；掌握保健食品、新食品原料和食品添加剂新品种的安全管理。本章的重点是食品安全法的主要内容。

第4章 食品质量管理及质量控制。了解食品质量管理的相关概念和国内外食品质量管理概况；熟悉产品质量法的主要内容和中国质量管理体系；掌握国家产品质量监督抽查制度及其实施要求等。其中，产品质量监督抽查制度是目前我国食品安全监管最常用的方法，要重点掌握。

第5章 计量管理与食品检测检验机构认证。了解计量、计量检定、计量认证和实验室资质认证的相关概念；熟悉计量科学特点和计量法的主要内容；掌握食品检验机构资质认定管理和评审要求；学会食品检验实验室质量手册的编写、程序文件的编制等。这一章的重点是食品检验机构的资质认证。

第6章 食品生产经营许可及食品安全认证与管理。了解食品生产经营许可与食品安全认证的相关概念；熟悉食品生产许可证、食品经营许可证的管理；掌握绿色食品和有机产品以及农产品地理标志的概念；熟悉绿色食品和有机产品以及农产品地理标志管理与认证。

第7章 食品安全国家标准。了解食品添加剂、食品营养强化剂和预包装食品以及食品标签基本概念；熟悉食品添加剂、食品营养强化剂的使用要求；掌握预包装食品标签通则、预包装食品营养标签通则和预包装特殊膳食用食品标签通则等标准；了解食品理化检验方法、微生物检验标准等。这一章是本课程的重点内容之一。

第8章 国际食品法规与国际标准。了解国际标准化组织机构与运行机制，熟悉国际食品法典委员会和国际标准化组织标准分类及其制/修订，以及发达国家和地区如美国、澳大利亚、日本、英国、加拿大及欧盟食品安全标准体系及相关机构。

关键术语

标准 标准化 技术法规 合格评定 食品质量安全监控体系框架 食品标准与法规研究对象

思考题

1. 什么是标准？什么是标准化？标准与标准化有何区别？
2. 食品安全法律法规在市场经济法律法规体系中的地位如何？
3. 标准与法规的主要区别是什么？
4. 简述市场经济的法律法规体系和标准与法规的相互关系。

5. 我国食品质量安全监控体系框架是什么？
6. 为什么标准体系在食品安全监管控制体系框架中处于核心地位？

参考文献

国家标准化管理委员会，2006. 标准化良好行为活动实施指南 [M]. 北京：中国标准出版社.
李春田，2010. 标准化概论 [M]. 5版. 北京：中国人民大学出版社.
张建新，2014. 食品标准与技术法规 [M]. 2版. 北京：中国农业出版社.
张建新，沈明浩，2011. 食品安全概论 [M]. 郑州：郑州大学出版社.

第 2 章 食品标准化管理与标准制定

> **内容要点**
> - ISO、IEC、ITU 及发达国家标准化管理概况
> - 中国标准化管理体制变化概况
> - 标准化在市场经济体系中的战略地位
> - 标准化方法原理与标准的种类
> - 标准化过程及其特点
> - 标准化改革
> - 标准化法的主要内容
> - 国家标准制定的原则与程序
> - 企业标准制定的原则与程序
> - GB/T 1.1—2020 概念与标准编写
> - 规范性技术要素选择的三个原则

2.1 标准化概述

标准化活动几乎渗透到人类社会实践活动的一切领域，已经成为人类社会实践活动不可缺少的内容。标准和标准化与我们的社会生活息息相关。

我们每个人的衣、食、住、行都离不开标准。例如：我们穿的衣服，是依据服装国家标准制作的；我们吃的食品，是依据食品安全国家标准组织生产的；我们住的房子，是依据居民住宅建设标准修建的；我们乘坐的地铁，是依据城市轨道交通自动售检票系统运行的；我们开车使用的汽油，是依据国 4、国 5 汽油标准生产的。

标准是世界通用技术语言，是科技成果、技术创新、知识产权转化为生产力的重要桥梁和纽带。

在秦始皇统一六国后，首先统一了文字、度量衡、道路，使这个由多民族形成的国家逐步融合，最终成为一个整体。之后，各个朝代从经济社会的方方面面，如朝拜、礼仪、田地划分、赋税缴纳等，特别是军用武器的生产制造，逐步制定了更加细化的标准。冶炼技术标准、活字印刷术标准和"车同轨、书同文、行同伦"是我国古代标准和标准化实施的典范。

以大工业为基础的近代工业标准化，极大促进了社会经济的快速发展。1907年，美国福特汽车公司按照标准化生产，提高了汽车生产效率，降低了汽车制造成本，促进了汽车工业的发展，汽车逐步走入寻常百姓家。以系统理论为指导的现代标准化和信息时代标准化，又一次实现了社会经济的跨越式发展。标准化的发展水平已经成为衡量一个国家、一个地区、一个企业、一个团体社会发展和现代文明程度的重要标志。

国家市场监督管理总局下属的国家标准化管理委员会是国务院授权的履行行政管理职能、全国标准化工作的主管机构。

2.1.1 国际标准化发展概况

2.1.1.1 国外标准化管理

世界上第一个国家标准化组织是英国工程标准委员会，在西方工业化发展进程中具有里程碑的作用，同时在标准化理论与实践的发展上为国际标准化的推进起到重要作用。目前，全世界已经有100多个国家和地区建立了标准化组织，如英国BSI、德国DIN、日本JIS、美国ANSI、法国NF、日本JISC等。

(1) 英国。英国标准协会（British Standards Institution，BSI）成立于1901年，当时称为英国工程标准委员会。经过100多年的发展，现已成为举世闻名的，集标准研发、标准技术信息提供、产品测试、体系认证和商检服务五大互补性业务于一体的国际标准服务提供商，面向全球提供服务。BSI目前在世界110多个国家和地区设有办事处或办公室，拥有员工5 500人，其中75%在国外。作为全球权威的标准研发和国际认证评审服务提供商，BSI倡导制定了世界上流行的ISO 9000质量管理体系等系列标准，在全球多个国家拥有注册客户，注册标准涵盖质量、环境、健康和安全、信息安全、电信和食品安全等领域。

BSI有5个业务部门，其中英国标准部是BSI的标准核心业务机构。BSI对内代表英国国家标准机构，通过与股东协作，制定标准和应用创新的标准化解决方案，满足公司和社会需求。BSI对外代表英国，确保英国对研发欧洲和国际正式标准的最大影响。作为世界上第一个国家标准组织，BSI管理着24万个现行的英国标准、2 500个专业标准委员会，参加标准委员会的成员多达23万人。BSI正在进行着7 000多个标准项目的研发。BSI制定标准的业务领域为：健康、电工、工程、材料、化学、消费品与服务、信息技术，同时在交通、建筑、风险业、环境可持续发展、电子商务、信息安全、质量管理等领域不断开拓。

(2) 德国。德国标准化学会（Deutsches Institut für Normung e. V.，DIN）是德国的标准主管机关，成立于1917年，总部设在柏林。起初是一家注册的民间组织，1975年DIN与联邦政府签订协议，成为政府认定的唯一一家国家级标准化权威机构，其任务是专门制定和颁布满足市场需求的标准，并在欧洲和国际标准化活动中代表德国。

DIN的标准超过15 000多种（英文），涵盖物理、工程、材料学等领域。所有标准在正式出版前都会先公布草案，供公众评审；公众意见会被一一审议，然后标准才会正式出版。已经出版的标准会持续修订至少5年。

通过有关方面的共同协作，为了公众的利益，DIN制定和发布德国标准及其他标准化工作成果并推广应用，以促进经济、技术、科学、管理和公共事务方面的合理化、质量保证、安全和相互理解。DIN标准每年为德国经济带来160亿欧元的收益，间接影响到经济增长的1/3；与专利权和特许权相比，标准对于商业成功具有更至关重要的意义。

(3) 美国。美国国家标准学会（American National Standards Institute，ANSI）成

立于1918年,是非营利性的民间标准化团体。美国国家标准学会并非政府机构或标准制定组织,但ANSI作为美国的正式代表,参加国际或区域性组织政策的制定,并在标准及合格评定程序方面与世界其他同类组织进行沟通和交流。这些组织包括:国际标准化组织(ISO)、国际电工委员会(IEC)、国际电信联盟(ITU)、太平洋地区标准大会(PASC)等。ANSI会员根据他们每个组织的定位不同,也与其他国外相关机构开展具体问题的合作与交流,ANSI对这些活动给予支持。

美国商务部、陆军部、海军部等部门以及美国材料试验协会(ASTM)、美国机械工程师协会(ASME)、美国矿业与冶金工程师协会(ASMME)、美国土木工程师协会(ASCE)、美国电气工程师协会(AIEE)等组织都曾参与ANSI的筹备工作。ANSI实际上已成为美国国家标准化中心,美国各界标准化活动都围绕它进行。ANSI使政府有关系统和民间系统相互配合,起到了政府和民间标准化系统之间的桥梁作用。

ANSI负责认可标准制定组织并批准其作为"美国国家标准",现有10 000多个国家标准。国家及国际标准制定组织自主选择是否接受ANSI的认可/批准(这在美国没有法律要求)。ANSI的认可及批准不保证美国的市场认可。单个用户也可自由选择最适合其需要的标准。ANSI的认可与批准不对标准的技术价值进行评估,仅对制定标准的程序进行评估。

(4) 法国。法国标准化协会(Association Francaise de Normalisation,AFNOR)是根据法国1901年法令于1926年成立的公益性非营利组织,并由政府承认和资助的全国性标准化机构。1941年5月24日,法国政府颁布法令,确认AFNOR为全国标准化主管机构,并在政府标准化管理机构——标准化专署领导下,按政府指示组织和协调全国标准化工作,代表法国参加国际和区域性标准化机构的活动。协会总部设在首都巴黎。

NF是法国标准的代号,1938年开始实行,其管理机构是法国标准化协会(AFNOR)。法国每3年编制一次标准制/修订计划,每年进行一次调整。法国标准分为正式标准(HOM)、试行标准(EXP)、注册标准(ENR)和标准化参考文献(RE)共4种。目前,法国标准有2万项左右,分为以下4个大类:(a)基础标准,涉及术语、方法、标记和标志等。(b)产品标准,规定了产品以及所要达到的性能要求。(c)试验方法和分析标准,用于测试这些性能。(d)管理和服务标准,涉及企业运行、联系以及服务活动的模式。

AFNOR代表法国于1947年加入国际标准化组织(ISO),又是欧洲标准化委员会(CEN)的创始成员。AFNOR在国际和区域标准化活动中做出了重要贡献。1979年7月,中国和法国签订了《中华人民共和国国家标准总局和法兰西共和国标准化专署标准化合作协议》,并将此协议纳入中法政府间科技合作协定。

(5) 日本。1921年4月,日本成立工业品规格统一调查会(JISC),开始有组织、有计划地制定和发布日本国家标准,总部设在首都东京。1929年该会代表日本参加国家标准化协会国际联合会(ISA)。1946年2月工业品规格统一调查会解散,并同时成立工业标准调查会。1949年7月1日日本开始实施《工业标准化法》,根据该法设立日本工业标准委员会(Japanese Industrial Standards Committee,JISC);1952年9月日本工业标准委员会代表日本参加国际标准化组织(ISO),1953年参加国际电工委员会(IEC)。

日本工业标准委员会的主要任务是组织制定和审议日本工业标准(JIS),调查和审议JIS标志指定产品和技术项目。它是经济产业省主管大臣以及厚生劳动、农林水产、国工交通、文部科学等省的主管大臣在工业标准化方面的咨询机构,就促进工业标准化问题答复有关大臣的询问和提出的建议,经委员会审议的JIS标准和JIS标志,由主管大臣代表国家批准公布。

2.1.1.2 国际标准化机构

国际标准化是指在国际范围内由众多国家、团体共同参与开展的标准化活动。随着贸易的国际化，不同国家彼此之间有着千丝万缕的联系，标准在国际贸易和全球经济一体化进程中扮演着重要角色。因此，各国政府都十分关注国际标准化的动向与发展趋势，积极参与各种国际标准化活动。

目前，世界上约有300个国际和区域性组织，制定标准或技术规则。本节重点介绍国际标准化组织（ISO）、国际电工委员会（IEC）和国际电信联盟（ITU）。

(1) 国际标准化组织。 1946年10月14日，奥地利、澳大利亚、比利时、巴西、加拿大、智利、中国、丹麦、芬兰、法国、匈牙利、印度、以色列、意大利、墨西哥、荷兰、新西兰、挪威、波兰、苏联、南非、瑞典、瑞士、英国、美国等25个国家标准化机构的代表在英国伦敦召开大会，决定成立新的国际标准化机构——国际标准化组织（International Organization for Standardization）。大会起草了ISO的第一个章程和议事规则，并认可通过了ISO章程草案。1947年2月23日，国际标准化组织正式成立，是目前世界上最大、最权威的国际标准化专门机构。ISO于1951年发布了第一个标准——工业长度测量用标准参考温度。

ISO的任务是促进全球范围内的标准化及其有关活动，以利于国家和地区间产品与服务的交流，以及在知识、科学、技术和经济活动中发展国际合作。它显示了强大的生命力，吸引了越来越多的国家参与其活动。"ISO"并不是International Organization for Standardization的缩写，其实，它是一个词，来源于希腊语，意为"相等"，用它作前缀的词，诸如"isometric"（尺寸相等）、"isonomy"（法律平等）等。从"相等"到"标准"，内涵上的联系使"ISO"成为该组织的名称。

ISO的主要功能是为制定国际标准达成一致意见提供一种机制。其主要机构及运作规则按照ISO/IEC技术工作导则执行。目前，ISO共有成员团体148个，其中正式成员97个，通讯成员36个，注册成员15个。它们各有一个主席和一个秘书处，秘书处是由各成员方分别担任，目前承担秘书处工作的成员团体有30个，各秘书处与位于日内瓦的ISO中央秘书处保持直接联系。目前ISO有标准约15 000个，其技术领域涉及信息技术、交通运输、农业、保健和环境等。

国际标准化组织确认并公布的其他国际组织有49个，与食品相关的有国际计量局（BIPM）、食品法典委员会（CAC）、世界卫生组织（WHO）、国际法制计量组织（OIML）、国际葡萄与葡萄酒局（OIV）、国际谷物科学和技术协会（ICC）、糖分析方法国际委员会（ICUMSA）、国际乳品联合会（IDF）、国际橄榄油理事会（IOC）、国际辐射单位和测量委员会（ICRU）、国际理论和应用化学联合会（IUPAC）、国际有机农业运动联合会（IFOAM）、世界知识产权组织（WIPO）、世界动物卫生组织（OIE）、国际制冷学会（IIR）、国际原子能机构（IAEA）等。

中国是ISO创始成员之一，也是最初的5个常任理事国之一。由于中华民国政府未按章交纳会费，1950年被ISO停止会籍。1978年9月中国以中国标准化协会名义参加ISO，1985年改由国家标准局参加，1989年又改由国家技术监督局参加。2001年机构改革后，国家标准化管理委员会代表中国参加该组织的活动。2008年中国成为ISO的常任理事国。中国香港是ISO通讯成员。

(2) 国际电工委员会。 国际电工委员会（IEC）成立于1906年，它是世界上成立最早的国际性电工标准化机构，负责有关电气工程和电子工程领域中的国际标准化工作。在1887—1900年先后召开的6次国际电工会议上，与会专家一致认为有必要建立一个永久性的国际电工标准化机构，以解决用电安全和电工产品标准化问题。1904年在美国圣路易召开的国际电工会议上通过了关于建立永久性机构的决议。1906年6月，13个国家的代表集会伦敦，起草了章程和议事规则，正式成立了国际电工委员会（International Electrotechnical Commission）。

1947年，国际电工委员会作为一个电工部门并入国际标准化组织（ISO），1976年又从ISO中分离出来。国际电工委员会的总部最初位于英国伦敦，1948年搬到了瑞士日内瓦。IEC标准的权威性是世界公认的。IEC每年要在世界各地召开100多次国际标准会议，世界各国的近10万名专家参与IEC的标准制定、修订工作。目前，IEC成员81个（正式成员60个，准会员21个），包括了绝大多数的工业发达国家及一部分发展中国家，这些国家拥有世界人口的97%，其生产和消耗的电能占全世界的95%，制造和使用的电气、电子产品占全世界产量的90%。1963年IEC标准只有120个，目前已制定了6 000多项国际标准，主要包括电力、电子和原子能方面的电工技术。

中国1957年参加IEC，1988年起改为以国家技术监督局的名义参加IEC的工作，现在是以国家标准化管理委员会的名义参加IEC的工作，是IEC理事局、执委会和合格评定局的成员，也是IEC的95个技术委员会（TC）和80个分委员会（SC）的成员。中国1990年和2002年在北京分别承办了IEC第54届和第66届年会。2011年10月28日，在澳大利亚召开的第75届国际电工委员会理事大会上，正式通过了中国成为IEC常任理事国的决议。IEC常任理事国为中国、法国、德国、日本、英国、美国。2018年10月22日至26日，国际电工委员会第82届大会在韩国釜山召开，时任国家电网董事长的舒印彪当选为国际电工委员会主席，任期为2020—2022年。

(3) 国际电信联盟。 1865年国际电报联盟成立，1934年更名为"国际电信联盟"。国际电信联盟（International Telecommunications Union）于1947年成为联合国的专门机构，也是联合国机构中历史最长的一个国际组织，简称"国际电联"或"ITU"，总部设在瑞士日内瓦。国际电联是主管信息通信技术事务的联合国机构。作为世界范围内联系各国政府和私营部门的纽带，国际电联以无线电通信标准化和发展电信展览活动为主，是信息社会世界高峰会议的主办机构。管理国际无线电频谱和卫星轨道资源是国际电联无线电通信部门（ITU-R）的核心工作。国际电联成员包括190多个成员国和700多个部门成员及部门准成员。每年的5月17日是世界电信日（World Telecommunication Day）。

中国于1920年加入国际电联，1932年首次派代表参加了在西班牙马德里召开的全权代表大会，签署了马德里《国际电信公约》。1947年在美国大西洋城召开的全权代表大会上第一次被选为行政理事会的理事国。中华人民共和国成立后，中国在国际电联的合法席位曾被非法剥夺。1972年5月国际电联行政理事会第27届会议通过决议恢复中国的合法席位。1986年，赵厚麟经中国政府推荐被国际电信联盟录用，到日内瓦国际电联任业务官员，负责国际电信联盟SG7（数据网络和开放系统通信）和SG8（远程发送器服务终端）的工作，他是国际电联电信标准化部和国际标准化组织、国际电气电子技术委员会及美国国家标准化组织、国际电气电子技术委员会联合技术委员会之间的协调人。第二年他被该组织聘为终身职员，是国际电联成立以来第一位被聘用的中国籍终身职员。1998年10月23日，赵厚麟以97票当选国际电信联盟电信标准化局局长；2010年，赵厚麟连任国际电信联盟副秘书长；2014年10月23日，在韩国釜山举行的国际电信联盟第19次全权代表大会上赵厚麟被选为新一届秘书长；2018年11月1日，国际电信联盟2018年全权代表大会第二次全会举行新一届秘书长选举，赵厚麟连任国际电信联盟秘书长。

世界标准日的庆祝始于1970年10月14日,ISO和IEC的成员联合庆祝世界标准日的决定是从1988年开始的。ITU从1993年开始同ISO和IEC一起联合发表世界标准日祝词。世界标准日已经成为世界标准化工作的重要动向性活动。

2.1.2 中国标准化发展概况

2.1.2.1 中国标准化管理

新中国成立以前,国民政府实业部于1931年制定了工业标准委员会简章,同年5月3日由行政院公布实施,并于12月正式成立了工业标准委员会。1940年改由全国度量衡局兼管标准事宜,成立了专门标准起草委员会4个,编写标准草案877个,并收集一批国外标准,1946年公布了标准法,同年派代表参加了国际标准化组织(ISO)成立大会并成为理事国。1947年全国度量衡局与工业标准委员会合并,成立了中央标准局,由经济部主管。截至1947年共编写标准草案1500多个,正式批准公布79个,代号为"CS"。

新中国成立后,1949年10月成立了中央技术管理局,设置标准规格处,当月批准了《工程制图》标准,这是新中国成立后发布实施的第一个标准。国家有关部门也制定了一些产品标准和进出口商品检验标准。1950年重工业部召开了首届全国钢铁标准工作会议,1952年发布了我国第一批钢铁标准,同期化工、石油、建材、机械等部门也开始发布标准。1955年成立国家技术委员会,下设标准局,开始对全国标准化工作实行统一领导。1958年国务院科学规划委员会与国家技术委员会合并为国家科学技术委员会,颁布了第一号国家标准,即GB 1—58《标准幅面与格式 首页、续页与封面要求》,同年,提出《编写国家标准草案暂行办法》,规定了标准的编写要求。当时主要是引进了一批苏联标准以解决大规模经济建设的急需,也结合我国实际制定了一批标准。1962年国务院发布了《工农业产品和工程建设技术标准管理办法》,这是我国第一个标准化管理法规。1963年召开全国第一次标准化工作会议,制定了1963—1972年标准化发展十年规划,确定32个研究院/所和设计单位为国家标准化核心机构;同年9月国家科学技术委员会批准成立了国家科学技术委员会标准化综合研究所;同年12月经文化部批准成立了技术标准出版社。到1966年颁布的国家标准有1 000项,这是我国标准化事业发展较快的时期,并积累了一定标准化工作经验;提出了"宽严适度、繁简相宜"等原则。1966—1976年"文化大革命"期间,标准化工作受到了极大的影响,仅仅发布国家标准400项。

1978年5月国务院批准成立了国家标准局,加强了对标准化工作的领导。十一届三中全会以后,为了适应科技进步和提高经济效益以及对外开放的需要,我国标准化事业进入了快速发展的轨道。1979年召开了第二次全国标准化工作会议,提出了"加强管理、切实整顿、打好基础、积极发展"的方针,同年7月颁布《中华人民共和国标准化管理条例》,该条例是在总结过去30年标准化工作经验的基础上,根据国家工作重点转移到社会主义现代化建设上来这一新形势工作要求和任务制定的,是1962年《工农业产品和工程建设技术标准管理办法》的继承和发展。

为了适应经济社会发展的需要,1988年在国家标准局和国家计量局的基础上,组建国家技术监督局,统一管理全国的标准化工作。第七届全国人民代表大会常务委员会第五次会议于1988年12月29日通过了《中华人民共和国标准化法》,并于1989年4月1日开始施行,标准化法的颁布对推进标准化体制改革,发展社会主义商品经济有着十分重大的意义。1990年4月6日国务院依据《中华人民共和国标准化法》制定发布了《中华人民共和国标准化法实施条例》,对标准化工作管理体制、标准的制定、强制性标准的范围等做了详细具体的规定,成为标准化法的主要配套法规。1995年国家技术监督局开始在全国建立农业标准化示范区。为了进一步强化质量管理职能，1998年国家技术监督局更名为国家质量技术监督局，负责全国的标准化、计量、质量、认证工作并行使执法监督职能。1999年中国标准研究中心成立，它是由原中国标准化与信息分类编码研究所、中国技术监督情报研究所和国家质量技术监督局质量管理研究所合并成立的，主要负责标准化、质量、商品条码、企事业单位代码的研究、咨询、服务和开发工作。

2001年国家质量技术监督局与国家出入境检验检疫局合并组建国家质量监督检验检疫总局，成立国家标准化管理委员会（国家标准化管理局）和国家认证认可监督管理委员会。国家标准化管理委员会是国家质量监督检验检疫总局管理的事业单位，是国务院授权履行行政管理职能，统一管理全国标准化工作的主管机构。其职能主要包括：负责制定国家标准化事业发展规划；负责组织、协调和国家标准的制/修订计划；负责国家标准的统一审查、批准、编号和发布；负责管理标准化研究经费。

国家标准化管理局（Standardization Administration of the People's Republic of China，SAC）代表中国参加 ISO、IEC 和 PASC 等国际和地区标准化组织活动的组织、联络、协调、管理工作。承担 ISO/IEC 中国国家委员会秘书处事务。负责管理中国国内各部门、各地区参与国际或区域标准化组织活动的工作。负责协调、组织中国国内标准化技术委员会和有关方面参加国际标准化活动（ISO/IEC 等）。承担中华人民共和国世界贸易组织/技术性贸易壁垒协议（WTO/TBT）国家通报咨询中心和中华人民共和国世界贸易组织/卫生与植物卫生措施协定（WTO/SPS）国家通报咨询中心的职责和任务。

2018年3月根据第十三届全国人民代表大会第一次会议批准的国务院机构改革方案，将国家工商行政管理总局的职责、国家质量监督检验检疫总局的职责、国家食品药品监督管理总局的职责、国家发展和改革委员会的价格监督检查与反垄断执法职责、商务部的经营者集中反垄断执法以及国务院食品安全委员会办公室、国务院反垄断委员会办公室等职责整合，组建国家市场监管管理总局，作为国务院直属机构，总局下设国家药品监督管理局、国家标准化管理委员会、国家认证认可监督管理委员会、国家知识产权局等。

2.1.2.2 中国标准化管理的三阶段

(1) 第一阶段（1949—1988）。实行计划经济体制和以计划经济为主、市场经济为辅的时期，标准化管理实行的是"政府主导、计划控制、强制实行"。标准均为强制性的。

(2) 第二阶段（1988—2001）。实行社会主义市场经济体制，1989年4月1日开始实施《中华人民共和国标准化法》，提出标准化工作的主要任务，我国标准化管理进入新的时期，形成比较完整的体系，在与国际标准化接轨方面取得很大的进步。提出了国家标准、行业标准、地方标准和企业标准四级标准体系，并将国家标准和行业标准分为强制性和推荐性标准。

(3) 第三阶段（2001年中国加入WTO之后）。建立市场经济条件下标准化管理体制，为适应WTO要求进行一系列改革，实施了技术标准战略，并在全国重要工业城市和国家杨凌农业产业示范区推行技术标准战略试点，对技术标准在新形势下的作用和地位认识十分深刻。如果说一个专利影响的只是一个企业，而一个技术标准影响的则是整个行业。制定技术标准的实质是制定竞争规则，目的是把握对市场的控制权。开始建立"政事分开、科学高效、统一管理、分工协作"的管理体制；建立"结构合理、层次分明、重点突出、面向国际"的标准体制；建立"面向市场、反应快速"的运行机制；形成"以企业为主、广泛参与、公开透明"的工作模式。提出了"提高、加快、接轨"的标准化工作任务目标。

"提高"是指国家标准、行业标准、地方标准、企业标准的技术水平要不断地提高。目前,从总体来看,四级标准技术水平偏低,这主要取决于我国经济、技术实力。

"加快"是指加快标准的制定速度,简化程序,缩短标准的制定周期。在市场经济条件下,产品生命周期缩短,产品开发速度也不断加快。标准也应与之相适应,更重要的是应加强贸易型标准的制定工作,拓展我国产品的国际市场。

"接轨"是指与国际接轨。全球经济一体化不可逆转,与国际接轨这个问题不解决,就会阻碍我国经济的发展,也会影响企业的竞争力。

随着标准化科学的发展,近几年来标准化不仅在技术领域发挥作用,而且在社会治理体系的建设过程中,也显得愈来愈重要。

2.1.3 标准化在市场经济体系中的战略地位

标准化的战略地位

进入21世纪,国外标准化工作发生了重大变化,在欧盟、主要发达国家和一些发展中国家,标准化工作由日常工作提高到国家战略地位。我们可以从以下8个方面去理解。

(1) 标准化与市场经济。 市场经济运行的机制主要依靠标准化。市场经济运行的主体是以企业为主的法人,通过法律法规来规范法人的活动是市场经济运行的有效准则。法律法规规定企业具有制定标准的权利和自主确定满足市场与用户需求的产品质量标准。企业采用的标准是判定假冒伪劣商品的依据。技术经济合同和纠纷仲裁的技术基础是标准。国家要对市场经济进行宏观调控,标准化手段是必不可少的有效途径。在政府实行宏观调控中,标准化发挥着重要作用。

(2) 标准化与市场竞争。 食品安全水平的高低取决于食品安全标准水平。要确保食品安全水平就必须以标准化为起点。"三流企业卖产品,二流企业卖技术,一流企业卖专利,超一流企业卖标准"已经成为社会经济发展的大格局,标准铸就品牌,质量赢得市场,是企业直面市场的战略选择。

(3) 标准化与市场准入。 2003年7月国家质量监督检验检疫总局制定了《食品质量安全市场准入审查通则》,要求进入市场的食品必须有"QS"标志,也就是食品生产许可证制度(2015年修订的《食品安全法》实施后,食品生产许可证标志由"QS"修改为"SC")。食品是否可以进入市场的关键就是标准,同时在市场准入中对原辅料、包装材料以及食品标识等也提出相应的要求。如原辅料应符合相应的国家标准、行业标准及有关规定,用水应符合GB 5749—2006的要求;产品质量应符合相应标准规定的要求;包装材料应符合国家有关法律法规及强制性标准的要求;食品标识标签应符合国家有关法律法规和GB 7718—2011、GB 28050—2012等标准的规定。

(4) 标准化与技术创新。 创新是人类社会发展的动力之源,一个国家的创新能力已经成为一个国家综合国力的象征,建设创新型国家是我国实现社会经济跨越式发展和建成小康社会的重要支撑。科技创新能力是一个企业、一个国家最重要的竞争力。没有科技创新,一个企业、一个国家就不可能发展。技术创新的主体是企业,技术创新成果并不是最终目标,创新成果要推广、要转化为现实的生产力,就必须首先把创新成果转化为标准。也就是说,新技术、新产品、新工艺等新成果要转化为现实的生产力,就必须制定新标准,否则,再好的产品和技术也难以在市场上出现。我国国家标准、行业标准、地方标准一般要求5年修订一次,企业标准一般3年修订一次,其修订依据就要吸收最新的技术创新成果。没有一流的标准,企业不可能做大做强。

(5) 标准化与企业管理。 质量管理的进化一般分为以下4个水平:

① 检验级水平,对产品把关的管理,按照产品质量标准检验。

② 保证级水平,对过程实施控制的管理,如ISO 9000质量管理体系、从"农田到餐

桌"的绿色食品生产管理。

③ 预防级水平，对所有相关过程实施预防控制管理，如六西格玛管理、零缺陷管理、HACCP 体系、ISO 14000 环境管理标准体系、GB/T 28000 职业健康安全管理体系标准等。

④ 完美级水平，系统性的预防，提高组织的整体绩效，为顾客和相关方创造价值的管理——卓越绩效管理、标准化良好行为，如企业标准体系建设（技术标准体系、管理标准体系和工作标准体系）。

上述 4 个水平都与标准化管理息息相关，也随着标准化管理水平的发展而提高。

标准化管理是现代企业管理制度形成的核心，无论是跨国大公司还是生产单一产品的小公司，没有实行标准化管理，企业就谈不上现代企业制度。在新一轮经济发展时期，从量的扩张到质的提高，提升标准化管理水平成为刻不容缓的课题。

(6) 标准化与 WTO。 WTO 对合格评定有专门的要求，合格评定与标准化是紧密联系的两项活动。WTO 成员间的贸易绝大多数需要进行合格评定。也就是说，合格评定是产品进入全球经济大循环的重要条件或者叫"通行证"，一个好产品没有进行合格评定很难在市场上站稳脚跟，也无法与其他通过合格评定的产品竞争。合格评定如 ISO 9000 质量管理体系认证、ISO 14000 环境管理体系认证、HACCP 体系认证、ISO 22000 食品安全管理体系认证、实验室认证、计量认证、GMP 认证、SA 8000 认证、GAP 认证、绿色食品认证和有机产品等认证都与标准直接相关。

技术贸易壁垒，如检验程序和检验手续、绿色技术壁垒、计量单位、卫生防疫与植物检疫措施、包装与标识标准等，都与标准化有着内在必然的联系。

可见，在市场竞争中，作为市场竞争主体的企业，谁掌握市场化了的先进科技，并优先标准化，谁采用和贯彻了国家标准、国外先进标准或国际标准，谁就会在市场竞争中赢得主动；谁优先按照合格评定规则和程序进行了合格评定，证明与国家标准、国际标准和国外先进标准符合，特别是被目标市场所采用和承认，谁就会在市场竞争中赢得先机。

(7) 标准化与知识产权。 广义的知识产权包括一切人类的智力创作成果。狭义的知识产权则只包括版权与工业产权两部分。各国目前都认可狭义上的知识产权。

标准化与知识产权的结合源于标准化和知识产权本身的性质，以及知识产权在现代科技发展中的重要性的不断凸显和标准化对市场影响力的不断提升。

新技术的掌握者大多寻求知识产权保护自己的新技术，而且一项尖端技术往往包含多个知识产权，要将该技术推向商业化就必须获得多次授权。这种现象美国学者称为"专利灌丛"。标准来源于科学技术和实践经验，因此，在标准的制定实施过程中也会出现类似的专利灌丛问题。

如果某项知识产权被纳入某标准中，这就意味着参与其中的所有成员都会使用该项知识产权，其前提是获得该知识产权人的许可授权，从而扩大了知识产权的授权范围，增加了授权的力度。尤其是在国际标准中，被纳入标准的知识产权在对外许可上容易获取一定的优势。结合方式包括：

① 技术标准的技术要素包含对某种产品功能的规定或者指标要求，而专利技术则是实现该技术的具体技术方案。

② 标准的技术要素涉及产品的某些特征，而专利是实现这些特征的技术手段。

③ 标准的技术要素包含专利技术的全部特征，此时技术要素的字面内容即构成一项完整的专利技术方案。离开专利技术，标准的技术要素就无法实现。

(8) 标准化与国家治理体系。 2019 年 10 月 31 日中国共产党第十九届中央委员会第四次全体会议通过了《关于坚持和完善中国特色社会主义制度 推进国家治理体系和治理能力现代化若干重大问题的决定》,提出:"坚持和完善中国特色社会主义制度、推进国家治理体系和治理能力现代化的总体目标是,到我们党成立一百年时,在各方面制度更加成熟更加定型上取得明显成效;到二〇三五年,各方面制度更加完善,基本实现国家治理体系和治理能力现代化;到新中国成立一百年时,全面实现国家治理体系和治理能力现代化,使中国特色社会主义制度更加巩固、优越性充分展现。"要建设高标准市场体系,完善公平竞争制度,全面实施市场准入负面清单制度,改革生产许可制度,健全破产制度。强化竞争政策基础地位,落实公平竞争审查制度,加强和改进反垄断和反不正当竞争执法等,新修订的《标准化法》将标准范围从工业领域扩大到农业、工业、服务业以及社会事业等领域需要统一的技术要求,可见标准化在国家治理体系现代化建设中具有重要的作用。

2.2 标准化科学概论

2.2.1 标准化方法原理

标准化方法原理

GB 13745《学科分类与代码》将标准化科学技术——标准化学定位为工程与技术科学基础学科中的二级学科(代码为410.50)。标准化作为一门学科,毫无疑问应该有它自己的方法原理和发展规律。标准化方法原理的形成是长期的标准化工作和实践经验的高度概括,反过来它又用来指导人类社会的标准化活动。国际标准化组织在1972年出版了桑德斯(T. R. B. Sanders)著作的《标准化目的与原理》,提出了标准化7条原理,这7条原理主要是围绕着标准化的目的和作用以及标准的制/修订工作来阐述的。日本政法大学松浦四郎教授在《工业标准化原理》一书中,对简化的理论和方法进行了深入研究,提出了19项原理。1974年我国标准化工作者在总结机械工业标准化实践经验的基础上,提出了"相似设计原理"和"组合化原理"等。经过国内外标准化工作者的不断探索和实践,形成了目前比较公认的标准化最基本的方法原理。

2.2.1.1 简化原理

简化就是在一定范围内缩减标准化对象(事物)的类型数目,使在一定的时间内满足一般需要的标准化形式和方法要求。简化一般是在事后进行的,也就是事物的多样化已经发展到一定的规模以后,才对事物的类型数目进行缩减。标准化的简化原理(predigesting principles)可以概括为,具有同种功能的标准化对象,当多样性的发展规模超出了必要的范围时,即消除其中多余的、可替换的、低功能的环节,保证其构成的精炼、合理,并使整体功能最佳。

(1)简化的客观需要。在生产领域,由于科学、技术、竞争和需求的发展,产品的种类急剧增加。这种产品(商品)越来越多样化的趋势是社会生产力发展的表现,一般来说是符合人们愿望的。但是,在商品经济社会里,在市场经济竞争环境下,这种多样化的趋势不可避免地存在着盲目性,是对社会资源和生产力的一种浪费。如果不加以控制,就会出现多余的、无用的和低功能的产品品种或规格。通过简化这种自我调节、自我控制的标准化方式来抑制产品的过度膨胀是客观需要。

(2)简化的一般原则。简化的实质是对客观事物的构成加以调整,并使之最优化的一种有目的的标准化活动。因此,必须遵循标准化原理和一般的要求:

① 对客观事物进行简化时,既要对不必要的多样性加以压缩,又要防止过分压缩。

② 对简化方案的论证应以确定的时间、空间范围为前提。

③ 简化的结果必须保证在既定的时间内满足一般需要,不能因简化而损害用户和消费者的利益。

④ 对产品的简化要形成系列,其参数组合应尽量符合标准数值分级规定。

简化的应用领域十分广阔,就产品的生产过程而言,构成产品系列的品种、规格、工艺等均可作为简化的对象。在管理活动中如语言(包括计算机语言)、文字、符号、图形、编码、程序、方法等都可以通过简化防止不必要的重复,以提高工作效率。

2.2.1.2 统一原理

统一是标准化的基本形式,人类的标准化活动是从统一开始的。统一原理(unifying principles)是指在一定范围、一定时期和一定条件下,对标准化对象的形式、功能或其他技术特性确定的一致性,应与被取代的事物功能等效。统一的目的是确立一致性,是标准化活动的本质和核心。统一性的一般原理如下:

① 等效是统一的前提条件,只有统一后的标准与被统一的对象具有功能上的等效性,才能替代。

② 统一要先进、科学、合理,也就是说要有度。统一是有一定范围或层次的,因此,确定标准宜制定成哪一类标准,是国家标准、行业标准还是地方标准,决定着标准水平和先进性,也就是标准技术水平的高低。

③ 统一要适时进行。过早统一,有可能将尚不完善、不稳定、不成熟的类型以标准的形式固定下来,这不利于科学技术的发展和更优秀的类型出现;过迟统一,当低效能类型大量出现并形成定局时,要统一就比较困难,而且要付出一定的经济代价。

④ 统一又分为绝对统一和相对统一。绝对统一不允许有灵活性,如编码、代号、标志、名称、单位等。相对统一是出发点和总趋势统一,这种统一具有灵活性,可以根据情况区别对待。例如,产品质量标准虽对产品质量指标做了统一规定,但标准技术指标却允许有一定的灵活性,如分等分级规定、技术指标上下限值、公差范围等。

2.2.1.3 协调原理

协调原理(harmony principles)是在一定的时间和空间内,使标准化对象内外相关因素达到平衡和相对稳定的原理。在标准系统中,协调标准内部各要素的相互关系,协调一个标准系统中各相关标准间的相互关系,以标准为接口协调各部门、各专业、各环节之间的相关技术的相互关系,从而解决各有关连接和配合的科学性和合理性。协调性的一般原理如下:

① 标准内部系统之间的协调。例如,在工程设计中对有关基本参数、几何图形、外部因素都要建立合理的关系,形成一组最佳参数,使设计的产品在满足使用要求的前提下,达到整体功能最佳。

② 相关标准之间的协调。例如,农产品质量安全标准涉及农产品的种子、栽培技术措施、病虫害防治以及生产环境等方面。应从最终产品质量要求出发,对各个环节或要素规定必要的要求,从而保证所有相关标准的标准系统之间的整体功能最佳。

③ 标准之间的协调。例如,集装箱运输标准化就涉及公路、铁路运输系统和海运以及空运系统的标准化问题,集装箱的外形大小和质量等参数受不同运输系统的制约,只有相互协调统一,才能发挥集装箱的整体运输优势,产生巨大的经济效益和社会效益。

2.2.1.4 优化原理

优化原理(optimizing principles)是指按照特定的目标,在一定的限制条件下,对标准系统的构成因素及其相互关系进行选择、设计或调整，使之达到最理想的效果。优化原理包括以下具体内容：

① 标准化对象应在能获得效益的问题（或项目）中确定，没有标准化效益问题（或项目），就没有必要实行标准化。

② 在能获得标准化效益的问题中，首先应考虑能获得最大效益的问题。

③ 在考虑标准化效益时，不只是考虑对象的局部标准化效益，而应该考虑对象所依存主体系统即全局的最佳效益，包括经济效益、社会效益和生态效益。

一般常用的优化方法有：加权系数法、费用效果分析法、成本价格分析法等。

标准化的原理不是孤立存在的、独立地起作用的，他们相互之间不仅有着密切的联系，而且在实际应用中是相互渗透、相互依存的，形成一个有机整体，综合反映了标准化活动的规律。

2.2.2 标准的种类

关于标准的种类，不同研究者从不同目的和角度出发有不同的分类方式，分类方法也不尽一致。依据李春田《标准化概论》（第五版）对标准分类和有关标准化资料，按照标准的宗旨、功能、作用以及标准形式等，我们将标准进行如下划分。

标准种类

思考：为什么国家要设立团体标准，其目的和意义是什么？

2.2.2.1 按级别与范围分类

按新修订的《标准化法》第二条规定，标准按级别与范围可分为国家标准、行业标准、地方标准、团体标准和企业标准五大类。《标准化法》第十三条规定，地方标准可以分为省级地方标准和设区的市级地方标准。如陕西省地方标准、咸阳市地方标准。

从标准的法律级别上来讲，国家标准高于行业标准，行业标准高于地方标准，地方标准高于团体标准和企业标准。从标准的内容上来讲，一般团体标准和企业标准的某些技术指标应严于地方标准、行业标准和国家标准。

截至 2020 年 3 月底，我国已批准发布强制性国家标准 2 028 项，其中非采标 1 387 项，采标 641 项。推荐性国家标准 35 744 项，其中非采标 22 793 项，采标 12 951 项。农业行业标准 4 594 项，地方标准 22 700 多项。全国有 2000 多个团体，发布团体标准 13 229 多项，其中食品和食品相关产品标准 2 238 项。

2.2.2.2 按性质与约束力分类

按标准的性质来分类，国家标准分为强制性标准、推荐性标准，行业标准、地方标准是推荐性标准。强制性标准必须执行。国家鼓励采用推荐性标准。

国家强制性标准的代号是"GB"，字母"GB"是"国标"两字汉语拼音首字母的大写；国家推荐性标准的代号是"GB/T"，字母"T"表示"推荐"的意思。推荐性地方标准的代号，如陕西省地方标准的代号为"DB61/T"。

推荐性标准本身并不要求有关各方遵守该标准，但在下列一定的条件下，推荐性标准可以转化成强制性标准，具有强制性标准的作用：(a) 被行政法规、规章引用；(b) 被合同、协议引用；(c) 被使用者声明其产品符合某项推荐性标准。

就标准的使用范围来分类，还有国际标准如 ISO、IEC、ITU、CAC、OIV、IDF 等；区域标准如欧洲标准化委员会（CEN）标准，太平洋地区标准会议（PASC）标准，独联体跨国标准化、计量与认证委员会（EASC）标准，泛美标准委员会（COPANT）标准，非洲地区标准化组织（ARSO）标准，阿拉伯标准化与计量组织（ASMO）标准等。

2.2.2.3 按具体内容分类

就食品安全国家标准而言,按照内容可把标准分成4个类型:

(1) 基础标准。主要包括食品致病菌限量、食品污染物限量、农药残留限量、兽药残留限量、添加剂和营养强化剂使用、食品标签标准和食品包装材料添加剂使用等。

(2) 食品产品标准。主要包括食品原料及产品、营养与特殊膳食类产品、食品添加剂和食品相关产品(如洗涤剂、食品包装材料、奶嘴)等。

(3) 规范标准。主要包括食品生产卫生规范、食品经营卫生规范、食品添加剂生产卫生规范、食品相关产品生产卫生规范、餐饮服务操作卫生规范等。

(4) 检验方法与规程。主要包括食品理化检验方法标准、食品微生物检验方法标准、毒理学检验方法与评价程序等。

2.2.2.4 按信息载体分类

按标准提供信息的载体方式可分为两类:

(1) 用文字表达的标准。称为标准文件,主要包括标准、技术规范、技术规程、指南、ISO技术报告(ISO/TR)、国家标准化指导性技术文件(GB/Z);ISO/TR是指ISO提供信息的文件,与GB/Z具有相似的性质,均可以理解为一种特殊的推荐性标准。

(2) 实物标准。包括各类计量标准器具、标准物质、标准样品,如农产品、面粉质量等级的实物标准等;标准样品是食品行业采用的实物形式的标准,按照其权威性和适用范围分为内部标准样品和有证标准样品(有证标准物质)。

2.2.2.5 按标准对象和作用范围分类

按标准对象和作用范围可以分成三大类:

(1) 技术标准(technical standard)。对标准化领域中需要协调统一的技术事项所制定的标准称为技术标准。技术标准是企业标准体系的主体,是企业组织生产、技术和经营、管理的技术依据。

技术标准是一个大类,可以分成基础技术标准、产品标准、工艺标准、检验测试标准、设备标准、原料标准、半成品标准、安全卫生标准、环境保护标准等。技术标准均应在标准化法律法规等的指导下形成。

(2) 管理标准(administrative standard)。对标准化领域或者企业标准化领域中需要协调统一的管理事项所制定的标准称为管理标准。管理标准主要是对管理目标、管理项目、管理程序和管理组织所做的规定。

管理标准也是一个大类,可以分成管理基础标准、技术管理标准、经济管理标准、行政管理标准、安全管理标准、生产经营管理标准等。对于企业来讲,管理事项主要包括企业管理活动中所涉及的经营管理、设计开发管理与创新管理、质量管理、设备与基础设施管理、人力资源管理、安全管理、职业健康管理、环境管理、信息管理等与技术标准相关的重复性事物和概念。

(3) 工作标准(duty standard)。对标准化领域或者企业标准化领域中需要协调统一的工作事项所制定的标准称为工作标准。工作标准是对工作责任、权利、范围、质量要求、程序、效果、检查方法、考核办法等所制定的标准。

工作标准也是一个大类,可以分成决策层工作标准、管理层工作标准和操作人员工作标准。在决策层工作标准中,又可以分成最高决策层人员工作标准和决策层人员工作标准两类。在管理层工作标准中,又可以分成中层管理人员工作标准和一般管理人员工作标准两类。在操作人员工作标准中，又可以分成特殊过程操作人员工作标准和一般人员（岗位）工作标准两类。

2.2.2.6 按制定标准的宗旨分类

在市场经济条件下，按照制定标准的宗旨来分，可将标准分为两个大类：一类是为全社会服务的公共标准；另一类是为本组织服务的私有标准。前者简称公标准，后者简称私标准。

(1) 公标准。公标准是动用公共资源制定的标准，其宗旨是维护公共秩序，保护公共利益，为全社会服务。公标准具有以下特点：

① 动用公共资源：公标准是动用公共资源和用纳税人的钱制定的标准。

② 公共利益：追求的是公共利益，这是公标准不变的宗旨，要有效保护消费者的利益，增进标准的科学性和可行性，任何的偏离就会直接影响公标准的公信力和权威性，甚至损害国家政府形象。

③ 标准规定受法律保护：公标准是依据国家法律法规制定，由政府组织按照特定的程序制定，并由政府行政部门批准发布实施。

④ 避免倾向性和不公正性：所有公标准的形成过程必须公开、透明，并接受纳税人和社会的监督，避免并杜绝标准的倾向性和不公正性。

从以上特点来看，公标准主要是与产品安全（食品安全）与设计、环境保护、人身财产健康等有关的标准。国家标准（食品安全国家标准）、行业标准和地方标准均是动用公共资源制定的，属于典型的公标准。

(2) 私标准。私标准是由非公共资源转化的标准，具有独占性，具有知识产权的属性。其宗旨是为本组织的利益服务，如提高本组织的竞争力，获得最大利益等。私标准具有以下特点：

① 非公共资源：利用非公共资源制定的标准属于一个独立的经济组织，其主要宗旨是为本组织的市场竞争服务，这是市场经济的特征在标准领域的体现。

② 独占性和专有性：私标准具有知识产权的性质，也就是独占性和专有性，企业通过技术创新将组织的发明、创造、技术秘密、专利等内容纳入本组织的各类标准之中，使标准成为本组织的技术载体，并不断转化为现实的生产力。

③ 具有不公开性：私标准通常具有不公开性，它是本组织的技术机密，也是本组织独占资源，具有不公开性和不可侵犯的性质。

④ 独立支配权利：私标准在遵守国家有关法律法规的前提下，其如何制定，规定什么，不规定什么，采取什么样的形式等，均有该组织决定，以体现在市场经济条件下经济组织对标准的独立支配权利。

通常企业标准（包括产品标准、工艺技术、技术配方、生产技术规程、内部质量措施、包装设计等）均为私标准。而把标准分为公标准和私标准，有利于严格区别不同宗旨标准的差异性，维护公标准的公益性和私标准的独占性与专有性，避免公私不分。对公标准和私标准采取同样的管理就会影响私标准的独占性和专有性，不利于技术创新。与此同时，在标准化理论和法制建设过程中对公标准和私标准分别加以研究，就会得出不同标准的发展规律及其相互关系。

2.2.3 标准化过程

2.2.3.1 何谓过程

任何事情都需要一个过程，在现实生活中我们不管做什么事情，结果固然重要，但是最重要的应该是过程，只有了解过程才能真的知道这件事该怎么去做。"过程"是人们常用的概念之一，通常认为"过程是事物发展所经过的程序或阶段"。所有的工作和活动都是通过过程来完成的，但不同学科、不同领域的学者对过程这一概念的认识和理解也存在着一定的差异。

在经济学中，"过程"的目的就是为了增值，不增值的过程没有意义。经济学对过程定义是将输入转化为输出的系统。在经济活动中，任何一个过程都有输入和输出，输入是实施过程的基础、前提和条件；输出则是过程完成的结果；输入与输出之间是增值转换的关系，为了实现输入和输出之间的增值转换就要投入必要的资源和活动。

GB/T 19000—2016/ISO 9000：2015《质量管理体系 基础和术语标准》中 3.4.1 条把"过程"（process）定义为：利用输入实现预期结果的相互关联或相互作用的一组活动。

标准化过程

> 注1：过程的"预期结果"称为输出，还是称为产品或服务，随相关语境而定。
> 注2：一个过程的输入通常是其他过程的输出，而一个过程的输出又通常是其他过程的输入。
> 注3：两个或者两个以上相互关联和相互作用的连续过程也可作为一个过程。
> 注4：组织通常对过程进行策划，并使其在受控条件下运行，以增加价值。
> 注5：不易或不能经济地确认其输出是否合格的过程，通常称之为"特殊过程"。
> 注6：这是 ISO/IEC《导则 第1部分 ISO 补充规定的附件 SL》中给出的 ISO 管理体系标准中的通用术语及核心定义之一，最初的定义已经被改写，以避免过程和输出之间循环解释，并增加了注1至注5。

为了使组织有效运行，就必须识别和管理许多相互关联和相互作用的过程。通常，一个过程的输出将直接成为下一个过程的输入。系统地识别和管理组织所应用的过程，特别是这些过程之间的相互作用，称为"过程方法"。在组织的质量管理体系中，将顾客的意见和要求作为质量管理体系的输入，进而将输入转换为生产和服务的策划以及产品和服务的要求，最终以产品或服务的形式输出，它所采用的所有与质量有关的过程都起始于顾客并终止于顾客。过程方法的优点是对诸过程的系统中单个过程之间的联系以及过程的组合和相互作用进行连续的控制，使系统的功能保持最佳。

可见，依据过程发展的内在规律及其相互关系，识别、管理和控制过程是确保产品或服务质量的关键。过程的控制就是控制过程的输入、转换和输出，以及过程所需要的资源。控制的目的是要使之增值，或者使输出的产品价值更高，或者使输出的信息更有意义。过程方法最常用是 PDCA 循环：P（plan，计划），根据顾客的要求和组织的方针，为提供结果建立必要的目标和过程；D（do，实施），实施过程；C（check，检查），根据方针、目标和产品要求，对过程和产品进行监视和测量，并报告结果；A（action，处置），采取措施，以持续改进过程业绩。

2.2.3.2 标准化活动过程

(1) 标准化活动的特点。初期标准化活动重点关注的是标准化活动的结果，而对影响标准化活动的过程因素，也就是过程标准涉及的甚少。例如，在食品加工业仅注重产品质量标准，而对原料标准、加工技术规程、加工厂卫生规范、食品添加剂、包装、贮存与运输等缺乏系统的过程标准。发展绿色食品提出的"从农田到餐桌"的全程质量控制，就是过程标准在绿色食品中的具体体现，过程标准（process standard）是指规定过程应满足的要求以确保其适用性的标准。

实际上标准化活动不是一个孤立的活动过程，它与科技发展、生产实践和管理（人力资源管理、行政管理、财务管理、生产技术管理、食品安全与质量管理）等直接相关，并存在着科学、有机的内在必然联系。标准化活动在与其他社会实践活动相结合的过程中，其最重要的功能就是总结实践经验，把这些经验通过新的标准规定下来，并加以推广应用，在推广应用中又要将相关信息反馈，并为下一次标准修订提供科学依据。所以，任何一项活动过程，从实践经验的总结，到经验的规范形成与推广应用，是标准的制定、实施、修订、再实施等过程，是一个"将输入转化为输出"的循环上升活动过程，见图2-1。每完成一次循环，标准化对象就发展、完善一次，标准化水平也就提高一步，前后两次制/修订标准的时间间隔就是标准的年龄，简称"标龄"。

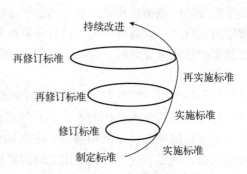

图2-1 标准化活动循环上升示意

标准化活动是一个建立规范的活动，标准是标准化活动过程的产物（成果）。标准化的作用和目的必须通过标准的实施来体现，也就说制定的标准只有通过其有效地实施，才会发挥标准应有的效益。可见，制定标准、组织实施标准和对标准的实施进行监督是标准化的主要任务和主要活动内容。与其他活动相比，标准化最根本的区别是：标准化是一项有目的和有组织的活动过程，且这个活动过程不是一次完成的，而是一个反复循环、螺旋式上升的运动过程。

标准化活动的目的：获得最佳秩序，促进最佳共同效益；消除或减少贸易壁垒；促进科技交流，为技术发展提供平台。

标准化活动始终是一个有组织的活动，这个组织就是不同领域、不同专业、不同行业（团体）的标准化组织、国家标准化组织和国际标准化组织。

(2) 标准化活动过程的阶段与模式。关于标准化活动过程的阶段和模式，不同学者有着自己独到见解，最具有代表性的就是李春田教授提出的三个阶段、等边三角形模式和标准化金字塔模式，以及洪生伟教授提出的四个阶段和倒四面体模式。无论几个阶段，还是什么模式，都符合"信息反馈、持续改进"大原则。在这里我们分别加以介绍，以便深刻认识和把握标准化活动过程的本质。

① 三个阶段、等边三角形模式和标准化金字塔模式。尽管标准化的过程模式是多种多样的和可变的，但还是有规律可循的。标准化过程通常包括许多阶段或子过程，其中最关键的是3个互相连贯的阶段（子过程）。

第一，标准的产生阶段。这是标准化过程中重要的子过程。由于标准化对象不同，这个过程所包含的活动内容也不同。一般包括：制订计划（立项）、起草标准、征求意见、审查、批准发布等标准生成阶段和标准发行、复审、废止或修订等后续阶段。

为了规范国际标准的产生过程，ISO和IEC发布了专门的导则性文件。我国还依据该导则制定了相应的国家标准（GB/T 1.1—2020），以规范国家标准的制定程序（GB/T 16733—1997）。应该说标准化过程中这个阶段的工作内容是清楚和明确的，如国家食品安全标准，既是政府资源投入的重点，也是消费者关注的焦点。这个阶段发生的问题，有程序性的（如参与标准制定人员的代表性不够、征求意见范围小、审查组成员结构不合理等），适时性的（是否需要），但更多的是实质性的，即标准的适用性、可行性、先进性方面的问题。产生这些问题的原因，与制定标准的目的不明确、调研不充分、信息不公开、信息转换失误等主客观因素有关。

第二，标准的实施阶段。标准的实施过程包括哪些具体内容，没有统一的规定，通常有标准的宣贯执行和监督检查等。但对于较为重大且涉及面广的标准，如食品安全国家标准等，应根据实际情况做到有组织、有计划地实施。对于不同类型的标准由相关技术组织和管理机构负责宣贯,如我国强制性标准的实施是《产品质量法》《标准化法》《食品安全法》等法律赋予其特殊的地位,依靠政府管理部门强制性的监督检查来推动。企业标准依靠企业自身来宣贯执行。对于推荐性标准的实施尚无有效措施,企业采取自愿的原则。在这一阶段出现的问题主要有:不认真、不主动、缺乏验证等"轻视实施"问题,直接影响标准效益的发挥和安全性保障。

在工业发达国家,标准都是推荐性的,其实施的推动力,一方面来自标准本身的科学性产生的信任,另一方面来自产品认证。

第三,标准的信息反馈阶段。信息反馈是标准化过程的最后一个环节,是当前过程的终结,同时又是下一个过程的开始,它总结了前一个过程的经验和问题,并依据客观环境的新变化和新要求,提出标准修订的新目标,这是标准化过程永不止息的动力,也是标准化过程循环上升的必然选择。标准化信息反馈功能越差,标准中积累的问题就越多,标准落后的速度就越快,标准的实用性便越差、威信就越低。哪一类标准的信息反馈中断,那么其标准化过程也就中断,如果标准失去了改进的信息,便会走向老化、僵化,失去存在的意义。

上述标准化过程的3个阶段,可以看作是3个子过程。它们之间的关系以及各自的地位、作用,可以用一个等边三角形来表示,见图2-2。

在图2-2中,AB为标准产生子过程,BC为标准实施子过程,CA为信息反馈子过程,$ABCA$为标准化基本过程。标准化的过程模式之所以用等边三角形,其含义是这3个子过程是同等重要的,不存在哪个重要哪个不重要的问题。等边三角形又是一个稳定性好的图形,标准系统也需要稳定,稳定才能发挥其功能,如果这3个子过程中,有一个功能不足或不能满足总过程的要求,势必破坏系统的稳定,妨碍系统功能的发挥。标准化三角形的3个边互相衔接,构成一个完整的闭路循环过程,从而开辟了标准化过程的信息通道。

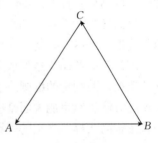

图2-2 标准化活动基本过程示意

标准化三角形反映的是标准化的基本过程,当基本过程结束时,第2次$ABCA$循环就开始了。第2次循环的终点又是第三次循环的起点。标准化就是在这种不断循环中一步步向前发展的,它的发展轨迹是无数个不断迁升的三角形,它的发展模式就构筑成标准化金字塔,见图2-3。

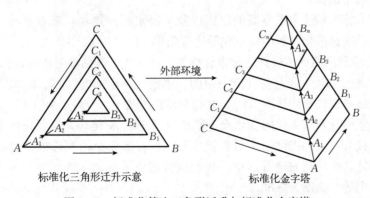

标准化三角形迁升示意　　　标准化金字塔

图2-3 标准化等边三角形迁升与标准化金字塔

标准化等边三角形从初始的$ABCA$循环,向下一个以及此后的一系列循环的过渡方式叫迁升。迁升的含义是这种过渡具有跳跃式发展的特征。就是说,当标准重新制定或修订后，这个新标准具备新的功能，并与变化着的环境相适应，从而标准的水平也就提高了一步。迁升，有时是量的积累，有时是质的飞跃。若干次量的积累也形成质的飞跃，因此，迁升的实质是质的飞跃。标准化发展过程呈现的阶段性就是迁升的表现。

不论是标准还是标准系统，它必须处于稳态才能发挥其功能。因此，它的每一个 ABCA 循环都是处于稳态（静态）的。保持这种稳态是标准系统控制的重要任务。不仅要及时排除影响系统稳定和系统功能发挥的各种干扰，而且从着手建立系统时就要力求稳定（如不制定短命标准）。标准系统持续稳定的时间越长，标准化成本越低，对相关系统的干扰就越小，社会效益也就越好。

但是标准系统不可能永远稳定，因为它不是一个孤立系统，它自身的稳定性受诸多因素的影响。当经济的发展、技术的进步、市场的变化以及标准需求方的要求，原有的标准或系统不能适用时，如果标准系统不依据环境的要求及时应变的话，这个系统要么失效（自愿性标准），要么产生负效应（强制性标准）。标准系统控制的又一重要任务，就是当出现这种变化时，或者当已经预见到这种趋势时，即应组织标准修订或对标准系统进行调整，这就是迁升发生的原因。

标准化金字塔是标准化等边三角形迁升的结果，是标准化发展过程和发展方向的形象化模型。金字塔不仅能形象地表达标准化等边三角形迁升的过程，而且还能形象地表达迁升的结果：标准的不断改进和标准水平的不断提高。

提高标准水平是长期以来标准化工作追求的主要目标，而在什么是标准水平、如何衡量标准水平以及如何提高标准水平等问题上存在着各式各样的解释，其中占主导的是用标准涉及的产品、过程或服务的特性值的多少和特性值的高低，作为判定标准水平高低的依据，而判定的准则或参照系则是其他国家的标准或国际标准。这种用特性值简单对比的方法虽然也能说明某些差距或问题，但这样做容易产生"水平就看指标""提高水平就是拔高指标"之类的误导，把提高标准水平这一艰难而系统的工作简单化。

标准水平是对标准（含标准系统）的适用性、科学性、先进性、可行性的综合评价，一般说来这个评价是很难和很复杂的。自然，标准水平的提高也就不会像修改一个指标那样简单易行，而是一个复杂的过程，标准化金字塔描述的就是这个过程的外部表象。

标准水平的提高过程，是诸多方面的整合过程，恰如一座金字塔的形成过程。金字塔是一层层叠高的，标准水平也是通过持续地改进才得以提高的。这个持续改进非常重要，否则，就不会有标准化等边三角形的迁升。长期不迁升的标准（尤其产品标准）便会失去活力，不可能形成金字塔。没有金字塔或金字塔很少的标准系统，其标准的个体水平低，整体水平也低。

因此，探求标准整体水平不高的原因以及提高水平的途径，都需要透过标准化金字塔，认真解析反映标准化过程的标准化等边三角形。

② 四个阶段和倒四面体模式。标准化作为一项工作，其活动过程可以分成 4 个阶段，与全面质量管理的 PDCA 循环是完全一致的。也就是制定标准（P）、组织实施标准（D）和对标准的实施进行监督或检查（C），并作相应的处理（A）共 4 个阶段。标准化要根据国民经济或企业内外环境条件的变化而不断地进行 PDCA 循环，以促进国民经济或企业的发展，提高社会文明和人民的生活质量水平。如食品安全国家标准中食品添加剂标准就是最好的例证。在质量安全管理中，我们应该把质量活动文件（如质量手册、程序文件、作业指导书等）编制为标准。

标准化的对象和领域，都在随着时间的推移不断地完善、扩展和深化。例如，过去只制定产品标准、技术标准，现在要制定管理标准、工作标准；过去主要在工农业生产领域，现在已扩展到安全、卫生、环境保护、人口普查、行政管理等领域；过去只对实际问题进行标准化，现在还要对潜在问题实行标准化。

与此同时，标准化与全面质量管理更紧密地结合在一起，相互促进，共同提高，获得阶梯式的发展。即使是同一项标准，随着标准化对象的发展和人们认识的深化，其标准内容和水平也在发展、完善或改变、深化。标准化的过程模式见图2-4。

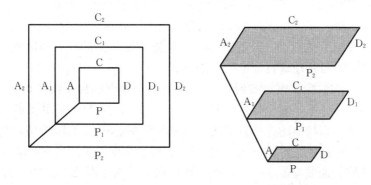

图2-4 标准化活动的倒四边形过程模式

标准化过程模式是倒四面体，即由下小上大的四边形叠加而成，说明标准化内容随着时间的推移而逐步扩大。标准化基本过程是PDCA循环，它与全面质量管理的PDCA循环是一致的，充分说明标准化是质量管理的基石，而全面质量管理是推进标准化的良好形式，两者密不可分。标准每修订一次，标准的水平面就提升一次，一直到标准废止为止。随着科学技术的进步和社会发展，标准化水平面的上升速度在加快，时间也在不断缩短。

2.3 标准化改革与标准化法修订

2.3.1 标准化改革

《中华人民共和国标准化法》是中华人民共和国第七届全国人民代表大会常务委员会第五次会议于1988年12月29日通过的，自1989年4月1日起施行。这是我国标准化事业发展的一个里程碑，为标准化发展提供了法律依据。立法宗旨是发展商品经济，改进产品质量，提高经济效益，维护国家和人民的利益，使标准化工作适应国家现代化建设和发展对外经济关系的需要。为了确保标准化法的有效实施，1990年4月6日国务院发布《中华人民共和国标准化法实施条例》，并于发布之日起实施，该条例对标准化相关规定又进一步做了细化。

标准化改革

标准化法实施30多年来，对促进我国标准化管理水平、提高产品质量和安全、促进国际贸易、打击假冒伪劣行为和维护消费者合法权益等发挥了重要作用。随着改革开放的深入和全球经济一体化，对我国标准化管理提出了新要求。2015年国家质量监督检验检疫总局开始标准化法的修订工作，起草了《中华人民共和国标准化法修正案（送审稿）》（6章42条）并报国务院，国务院法制办公室于2016年3月22日公开征求修订意见，2016年6月提交全国人民代表大会常务委员会审议。

为了确保标准化在国家经济建设中的作用，2015年国务院颁布了《深化标准化工作改革方案》（国发〔2015〕13号），要求"加快推进《中华人民共和国标准化法》修订工作，提出法律修正案，确保改革于法有据"。具体内容：

(1) 改革的基本原则。

① 坚持简政放权、放管结合。把该放的放开放到位，培育发展团体标准，放开搞活企业标准，激发市场主体活力；把该管的管住管好，强化强制性标准管理，保证公益类

推荐性标准的基本供给。

② 坚持国际接轨、适合国情。借鉴发达国家标准化管理的先进经验和做法，结合我国发展实际，建立完善具有中国特色的标准体系和标准化管理体制。

③ 坚持统一管理、分工负责。既发挥好国务院标准化主管部门的综合协调职责，又充分发挥国务院各部门在相关领域内标准制定、实施及监督中的作用。

④ 坚持依法行政、统筹推进。加快标准化法治建设，做好标准化重大改革与标准化法律法规修改完善的有机衔接；合理统筹改革优先领域、关键环节和实施步骤，通过市场自主制定标准的增量带动现行标准的存量改革。

(2) 改革的总体目标。 建立政府主导制定的标准与市场自主制定的标准协同发展、协调配套的新型标准体系，健全统一协调、运行高效、政府与市场共治的标准化管理体制，形成政府引导、市场驱动、社会参与、协同推进的标准化工作格局，有效支撑统一市场体系建设，让标准成为对质量的"硬约束"，推动中国经济迈向中高端水平。

(3) 改革措施。 通过改革，把政府单一供给的现行标准体系，转变为由政府主导制定的标准和市场自主制定的标准共同构成的新型标准体系。

政府主导制定的标准为4类，分别是强制性国家标准和推荐性国家标准、推荐性行业标准、推荐性地方标准；市场自主制定的标准为2类，分别是团体标准和企业标准。

政府主导制定的标准侧重于保基本，市场自主制定的标准侧重于提高竞争力。同时建立完善与新型标准体系配套的标准化管理体制。

① 建立高效、权威的标准化统筹协调机制。建立由国务院领导同志为召集人、各有关部门负责同志组成的国务院标准化协调推进机制，统筹标准化重大改革，研究标准化重大政策，对跨部门、跨领域存在重大争议标准的制定和实施进行协调。

国务院标准化协调推进机制日常工作由国务院标准化主管部门承担。

② 整合精简强制性标准。在标准体系上，逐步将现行强制性国家标准、行业标准和地方标准整合为强制性国家标准。在标准范围上，将强制性国家标准严格限定在保障人身健康和生命财产安全、国家安全、生态环境安全和满足社会经济管理基本要求的范围之内。

在标准管理上，国务院各有关部门负责强制性国家标准项目提出、组织起草、征求意见、技术审查、组织实施和监督；国务院标准化主管部门负责强制性国家标准的统一立项和编号，并按照世界贸易组织规则开展对外通报；强制性国家标准由国务院批准发布或授权批准发布。强化依据强制性国家标准开展监督检查和行政执法。

免费向社会公开强制性国家标准文本。建立强制性国家标准实施情况统计分析报告制度。法律法规对标准制定另有规定的，按现行法律法规执行。

③ 优化完善推荐性标准。在标准体系上，进一步优化推荐性国家标准、行业标准、地方标准体系结构，推动向政府职责范围内的公益类标准过渡，逐步缩减现有推荐性标准的数量和规模。

在标准范围上，合理界定各层级、各领域推荐性标准的制定范围，推荐性国家标准重点制定基础通用、与强制性国家标准配套的标准；推荐性行业标准重点制定本行业领域的重要产品、工程技术、服务和行业管理标准；推荐性地方标准可制定满足地方自然条件、民族风俗习惯的特殊技术要求。加强标准化技术委员会管理，提高广泛性、代表性，保证标准制定的科学性、公正性。

④ 培育发展团体标准。在标准制定主体上，鼓励具备相应能力的学会、协会、商会、联合会等社会组织和产业技术联盟协调相关市场主体共同制定满足市场和创新需要的标准，供市场自愿选用，增加标准的有效供给。在标准管理上，对团体标准不设行政许可，

由社会组织和产业技术联盟自主制定发布，通过市场竞争优胜劣汰。

国务院标准化主管部门会同国务院有关部门制定团体标准发展指导意见和标准化良好行为规范，对团体标准进行必要的规范、引导和监督。

在工作推进上，选择市场化程度高、技术创新活跃、产品类标准较多的领域，先行开展团体标准试点工作。支持专利融入团体标准，推动技术进步。

⑤放开搞活企业标准。企业根据需要自主制定、实施企业标准。鼓励企业制定高于国家标准、行业标准、地方标准且具有竞争力的企业标准。

建立企业产品和服务标准自我声明公开和监督制度，逐步取消政府对企业产品标准的备案管理，落实企业标准化主体责任。

鼓励标准化专业机构对企业公开的标准开展比对和评价，强化社会监督。

⑥提高标准国际化水平。鼓励社会组织和产业技术联盟、企业积极参与国际标准化活动，争取承担更多国际标准组织技术机构和领导职务，增强话语权。

加大国际标准跟踪、评估和转化力度，加强中国标准外文版翻译出版工作，推动与主要贸易国之间的标准互认，推进优势、特色领域标准国际化，创建中国标准品牌。

结合海外工程承包、重大装备设备出口和对外援建，推广中国标准，以中国标准"走出去"带动我国产品、技术、装备、服务"走出去"。进一步放宽外资企业参与中国标准的制定。

（4）组织实施。 坚持整体推进与分步实施相结合，按照逐步调整、不断完善的方法，协同有序推进各项改革任务。

第一阶段（2015—2016），积极推进改革试点工作。

第二阶段（2017—2018），稳妥推进向新型标准体系过渡。

第三阶段（2019—2020），基本建成结构合理、衔接配套、覆盖全面、适应经济社会发展需求的新型标准体系。

2.3.2 标准化法修订

标准化法概述及修订背景

1989年施行的《标准化法》确立的标准体系和管理措施已不能适应当前实际需要：一是标准范围过窄，主要限于工业产品、工程建设和环保要求，难以满足经济提质增效升级需求；二是强制性标准制定主体分散，范围过宽，内容交叉重复矛盾，不利于建立统一市场体系；三是标准体系不够合理，政府主导制定标准过多，对团体、企业等市场主体自主制定标准限制过严，导致标准有效供给不足；四是标准化工作机制不完善，制约了标准化管理效能提升，不利于加强事中事后监管。

加之，我国标准化事业发展的形势也发生很大的变化：一是党的十八届二中全会将标准纳入国家基础性制度范畴。党的十八届三中全会提出政府要加强战略、政策、规划、标准的制定与实施。党的十九大提出我国进入新时代，社会矛盾发生了变化，要推进国家治理体系和治理能力现代化。二是当今社会，标准已经成为经济活动和社会发展的技术支撑，是国家治理体系和治理能力现代化的基础性制度。因为"管安全要用标准，促发展要靠标准，惠民生要有标准"。一方面，标准决定质量与安全，有什么样的标准就有什么样的质量与安全。另一方面，标准是执法监管和消费者维权的依据。同时，标准作为基础性制度，是国家保障各类安全的技术基础和基本准则。保障人身健康和生命财产安全、国家安全、生态环境安全等都离不开标准。特别是建立和完善我国食品、消费品质量安全标准体系势在必行。三是标准与科技创新具有内在的联系。标准来源于创新，是科技创新成果的总结，同时又是科技成果转化应用的桥梁和纽带。改革开放40多年来，随着科技革命和产业变革步伐加快，标准的研发和科技创新联系越来越紧密，越来越趋向同步,标准研制逐步嵌入科技活动的各个环节,为科技成果快速形成产业、进入市场提供重要的支撑和保障。发挥标准推动供给质量提升、促进转型升级、引领创新驱动、促进经济社会高质量的意义重大。四是标准是经济社会活动的技术依据,也是国际公认的国家质量基础设施之一。全球经济一体化形势下的对外贸易和我国倡议"一带一路"都需要建设更加开放兼容的标准体系,推动"一带一路"沿线国家在基础设施、农业食品、智能制造、智慧城市建设中的标准化合作交流,也都需要标准先行。

标准决定质量,有什么样的标准就有什么样的质量,只有高标准才有高质量。谁制定标准,谁就拥有话语权;谁掌握标准,谁就占据制高点。标准关系到社会经济生活的方方面面,标准化对国计民生发挥着非常重要的基础性作用。

基于上述背景,2017 年 11 月 4 日第十二届全国人民代表大会常务委员会第三十次会议通过了修订的《中华人民共和国标准化法》,从 2018 年 1 月 1 日起施行。

2.3.3 新标准化法的结构与主要内容

2.3.3.1 总体结构与修订亮点

标准化法
主要内容
(一)

标准化法
主要内容
(二)

《标准化法》共 6 章 45 条。
第一章 总则(9 条)
第二章 标准的制定(15 条)
第三章 标准的实施(7 条)
第四章 监督管理(4 条)
第五章 法律责任(8 条)
第六章 附则(2 条)

从结构与条款数量看,第二章标准的制定条款数居首位,占总条款数的 33.3%,而位居第二的是第一章总则,占总条款数的 20.0%,位居第三的是第五章法律责任,占总条款数的 17.8%,位居第四的是第三章标准的实施,占总条款数 15.6%。新修订的标准化法把重点放到标准的制定上。

从标准化法修订内容来看有以下亮点:

一是扩大了制定标准的范围,把标准制定拓展到农业、工业和服务业以及社会事业等领域,全方位满足经济社会发展需求,有力推动了国家治理体系的建设和治理能力现代化。

二是确定了强制性国家标准的唯一性,取消了行业标准的强制性,实现了"一个市场、一条底线、一个标准",体现了国家强制性标准的权威性。

三是在国家标准体系中增加了团体标准,强化了地方标准和企业标准,增加了市场标准有效供给,有利于激发市场活力。

四是在过去标准化工作的任务是制定标准、组织实施标准以及对标准的实施进行监督"三大任务"的基础上,增加了对标准的制定进行监督,有利于提高标准制定的质量,实现标准提质增效。

2.3.3.2 主要内容

(1) 扩大了标准范围。过去我国标准范围主要限于工业领域,而新修订《标准化法》所称标准(含标准样品),是指农业、工业、服务业以及社会事业等领域需要统一的技术要求。

这里农业领域需要统一的技术要求包括种植业、林业、畜牧业、渔业等产业,以及与其直接相关的产前、产中、产后服务等方面需要统一的技术要求,主要包括农业产品(含种子、种苗、种畜、种禽等)的品种、规格、质量、等级、检验、包装、贮存、运输以及生产技术、管理技术等的要求。例如,GB 1351—2008《小麦》规定了小麦的相关术语和定义、分类、质量要求、卫生要求、检验方法、检验规则、标签标识,以及包装、储存和运输要求,适用于收购、储存、运输、加工和销售的商品小麦。

工业领域需要统一的技术要求,包括采矿业、制造业、电力、燃气及水的生产和供应业、建筑业等行业的术语、符号、代号和制图方法,产品的分类、规格、质量、等级、标识或者安全、环保、资源节约要求,以及开采、设计、制造、检验、包装、贮存、运输、使用、回收利用或者全生命周期中的安全、环保、资源节约要求,工程建设的勘察、规划、设计、施工(包括安装)、验收和安全要求等。

服务业领域需要统一的技术要求,包括生产性服务业(交通运输、邮政快递、科技服务、金融服务等)、生活性服务业(居民和家庭、养老、健康、旅游等)各领域,对服务各要素(供方、顾客、支付、交付、沟通等)提出的服务能力、服务流程、服务设施设备、服务环境、服务评价等管理和服务要求。GB/T 14308—2011《旅游饭店星级的划分与评定》规定了旅游饭店星级的划分条件、评定规则及服务质量和管理制度要求,得到了行业、企业和社会公众的广泛认可。

标准化改革

社会事业领域需要统一的技术要求,包括国家为了社会公益目的所提供的公共教育、劳动就业创业、社会保险、医疗卫生、社会服务、住房保障、公共文化体育、残疾人服务等基本公共服务,以及政务服务、社会治理、城市管理、公益科技、公共安全等领域的服务功能、质量要求、管理和服务流程、管理技术、监督评价等要求。

标准样品是实物标准,是保证标准在不同时间和空间实施结果一致性的参照物,具有均匀性、稳定性、准确性和溯源性。标准样品是实施文字标准的重要技术基础,是标准化工作中不可或缺的组成部分。

(2) 增加了团体标准。 过去我国标准分为国家标准、行业标准、地方标准和企业标准4个级别。新修订《标准化法》增加了团体标准,标准类别增加到5个大类,其中团体标准属于首次提出。还规定相关标准的性质和实施要求,如国家标准分为强制性标准、推荐性标准,行业标准、地方标准是推荐性标准。强制性标准必须执行。国家鼓励采用推荐性标准。

国家标准、行业标准和地方标准属于政府主导制定的标准,属于公标准。团体标准、企业标准属于市场主体自主制定的标准,属于私标准。

团体标准是市场自主制定的标准。设立团体标准的目的是激发社会团体制定标准、运用标准的活力,充分发挥市场在标准化资源配置中的决定性作用,快速响应创新和市场对标准的需求,增加标准的有效供给。

团体标准的制定主体是学会、协会、商会、联合会、产业技术联盟等社会团体。社会团体应当依照《社会团体登记管理条例》等规定成立。采用团体标准的方式包括由本团体成员约定采用,或者按照本团体的规定供社会自愿采用。

(3) 明确标准化的主要任务。 标准化工作的主要任务是制定标准、组织实施标准以及对标准的制定、实施进行监督。与1989年标准化法相比,增加了"对标准的制定进行监督",这有利于提高标准制定的质量和严谨性。明确了标准化工作的范围包括制定标准、组织实施标准以及对标准的制定、实施进行监督,涵盖了标准化活动的全过程。

(4) 提出制定标准的总要求。 制定标准应当在科学技术研究成果和社会实践经验的基础上,深入调查论证,广泛征求意见,保证标准的科学性、规范性、时效性,提高标准质量。也就是制定标准要做到科学性、规范性、时效性。

制定标准应当有利于科学合理利用资源，推广科学技术成果，增强产品的安全性、通用性、可替换性，提高经济效益、社会效益、生态效益，做到技术上先进、经济上合理。禁止利用标准实施妨碍商品、服务自由流通等排除、限制市场竞争的行为。

也就是说，第一，制定标准应当有利于科学合理利用资源，以节约资源、节能减排、循环利用、环境治理和生态保护为着力点。第二，制定标准应当有利于推广科学技术成果，加强标准与科技互动，促进科技成果转化为标准，促进科技成果转化应用。第三，制定标准应当有利于增强产品的安全性，以保障产品的安全为根本前提。制定标准应当有利于增强产品的通用性和互换性，产品的通用性越强，其使用范围就越广，使用效率就越高，以利于减少资源的浪费。第四，制定标准应当有利于提高经济效益、社会效益、生态效益。标准的技术指标要统筹兼顾经济、社会和生态效益，不能一味追求经济效益而忽视社会和生态效益。第五，制定标准应当做到技术上先进、经济上合理。标准的技术内容既要有一定先进性，又要具备可行性，符合当前经济社会发展水平。第六，标准是贸易规则的重要组成部分，能有效促进贸易发展，但利用不当也会阻碍贸易。要鼓励正当的市场竞争，禁止利用标准实施妨碍市场流通等排除、限制市场竞争的行为。

(5) 设置标准化协调机制。 国务院建立标准化协调机制，设区的市级以上地方人民政府可以根据工作需要建立标准化协调机制。国务院标准化行政主管部门统一管理全国标准化工作，主要履行下列职责：(a) 组织贯彻国家有关标准化工作的法律、法规、方针、政策；(b) 组织制定全国标准化工作规划、计划；(c) 负责强制性国家标准的立项、编号、对外通报和批准发布；(d) 负责制定推荐性国家标准；(e) 指导国务院有关行政主管部门和省、自治区、直辖市人民政府标准化行政主管部门的标准化工作，协调和处理有关标准化工作问题；(f) 组织实施标准；(g) 对标准的制定和实施情况进行监督检查；(h) 负责国务院标准化协调推进部际联席会议日常工作；(i) 代表国家参加国际标准化组织（ISO）、国际电工委员会（IEC）等有关国际标准化组织，负责管理国内各部门、各地方参与国际或区域性标准化组织活动的工作等。

国务院有关行政主管部门分工管理本部门、本行业的标准化工作，履行下列职责：(a) 贯彻国家标准化工作的法律、法规、方针、政策，并制定在本部门、本行业实施的具体办法；(b) 制定本部门、本行业的标准化工作规划、计划；(c) 负责强制性国家标准的项目提出、组织起草、征求意见、技术审查，承担国家下达的草拟推荐性国家标准的任务；(d) 组织制定行业标准；(e) 指导省、自治区、直辖市有关行政主管部门的标准化工作；(f) 组织本部门、本行业实施标准；(g) 对标准实施情况进行监督检查等。

县级以上地方人民政府标准化行政主管部门统一管理本行政区域的标准化工作，履行下列职责：(a) 贯彻国家标准化工作的法律、法规、方针、政策，并制定在本行政区域实施的具体办法；(b) 制定地方标准化工作规划、计划；(c) 指导本行政区域有关行政主管部门的标准化工作，协调和处理有关标准化工作问题；(d) 在本行政区域组织实施标准；(e) 对标准实施情况进行监督检查；(f) 依法对本行政区域内的团体标准和企业标准进行监督。设区的市级以上地方人民政府标准化行政主管部门还依法履行组织制定地方标准的职责。

县级以上地方人民政府有关行政主管部门分工管理本行政区域内本部门、本行业的标准化工作，履行下列职责：(a) 贯彻国家和本部门、本行业、本行政区域标准化工作的法律、法规、方针、政策，并制定实施的具体办法；(b) 制定本行政区域内本部门、本行业的标准化工作规划、计划；(c) 承担设区的市级以上地方人民政府标准化行政主管部门下达的草拟地方标准的任务；(d) 在本行政区域内组织本部门、本行业实施标准；(e) 对标准实施情况进行监督检查。

(6) 强制性标准制定范围与制定主体。对保障人身健康和生命财产安全、国家安全、生态环境安全以及满足经济社会管理基本需要的技术要求，应当制定强制性国家标准。

国务院有关行政主管部门依据职责负责强制性国家标准的项目提出、组织起草、征求意见和技术审查。国务院标准化行政主管部门负责强制性国家标准的立项、编号和对外通报。国务院标准化行政主管部门应当对拟制定的强制性国家标准是否符合前款规定进行立项审查，对符合前款规定的予以立项。

省、自治区、直辖市人民政府标准化行政主管部门可以向国务院标准化行政主管部门提出强制性国家标准的立项建议，由国务院标准化行政主管部门会同国务院有关行政主管部门决定。社会团体、企业事业组织以及公民可以向国务院标准化行政主管部门提出强制性国家标准的立项建议，国务院标准化行政主管部门认为需要立项的，会同国务院有关行政主管部门决定。

强制性国家标准由国务院批准发布或者授权批准发布。

法律、行政法规和国务院决定对强制性标准的制定另有规定的，从其规定。如目前部分法律、行政法规和国务院决定对强制性标准制定另有规定。例如，《中华人民共和国环境保护法》《中华人民共和国食品安全法》等法律，《农业转基因生物安全管理条例》等行政法规。这些法律法规涉及领域有环境保护、工程建设、食品安全、医药卫生等，这些领域的强制性国家标准或者强制性行业标准或者强制性地方标准按现有模式管理。"国务院决定"是指《深化标准化工作改革方案》（国发〔2015〕13号）。

(7) 推荐性标准制定范围与制定主体。我国推荐性标准包括国家推荐性标准、行业推荐性标准和地方推荐性标准。对满足基础通用、与强制性国家标准配套、对各有关行业起引领作用等需要的技术要求，可以制定推荐性国家标准。推荐性国家标准由国务院标准化行政主管部门制定。

对没有推荐性国家标准、需要在全国某个行业范围内统一的技术要求，可以制定行业标准。行业标准由国务院有关行政主管部门制定，报国务院标准化行政主管部门备案。目前我国有67个行业标准代号，分别由国务院行政主管部门管理，如SN（检验检疫）、NY（农业）、SC（水产）、机械（JB）、林业（LY）、QB（轻工）、SB（商务）、GH（供销合作社）、LS（粮食）等。

为满足地方自然条件、风俗习惯等特殊技术要求，可以制定地方标准。地方标准由省、自治区、直辖市人民政府标准化行政主管部门制定；设区的市级人民政府标准化行政主管部门根据本行政区域的特殊需要，经所在省、自治区、直辖市人民政府标准化行政主管部门批准，可以制定本行政区域的地方标准。地方标准由省、自治区、直辖市人民政府标准化行政主管部门报国务院标准化行政主管部门备案，由国务院标准化行政主管部门通报国务院有关行政主管部门。

法律规定省级人民政府以及经省级人民政府批准的设区的市可以制定符合本行政区域自然条件、民族风俗习惯的特殊技术要求以及地理标志产品标准。此外，由于我国地域广阔，各地经济社会发展水平差异较大，地方标准还可涉及社会管理和公共服务领域，这也是地方政府规范管理和提高管理服务效率的需要。我国31个省、自治区、直辖市标准化行政主管部门均可以制定地方标准。但设区的市级人民政府标准化行政主管部门的地方标准制定权须经省、自治区、直辖市人民政府标准化行政主管部门"批准"后才能获得。截至2019年，全国共有318个设区的市经批准可以制定地方标准。

(8) 企业标准制定范围、主体及要求。企业可以根据需要自行制定企业标准，或者与其他企业联合制定企业标准。

企业根据自己生产和经营的需要，可自行制定本企业所需要的标准，不必经过其他机构的批准或认定。企业标准既可以是单个企业自己制定，也可以由多个企业联合起来制定。这种联合制定一般是以多个企业共同的名义或者多个企业协议组成的联盟（不是依法登记的社会团体）制定。自行制定的企业标准和联合制定的企业标准，都属于企业标准。

推荐性国家标准、行业标准、地方标准、团体标准、企业标准的技术要求不得低于强制性国家标准的相关技术要求。国家鼓励社会团体、企业制定高于推荐性标准相关技术要求的团体标准、企业标准。

(9) 强制性标准的法律效力和出口产品及服务要求。 不符合强制性标准的产品、服务，不得生产、销售、进口或者提供。从事生产、销售、进口、服务的单位和个人应当严格执行强制性标准的各项规定。产品的生产者、销售者、进口商以及服务的提供者要有强制性标准意识。违反强制性标准的，将依法承担相应的法律责任。

出口产品、服务的技术要求，按照合同的约定执行。同时出口产品或服务需要符合进口方市场当地的法律法规和相应的技术要求，双方在签订合同时可以约定对于产品或服务的技术要求。双方可以约定采用国际标准、进口国标准、出口国标准、第三国标准等，还可以直接约定出口产品和服务的技术要求。

(10) 团体标准和企业标准的自我声明公开。 国家实行团体标准、企业标准自我声明公开和监督制度。企业应当公开其执行的强制性标准、推荐性标准、团体标准或者企业标准的编号和名称；企业执行自行制定的企业标准的，还应当公开产品、服务的功能指标和产品的性能指标。国家鼓励团体标准、企业标准通过标准信息公共服务平台向社会公开。企业应当按照标准组织生产经营活动，其生产的产品、提供的服务应当符合企业公开标准的技术要求。

自我声明公开和监督制度调整的对象是企业生产的产品和提供的服务所执行的标准，这类标准规定了企业生产的产品和提供的服务所应达到的各类技术指标和要求，是企业对其产品和服务质量的硬承诺，应当公开并接受市场监督。因此，企业产品和服务标准公开是企业的法定义务。

自我声明公开的内容：企业生产的产品和提供的服务，如果执行国家标准、行业标准、地方标准和团体标准的，企业应公开相应的标准名称和标准编号；如果企业生产的产品和提供的服务所执行的标准是本企业制定的企业标准，企业除了公开相应的标准名称和标准编号，还应当公开企业产品、服务的功能指标和产品的性能指标。功能指标是指描述产品、服务功效，性能指标是指产品、服务在一定条件下实现功能的程度。公开标准指标的类别和内容由企业根据自身特点自主确定，企业可以不公开生产工艺、配方、流程等可能含有企业技术秘密和商业秘密的内容。企业应对公开的产品和服务标准的真实性、准确性、合法性负责。

(11) 标准化试点及宣传推广。 县级以上人民政府应当支持开展标准化试点示范和宣传工作，传播标准化理念，推广标准化经验，推动全社会运用标准化方式组织生产、经营、管理和服务，发挥标准对促进转型升级、引领创新驱动的支撑作用。

目前，全国各地已经开展了农业标准化示范区、服务业标准化试点、高新技术标准化示范区、循环经济标准化试点、新型城镇化标准化试点、社会管理公共服务综合标准化试点、农村综合改革试点等 11 类 6 300 余个标准化试点示范项目，有效提高了经济效益、社会效益和生态效益。标准化是一种工具和手段，要把标准化融合运用到社会经济发展的方方面面，县级以上人民政府应当支持开展实施"标准化＋"，鼓励各行各业利用标准化的方式组织生产、经营、管理和服务，发挥标准化在经济社会发展中的支撑和引领作用。

(12) 法律责任、行政责任、刑事责任及处罚。 生产、销售、进口产品或者提供服务不符合强制性标准，或者企业生产的产品、提供的服务不符合其公开标准的技术要求的，依法承担民事责任。

生产、销售、进口产品或者提供服务不符合强制性标准的，依照《中华人民共和国产品质量法》《中华人民共和国进出口商品检验法》《中华人民共和国消费者权益保护法》等法律、行政法规的规定查处，记入信用记录，并依照有关法律、行政法规的规定予以公示；构成犯罪的，依法追究刑事责任。视情况应按照《中华人民共和国产品质量法》《中华人民共和国消费者权益保护法》《中华人民共和国食品安全法》《中华人民共和国进出口商品检验法》和《中华人民共和国合同法》的规定处理，构成犯罪的，依法追究刑事责任。

(13) 标准化工作渎职处罚规定。 标准化工作监督、管理人员滥用职权、玩忽职守、徇私舞弊的，依法给予处分；构成犯罪的，依法追究刑事责任。

滥用职权，是指标准化行政主管部门和有关行政主管部门的工作人员超越职权，违法决定、处理其无权决定、处理的事项，或者违反规定处理公务。玩忽职守，主要是指标准化行政主管部门和有关行政主管部门的工作人员严重不负责任，不履行或者不认真履行职责义务。其中，不履行职责义务，是指标准化工作监督、管理人员，对于自己应当履行的职责，拒绝履行或者放弃职守。徇私舞弊，是指标准化行政主管部门和有关行政主管部门的工作人员在履行职责过程中，谋取个人私利或者私情而违背职责的行为。

对标准化行政主管部门和有关行政主管部门的工作人员的处分，依照《中华人民共和国公务员法》第五十六条规定："处分分为：警告、记过、记大过、降级、撤职、开除。"对于刑事责任，根据罪刑法定原则，追责依据是《中华人民共和国刑法》。

2.4 食品标准的制定

2.4.1 标准制定沿革

为了适应国家经济体制改革的发展需要，我国标准化工作进行了两项重大改革：一是衡量和评定产品质量的依据，过去都是由政府主管部门制定强制性标准而要求企业执行的统一标准，所有企业生产的产品质量性能都必须符合该标准的规定。现在改革为由企业根据市场的需求和供需双方的需要，自主决定采用什么样的标准组织生产，产品性能除必须符合有关法律法规的规定和强制执行的标准与要求外，由企业自主决定衡量和评定产品质量的依据。二是企业生产的产品质量标准，过去全部由有关政府行业主管部门统一来制定，企业没有制定产品质量标准的权利。现在改为允许企业自己制定产品质量标准，并且鼓励企业根据市场的需要制定严于国家标准和行业标准的企业标准来满足市场的需要。标准化改革对企业制定标准的自主性也从法律上给予肯定，这就提高了企业标准化的地位和作用。

1958年12月，国家技术委员会标准局发布《编写国家标准草案暂行办法》，内容简单，只做一些粗略的规定。1981年，国家标准总局发布 GB 1.1—1981《标准化工作导则 编写标准的一般规定》。GB 1.1—1981 对标准技术内容的规定非常笼统，而且基本上是对产品标准技术内容的规定，因而具有局限性。1987年以来，为适应标准化工作发展的需要，国家标准局陆续发布了一系列"标准编写规定"的国家标准。例如：GB 1.1—1987《标准化工作导则 标准编写的基本规定》、GB 1.2—1988《标准化工作导则 标准出版印刷的规定》、GB 1.3—1987《标准化工作导则 产品标准编写规定》、GB 1.4—1988《标准化工作导则 化学分析方法标准编写规定》、GB 1.5—1988《标准化工作导则 符号、代号标准编写规定》、GB 1.6—1988《标准化工作导则 术语标准编写规定》、GB 1.7—1988《标准化工作导则 产品包装标准编写规定》、GB 1.8—1989《标准化工作导则 职业安全卫生标准编写规定》、GB 7026—1986《标准化工作导则 信息分类编码标准编写规定》、GB/T 13494—1992《食品标准编写规定》。在当时背景下出台，虽然没有完全与国际接轨，但体系比较完整，要求也相当严格，符合当时国情，大大推动了我国标准化事业的发展。

1992年国家技术监督局开始组织修订GB/T 1号标准，先后发布了如GB/T 1.1—1993《标准化工作导则 第1单元：标准的起草与表述规则 第1部分：标准编写的基本规定》、GB/T 1.1—1993《标准化工作导则 第1单元：标准的起草与表述规则 第2部分：标准出版印刷的规定》、GB/T 1.3—1997《标准化工作导则 第1单元：标准的起草与表述规则 第3部分：产品标准编写规定》、GB/T 1.6—1997《标准化工作导则 第1单元：标准的起草与表述规则 第6部分：术语标准编写规定》、GB/T 1.22—1993《标准化工作导则 第2单元：标准内容的确定方法 第22部分：引用标准的规定》。在这期间，其他如GB/T 1.4、GB/T 1.5、GB/T 1.7、GB/T 1.8、GB/T 7026等也准备陆续修订。GB/T 1.1—1993虽然力求全面采用ISO/IEC导则第3部分的内容，但在某些方面仍用计划经济的思维模式去理解和解释标准，所以ISO/IEC导则第3部分的实质内容并没有得到全面正确地采用。加之，标准起草思路和水平不高，导致该系列标准没有完成就夭折了。

2000年12月20日，国家质量技术监督总局批准发布了GB/T 1.1—2000《标准化工作导则 第1部分：标准的结构和编写规则》，代替GB/T 1.1—1993、GB/T 1.2—1996，实施日期为2001年6月1日。该标准除参照ISO/IEC导则第3部分（1997年版）外，还将GB/T 1.2—1996的有关内容纳入本部分。该标准与1993年发布标准相比，起草思路明确，规范化水平高，对促进我国标准制定发展和更好地与国际接轨发挥了重要作用。

由于ISO/IEC导则于2004年修订并出版了第五版，修订后的导则分为两个部分，将原第3部分与第2部分合并。为了适应我国标准化工作发展的需要，进一步与新版的ISO/IEC导则相协调，促进贸易和交流，有必要对GB/T 1进行修订。因此，国家标准化管理委员会于2009年6月17日发布了GB/T 1.1—2009《标准化工作导则 第1部分：标准的结构和编写》，代替GB/T 1.1—2000、GB/T 1.2—2002，并于2010年1月1日开始实施。本次修订更加注重我国标准的自身特点，主要规定了普遍适用于各类标准的资料性概述要素、规范性一般要素和资料补充要素以及规范性技术要素中的几个通用要素等内容的编写，而规范性技术要素中其他要素的编写在相关的基础标准（GB/T 20000、GB/T 20001和GB/T 20002）中进行规定。调整后的GB/T 1.1—2009更加适用于各类标准的编写。

由于国际文件ISO/IEC导则第2部分于2011、2016、2018年分别发布了第六、七、八版。GB/T 1.1—2009已经不能适应国际标准化文件的需要，也不能适用我国标准化实践发展的新需求。为了确保支撑标准制定工作的基础性国家标准体系的整体协调，对GB/T 1.1进行了修订，新修订的GB/T 1.1—2020《标准化工作导则 第1部分：标准化文件的结构和起草规则》由国家市场监督管理总局和国家标准化管理委员会2020年3月31日发布，2020年10月1日开始实施。本次重点考虑了起草标准化文件的总体原则和要求以及如何选择文件的规范性要素，明确了不同功能类型标准的核心技术要素，并进一步清晰地规定了文件要素的编写和表述。通过确立更加严谨的起草规则，让文件起草者在起草各类标准化文件时有据可依，从而提高文件的质量和应用效率，促进文件功能的有效发挥，更好地促进贸易、交流以及技术合作。

2.4.2 食品国家标准制定的原则与程序

2.4.2.1 制定国家标准的总原则

① 必须遵循《中华人民共和国标准化法》第二章的规定，这是标准制定工作总的指导原则。

② 必须遵循 GB/T 1.1—2020《标准化工作导则》和 GB/T 20000《标准化工作指南》、GB/T 20001《标准编写规则》、GB/T 20002《标准中特定内容的起草》、GB/T 20003《标准制定的特殊程序》和 GB/T 20004《团体标准化》对标准制定的规定。

③ 必须遵循《中华人民共和国产品质量法》《中华人民共和国计量法》《中华人民共和国食品安全法》《中华人民共和国农产品质量安全法》等法律法规对标准制/修订的规定要求。

2.4.2.2 制定国家标准的程序

制定标准是标准化工作主要任务之一。要使标准制定工作落到实处，那么制定标准就应有计划、有组织地按规定的程序进行。

国家标准制定程序的9个阶段划分、代码（GB/T 16733—1997）和任务如下：

第00阶段：预阶段，提出新工作项目建议；
第10阶段：立项阶段，提出新工作项目；
第20阶段：起草阶段，提出标准草案征求意见稿；
第30阶段：征求意见阶段，提出标准草案送审稿；
第40阶段：审查阶段，提出标准草案报批稿；
第50阶段：批准阶段，提供标准出版稿；
第60阶段：出版阶段，提供标准出版物；
第90阶段：复审阶段，定期复审；
第95阶段：废止阶段。

几个主要阶段工作内容如下：

(1) 预阶段（preliminary stage）。对将要立项的新工作项目进行研究及必要的论证，并在此基础上提出新工作项目建议。包括标准草案或标准大纲如标准的范围、结构及其相互关系等。

(2) 立项阶段（proposal stage）。对新工作项目建议进行审查、汇总、协调、确定，直至下达国家标准制定、修订计划。时间周期不超过3个月。

(3) 起草阶段（preparatory stage）。项目负责人组织标准起草工作直至完成标准草案征求意见稿。完成标准编制说明和有关附件，时间周期不超过10个月。

(4) 征求意见阶段（committee stage）。将标准草案征求意见稿按照有关规定分发征求意见。在回复意见的日期截止后，标准起草工作组应根据返回的意见，及时完成意见汇总处理表和标准草案送审稿。时间周期不超过5个月。若回复意见要求对征求意见稿进行重大修改，则应分发第二征求意见稿（甚至第三征求意见稿）征求意见。此时，项目负责人应主动向有关部门提出延长或终止该项目计划的申请报告。

(5) 审查阶段（voting stage）。对标准草案送审稿组织审查（会审或函审），并在（审查）协商一致的基础上，形成标准草案报批稿和审定会议纪要或函审结论。时间周期不超过5个月。若标准草案送审稿没有被通过，则应分发第二标准送审稿，并再次进行审查。此时，项目负责人应主动向有关部门提出延长或终止该项目计划的申请报告。

(6) 批准阶段（approval stage）。

① 主管部门对标准草案报批稿及报批材料进行程序、技术审核。对不符合报批要求的，一般应退回有关标准化技术委员会或起草单位。限时解决问题后再行审核。时间周期不超过 4 个月。

② 国家标准技术审查机构对标准草案报批稿及报批材料进行技术审查，在此基础上对报批稿完成必要的协调和完善工作。时间周期不超过 3 个月。若报批稿中存在重大技术方面的问题或协调方面的问题，一般应退回部门或专业标准化技术委员会，限时解决问题再行报批。

③ 国务院标准化行政主管部门批准、发布国家标准。时间周期不超过 1 个月。

(7) 出版阶段（publication stage）。将国家标准出版稿编辑出版，提供标准出版物。时间周期不超过 3 个月。

(8) 复审阶段（review stage）。对实施周期达 5 年的标准进行复审，以确定是否确认（继续有效）、修改（通过技术勘误或修改单）、修订（提交一个新工作项目建议，列入工作计划）或废止。国家标准、行业标准和地方标准的复审周期一般不超过 5 年。

(9) 废止阶段（withdrawal stage）。对于经复审后确定为无存在必要的标准，应予以废止。

标准制定是一项十分严肃的工作，由起草到审批、发布、实施中间需经过几稿的讨论和修改，各项技术指标的确定应依据科学数据和实践经验，因此符合标准的食品，应该是质量安全可靠的，行业标准和地方标准制定程序可以参考国家标准的制定程序进行。

2.4.3　食品企业标准的制定范围和原则以及程序

2.4.3.1　企业标准的制定范围

① 企业生产的产品，没有国家标准、行业标准和地方标准而制定的企业产品标准。

② 为提高产品质量和促进技术进步，制定严于国家标准、行业标准和地方标准的企业产品标准。

③ 对国家标准、行业标准和地方标准的选择或补充的标准。

④ 设计、采购、工艺、工装、半成品等方面的技术标准。

⑤ 生产、经营活动中的管理标准和工作标准。

2.4.3.2　制定/修订企业标准的原则

① 贯彻国家和地方有关标准化的法律、法规、方针、政策，严格执行强制性国家标准以及行业标准和地方标准。

② 保证安全、卫生，充分考虑使用要求，保护消费者利益，保护环境和有利于职业健康。

③ 有利于企业技术进步，保证和提高产品质量，改善经营管理和增加社会、经济效益。

④ 积极采用国际标准和国外先进标准。

⑤ 有利于合理利用国家资源、能源，推广科学技术成果，有利于产品的通用互换，符合使用要求，技术先进，经济合理。

⑥ 有利于对外经济技术合作和对外贸易。

⑦ 本企业内的企业标准之间应协调一致。

⑧ 在没有国家标准、行业标准或地方标准的情况下制定企业标准。

2.4.3.3 制定企业标准的一般程序

计划与准备→起草→征求意见→审定→批准与发布→实施与检查→复审

(1) 计划与准备。 计划、准备阶段包括制订计划、调研、资料收集、筛选与分析、数据及方法的验证等内容。制定涉及面较广的综合性企业标准，还应成立标准制定工作组，编制标准制/修订计划，并按照计划开展标准的编制工作。

调研的目的是为了获得相关信息，企业应根据标准化对象所涉及的内容和适用范围，从以下方面进行调查研究：

① 标准化对象的国内外的现状和发展方向。在制定标准时，首先应了解标准化对象的国内外技术水平、产品现实情况、质量状况、市场占有情况、发展趋势等内容；然后分析本企业实现产品的能力，如资源能力（技术、人员、设备等）、工艺条件、检测能力等。

② 有关最新科技成果。科技成果是制定标准的基础，企业可通过收集国内外有关科技文献及出版物，有关专利和发明方面的信息，产品样本、样机、样品等，从中了解有关科技成果和发展趋势，将其转化为标准。

③ 顾客的需求和期望。顾客的需求和期望是制定企业标准的重要依据，企业可通过市场调研了解顾客对产品的需求和期望。

④ 生产（服务）过程及市场反馈的统计资料、技术数据。这些资料和数据需要企业通过对自己生产经营过程中的各环节进行不断地测量与记录、收集与积累而取得，并通过分析、对比、研究，找出有用信息。

⑤ 国际标准、国外先进标准和技术法规及国内相关标准的现状。

(2) 起草。 在充分调研和分析、验证的基础上，根据标准的对象和目的，按照GB/T 1.1—2020规定的要求起草标准的征求意见稿，同时起草编制说明。

编制说明是标准起草过程的真实记录和标准中一些重要内容的解释说明。每一个标准都应有标准编制说明，根据所编制标准的具体情况，其内容可包括：

① 标准制/修订的背景和必要性。

② 标准制定的依据及标准主要技术指标的说明。

③ 与有关的现行法律法规和强制性国家标准的关系。

④ 主要试验（或验证）的分析。

⑤ 产品应用情况。

⑥ 采用国际标准和国外先进标准的程度。以及与国际、国外同类标准水平的对比情况，或与测试的国外样品、样机的有关数据对比情况。

⑦ 重大分歧意见的处理经过和依据。

⑧ 其他需要说明的事项。

⑨ 主要参考资料及文献。

(3) 征求意见。 标准征求意见稿完成后，为使标准切实可行，具有较高的质量水平，应将标准征求意见稿和标准编制说明发送至有关的生产、使用、检验、科研、设计、采购、销售、设备、储运等部门，广泛征求意见，必要时应征求用户意见。征求意见一般采取会议征求和发函征求两种方式，发函征求时应明确收回时间、处理方式。

标准制定者在收到各方面意见后应分类整理，逐一分析研究，合理的意见应采纳，不予采纳的意见需做说明，对难以确定取舍的分歧意见可进一步分析研究、协商调整、再征求意见。根据意见对标准进行修改，并形成标准送审稿。

(4) 审定。 标准的审定是保证标准质量、提高标准水平的重要程序。企业在批准、发布企业标准前应组织有关技术人员或专家对标准进行审定。审定内容包括：

① 企业标准与国家法律法规和强制性标准规定的符合性。

② 标准中的技术内容是否符合国家方针政策和经济发展方向，做到技术先进，经济合理，安全可靠，是否适应当前科技水平和今后发展方向，符合企业实际。

③ 试验方法的科学性、检验规则的可操作性。

④ 是否采用了有关的国际标准和国外先进标准。

⑤ 标准编写的规则、格式与 GB/T 1.1—2020 系列标准的符合性。

⑥ 标准规定的要求是否有充分的依据，是否在试验研究和总结实践经验的基础上确定的，是否完整齐全。

⑦ 标准是否符合或达到预定的目的和要求。

⑧ 各方面的意见是否得到充分反映，是否得到协调解决。

⑨ 贯彻标准的要求、措施、建议和过渡办法是否适当。

标准审定方式可采取会议审查或函审，一般宜采用会审。对技术、经济意义重大，涉及面广，分歧意见较多的标准送审稿应进行会议审查。会议审查或函审由标准管理部门和制定者协商决定。

在审定会召开前应提前将资料发送给审定人员。资料包括：标准送审稿；标准编制说明；标准征求意见汇总处理表。

采用会议审定，审定组成员应协商一致，并选出一名组长，由组长主持审定。标准审定应经审定人员四分之三以上同意方可通过。标准起草人不能参加表决，审定组应当根据审定意见填写《审定会议纪要》，并附《审定人员意见表》。出席会议的审定人员不足三分之二时，应重新组织审定。

采用函审方式时，接收函审的审定人员应按时认真填写并寄回审定意见，即使没有不同意见，也应按时回函表示同意；过期不予复函的，按同意处理。函审时，应有四分之三回函同意为通过。函审结束后应写出函审结论报告，并附《审定人员意见表》。函审回函率不足三分之二时，应重新组织审定。

标准送审稿经审定通过后，标准制定者应根据审定意见，对标准送审稿进行修改，修改后形成标准报批稿。

会审时应形成标准审定纪要。审定纪要应详细列出审查时间、地点、起草单位、组织审定的机构、参加会议的审定人员及其单位、审定意见和审查结论。审定结论主要涉及：评价意见、主要修改意见和采纳情况；所审定的企业标准是否符合法律法规和强制性标准的规定；低于推荐性国家标准、行业标准和地方标准的，应当有相应的理由和相关影响的说明；是否予以通过审定等内容。

以函审方式审定标准时，其审定纪要内容应包括：参加函审的人员及其单位、发出和收回函审信息的时间及数量、标准中重大问题的一致审定意见、一般问题的原则审定意见、对标准起草单位的要求，如修改进度、修改方法以及修改后形成的标准送审稿的审定意见以及建议企业主管部门协调或帮助解决的问题汇总，审定结论。

标准审定人员应来自本企业生产、使用、检验、科研、设计、采购、销售、设备、储运等有关部门，必要时应外请专家和用户代表，审定组成员原则上不少于 5 人。直接参与企业标准起草的人员不得作为审定组成员参加审定。

标准审定人员应具备相应的知识和能力，并具有中级以上专业技术职称或大专以上学历，从事相关行业工作 3 年以上，熟悉有关法律、法规、规章和强制性标准，了解相关产品的工艺、技术要求和国内外该领域技术、标准发展的状况，能够独立解决本领域中相关的技术问题。

（5）批准与发布。标准报批稿完成后，将报批材料送企业法定代表人或其授权的人批准。报批所需的文件包括：标准报批稿；标准编制说明；标准审定纪要；标准审定人员意见表；标准批准、发布函。

标准经批准后应确定发布和实施日期，企业产品标准的发布日期与实施日期之间应留有过渡期，以方便标准使用方进行标准宣贯和实施前准备，以不低于一个月为宜。

（6）实施与检查。标准经批准发布后，企业内各相关部门应按照标准规定的时间组织实施。标准实施前应做好有关思想准备、组织准备、技术准备、人员准备和资金准备。经备案的企业产品标准，企业应严格执行。

标准实施包括：计划、准备、实施、检查、总结 5 个程序。

在实施标准之前，应根据实施标准的具体领域或单位的实际情况，制订出实施标准的计划。实施标准计划的内容主要包括：实施标准的方式、内容、步骤、负责人员、起止时间、应达到的要求等。

① 在编制实施标准计划时，应考虑以下几个问题：

（a）从总体上分析实施标准的有利因素和不利因素，确定实施的先后顺序和应采取的措施。

（b）将实施标准的项目分解成若干项具体任务和要求，分配给有关部门或个人，明确其职责，规定起止时间以及相互配合的内容和要求。

（c）根据所要实施标准项目的难易程度和涉及面大小，选择合适的实施方式，如全面实施、先试点后分期实施等。

（d）要合理地组织人力，安排经费开支，既要保证工作顺利进行，又不造成浪费。

② 实施标准的准备工作一般应从以下几方面进行：

（a）首先要使企业领导认识、了解标准的作用和意义，使他们能够重视；其次，要使标准的使用人员充分了解标准的内容与要求，掌握标准的难点。可以通过宣贯、培训，使有关人员熟悉和掌握标准，并在自己的工作中去实施标准。

（b）建立相应的组织机构，负责对标准的实施进行协调。

（c）为各类人员准备实施标准所需的标准文本、相关标准、简要介绍、宣贯教材、挂图及其他图片（影像）资料等。

（d）有些标准需要先试点，取得经验后再推广。

（e）物资条件的准备。准备标准实施时所需的仪器、设备、工具、工装及原辅材料。

企业在做好了各项标准实施的准备工作后，就要正式组织标准的贯彻实施。此阶段的中心工作就是把标准规定的内容，在生产、经营、管理、流通、使用等各领域加以贯彻执行。实施时，可根据标准适用范围及工作任务的不同，灵活采用不同方法，对实施过程中可能遇到的各种情况，有针对性地采用积极有效措施，保证标准的实施。对实施标准中遇到的技术难题，要组织力量解决，必要时应进行技术改造或技术攻关。

企业标准实施一定时期后，应组织有关人员对标准实施情况进行检查和总结，以评价实施效果；对标准实施过程中存在的问题进行分析、研究，为修改和补充标准做好技术准备。检查工作是标准实施过程中不可缺少的环节。通过检查，可以发现标准实施中存在的问题，以便及时采取纠正措施；同时，通过检查，还可以发现标准本身存在的问题，为以后的标准修订工作积累依据。

为完善和充实标准内容，对标准条文、图表做少量修改、补充时，按本企业有关修改文件的规定执行。

③ 对标准实施的检查可分为两方面的内容：

（a）对实施标准准备工作进行检查，主要是检查准备工作的情况和质量是否满足标准实施的要求，提出标准是否可转入实施阶段。

（b）对标准实施情况的检查，即对生产、经营、管理、使用的过程中标准实施情况的检查，检查中发现的问题，要督促实施标准的部门或人员，采取有效措施进行改进。

（c）在企业实施标准整个过程中，这种检查可反复进行。

在标准实施工作中，应对标准实施情况进行全面总结，特别是对存在的问题采取了哪些措施及取得的效果进行分析和评价。总结工作主要是从技术、方法等方面去总结标准实施过程中遇到的问题，对下一步实施工作提出改进建议和对标准的修改意见。

在总结过程中，有关人员应深入实际了解情况，应对标准实施的重点部门、科室和人员加强联系，具体指导，及时交流情况，总结经验，以推动标准的全面实施。

（7）复审。 国家标准和行业标准复审周期不得超过 5 年，企业标准复审周期不得超过 3 年。

① 有下列情形之一时，企业标准应当及时复审：

（a）国家有关法律、法规、规章以及产业发展方针、政策做出调整或重新规定的。

（b）新发布了相关国家标准、行业标准、地方标准的。

（c）规范性引用文件中相应的国家标准、行业标准、地方标准做出修订的。

（d）企业生产工艺或原材料、配方发生重大改变的。

（e）标准备案有效期届满的。

（f）其他应当进行复审的情况。

② 对标准复审结果按下列情况分别处理：

（a）标准内容不做修改，仍能适应当前需要，符合当前科学技术水平的，确认为继续有效。确认继续有效的标准，不改变标准的顺序号和年代号，由本企业标准的管理部门在标准封面上写明"××××年确认"字样。

（b）标准的主要规定需要做大量改动才能适应当前生产、使用需要和科技水平的，应修订标准，按制/修订标准的程序进行修订。修订后的标准不改变顺序号，只改变年代号；企业产品标准修订后，应到原备案机构办理备案手续。

（c）标准的内容已不能适应当前的需要，或为新的标准所代替的，标准应予以废止。

企业产品标准复审后应提出继续有效、修订或废止的明确结论。

经复审被确认继续有效或废止的企业产品标准，企业应填写《企业产品标准复审通知单》报告原受理备案部门；被确认需要修订的企业产品标准，企业修订后重新办理备案。

2.5 GB/T 1.1—2020

GB/T 1《标准化工作导则》与 GB/T 20000《标准化工作指南》、GB/T 20001《标准编写规则》、GB/T 20002《标准中特定内容的起草》、GB/T 20003《标准制定的特殊程序》和 GB/T 20004《团体标准化》共同构成支撑标准制定工作的基础性国家标准体系。

标准化是为了建立最佳秩序、促进共同效益而开展的制定并应用标准的活动。为了保证标准化活动有序开展，促进标准化目标和效益的实现，对标准化活动本身确立规则已经成为国内外各类标准化机构开展标准化活动的首要任务。在这方面，我国已经建立了支撑标准制定工作的基础性国家标准体系。在该标准体系中，GB/T 1《标准化工作导则》是指导我国标准化活动的基础性和通用性的标准。GB/T 1 旨在确立普遍适用于标准化文件起草、制定利于组织工作的准则，由三个部分构成。

第 1 部分：标准化文件的结构和起草规则。目的在于确立适用于起草各类标准化文件需要遵守的总体原则和相关规则。

第2部分：标准化文件的制定程序。目的在于为标准化文件的制定工作确立可操作、可追溯、可证实的程序。

第3部分：标准化技术组织。目的在于为使标准化技术组织能够被各相关方广泛参与而确立组织的层次结构、规定组织的管理和运行要求。

GB/T 1.1—2020《标准化工作导则　第1部分：标准化文件的结构和起草规则》确立了标准化文件的结构及其起草的总体原则和要求，并规定了文件名称、层次、要素的编写和表述规则以及文件的编排格式。适用于国家、行业和地方标准化文件的起草，其他标准化文件的起草参照使用。

2.5.1　术语和定义

(1) 标准化文件（standardizing document）：通过标准化活动制定的文件。

(2) 基础标准（basic standard）：以相互理解为编制目的形成的具有广泛适用范围的标准。

> 注：通常包括术语标准、符号标准、分类标准、试验标准等。

(3) 通用标准（general standard）：包含某个或多个特定领域普遍适用的条款的标准。

> 注：通用标准在其名称中常包含词语"通用"，如通用规范、通用技术要求等。

(4) 结构（structure）：文件中层次、要素以及附录、图与表的位置和排列顺序。

(5) 正文（main body）：从文件的范围到附录之前位于版心中的内容。

(6) 规范性要素（normative element）：界定文件范围或设定条款的要素。

(7) 资料性要素（informative element）：给出有助于文件的理解或使用的附加信息的要素。

(8) 必备要素（required element）：在文件中必不可少的要素。

(9) 可选要素（optional element）：在文件中存在与否取决于起草特定文件的具体需要的要素。

(10) 条款（provision）：在文件中表达应用该文件需要遵守、符合、理解或做出选择的表述。

(11) 要求（requirement）：表达声明符合该文件需要满足的客观可证实的准则，并且不允许存在偏差的条款。

(12) 指示（instruction）：表达需要履行的行动的条款。

(13) 推荐（recommendation）：表达建议或指导的条款。

(14) 允许（permission）：表达同意或许可（或有条件）去做某事的条款。

(15) 陈述（statement）：阐述事实或表达信息的条款。

(16) 条文（text）：由条成段表述文件要素内容所用的文字和/或文字符号。

2.5.2　标准化文件的类别

标准化文件的数量众多，范围广泛，根据不同的属性可以将文件归为不同的类别。我国的标准化文件包括标准、标准化指导性技术文件以及文件的某个部分等类别。国际标准化文件通常包括标准、技术规范（TS）、可公开提供规范（PAS）、技术报告（TR）、指南（guide），以及文件的某个部分等类别。在标准化文件中除引用我国标准化文件外，还可能会引用上述各类国际标准化文件。

确认标准的类别能够帮助起草者起草适用性更好的标准。按照不同的属性可以将标准划分为不同的类别。

（1）按照标准化对象划分。

① 产品标准：规定产品需要满足的要求以保证其适用性的标准。

② 过程标准：规定过程需要满足的要求以保证其适用性的标准。

③ 服务标准：规定服务需要满足的要求以保证其适用性的标准。

> 注：按照具体的标准化对象，通常将产品标准进一步分为原材料标准、零部件/元器件标准、制成品标准和系统标准等。其中，系统标准指规定系统需要满足的要求以保证其适用性的标准。

（2）按照标准内容的功能划分。

① 术语标准：界定特定领域或学科中使用的概念的指称及其定义的标准。

② 符号标准：界定特定领域或学科中使用的符号的表现形式及其含义或名称的标准。

③ 分类标准：基于诸如来源、构成、性能或用途等相似特性对产品、过程或服务进行有规律的划分、排列或者确立分类体系的标准。

④ 试验标准：在适合指定目的的精密度范围内和给定环境下，全面描述试验活动以及得出结论的方式的标准。

⑤ 规范标准：为产品、过程或服务规定需要满足的要求并且描述用于判定该要求是否得到满足的证实方法的标准。

⑥ 规程标准：为活动的过程规定明确的程序并且描述用于判定该程序是否得到履行的追溯/证实方法的标准。

⑦ 指南标准：以适当的背景知识提供某主题的普遍性、原则性、方向性的指导，或者同时给出相关建议或信息的标准。

2.5.3　目标、原则和要求

2.5.3.1　目标和总体原则

编制文件的目标是通过规定清楚、准确和无歧义的条款，使得文件能够为未来技术发展提供框架，并被未参加文件编制的专业人员所理解且易于应用，从而促进贸易、交流以及技术合作。为了达到上述目标，起草文件时宜遵守以下总体原则：

① 充分考虑最新技术水平和当前市场情况，认真分析所涉及领域的标准化需求。

② 在准确把握标准化对象、文件使用者和文件编制目的的基础上，明确文件的类别和/或功能类型，选择和确定文件的规范性要素，合理设置和编写文件的层次和要素，准确表达文件的技术内容。

2.5.3.2　文件编制成整体或分为部分的原则

（1）针对一个标准化对象通常宜编制成一个无须细分的整体文件，在特殊情况下可编制成分为若干部分的文件。在综合考虑下列情况后，针对一个标准化对象可能需要编制成若干部分：

① 文件篇幅过长。

② 文件使用者需求不同，如生产方、供应方、采购方、检测机构、认证机构、立法机构、管理机构等。

③ 文件编制目的不同，例如保证可用性，便于接口、互换、兼容或相互配合，利于品种控制，保障健康、安全，保护环境或促进资源合理利用，以及促进相互理解和交

流等。

（2）通常，适用于范围广泛的通用标准化对象的内容宜编制成一个整体文件，适用于范围较窄的标准化对象的通用内容宜编制成分为若干部分的文件的通用部分，适用于范围单一的标准化对象的具体内容不宜编制成一个整体文件或分为若干部分的文件的某个部分，仅适于编写成文件中的相关要素。

例如，对于试验方法，适用于广泛的产品，编制成试验标准；适用于某类产品，编制成分为若干部分的文件的试验方法部分；适用于某产品的具体特性的测试，编写成产品标准中的"试验方法"要素。

（3）在开始起草文件之前宜考虑并确立：

① 文件拟分为部分的原因，以及文件分为部分后各部分之间的关系。

② 分为部分的文件中预期的每个部分的名称和范围。

2.5.3.3 规范性要素的选择原则

(1) 标准化对象原则。 标准化对象原则是指起草文件时需要考虑标准化对象或领域的相关内容，以便确认拟标准化的是产品/系统、过程或服务，还是与某领域相关的内容；是完整的标准化对象，还是标准化对象的某个方面，从而确保规范性要素中的内容与标准化对象或领域紧密相关。标准化对象决定着起草的标准的对象类别，它直接影响文件的规范性要素的构成及其技术内容的选取。

(2) 文件使用者原则。 文件使用者原则是指起草文件时需要考虑文件使用者，以便确认文件针对的是哪一方面的使用者，他们关注的是结果还是过程，从而保证规范性要素中的内容是特定使用者所需要的。文件使用者不同，会对将文件确定为规范标准、规程标准或试验标准产生影响，进而文件的规范性要素的构成及其内容的选取就会不同。

(3) 目的导向原则。 目的导向原则是指起草文件时需要考虑文件编制目的，并以确认的编制目的为导向，对标准化对象进行功能分析，识别出文件中拟标准化的内容或特性，从而确保规范性要素中的内容是为了实现编制目的而选取的。文件编制目的决定着标准的目的类别。编制目的不同，规范性要素中需要标准化的内容或特性就不同；编制目的越多，选取的内容或特性就越多。

> 注1：文件编制目的，如果是促进相互理解，形成标准的目的类别为基础标准；如果是保证可用性、互换性、兼容性、相互配合或品种控制的目的，形成标准的目的类别为技术标准；如果是保障健康、安全，保护环境，形成标准的目的类别为卫生标准、安全标准、环保标准。
>
> 注2：以促进相互理解为目的编制的基础标准包括了术语标准、符号标准、分类标准和试验标准等功能类型；以其他目的编制的标准包括了规范标准、规程标准和指南标准等功能类型。

2.5.3.4 文件的表述原则

(1) 一致性原则。 每个文件内或分为部分的文件各部分之间，其结构以及要素的表述宜保持一致，为此：

① 相同的条款宜使用相同的用语，类似的条款宜使用类似的用语。

② 同一个概念宜使用同一个术语，避免使用同义词。

③ 相似内容的要素的标题和编号宜尽可能相同。

> 注：一致性对于帮助文件使用者理解文件（特别是分为部分的文件）的内容尤其重要，对于使用自动文本处理技术以及计算机辅助翻译也是同样重要的。

(2) 协调性原则。 起草的文件与现行有效的文件之间宜相互协调，避免重复和不必要的差异，为此：

① 针对一个标准化对象的规定宜尽可能集中在一个文件中。

② 通用的内容宜规定在一个文件中，形成通用标准或通用部分。

③ 文件的起草遵守基础标准和领域内通用标准的规定，如有适用的国际文件宜尽可能采用。

④ 需要使用文件自身其他位置的内容或其他文件中的内容时，宜采取引用或提示的表述形式。

(3) 易用性原则。 文件内容的表述宜便于直接应用，并且易于被其他文件引用或剪裁使用。

2.5.3.5 总体要求

（1）起草文件时应在选择规范性要素基础上确定文件的预计结构和内在关系。

（2）为了提高文件的适用性和应用效率，确保文件的及时发布，编制工作各阶段的文件草案在符合本文件规定的起草规则的基础上：

① 不同功能类型标准应符合 GB/T 20001 相应部分的规定。

② 文件中某些特定内容应符合 GB/T 20002 相应部分的规定。

③ 与国际文件有一致性对应关系的我国文件应符合 GB/T 20000.2 的规定。

（3）文件中不应规定诸如索赔、担保、费用结算等合同要求，也不应规定诸如行政管理措施、法律责任、罚则等法律法规要求。

2.5.4 文件名称和结构

2.5.4.1 文件名称

(1) 通则。 文件名称是对文件所覆盖的主题清晰、简明的描述。任何文件均应有文件名称，并应置于封面中和正文首页的最上方。

文件名称的表述应使得某文件易于与其他文件相区分，不应涉及不必要的细节，任何必要的补充说明由范围给出。

文件名称由尽可能短的几种元素组成，其顺序由一般到特殊。所使用的元素应不多于以下三种：

① 引导元素：为可选元素，表示文件所属的领域。

② 主体元素：为必备元素，表示上述领域内文件所涉及的标准化对象。

③ 补充元素：为可选元素，表示上述标准化对象的特殊方面，或者给出某文件与其他文件，或分为若干部分的文件的各部分之间的区分信息。

(2) 可选元素的选择。

① 引导元素。

（a）如果省略引导元素会导致主体元素所表示的标准化对象不明确，那么文件名称应有引导元素。

> 示例：
> 正　确：农业机械和设备　散装物料机械　技术规范
> 不正确：　　　　　　　散装物料机械　技术规范

在适用的情况下，可将归口该文件的技术委员会的名称作为引导元素。

（b）如果主体元素（或者同补充元素一起）能确切地表示文件所涉及的标准化对象，

那么文件名称中应省略引导元素。

> **示例：**
> 正　确：　　　　工业用过硼酸钠　堆积密度测定
> 不正确：化学品　工业用过硼酸钠　堆积密度测定

② 补充元素。如果文件只包含主体元素所表示的标准化对象的：

（a）一个或两个方面，那么文件名称中应有补充元素，以便指出所涉及的具体方面。

（b）两个以上但不是全部方面，那么在文件名称的补充元素中应由一般性的词语（如技术要求、技术规范等）来概括这些方面，而不必一一列举。

（c）所有必要的方面，并且是与该标准化对象相关的唯一现行文件，那么文件名称中应省略补充元素。

> **示例：**
> 正　确：咖啡研磨机
> 不正确：咖啡研磨机　术语、符号、材料、尺寸、机械性能、额定值、试验方法、包装

(3) 避免限制文件的范围。 文件名称宜避免包含无意中限制文件范围的细节。然而，当文件仅涉及一种特定类型的产品/系统、过程或服务时，应在文件名称中反映出来。

> **示例：**
> 航天　1 100 MPa/235 ℃级单耳自锁固定螺母

(4) 词语选择。

① 文件名称不必描述文件作为"标准"或"标准化指导性技术文件"的类别，不应包含"……标准""……国家标准""……行业标准"或"……标准化指导性技术文件"等词语。

② 除了符合规定的情况外，不同功能类型标准的名称的补充元素或主体元素中应含有表示标准功能类型的词语，所用词语及其英文译名宜从表 2-1 中选取。

表 2-1　文件名称中表示标准功能类型的词语及其英文译名

标准功能类型	名称中的词语	英文译名
术语标准	术语	vocabulary
符号标准	符号、图形符号、标志	symbol, graphical symbol, sign
分类标准	分类、编码	classification, coding
试验标准	试验方法、……的测定	test method, determination of…
规范标准	规范	specification
规程标准	规程	code of practice
指南标准	指南	guidance, guidelines

2.5.4.2　结构

(1) 层次。 按照文件内容的从属关系，可以将文件划分为若干层次。文件可能具有的层次见表 2-2。

表2-2 标准层次及其编号

层次	编号示例
部分	××××.1
章	5
条	5.1
条	5.1.1
段	[无编号]
列项	列项符号:"——"和"·";列项编号:a)、b)和1)、2)

(2) 要素。

① 要素的分类。按照功能,可以将文件内容划分为相对独立的功能单元——要素。从不同的维度,可以将要素分为不同的类别。

按照要素所起的作用,可分为规范性要素和资料性要素。按照要素存在的状态,可分为必备要素和可选要素。

② 要素的构成和表述。要素的内容由条款和/或附加信息构成。规范性要素主要由条款构成,还可包括少量附加信息;资料性要素由附加信息构成。

构成要素的条款或附加信息通常的表述形式为条文。当需要使用文件自身其他位置的内容或其他文件中的内容时,可在文件中采取引用或提示的表述形式。为了便于文件结构的安排和内容的理解,有些条文需要采取附录、图、表、数学公式等表述形式。

表2-3中界定了文件中要素的类别及其构成,给出了要素允许的表述形式。

表2-3 文件中各要素的类别、构成及表述形式

要素	要素的类别		要素的构成	要素所允许的表达形式
	必备或可选	规范性或资料性		
封面	必备	资料性	附加信息	标明文件信息
目次	可选			列表(自动生成的内容)
前言	必备			条文、注、脚注、指明附录
引言	可选			条文、图、表、数学公式、注、脚注、指明附录
范围	必备	规范性	条款、附加信息	条文、表、注、脚注
规范性引用文件①	必备/可选	资料性	附加信息	清单、注、脚注
术语和定义①	必备/可选	规范性	条款、附加信息	条文、图、数学公式、示例、注、引用、提示
符号和缩略语	可选	规范性	条款、附加信息	条文、图、表、数学公式、示例、注、脚注、引用、提示、指明附录
分类和编码/系统构成	可选			
总体原则和/或总体要求	可选			
核心技术要素	必备			
其他技术要素	可选			
参考文献	可选	资料性	附加信息	清单、脚注
索引	可选			列表(自动生成的内容)

注:①章编号和标题的设置是必备的,要素内容的有无根据具体情况进行选择。

③ 要素的选择。规范性要素中范围、术语和定义、核心技术要素是必备要素。其他是可选要素。其中，术语和定义内容的有无可根据具体情况进行选择。不同功能类型标准具有不同的核心技术要素。规范性要素中的可选要素可根据所起草文件的具体情况在表 2-3 中选取，或者进行合并或拆分，要素的标题也可调整，还可设置其他技术要素。

资料性要素中的封面、前言、规范性引用文件是必备要素，其他是可选要素。其中，规范性引用文件内容的有无可根据具体情况进行选择。资料性要素在文件中的位置、先后顺序以及标题均应与表 2-3 所呈现的一致。

2.5.5 层次的编写

2.5.5.1 部分

(1) 部分的划分。

① 部分是一个文件划分出的第一层次。划分出的若干部分共用同一个文件顺序号。部分不应进一步细分为分部分。文件分为部分后，每个部分可以单独编制、修订和发布，并与整体文件遵守同样的起草原则和规则。

按照部分的划分原则可以将一个文件分为若干部分。起草这类文件时，有必要事先研究各部分的安排，考虑是否将第 1 部分预留给诸如"总则""术语"等通用方面。

②可使用两种方式将文件分为若干部分。

（a）将标准化对象分为若干个特殊方面，每个部分分别涉及其中的一两个方面，并且能够单独使用。

> 示例：
> 第 1 部分：术语
> 第 2 部分：要求
> 第 3 部分：试验方法
> 第 4 部分：安装要求

（b）将标准化对象分为通用和特殊两个方面，通用方面作为文件的第 1 部分，特殊方面（可修改或补充通用方面，不能单独使用）作为文件的其他各部分。

> 示例：
> 第 1 部分：通用要求
> 第 2 部分：热学要求
> 第 3 部分：空气纯净度要求
> 第 4 部分：声学要求

③部分的划分通常是连续的，在需要按照各部分的内容分组时，可以通过部分编号区分各组。

> 示例：
> 第 1 部分：通用要求
> ……
> 第 11 部分：电熨斗的特殊要求
> 第 12 部分：离心脱水机的特殊要求
> 第 13 部分：洗碗机的特殊要求

> 示例：
> 第1部分：通则和指南
> ……
> 第21部分：振动试验（正弦）
> 第22部分：配接耐久性试验
> ……
> 第31部分：外观检查和测量
> 第32部分：单模纤维光学器件偏振依赖性的检查和测量

(2) 部分编号。 部分编号应置于文件编号中的顺序号之后，使用从1开始的阿拉伯数字，并用下脚点与顺序号相隔（如××××× .1、××××× .2等）。

(3) 部分的名称。 分为部分的文件中的每个部分的名称的组成方式应符合规定。部分的名称中应包含"第*部分："（*为阿拉伯数字的部分编号），后跟补充元素。每个部分名称的补充元素应不同，以便区分和识别各个部分，而引导元素（如果有）和主体元素应相同。

2.5.5.2 章

章是文件层次划分的基本单元。

应使用从1开始的阿拉伯数字对章编号。章编号应从范围一章开始，一直连续到附录之前。

每一章均应有章标题，并应置于编号之后。

2.5.5.3 条

条是章内有编号的细分层次。条可以进一步细分，细分层次不宜过多，最多可分到第五层次。一个层次中有一个以上的条时才可设条，例如第10章中，如果没有10.2就不必设立10.1。

条编号应使用阿拉伯数字并用下脚点与章编号或上一层次的条编号相隔。层次编号见 GB/T 1.1—2020 附录A给出的编号示例。

第一层次的条宜给出条标题并应置于编号之后。第二层次的条可同样处理。某一章或条中，其下一个层次上的各条，有无标题应一致。例如6.2的下一层次，如果6.2.1给出了标题，6.2.2、6.2.3等也需要给出标题，或者反之，该层次的条都不给出标题。

在无标题条的首句中可使用黑体字突出关键术语或短语，以便强调各条的主题。某一章或条中的下一个层次上的无标题条，有无突出的关键术语或短语应一致。无标题条不应再分条。

2.5.5.4 段

段是章或条内没有编号的细分层次。

为了不在引用时产生混淆，不宜在章标题与条之间或条标题与下一层次条之间设段（称为"悬置段"）。

> 注："术语和定义""符号和缩略语"中的引导语以及"重要提示"不是悬置段。

示例:

不正确	正 确
5　要求 ×××××××××××　⎫ ×××××××××××××⎬　悬置段 ×××××××××　　　⎭ 5.1　××××××× 　　××××××××××××××× 5.2　××××××× 　　××××××××××××××× 　　××××××××××××××× 　　××××××××××××××× 6　试验方法	5　要求 5.1　通用要求 　　××××××××××××××× 　　××××××××××××××× 　　××××××××× 5.2　××××××× 　　××××××××××××××× 5.3　××××××× 　　××××××××××××××× 　　××××××××××××××× 6　试验方法

上面左侧所示：按照章条的隶属关系，第 5 章不仅包括所标出的"悬置段"，还包括 5.1 和 5.2。这种情况下，引用这些悬置段时有可能发生混淆。避免混淆的方法之一是将悬置段改为条。见右侧所示：将左侧的悬置段编号并加标题"5.1 通用要求"（也可给出其他适当的标题），并且将左侧的 5.1 和 5.2 重新编号，依次改为 5.2 和 5.3。避免混淆的其他方法还有，将悬置段移到别处或删除。

2.5.5.5　列项

（1）列项是段中的子层次，用于强调细分的并列各项中内容。列项应由引语和被引出的并列的各项组成。具体形式有以下两种：

① 后跟句号的完整句子引出后跟句号的各项。

示例：
导向要素中图形符号与箭头的位置关系需要符合下列规则。
a) 当导向信息元素横向排列，并且箭头指：
1) 左向（含左上、左下）时，图形符号应位于右侧；
2) 右向（含右上、右下）时，图形符号应位于左侧；
3) 上向或下向时，图形符号宜位于右侧。
b) 当导向信息元素纵向排列，并且箭头指：
1) 下向（含左下，右下）时，图形符号应位于上方；
2) 其他方向，图形符号宜位于下方。

② 后跟冒号的文字引出后跟分号或逗号的各项。

示例：
下列仪器不需要开关：
——正常操作条件下，功耗不超过 10 W 的仪器；
——任何故障条件下使用 2 min，测得功耗不超过 50 W 的仪器；
——连续运转的仪器。

> **示例：**
> 仪器中的振动可能产生于：
> ——转动部件的不平衡，
> ——机座的轻微变形，
> ——滚动轴承，
> ——气动负载。

列项的最后一项均由句号结束。

（2）列项可以进一步细分为分项，这种细分不宜超过两个层次。

（3）在列项的各项之前应标明列项符号或列项编号。列项符号为破折号（——）或隔号（·）；列项编号为字母编号［即后带半圆括号的小写拉丁字母，如 a)、b) 等］或数字编号［即后带半圆括号的阿拉伯数字，如 1)、2) 等］。

通常在第一层次列项的各项之前使用破折号，第二层次列项的各项之前使用间隔号。列项中的各项如果需要识别或表明先后顺序，在第一层次列项的各项之前使用字母编号。在使用字母编号的列项中，如果需要对某一项进一步细分，根据需要可在各分项之前使用间隔号或数字编号。

（4）可使用黑体字突出列项中的关键术语或短语，以便强调各项的主题。

2.5.6　要素的编写

2.5.6.1　封面

封面这一要素用来给出标明文件的信息。

在封面中应标明以下必备信息：文件名称、文件的层次或类别（如"中华人民共和国国家标准""中华人民共和国国家标准化指导性技术文件"等字样）、文件代号（如"GB"）、文件编号、国际标准分类号（ICS）、中国标准文献分类号（CCS）、发布日期、实施日期、发布机构等。

如果文件代替了一个或多个文件，在封面中应标明被代替文件的编号。当被代替文件较多时，被代替文件编号不应超过一行。如果文件与国际文件有一致性对应关系，那么在封面中应标示一致性程度标识。

> 注：如果在封面中不能用一行给出所有被代替文件的编号，那么在前言中说明文件代替其他文件的情况时给出。

国家标准、行业标准的封面还应标明文件名称的英文译名，行业标准的封面还应标明备案号。

文件征求意见稿和送审稿的封面显著位置，应按照 GB/T 1.1—2020 附录 D.1 的规定给出征集文件是否涉及专利的信息。

2.5.6.2　目次

目次这一要素用来呈现文件的结构。为了方便查阅文件内容，通常有必要设置目次。

根据所形成的文件的具体情况，应依次对下列内容建立目次列表：

① 前言；
② 引言；
③ 章编号和标题；

④ 条编号和标题（需要时列出）；
⑤ 附录编号、"规范性"/"（资料性）"和标题；
⑥ 附录条编号和标题（需要时列出）；
⑦ 参考文献；
⑧ 索引；
⑨ 图编号和图题（含附录中的）（需要时列出）；
⑩ 表编号和表题（含附录中的）（需要时列出）。

上述各项内容后还应给出其所在的页码。在目次中不应列出"术语和定义"中的条目编号和术语。

电子文本的目次宜自动生成。

2.5.6.3 前言

前言这一要素用来给出诸如文件起草依据的其他文件，与其他文件的关系和编制、起草者的基本信息等文件自身内容之外的信息。前言不应包含要求、指示、推荐或允许型条款，也不应使用图、表或数学公式等表述形式。前言不应给出章编号且不分条。

根据所形成的文件的具体情况，在前言中应依次给出下列适当的内容。

(1) 文件起草所依据的标准。 具体表述为"本文件按照 GB/T 1.1—2020《标准化工作导则　第 1 部分：标准化文件的结构和起草规则》的规定起草"。

(2) 文件与其他文件的关系。 需要说明以下两方面的内容：
① 与其他标准的关系。
② 分为部分的文件的每个部分说明其所属的部分并列出所有已经发布的部分的名称。

(3) 文件与代替文件的关系。 需要说明以下两方面的内容：
① 给出被代替、废止的所有文件的编号和名称。
② 列出与前一版本相比的主要技术变化。

(4) 文件与国际文件关系的说明。 GB/T 20000.2 中规定了与国际文件存在着一致性对应关系的我国文件，在前言中陈述的相关信息。

(5) 有关专利的说明。 GB/T 1.1—2020 附录 D.2 中规定了尚未识别出文件的内容涉及专利时，在前言中需要给出的相关内容。

(6) 文件的提出信息（可省略）和归口信息。 对于由全国专业标准化技术委员会提出或归口的文件，应在相应技术委员会名称之后给出其国内代号，使用下列适当的表述形式：
——"本文件由全国××××标准化技术委员会（SAC/TC×××）提出。"
——"本文件由××××提出。"
——"本文件由全国××××标准化技术委员会（SAC/TC×××）归口。"
——"本文件由××××归口。"

(7) 文件的起草单位和主要起草人。 使用下列表述形式：
——"本文件起草单位：……。"
——"本文件主要起草人：……。"

(8) 文件及其所代替或废止的文件的历次版本发布情况。

2.5.6.4 引言

引言这一要素用来说明与文件自身内容相关的信息，不应包含要求型条款。分为部分的文件的每个部分，或者文件的某些内容涉及了专利，均应设置引言。引言不应给出章编号。当引言的内容需要分条时,应仅对条编号,编为0.1、0.2等。

在引言中通常给出下列背景信息:

① 编制该文件的原因、编制目的、分为部分的原因以及各部分之间关系等事项的说明。

② 文件技术内容的特殊信息或说明。

如果编制过程中已经识别出文件的某些内容涉及专利,应按照GB/T 1.1—2020附录D.3的规定给出有关内容。当需要给出有关专利的内容较多时,可将相关内容移作附录。

2.5.6.5 范围

范围这一要素用来界定文件的标准化对象和所覆盖的各个方面,并指明文件的适用界限。必要时,范围宜指出那些通常被认为文件可能覆盖,但实际上并不涉及的内容。分为部分的文件的各个部分,其范围只应界定该部分的标准化对象和所覆盖的各个方面。

> 注:适用界限指文件(而不是标准化对象)适用的领域和使用者。

该要素应设置为文件的第1章,如果确有必要,可以进一步细分为条。

范围的陈述应简洁,以便能作为内容提要使用。在范围中不应陈述可在引言中给出的背景信息。范围应表述为一系列事实的陈述,使用陈述型条款,不应包含要求、指示、推荐和允许型条款。

范围的陈述应使用下列适当的表述形式:

—— "本文件规定了……的要求/特性/尺寸/指示。"
—— "本文件确立了……的程序/体系/系统/总体原则。"
—— "本文件描述了……的方法/路径。"
—— "本文件提供了……的指导/指南/建议。"
—— "本文件给出了……的信息/说明。"
—— "本文件界定了……的术语/符号/界限。"

文件适用界限的陈述应使用下列适当的表述形式:

—— "本文件适用于……。"
—— "本文件不适用于……。"

2.5.6.6 规范性引用文件

(1)界定和构成。 规范性引用文件这一要素用来列出文件中规范性引用的文件,由引导语和文件清单构成。该要素应设置为文件的第2章,且不应分条。

(2)引导语。 规范性引用文件清单应由以下引导语引出:

"下列文件中的内容通过文中的规范性引用而构成本文件必不可少的条款。其中,注日期的引用文件,仅该日期对应的版本适用于本文件;不注日期的引用文件,其最新版本(包括所有的修改单)适用于本文件。"

> 注:对于不注日期的引用文件,如果最新版本未包含所引用的内容,那么包含了所引用内容的最后版本适用。

如果不存在规范性引用文件,应在章标题下给出以下说明:

"本文没有规范性引用文件。"

(3) 文件清单。

① 文件清单中应列出该文件中规范性引用的每个文件,列出的文件之前不给出序号。根据文件中引用文件的具体情况,文件清单中应选择列出下列相应的内容:

——注日期的引用文件,给出"文件代号、顺序号及发布年份号和/或月份号"以及"文件名称"。

——不注日期的引用文件,给出"文件代号、顺序号"以及"文件名称"。

——不注日期引用文件的所有部分,给出"文件代号、顺序号"和"(所有部分)"以及文件名称中的"引导元素(如果有)和主体元素"。

——引用国际文件、国外其他出版物,给出"文件编号"或"文件代号、顺序号"以及"原文名称的中文译名",并在其后的圆括号中给出原文名称。

——列出标准化文件之外的其他引用文件和信息资源(印刷的、电子的或其他方式的),应遵守 GB/T 7714 确定的相关规则。

② 根据文件中引用文件的具体情况,文件清单中列出的引用文件的排列顺序为:(a) 国家标准化文件;(b) 行业标准化文件;(c) 本行政区域的地方标准化文件(仅适用于地方标准化文件的起草);(d) 团体标准化文件;(e) ISO、ISO/IEC 或 IEC 标准化文件;(f) 其他机构或组织的标准化文件;(g) 其他文献。其中,国家标准、ISO 或 IEC 标准按文件顺序号排列;行业标准、地方标准、团队标准、其他国际标准化文件先按文件代号的拉丁字母或阿拉伯数字的顺序排列,再按文件顺序号排列。

2.5.6.7 术语和定义

(1) 界定和构成。 术语和定义这一要素用来界定为理解文件中某些术语所必需的定义,由引导语和术语条目构成。该要素应设置为文件的第 3 章,为了表示概念的分类可以细分为条,每条应列出条标题。

(2) 引导语。 根据列出的术语和定义以及引用其他文件的具体情况,术语条目应分别由下列适当的引导语引出:

——"下列术语和定义适用于本文件。"(如果仅该要素界定的术语和定义适用时)

——"……界定的术语和定义适用于本文件。"(如果仅其他文件中界定的术语和定义适用时)

——"……界定的以及下列术语和定义适用于本文件。"(如果其他文件以及该要素界定的术语和定义适用时)

如果没有需要界定的术语和定义,应在本章标题下给出以下说明:"本文件没有需要界定的术语和定义。"

(3) 术语条目。

① 通则。术语条目宜按照概念层级分类和编排,如果无法或无须分类,可按术语的汉语拼音字母顺序编排。术语条目的排列顺序由术语的条目编号来明确。条目编号应在章或条编号之后使用下脚点加阿拉伯数字的形式。

> 注:术语的条目编号不是条编号。

每个术语条目应包括 4 项内容:条目编号、术语、英文对应词、定义,根据需要还可增加其他内容。

按照包含的具体内容,术语条目中应依次给出:(a) 条目编号;(b) 术语;(c) 英文对应词;(d) 符号;(e) 术语的定义;(f) 概念的其他表述形式(如图、数学公式等);(g) 示例;(h) 注;(i) 来源等。其中,符号如果来自国际权威组织,宜在该符号后同一行的方括号中标出该组织名称或缩略语；图和数学公式是定义的辅助形式；注给出补充术语条目内容的附加信息，例如，与适用于量的单位有关的信息。

术语条目不应编排成表的形式，它的任何内容均不准许插入脚注。

② 需定义术语的选择。术语和定义这一要素中界定的术语应同时符合下列条件：（a）文件中至少使用两次；（b）专业的使用者在不同语境中理解不一致；（c）尚无定义或需要改写已有定义；（d）属于文件范围所限定的领域内。

如果文件中使用了文件的范围所限定的领域之外的术语，可在条文的注中说明其含义，不宜界定其他领域的术语和定义。

术语和定义中宜尽可能界定表示一般概念的术语，而不界定表示具体概念的组合术语。例如，当具体概念"自驾游基础设施"等同于"自驾游"和"基础设施"两个一般概念之和时，分别定义术语"自驾游"和"基础设施"即可，不必定义"自驾游基础设施"。

> 注：表达具体概念的术语往往由表达一般概念的术语组合而成。

③ 定义。定义的表述宜能在上下文中代替其术语。定义宜采取内含定义的形式，其优选结构为"定义＝用于区分所定义的概念同其他并列概念间的区别特征＋上位概念"。

定义中如果包含了其所在文件的术语条目中已定义的术语，可在该术语之后的括号中给出对应的条目编号，以便提示参看相应的术语条目。

定义应使用陈述型条款，既不应包含要求型条款，也不应写成要求的形式。附加信息应以示例或注的表述形式给出。

④ 来源。在特殊情况下，如果确有必要抄录其他文件中的少量术语条目，应在抄录的术语条目之下准确地标明来源。当需要改写所抄录的术语条目中的定义时，应在标明来源处予以指明。具体方法为：在方括号中写明"来源：文件编号，条目编号，有修改"。

> 示例：
> 3　术语和定义
> GB/T 20000.1界定的以及下列术语和定义适用于本文件。
> 3.1　文件
> 3.1.1
> 标准化文件　standardizing document
> 通过标准化活动制定的文件。
> ［来源：GB/T 20000.1—2014，5.2］

2.5.6.8　符号和缩略语

(1) 界定和构成。 符号和缩略语这一要素用来给出为理解文件所必需的、文件中使用的符号和缩略语的说明或定义，由引导语和带有说明的符号和/或缩略语清单构成。如果需要设置符号或缩略语，宜作为文件的第4章。如果为了反映技术准则，符号需要以特定次序列出，那么该要素可以细分为条，每条应给出条标题。根据编写的需要，该要素可并入"术语和定义"。

(2) 引导语。 根据列出的符号、缩略语的具体情况，符号和/或缩略语清单应分别由下列适当的引导语引出：

——"下列符号适用于本文件。"（如果该要素列出的符号适用时）

——"下列缩略语适用于本文件。"（如果该要素列出的缩略语适用时）

——"下列符号和缩略语适用于本文件。"（如果该要素列出的符号和缩略语适用时）

(3) 清单和说明。 无论该要素是否分条，清单中的符号和缩略语之前均不给出序号，且宜按下列规则以字母顺序列出：

① 大写拉丁字母置于小写拉丁字母之前（如 A、a、B、b 等）；

② 无角标的字母置于有角标的字母之前，有字母角标的字母置于有数字角标的字母之前（B、b、C、C_m、C_2、c、d、d_{ext}、d_{int}、d_1 等）；

③ 希腊字母置于拉丁字母之后（Z、z、A、α、B、β……Λ、λ 等）；

④ 其他特殊字符置于最后。

符号和缩略语的说明或定义宜使用陈述型条款，不应包含要求型和推荐型条款。

2.5.6.9 分类和编码/系统构成

分类和编码这一要素用来给出针对标准化对象的划分以及对分类结果的命名或编码，以方便在文件核心技术要素中针对标准化对象的细分类别做出规定。它通常涉及"分类和命名""编码和代码"等内容。

对于系统标准，通常含有系统构成这一要素。该要素用来确立构成系统的分系统，或进一步的组成单元。系统标准的核心技术要素将包含针对分系统或组成单元做出规定的内容。

分类和编码/系统构成通常使用陈述型条款。根据编写的需要，该要素可与规范、规程或指南标准中的核心技术要素的有关内容合并，在一个复合标题下形成相关内容。

2.5.6.10 总体原则和/或总体要求

总体原则这一要素用来规定为达到编制目的需要依据的方向性的总框架或准则。文件中随后各要素中的条款或者需要符合或者具体落实这些原则，从而实现文件编制目的。总体要求这一要素用来规定涉及整体文件或随后多个要素均需要规定的要求。

文件中如果涉及了总体原则/总则/原则，或总体要求的内容，宜设置总体原则/总则/原则，或总体要求。总体原则/总则/原则应使用陈述型或推荐型条款，不应包含要求型条款。总体要求应使用要求型条款。

2.5.6.11 核心技术要素

核心技术要素这一要素是各种功能类型标准的标志性的要素，它是表述标准特定功能的要素。标准功能类型不同，其核心技术要素就会不同，表述核心要素使用的条款类型也会不同。各种功能类型标准所具有的核心技术要素以及所使用的条款类型应符合表 2-4 的规定。各种功能类型标准的核心技术要素的具体编写应遵守 GB/T 20001（所有部分）的规定。

表 2-4 各种功能类型标准的核心技术要素以及所使用的条款类型

标准功能类型	核心技术要素	使用的条款类型
术语标准	术语条目	界定术语的定义使用陈述型条款
符号标准	符号/标志及其意义	界定符号或标志的含义使用陈述型条款
分类标准	分类和/或编码	陈述、要求型条款

(续)

标准功能类型	核心技术要素	使用的条款类型
试验标准	试验步骤 试验数据处理	指示、要求型条款 陈述、指示型条款
规范标准	要求 证实方法	要求型条款 指示、陈述型条款
规程标准	程序确立 程序指示 追溯/证实方法	陈述型条款 指示、要求型条款 指示、陈述型条款
指南标准	需考虑的因素	推荐、陈述型条款

注：如果标准化指导性技术文件具有与表中规范标准、规程标准相同的核心技术要素及条款类型，那么该标准化指导性技术文件为规范类或规程类。

2.5.6.12 其他技术要素

根据具体情况，文件中还可设置其他技术要素，如试验条件、仪器设备、取样、标志、标签和包装、标准化项目标记、计算方法等。如果涉及有关标准化项目标记的内容，应符合 GB/T 1.1—2020 附录 B 规定。

2.5.6.13 参考文献

参考文献这一要素用来列出文件中资料性引用的文件清单，以及其他信息资源清单，如起草文件时参考过的文件，以供参阅。

如果需要设置参考文献，应置于最后一个附录之后。文件中有资料性引用的文件，应设置该要素。该要素不应分条，列出的清单可以通过描述性的标题进行分组，标题不应编号。

清单中应列出该文件中资料性引用的每个文件。每个列出的参考文件或信息资源前应在方括号中给出序号。清单中所列内容及其排列顺序以及在线文献的列出方式均应符合相关规定，其中列出的国际文件、国外文件不必给出中文译名。

2.5.6.14 索引

索引这一要素用来给出通过关键词检索文件内容的途径。如果为了方便文件使用者而需要设置索引，那么它应作为文件的最后一个要素。

该要素由索引项形成的索引列表构成。索引项以文件中的"关键词"作为索引标目，同时给出文件的规范性要素中对应的章、条、附录和/或图、表的编号。索引项通常以关键词的汉语拼音字母顺序编排。为了便于检索可在关键词的汉语拼音首字母相同的索引项之上标出相应的字母。

电子文本的索引宜自动生成。

2.5.7 要素的表述

2.5.7.1 条款

条款类型分为要求、指示、推荐、允许和陈述。条款可包含在规范性要素的条文、图表脚注、图与图题之间的段或表内的段中。

条款类型的表述应使得文件使用者在声明其产品/系统、过程或服务符合文件时,能够清晰地识别出需要满足的要求或执行的指示,并能够将这些要求或指示与其他可选择的条款(如推荐、允许或陈述)区分开来。

条款类型的表述应遵守 GB/T 1.1—2020 附录 C 的规定,并使用附录 C 中各表左侧栏中规定的能愿动词或句子语气类型,只有在特殊情况下由于语言的原因不能使用左侧栏中给出的能愿动词时,才可使用对应的等效表述。

2.5.7.2 附加信息

附加信息的表述形式包括:示例、注、脚注、图表脚注以及规范性引用文件和参考文献中的文件清单和信息资源清单、目次中的目次列表和索引中的索引列表等。除了图表脚注之外,它们宜表述为对事实的陈述,不应包含要求或指示型条款,也不应包含推荐或允许型条款。

> 注:如果在示例中包含要求、指示、推荐或允许型条款是为了提供与这些表述有关的例子,那么不视为不符合上述规定。通常将这样的示例内容置于线框内。

2.5.7.3 通用内容

文件中某章/条的通用内容宜作为该章/条中最前面的一条。根据具体的内容,可用"通用要求""通则""概述"作为条标题。

"通用要求"用来规定某章/条中涉及多条的要求,均应使用要求型条款。"通则"用来规定与某章/条的共性内容相关的或涉及多条的内容,使用的条款中应至少包含要求型条款,还可包含其他类型的条款。"概述"用来给出与某章/条内容有关的陈述或说明,应使用陈述型条款,不应包含要求、指示或推荐型条款。除非确有必要,通常不设置"概述"。

2.5.7.4 条文

(1) 汉字和标点符号。 文件中使用的汉字应为规范汉字,使用的标点符号应符合 GB/T 15834 的规定。

(2) 常用词的使用。

① "遵守"和"符合"用于不同的情形的表述。"遵守"用于在实现符合性过程中涉及的人员或组织采取的行动的条款,符合用于规定产品/系统、过程或服务特性符合文件或其要求的条款,即需要"人"做到的用"遵守",需要"物"达到的用"符合"。

② "尽可能""尽量""考虑"("优先考虑""充分考虑")以及"避免""慎重"等词语不应该与"应"一起使用表示要求,建议与"宜"一起使用表示推荐。

③ "通常""一般""原则上"不应该与"应""不应"一起使用表示要求,可与"宜""不宜"一起使用表示推荐。

④ 可使用"……情况下应……""只有/仅在……时,才应……""根据……情况,应……""除非……特殊情况,不应……"等,表示有前提条件的要求。前提条件应是清楚、明确的。

(3) 全称、简称和缩略语。

① 文件中应仅使用组织机构正在使用的全称和简称(或原文缩写)。

② 如果在文件中某个词语或短语需要使用简称,那么在正文中第一次使用该词语或

短语时，应在其后的圆括号中给出简称，以后则应使用该简称。

> 示例：……公共信息图形符号（以下简称"图形符号"）。

③ 如果文件中未给出缩略语清单，但需要使用拉丁字母组成的缩略语，那么在正文中第一次使用时，应给出缩略语对应的中文词语或解释，并将缩略语置于其后的圆括号中，以后则应使用缩略语。

拉丁字母组成的缩略语的使用宜慎重，只有在不引起混淆的情况下才可使用。

缩略语宜由大写拉丁字母组成，每个字母后面没有下脚点（如 DNA）。由于历史或技术原因，个别情况下约定俗成的缩略语可使用不同的方式书写。

(4) 数和数值的表示。
① 表示物理量的数值，应使用后跟法定计量单位符号的阿拉伯数字。
② 数字的用法应遵守 GB/T 15835 的规定。
③ 符号叉（×）应该用于表示以小数形式写作的数和数值的乘积、向量积和笛卡儿积。

> 示例：$l = 2.5 \times 10^3$ m
> 示例：$I_G = I_1 \times I_2$

符号居中圆点（·）应该用于表示向量的无向积和类似的情况，还可用于表示标量的乘积以及组合单位。

> 示例：$U = R \cdot I$
> 示例：$rad \cdot m^2/kg$

在一些情况下，乘号可以省略。

> 示例：$4c - 5d$，$6ab$，$7(a+b)$，$3\ln2$

GB/T 3102.11 给出了数字乘法符号的概览。

④ 诸如 $\dfrac{V}{km/h}$、$\dfrac{l}{m}$、$\dfrac{t}{s}$ 或 $v/(km/h)$、l/m、t/s 之类的数值表示适用于图的坐标轴和表的表头栏中。

(5) 尺寸和公差。
① 尺寸应以无歧义的方式表示。

> 示例：80 mm×25 mm×50 mm［不写作 80×25×50 mm 或（80×25×50）mm］

② 公差应以无歧义的方式表达，通常使用最大值、最小值、带有公差的值（示例1～示例3）或量的范围值（示例4、示例5）表示。

> 示例1：80 μF±2 μF 或（80±2）μF（不写作 80±2 μF）
> 示例2：80^{+2}_{0} mm（不写作 $80^{\pm 2}_{0}$ mm）
> 示例3：80 mm$^{+50}_{-25}$ μm
> 示例4：10 kPa～12 kPa（不写作 10～12 kPa）
> 示例5：0 ℃～10 ℃（不写作 0～10 ℃）

③ 为了避免误解，百分率的公差应以正确的数学形式表示。

> **示例**：用"63%～67%"表示范围
> **示例**：用"（65±2）%"表示带有公差的值（不写作"65±2%"或"65%±2%"的形式）

④ 平面角宜用单位度（°）表示。例如，写作 17.25°。

(6) 数值的选择。

① 极限值。对于某些用途，有必要规定极限值（最大值/最小值）。通常一个特性规定一个极限值，但有多个广泛使用的类别或等级时，则需要规定多个极限值。

② 选择值。对于某些目的，特别是品种控制和接口的目的，可选择多个数值或数系。适用时，应按照 GB/T 321（进一步的指南见 GB/T 19763 和 GB/T 19764）给出的优先数系，或按照模数制或其他决定性因素选择数值或数系。对于电工领域，IEC 指南 103 给出了推荐使用的尺寸量纲制。

当试图对一个拟定的数系标准化时，应检查是否有现成的被广泛接受的数系。

选择优先数系时，宜注意非整数（如数 3.15）有时可能带来不便或规定了不必要的高精度。这种情况下，需要对非整数进行修约（参考 GB/T 19764）。宜避免由于一个文件中同时包含了精确值和修约值，而导致不同的文件使用者选择不同的值。

(7) 量、单位及其符号。 文件中使用的量、单位及其符号应从 GB/T 3101、GB/T 3102（所有部分）、ISO 80000（所有部分）和 IEC 80000（所有部分）以及 GB/T 14559、IEC 60027（所有部分）中选择并符合其规定。进一步的使用规则见 GB 3100。

2.5.7.5 引用和提示

(1) 用法。 在起草文件时，如果有些内容已经包含在现行有效的其他文件中并且适用，或者包含在文件自身的其他条款中，那么应通过提及文件编号和/或文件内容编号的表述形式，引用、提示而不抄录所需要的内容。这样可以避免重复造成文件间或文件内部的不协调、文件篇幅过大以及抄录错误等。

对于在线引用文件，应提供足以识别和定位来源的信息。为确保可追溯性，宜提供所引用文件的第一手来源。信息应包括访问引用文件的方法和完整的网址，并与来源中给出的标点符号和大小写字母相同（见 GB/T 7714、ISO 690）。

> 注：在文件修订时需要确认所有引用文件的有效性。

(2) 文件自身的称谓。 在文件中需要称呼文件自身时应使用的表达形式为"本文件……"（包括标准、标准的某个部分、标准化指导性技术文件）。

如果分为部分的文件中的部分需要称呼其所在文件的所有部分时，那么表述形式应为"GB/T×××××"。

(3) 提及文件具体内容。 凡是需要提及文件具体内容时，不应提及页码，而应提及文件内容的编号，例如：

章或条表述为"第 4 章""5.2""9.3.3b)""A.1"。

附录表述为："附录 C"。

图或表表述为："图 1""表 2"。

数学公式表述为："公式（3）""10.1 中的公式（5）"。

(4) 引用其他文件。

① 注日期或不注日期引用。

(a) 注日期引用。注日期引用意味着被引用文件的指定版本适用。凡不能确定是否能够接受被引用文件带来的所有变化，或者提及了被引用文件中的具体章、条、图、表或附录的编号，均应注日期。

注日期引用的表述应指明年份，具体表述时应提及文件编号，包括"文件代号、顺序号及发布年份号"，当引用同一个日历年发布不止一个版本的文件时，应指明年份和月份；当引用了文件具体内容时应提及内容编号。

> **示例：**
> "……按 GB/T ×××××—2011 描述的……。"（注日期引用其他文件）
> "……履行 GB/T ×××××—2009 第 5 章确立的程序……。"（注日期引用其他文件中具体的章）
> "……按照 GB/T ×××××—2016 中 5.2 规定的……。"（注日期引用其他文件中具体的条）
> "……遵守 GB/T ××××××—2015 中 4.1 第二段规定的要求……。"（注日期引用其他文件中具体的段）
> "……符号 GB/T ××××××—2013 中 6.3 列项的第二项规定的……。"（注日期引用其他文件中具体的列项）
> "……使用 GB/T ××××××.1—2012 表 1 中界定的符号……。"（注日期引用其他文件中具体的表）

注：对于注日期使用，如果随后发布了被引用文件的修改单或修订版，并且经过评估认为有必要更新原引用的文件，那么发布引用那些文件的文件自身的修改单是更新引用的文件的一种方式。

(b) 不注日期引用。不注日期引用意味着被引用文件的最新版本（包括所有的修改单）适用。只有能够接受所引用内容将来的所有变化（尤其对于规范性引用），并且引用了完整的文件，或者未提及被引用文件具体内容的编号，才可不注日期。

不注日期引用的表述不应指明年份。具体表述时只应提及"文件代号和顺序号"，当引用一个文件的所有部分时，应在文件顺序号之后标明"（所有部分）"。

> **示例：**
> "……按照 GB/T ××××××确定的……。"
> "……符合 GB/T ××××××（所有部分）中的规定。"

如果不注日期引用属于需要引用被引用文件的具体内容，但未提及具体内容编号的情况，可在脚注中提及所涉及的现行文件的章、条、图、表或附录的编号。

② 规范性或资料性引用。在文件中，规范性引用与资料性引用的表述应明确区分。

(a) 规范性引用。规范性引用的文件内容构成了引用它的文件中必不可少的条款。下列表述形式属于规范性引用：

——任何文件中，由要求型或指示型条款提及文件；

——规范标准中，由"按"或"按照"提及试验方法类文件；

例如，"甲醛含量按 GB/T 2912.1—2009 描述的方法测定应不大于 20 mg/kg"，其中 GB/T 2912.1—2009 为规范性引用的文件。

——指南标准中，由推荐型条款提及文件；

——任何文件中，在"术语和定义"中由引导语提及文件。

文件中所有规范性引用的文件，无论是注日期，还是不注日期，均应在要素"规范性引用文件"中列出。

（b）资料性引用。资料性引用的文件内容构成了有助于引用它的文件的理解或使用的附加信息。在文件中，凡由规范性引用之外的表述形式提及文件均属于资料性引用。

> 示例：
> "……的信息见 GB/T ×××××。"
> "GB/T ××××× 给出了……。"

如果确有必要，可资料性提及法律法规，或者可通过包含"必须"的陈述，指出由法律要求形成的对文件使用者的约束或义务（外部约束）。表述外部约束时提及的法律法规并不是文件自身规定的条款，属于资料性引用的文件，通常宜与文件的条款分条表述。

> 示例："……强制认证标志的使用见《……管理办法》。"
> 示例："依据……法律规定，在这些环境中必须穿戴不透明的护目用具。"（用"必须"指出外部约束）

文件中所有资料性引用的文件，均应在要素"参考文献"中列出。

③ 标明来源。在特殊情况下，如果确有必要抄录其他文件中的少量内容，应在抄录的内容之下或之后准确地标明来源。

具体方法为：在方括号中写明"来源：文件编号，章/条编号或条目编号"。

例如：[来源：GB/T ×××××—2015，4.3.5]

④ 被引用文件的限定条件。被规范性引用的文件应是国家、行业或国际标准化文件。允许规范性引用其他正式发布的标准化文件或其他文献，只要经过在编制文件的归口标准化技术委员会或审查会议确认待引用的文件符合下列条件：

（a）具有广泛可接受性和权威性。

（b）发布者、出版者（知道时）或作者已经同意该文件被引用，并且，当函索时，能从作者或出版者那里得到这些文件。

（c）发布者、出版者（知道时）或作者已经同意，将他们修订该文件的打算以及修订所涉及的要点及时通知相关文件的归口标准化技术委员会。

（d）该文件在公平、合理和无歧视的商业条款下可获得。

（e）该文件中所涉的专利能够按照 GB/T 20003.1 的要求获得许可声明。

起草文件时不应引用：不能公开获得的文件；已被代替或废止的文件。

> 注：公开获得指任何使用者能够免费获得，或在合理和无歧视的商业条款下能够获得。

起草文件时不应规范性引用法律、行政法规、规章和其他政策性文件，也不应普遍性要求符合法规或政策性文件的条款。诸如"……应符合国家有关法律法规"的表述是不正确的。

> 注：文件使用者不管是否声明符合标准，均需要遵守法律法规。

⑤ 提示文件自身的具体内容。

（a）规范性提示。需要提示使用者遵守、履行或符合文件自身的具体条款时，应使用适当的能愿动词或句子语气类型（GB/T 1.1—2020 附录 C）提及文件内容的编号。这类提示属于规范性提示。

> 示例:
> "……应符合 7.5.2 中的相关规定。"
> "……按照 5.1 规定的测试程序……"

(b) 资料性提示。需要提示使用者参看、阅读文件自身的具体内容时,应使用"见"提及文件内容的编号,而不应使用诸如"见上文""见下文"等形式。这类提示属于资料性提示。

> 示例:"(见 5.2.3)""……见 6.3.2b)"。

2.5.7.6 附录

(1) 用法。

① 附录用来承接和安置不便在文件正文、前言或引言中表述的内容,它是对正文、前言或引言的补充或附加,它的设置可以使文件的结构更加平衡。附录的内容源自正文、前言或引言中的内容。当正文规范性要素中的某些内容过长或属于附加条款,可以将一些细节或附加条款移出,形成规范性附录。

当文件中的示例、信息说明或数据等过多,可以将其移出,形成资料性附录。

② 规范性附录给出正文的补充或附加条款;资料性附录给出有助于理解或使用文件的附加信息。附录的规范性或资料性的作用应在目次中和附录编号之下标明,并且在将正文、前言或引言的内容移到附录之处还应通过使用适当的表述形式予以指明,同时提及该附录的编号。

文件中下列表述形式提及的附录属于规范性附录:任何文件中,由要求型条款或指示型条款指明的附录;规范标准中,由"按"或"按照"指明试验方法的附录;指南标准中,由推荐型条款指明的附录。

> 示例:……应符合附录 A 的规定。

其他表述形式指明的附录都属于资料性附录。

> 示例:……相关示例见附录 D。

(2) 附录的位置、编号和标题。 附录应位于正文之后,参考文献之前。附录的顺序取决于其被移作附录之前所处位置的前后顺序。

每个附录均应有附录编号。附录编号由"附录"和随后表明顺序的大写拉丁字母组成,字母从 A 开始,如"附录 A""附录 B"等。只有一个附录时,仍应给出附录编号"附录 A"。附录编号之下应标明附录的作用,即"(规范性)"或"(资料性)",再下方为附录标题。

(3) 附录的细分。

① 附录可以分为条,条还可以细分。每个附录中的条、图、表和数学公式的编号均应重新从 1 开始,应在阿拉伯数字编号之前加上表明附录顺序的大写拉丁字母,字母后跟下脚点。例如:附录 A 中的条用"A.1""A.1.1""A.1.2"……"A.2"……表示;图用"图 A.1""图 A.2"……表示;表用"表 A.1""表 A.2"……表示;数学公式用"(A.1)""(A.2)"……表示。

② 附录中不准许设置"范围""规范性引用文件""术语和定义"等内容。

2.5.7.7 图

(1) 用法。

① 图是文件内容的图形化表述形式。当用图呈现比使用文字更便于对相关内容的理解时，宜使用图。如果图不可能使用线图来表示，可使用图片和其他媒介。

② 在将文件内容图形化之处应通过使用适当的能愿动词或句子语气类型（见 GB/T 1.1—2020 附录 C）指明该图所表示的条款类型，并同时提及该图的图编号。

> 示例：……的结构应与图 2 相符合。
> 示例：……的循环过程见图 3。

③ 文件中各类图形的绘制需要遵守相应的规则。以下列出了有关的国家标准：

机械工程制图：GB/T 1182、GB/T 4458.1、GB/T 4458.6、GB/T 14691（所有部分）、GB/T 17450、ISO 128-30、ISO 128-40、ISO 129（所有部分）。

电路图和接线图：GB/T 5094（所有部分）、GB/T 6988.1、GB/T 16679。

流程图：GB/T 1526。

(2) 图编号和图题。

① 每幅图均应有编号。图编号由"图"和从 1 开始的阿拉伯数字组成，例如"图 1""图 2"等。只有一幅图时，仍应给出编号"图 1"。图编号从引言开始一直连续到附录之前，并与章、条和表的编号无关。

② 每幅图宜有图题，文件中的图有无图题应一致。

2.5.7.8 表

(1) 用法。

① 表是文件内容的表格化表述形式。当用表呈现比使用文字更便于对相关内容的理解时，宜使用表。

> 注：通常表的表述形式越简单越好，创建几个表格比试图将太多内容整合成为一个表格更好。

② 在将文件内容表格化之处应通过使用适当的能愿动词或句子语气类型（见 GB/T 1.1—2020 附录 C）指明该表所表示的条款类型，并同时提及该表的表编号。

> 示例：……的技术特性应符合表 7 给出的特性值。
> 示例：……的相关信息见表 2。

③ 不准许将表再细分为分表（如将"表 2"分为"表 2a"和"表 2b"），也不准许表中套表或表中含有带表头的子表。

(2) 表编号和表题。

① 每个表均应有编号。表编号由"表"和从 1 开始的阿拉伯数字组成，例如"表 1""表 2"等。只有一个表时，仍应给出编号"表 1"。表编号从引言开始一直连续到附录之前，并与章、条和图的编号无关。

② 每个表宜有表题，文件中的表有无表题应一致。

(3) 表头。 每个表应有表头。表头通常位于表的上方，特殊情况下出于表述的需要，也可位于表的左侧边栏。表中各栏/行使用的单位不完全相同时，宜将单位符号置于相应的表头中量的名称之下。

示例：

类型	线密度/(kg/m)	内圆直径/mm	外圆直径/mm

适用时，表头中可用量和单位的符号表示。需要时，可在指明表的条文中或在表中的注中对相应的符号予以解释。

示例：

类型	ρ_1/(kg/m)	d/mm	D/mm

如果表中所有量的单位均相同，应在表的右上方用一句适当的关于单位的陈述（如"单位为毫米"）代替各栏中的单位符号。

示例：

单位为毫米

类型	长度	内圆直径	外圆直径

表头中不准许使用斜线。

示例：不正确的表头

类型＼尺寸	A	B	C

示例：正确的表头

类型	尺　寸		
	A	B	C

2.5.7.9 其他规则

(1) 商品名和商标的使用。 在文件中应给出产品的正确名称或描述，而不应给出商品名或商标。特定产品的专用商品名或商标，即使是通常使用的，也宜尽可能避免。如果在特殊情况下不能避免使用商品名或商标，应指明其性质，例如，对于注册商标在右上角用符号"®"注明，对于商标在右上角用符号"™"指明。

例如：用"聚四氟乙烯（PTFE）"，而不用"特氟纶®"。

如果适用某文件的产品目前只有一种，那么在该文件中可以给出该产品的商品名或商标，但应附上如下脚注：

"×)……[产品的商品名或商标]……是由……[供应商]……提供的产品的[商品名或商标]。给出这一信息是为了方便本文件使用者，并不表示对该产品的认可。如果其他产品具有相同的效果，那么可使用这些等效产品。"

如果由于产品特性难以详细描述，而有必要给出适用某文件的市售产品的一个或多个实例，那么可在如下脚注中给出这些商品名或商标：

"×)……[产品（或多个产品）的商品名（或多个商品名）或商标（或多个商标）]……是适合的市售产品的实例（或多个实例）。给出这一信息是为了方便本文件的使用者，并不表示对这一（这些）产品的认可。"

(2) 专利。 文件中与专利有关的事项的说明和表述应遵守 GB/T 1.1—2020 附录 D 的规定。

(3) 重要提示。 特殊情况下，如果需要给文件使用者一个涉及整个文件内容的提示（通常涉及人身安全或健康），以便引起注意，那么可在正文首页文件名称与"范围"之间以"重要提示："或者按照程度以"危险：""警告："或"注意："开头，随后给出相关内容。

在涉及人身安全或健康的文件中需要考虑是否给出相关的重要提示。

上述我们系统介绍了标准中的各要素的编写规定，适用于不同行业、不同类型标准如国家标准、行业标准和地方标准以及团体标准和企业标准的制定。而对标准编写中各种注、图、表、公式、法定计量单位、编排格式、层次编号、标准化项目标记、条款类型的表述使用的能愿动词或句子语气类型等还有许多详细的规定，详见 GB/T 1.1—2020 的要求。

食品产品标准制定案例（2）

食品产品标准制定案例（3）

食品产品标准制定案例（4）

2.6 食品产品标准编写

对食品企业产品标准而言，其编写格式和要素要求必须符合 GB/T 1.1—2020 的规定，经过食品标准化专家多年的实践，目前已形成了我国食品产品标准内容的基本框架，见表 2-5。

表 2-5 食品产品标准内容基本框架

要素类型	要素编排
资料性要素	封面 目次 前言 引言
规范性要素	标准名称 1 范围
资料性要素	2 规范性引用文件
规范性要素	3 术语和定义
核心技术要素	4 要求 4.1 原辅料要求 4.2 感官指标 4.3 理化指标 4.4 微生物指标

(续)

要素类型	要素编排
规范性要素 （其他技术要素）	5　试验方法 6　检验规则 6.1　抽样 6.2　检验 6.2.1　出厂检验 6.2.2　型式检验 6.3　检验规则 7　标志、包装、运输与贮存
规范性要素	规范性附录
资料性要素	资料性附录 参考文献 索引

2.6.1　试验方法

试验方法是食品产品标准的规范性要素，对产品技术要求进行试验、测定、检查的方法统称为试验方法。根据特定的程序，测定食品产品的一个或多个特性的技术操作就是我们所说的试验。试验方法是测定产品特性值是否符合规定要求的方法，并对测试条件、设备、方法、步骤以及抽样和对测试结果进行数据统计处理等做出统一规定。

2.6.1.1　试验方法的基本内容

① 方法原理概要。
② 试剂材料的要求。
③ 试验仪器设备及其具体要求。
④ 试验装置。
⑤ 试样及其制备方法。
⑥ 试验程序。
⑦ 试验结果的计算和评定。
⑧ 测量不确定度或允许误差等。

编写试验方法应与技术要求的条文相互对应。一般情况下，一项技术要求只规定一种试验方法。

对于有害有毒物质的试样和可能有某种危险的试验方法应加以说明，并提出严格的预防措施和规定。对已有国家标准或行业标准的试验方法，地方标准、团体标准或企业标准应优先采用。

2.6.1.2　试验方法在标准中的类型

根据具体标准的情况，试验方法要素的标准类型有以下几种：（a）作为一项标准的独立一章；（b）作为一项标准的规范性附录；（c）作为一项标准的单独部分；（d）作为一项单独的标准（试验方法有可能被若干其他标准所引用）；（e）在试验方法内容比较简单的情况下，并入"要求"要素一章之中。

在编写"试验方法"一章时，要特别强调的是应注意下列问题：

① 在试验方法的引用中，一般首先考虑已发布的有关国家标准试验方法，如果没有

国家标准再引用行业标准的试验方法。在特殊条件下，可以根据有关要求制定新的试验方法。如果内容太长可以将该方法用规范性附录的形式给出。

② 技术要求中的每一项要求，均应有相应的试验方法，且二者的编排顺序也应尽量相同。

③ 在规定试验用仪器、设备时，一般情况下不应规定制造厂或其商标名称，只需要规定仪器、设备名称及其精度和性能要求，标准中规定的计量器具应具有可溯源性，也就是说仪器设备应在国家规定的有效检定周期之内。

2.6.2 检验规则

检验规则一般在食品产品标准中以独立一章来编写，若检验规则比较简单，可并入"试验方法"一章，这时章的名称可以称为"试验方法与检验规则"。检验规则是对产品试样和正式生产中的成品进行各种试验的规则。它是考核和测定产品是否符合标准而采取的一种方法和手段，也是生产企业和用户判定产品是否合格所共同遵守的基本准则。检验规则的内容一般包括检验分类。每类检验包括试验项目、产品组批、抽样和取样方法、检验结果的复验规则以及判定规则等。

(1) 检验分类。 产品检验分出厂检验（或交货检验）和型式检验（或例行检验）两类。

① 出厂检验：产品交货前必须进行的各项试验统称为出厂检验。产品经出厂检验合格后，才能作为合格品交货出厂。标准中应明确写出出厂检验的项目清单，破坏性、耐久性试验项目一般不列入在内。

② 型式检验：型式检验要求对产品质量进行全面考核，即对标准中规定的技术要求的全部项目进行试验，特殊情况下，可以增加试验项目。型式检验一般要求在下列情况下进行：

（a）新产品或老产品转厂生产的试制定型鉴定；
（b）正式生产后，如原材料、工艺有较大改变，可能影响产品性能时；
（c）产品生产中定期、定量的周期性考核；
（d）产品长期停产后，恢复生产时；
（e）出厂检验结果与上一次型式试验有较大差异时；
（f）国家质量技术监督部门提出型式试验的要求时。

(2) 判定规则。 对每一类检验均应判定产品合格、不合格需复检、报废的原则，以及由于检验工作或试样本身原因需进行复检的规则等。在检验规则中，还可规定对检验结果提出异议和进行仲裁检验的规则。

2.6.3 标志、包装、运输与贮存

标志、标签和包装是标准中可选要素。食品产品标准技术内容中一般将这一章名称称为"标志、包装、运输与贮存"，编写这一部分的主要目的是为了在贮存和运输过程中，保证产品质量不受危害和损失以及发生混淆。

2.6.3.1 产品标志

产品标志包括的基本内容：
① 产品名称与商标。
② 产品型号或标记。
③ 执行的产品标准编号。

④ 生产日期或批号。
⑤ 产品主要参数或成分及含量。
⑥ 质量等级标志。
⑦ 使用说明。
⑧ 商品条码。
⑨ 产品产地、生产企业名称、详细地址、邮政编码及电话号码。
⑩ 其他需要标志的事项，如质量管理体系认证合格标志、绿色食品标志、地理产品标志、有机产品标志等。

对于食品产品来说，必须执行 GB 7718 和 GB 28050 预包装食品标签标准的规定。

2.6.3.2 包装

为了防止产品受到损失，防止危害人类与环境安全，一切需要包装的产品均应在标准中对包装做出具体的规定或引用有关的包装标准。

产品包装应实用、方便、成本低、有利于环境保护，其基本内容包括以下几个方面：
① 包装技术和方法，说明产品采用何种包装（盒装、箱装、罐装、瓶装等）以及防晒、防潮等。
② 包装材料和要求，说明采用何种包装材料及其性能。
③ 对内装物的要求，说明规定内装物的摆放位置和方法等。
④ 包装试验方法，必要时应指明与包装或包装材料有关的试验方法。
⑤ 包装检验规则，指明对包装进行各项检验的规则。必要时，包装部分可规定产品随带文件如产品质量合格证、产品使用说明书等其他技术资料。

2.6.3.3 运输

在运输方面有特殊要求的产品，标准中应规定运输要求。运输要求一般包括以下内容：
① 运输方式，应指明采用何种运输方式及其状况。
② 运输条件，主要规定运输时的要求如遮盖、冷藏、密封等。
③ 运输过程注意事项，主要是对装、卸、运方面的特殊要求等。

2.6.3.4 贮存

对食品等产品在贮存方面应做出规定如贮存条件、场所、堆放方式、保质期等。

2.7 食品安全国家标准

关于食品安全国家标准，读者在查阅相关标准时，就会发现这类标准的编写格式和内容与 GB/T 1.1—2020 的规定不尽一致。这是因为食品安全国家标准的编写是按照食品安全国家标准审评委员会秘书处编著的《食品安全国家标准工作程序手册》的相关规定执行的。该手册的主要内容包括：

第一部分 食品安全国家标准审评委员会及秘书处工作程序和要求
　　食品安全国家标准审评委员会章程
　　食品安全国家标准审评委员会职责
　　食品安全国家标准审评内容和要求
　　食品安全国家标准审评委员会秘书处工作程序和要求

食品安全国家标准修改程序

食品安全国家标准审评委员会会议程序和要求

第二部分 食品安全国家标准制（修）订原则和程序以及食品安全国家标准体系建设原则

污染物和真菌毒素限量标准制（修）订的技术原则

微生物限量标准制（修）订的技术原则

食品添加剂使用标准制（修）订的技术原则

食品添加剂质量规格标准制（修）订的技术原则

关键术语

国家标准　行业标准　地方标准　团体标准　企业标准　公标准　私标准　过程　标准化过程　迁升　标准化金字塔　标准化文件　规范性要素　资料性要素　要求　文件类型　标准名称　必备要素　试验方法　检验规则

思考题

1. 简述标准化的方法原理。
2. 标准化活动过程及其特点是什么？
3. 标准种类有哪些？企业标准制定的原则与程序是什么？
4. 强制性标准与推荐性标准的主要区别是什么？
5. 推荐性标准在哪几种条件下可以转化为强制性标准？
6. 《标准化法》规定我国标准化的主要任务是什么？
7. 《标准化法》规定强制性标准的范围包括哪几个方面？
8. 什么是规范性要素和资料性要素？在标准中的主要区别是什么？
9. 标准中规范性要素选择应遵循的三个原则是什么？
10. 标准名称包括哪几个元素？其中哪一个元素是不可缺少的？
11. 标准化在市场经济体系中的战略地位是什么？
12. 公标准与私标准的主要区别是什么？
13. 标准化金字塔是怎样形成的？
14. 文件编制成整体或分为部分的原则是什么？
15. 在规范性要素和资料性要素中，哪几个要素属于必备要素？

参考文献

全国标准化原理与方法　标准化技术委员会，2020. 标准化工作导则：第1部分　标准化文件的结构和起草规则：GB/T 1.1—2020 [S]. 北京：中国标准出版社.

全国标准化原理与方法　标准化技术委员会，2020. 标准化工作指南：第1部分　标准化和相关活动的通用术语：GB/T 20000.1—2014 [S]. 北京：中国标准出版社.

甘藏春，田世宏，2018. 中华人民共和国标准化法释义 [M]. 北京：中国法制出版社.

洪生伟，2007. 标准化过程模式探讨 [J]. 世界标准化与质量管理 (4)：25-26.

李春田，2003. 新时期标准化十讲：重新认识标准化的作用 [M]. 北京：中国标准出版社.

李春田，2010. 标准化概论 [M]. 5版. 北京：中国人民大学出版社.

王忠敏，2004. 标准化新论 [M]. 北京：中国标准出版社.

张建新，2002. 食品质量安全技术法规应用指南 [M]. 北京：科学技术文献出版社.

张建新，2014. 食品标准与技术法规 [M]. 2版. 北京：中国农业出版社.

张建新，陈宗道. 2006. 食品标准与法规 [M]. 北京：中国轻工业出版社.

第3章 食品安全管理及安全控制

> **内容要点**
> - 食品安全基本概念
> - 国内外食品安全管理概况
> - 我国食品安全法规体系
> - 食品安全法框架结构与主要内容
> - 农产品质量安全法框架结构与主要内容
> - 进出口食品安全管理
> - 新食品原料安全管理
> - 保健食品安全管理
> - 食品添加剂安全管理
> - ISO 22000 食品安全管理体系标准
> - 食品安全法实施条例

3.1 概述

3.1.1 基本概念

3.1.1.1 食品安全

食品安全管理的基本概念

关于食品安全的概念，各主要国际组织在不同的历史时期对食品安全有不同的定义。1996年世界卫生组织在其发表的《加强国家级食品安全性计划指南》中对食品安全（food safety）定义为："对食品按其原定用途进行制作和食用时不会使消费者受害的一种担保。"它主要是指在食品的生产和消费过程中，确保食品中存在或引入的有毒有害物质未达到危害程度，从而保证人体按正常剂量和以正确方式摄入这样的食品不会受到急性或慢性的危害，这种危害包括对摄入者本身及其后代的不良影响。

2003年，联合国粮农组织/世界卫生组织（FAO/WHO）将食品安全定义为："食品安全是指所有那些危害，无论是慢性的还是急性的，这些危害会使食物有害于消费者健康。"

ISO 22000：2005《食品安全管理体系——对食品链中的任何组织的要求》中对食品

安全的定义：食品按照预期用途进行制备和（或）食用时不会伤害消费者的保证。在注释中强调：食品安全与食品安全危害的发生有关，但不包括其他与人类健康相关的方面，如营养不良。

《食品安全法》将食品安全定义为："食品安全是指食品无毒、无害，符合应当有的营养要求，对人体健康不造成任何急性、亚急性或者慢性危害。"

3.1.1.2 食品质量与食品安全

按照 ISO 9000—2000 中的定义，质量是一组固有特性满足需要的程度。该定义是从"特性"和"要求"两者之间的关系来描述质量的，即某种事物的"特性"满足某个群体"要求"的程度，满足的程度越高，这种事物的质量就越高或是越好，反之则认为该事物的质量差或低。根据质量的一般定义，可以把"食品质量"（food quality）定义为食品的特性及其满足消费者的程度。食品质量可以通过感官检验、仪器检测、食品标识、质量认证、食品品牌等来衡量。

在 ISO 9000—2000 的注释中，特别强调"食品安全"与"食品质量"两词有时会被混淆。食品安全是不可协商的；质量概念则涉及那些对消费者而言的其他方面的特性，这些特性既包括那些负面的性状，如腐败性、污染物、变色、变味等，亦包括那些正面的性状，如食品的产地、颜色、风味、组织状态，以及加工方法等。从食品质量的定义可以看出，食品安全是食品质量性状的一部分，二者不是等同关系。食品质量和食品安全之间是种属关系，是包含关系。也就是说，食品质量包含食品安全，食品安全是食品质量的一部分。

3.1.1.3 食品卫生与食品安全

"卫生"一词源于拉丁文"sanita"，意为"健康"。《食品工业基本术语》（GB 15091—1995）将"食品卫生"定义为：为防止食品在生产、收获、加工、运输、贮藏、销售等各个环节被有害物质（包括物理、化学、微生物等方面）污染，使食品质地良好、有益于人体健康所采取的各项措施。该概念可以理解为：对于食品工业而言，"卫生"一词的意义是创造和维持一个卫生而且有益于健康的生产环境和生产条件。食品卫生则是为了提供有益健康的食品，必须在清洁环境中，由身体健康的食品从业人员加工食品，防止因有毒有害物质污染食品而对人体造成危害，防止因微生物污染食品而引发食源性疾病，以及使引起食品腐败微生物的繁殖减少到最低程度。有效卫生就是指能达到上述目标的过程，它包括如何维护、恢复或改进卫生操作规程与卫生环境等方面的原理。具体地讲，食品卫生不仅仅是指食品本身的卫生，还包括食品添加剂的卫生、食品容器的卫生、包装材料的卫生和所用工具、设备等生产经营过程中相关的卫生问题。

由于食品安全和食品卫生在内涵和外延上存在许多交叉，因此一般在实际运用中往往出现混用的情况，例如，我国在《食品工业基本术语》（GB 15091—1995）中就将食品卫生和食品安全视为同义词。但 1996 年 WHO 在《加强国家级食品安全性计划指南》中将"食品卫生"和"食品安全"作为两个不同的用语加以区别。食品安全是以终极产品为评价依据，而食品卫生贯穿在食品生产、消费的全过程。食品安全是以食品卫生为基础，包括了卫生的基本含义。

目前，食品安全已经成为综合性的一个概念，涵盖食品卫生、食品质量、食品营养等相关方面的内容和食品原料"从农田到餐桌"的各个环节，使食品安全既包括生产安全，也包括经营安全；既包括结果安全，也包括过程安全；既包括现实安全，也包括未来安全。

3.1.1.4 食品安全管理

对于食品安全管理的概念，目前学术界尚没有科学的定义，参考管理的定义和相关文献及资料，总结概括食品安全管理的定义为：食品安全管理是指政府及食品相关部门在食品市场中，动员和运用有效资源，采取计划、组织、领导和控制等方式，对食品、食品添加剂和食品原材料的采购，以及食品生产、流通、销售及消费等过程进行有效的协调及整合，以达到食品市场内活动健康有序地开展，公众生命财产安全和社会利益目标有效实现的活动过程。

3.1.1.5 食品安全控制

控制是管理机制的一种功能，是贯穿于管理全过程的一项重要职能。所谓控制，就是监督各项活动，以保证它们按计划进行并纠正各种重要偏差的过程。其特征：(a) 控制有很强的目的性；(b) 控制是通过"监督"和"纠偏"来实现的；(c) 控制是一个过程。

关于食品安全控制，目前还没有一个权威性的概念，但依据控制这一概念，我们可以把食品安全控制定义为：通过监督食品原料生产、加工与流通、消费等各项活动，以保证食品安全为目标而进行的纠正各种重要偏差的过程。要实现科学而有效的控制，就必须构建科学而有效的控制机制。因此，在食品安全控制方面，就出现各种各样的控制技术，如建立法律法规与规章、推行良好操作规范（GMP）、卫生标准操作规范（SSOP）、危害分析与关键控制点（HACCP）、ISO 22000 食品安全管理体系、食品安全监督抽查、食品风险分析、食品安全认证等。

根据控制时点的不同，可以将控制分为反馈控制、同期控制和前馈控制，见图 3-1。

从图 3-1 可知，反馈控制的特点是把注意力集中在行动的结果上，并以此作为改进下次行动的依据。其目的并非要改进本次行动，而是力求能"吃一堑，长一智"，改进下一次行动的质量。同期控制的特点是在行

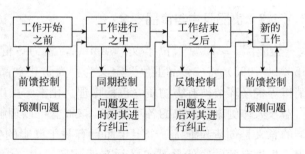

图 3-1 控制的类型

动过程中，一旦发生偏差，马上予以纠正。其目的就是要保证本次活动尽可能地减少偏差，改进本次而非下一次活动的质量。前馈控制的特点是将注意力放在行动的输入端上，使得一开始就能将问题的隐患排除，"防患于未然"。鉴于食品安全责任重于泰山，因此，要管理控制问题的发生，避免造成不必要的人身健康和经济损失，应该采用同期控制和前馈控制。

3.1.2 国内外食品安全管理概况

3.1.2.1 美国食品安全管理特点

美国 1890 年开始进行食品安全立法，制定了《国家肉品监督法》。1906 年又制定了《纯净食品和药品法》《肉类检查法》。1938 年，美国制定了《食品、药品和化妆品法》。此外，美国还有《食品质量保护法》和《公共卫生服务法》等综合性法规，也有《蛋制品检查法》等非常具体的法律。这些法律法规相互衔接、配套，形成了食品安全保障体系。

美国采取多部门分工监管模式。与食品安全有关的部门主要有食品和药品管理局

(FDA)、人类与健康服务部（HHS）、农业部（USDA）、环境保护局（EPA）、海关与边境保护局（CBP）。另外，还有辅助性部门，如疾病控制预防中心（CDC）、国家健康研究所（NIH）等。在食品安全监管方面，联邦政府大约有 56 个监管机构，近 14 万职员为其工作，投入食品安全方面的经费预算达 4 500 亿美元。食品安全检验局（FSIS）和动植物健康检验局（APHIS），主要监管肉类和家禽类食品，执行动物福利法案。食品和药品管理局（FDA），负责除肉类和家禽类食品外其他食品以及进口食品的监管。环境保护局主要监管饮用水和杀虫剂以及废弃物等方面的安全，制定农药、化学物质的残留标准。这几个主要监管部门几乎将所有的食品都纳入了监管范围。

美国宪法规定了国家食品安全管理体系由执法、立法和司法三个部门负责。执法、立法和司法三部门工作公开透明，决策以科学为依据，公众广泛参与。为了保证供给食品的安全，国家颁布立法部门制定的法规，委托执法部门强制执行或修订法规来贯彻实施，司法部门对强制执法行动、监测工作或一些政策法规产生的争端给出公正的裁决。美国最高法律、法规和总统执委会制度建立了法规修订工作制度，采取与公众相互交流和透明的工作方式。

3.1.2.2 欧盟食品安全管理特点

欧盟食品安全法规体系，涵盖了"从农田到餐桌"的整个食物链（包括农业生产和工业加工的各个环节）。欧盟食品安全法规体系以欧盟委员会 1997 年发布的《食品法律绿皮书》为基本框架。2000 年 1 月 12 日欧盟又发表了《食品安全白皮书》，将食品安全作为欧盟食品法立法的主要目标，形成了一个新的食品安全体系框架。2002 年 1 月 28 日成立"欧盟食品安全管理局（European Food Safety Authority, EFSA），负责为欧盟委员会、欧洲议会和欧盟成员国提供风险评估结果，并为公众提供风险信息。颁布了第178/2002 号法令，该法规就是著名的《食品基本法》。《食品基本法》包括三大部分：第一部分规定了食品立法的基本原则和要求，第二部分确定了欧盟食品安全管理局的建立，第三部分给出了在食品安全问题上的程序。2004 年，欧盟食品链及动物健康常设委员会通过了食品基本法主要实施方法的指南文件。

欧盟的食品安全法规体系具有种类多、涉及面广、系统性强、科学性强、可操作性强、时效性强等特点。整个法律体系的设计围绕保证食品安全这一终极目标，贯穿风险分析、从业者责任、可追溯性和高水平的透明度这四个基本原则，形成了一个包括食品化学安全、食品生物安全、食品标签、食品加工，以及部分重要食品的垂直性规定的完善的层次分明的食品安全法规体系。

欧盟及其成员国在食品安全管理中遵循了消费者至上的基本原则，把消费者健康保护和利益放在最高地位，强调食品生产与加工企业对食品安全负有全部责任，并在保护健康和保障安全中应用预防性原则（在不确定风险的情况下尽可能采取预防性措施）。

欧盟与其主要成员国在追溯制度方面建立了统一的数据库，包括识别系统和代码系统等，详细记载了生产链中被监控对象移动的轨迹、被监测食品的生产和销售状况等。欧盟还建立了食品追踪机制，要求饲料和食品经销商对原料来源和配料保存进行记录，要求农民或养殖企业对饲养牲畜的过程进行详细记录。比如，欧盟规定牲畜饲养者必须详细记录包括饲料的种类及来源、牲畜患病情况、使用兽药的种类及来源等信息，并妥善保存。屠宰加工场收购活体牲畜时，养殖方必须提供上述信息的详细记录。屠宰后被分割的牲畜肉块，也必须有强制性标识，包括可追溯号、出生地、屠宰场批号、分割厂批号等内容，通过这些信息，可以追踪到每块畜禽肉的来源。

3.1.2.3 加拿大食品安全管理特点

加拿大食品检验署是加拿大负责食品安全的核心机构，成立于1997年。食品检验署现有食品安全专家、生物学家、化学家、信息专家、检验员、工程师等各类专业人员6 000多人，分布在4个大区的18个地区办事处，有22个实验室。这些实验室配备有先进的检验检测设备，其中包括精确度很高的农药、兽药、化学品残留量检测设备，易于发现病原菌的高倍显微放大设备。除了食品检验署设立的实验室外，还有许多大学设立的实验室以及民间组织设立的实验室，这些实验室也从事食品安全研究工作。

食品检验署首先抓源头，对于农产品，设立有农田观察点，及时发现农产品种植过程中存在的问题。对于食品加工企业，加拿大政府根据不同食品的特点，开发出该食品生产和质量监管的通用规则，要求食品加工企业遵照执行。这种通用规则主要针对两大方面问题：一是从宏观监管角度，检查厂区的环境条件、车间卫生条件、职工的身体健康状况。二是从微观角度检查食品添加剂是否符合要求，食品是否存在被化学品、病原菌污染，食品本身的营养成分是否被破坏。食品检验署定期对食品生产企业落实该食品通用规则的情况进行检查。其次，食品检验署紧盯食品消费情况，一旦有食品安全方面的事故，立即做出反应，对涉及的食品进行检测，根据检测情况启动应急预案。

在加拿大的食品安全管理过程中，社会组织的参与对问题的解决发挥着重要作用。加拿大的许多非官方科研院所、实验室都参与到食品检验检测和相关技术标准的制定中；食品行业相关组织或部门非常注重对食品安全危机管理的支持，包括企业自有和保持的技术方面的支持以及食品安全工作、科研经费上的支持；第三部门以及社区、公民团体等是食品安全危机管理相关执行标准、政策法规等的宣传者和监督者。如加拿大人类、动物健康科学中心，加拿大谷物委员会以及奎尔夫大学等机构都实际参与到加拿大的食品安全工作中。较高的社会参与程度与加拿大公民社会化程度较高是分不开的，同时也是与加拿大政府重视并建立健全食品安全危机管理的社会参与渠道及平台紧密相关的。

加拿大的消费者协会有专门的"食品安全教育组织"，通过深入社区以及互联网等方式向消费者宣传避免"病从口入"的信息以及知识，宣传消费者参与食品安全危机管理的具体渠道、方式等。消费者作为最为庞大的监督者，同样可以通过互联网、电话等渠道向消费者协会等社会组织以及政府主管部门反映食品安全问题，形成社会监督网络。

3.1.2.4 日本食品安全管理特点

日本对食品、农产品的管理主要由农林水产省和厚生劳动省负责。前者负责农产品生产、运输、加工、流通及农药管理，后者负责食品加工、流通、餐饮以及进口管理。各地方政府都设有农业局、厚生局、保健所等部门，具体执行政府的法律和政策。日本食品管理以国内为立足点，出口食品则由企业根据出口合同和进口国食品安全要求进行生产，政府没有特殊管理规定。

2002年日本内阁府新设食品安全委员会，独立于各政府部门之外，以公正、客观的立场对食品健康影响进行风险评估。根据评估结果，对各大臣发出政策建议，并对政策的实施进行评估。食品安全委员会的建立使得日本食品安全整体水平得以系统化提升，特别对食品标准的制定、修改等实行统一组织和领导，对有效监督政府部门的食品政策和食品标准发挥了重要作用。根据食品安全需要，日本利用其强大的经济实力和科技实力，建立了范围广、数量大、数值严、更新快的食品标准体系。以农药残留标准为例，日本建立了2 470项正式标准和51 392项暂定标准，并配以"一律标准"，涵盖面很宽。通过建立标准体系，既提升了本国食品安全整体水平，还可借此根据国内需求调控国外产品进入国内市场。

日本对进口食品的监控非常严格,甚至达到苛刻的程度。进口商进口食品要在货物到达前5天提出申请,厚生劳动省检疫所和农林水产省动植物检疫所负责对进口食品进行初步审查、检查,主要检查进口食品是否符合日本法律要求,再进行进口食品安全检测,对于有食品安全嫌疑的食品,检疫所提取样本进行检测。

3.1.2.5 中国食品安全管理特点

新中国成立后,就食品安全管理而言,其管理历史与体制经历了食品卫生管理、食品安全管理和农产品质量安全管理三次大变迁。近年来,我国多次修订食品安全法,食品安全预警、监督、管理和惩戒机制已逐渐完善。2009年,设立国务院食品安全委员会,其主要职责是分析食品安全形势,研究部署、统筹指导食品安全工作;提出食品安全监管的重大政策措施;督促落实食品安全监管责任。到目前形成了国家市场监督管理总局、农业农村部、卫生与健康委员会等多部门协同的食品安全和农产品质量安全管理体制,确保了食品安全和农产品质量安全监管的科学性和有效性。

3.1.3 中国食品安全法规体系

根据食品法律法规的具体表现形式及其法律效力层次,我国食品法律法规体系由以下不同法律效力层次的规范性文件构成。

3.1.3.1 法律

法律是由享有立法权的立法机关(全国人民代表大会和全国人民代表大会常务委员会)行使国家立法权,依照法定程序制定、修改并颁布,并由国家强制力保证实施的基本法律和普通法律总称。《食品安全法》是我国食品安全法规体系中法律效力层次最高的规范性文件,是制定从属性食品安全卫生法规、规章和其他规范性文件的依据。现已颁布实施的与食品安全相关的法律还有《中华人民共和国产品质量法》《中华人民共和国农产品质量安全法》《中华人民共和国进出口商品检验法》《中华人民共和国进出境动植物检疫法》《中华人民共和国国境卫生检疫法》《中华人民共和国动物防疫法》《中华人民共和国进出口商品检验法》《中华人民共和国农业法》《中华人民共和国渔业法》《中华人民共和国海洋环境保护法》《中华人民共和国消费者权益保护法》《中华人民共和国商标法》《中华人民共和国计量法》《中华人民共和国标准化法》《中华人民共和国反不正当竞争法》《中华人民共和国广告法》等。

3.1.3.2 法规

行政法规是国务院为领导和管理国家各项行政工作,根据宪法和法律,并且按照《行政法规制定程序条例》的规定而制定的政治、经济、教育、科技、文化、外事等各类法规的总称;是指国务院根据宪法和法律,按照法定程序制定的有关行使行政权力、履行行政职责的规范性文件的总称。行政法规一般以条例、办法、实施细则、规定等形式组成。发布行政法规需要国务院总理签署国务院令。它的效力次于法律、高于部门规章和地方法规。如《中华人民共和国食品安全法实施细则》《中华人民共和国农产品质量安全法实施细则》《中华人民共和国标准化法实施条例》等。

地方性法规是有立法权的地方国家机关依法制定与发布的规范性文件。在中国,根据宪法和立法法等有关法律的规定,省、自治区、直辖市、设区的市的人民代表大会及其常务委员会,根据本行政区域的具体情况和实际需要,在不与宪法、法律、行政法规相抵触的前提下有权制定地方性法规，报全国人民代表大会常务委员会备案。如《北京市食品安全条例》《广东省食品安全条例》《陕西省标准化条例》等。地方性食品法规和地方其他规范性文件不得与宪法、食品法律和食品行政法规相抵触，并报全国人民代表大会常务委员会备案，才可生效。

3.1.3.3 部门规章

部门规章是国务院所属的各部委根据法律和行政法规制定的规范性文件。部门规章的主要形式是命令、指示、规定等。例如，卫生部门发布的《食品添加剂卫生管理办法》《保健食品注册和备案管理办法》和《新食品原料管理办法》，农业部门发布的《农业转基因生物标识管理办法》、市场部门发布的《强制性国家标准管理办法》等。

3.1.3.4 规范性文件

规范性文件不属于法律、法规和部门规章，也不属于标准等技术规范，规范性文件包括国务院或行政部门发布的各种通知、地方政府相关行政部门制定的食品许可证发放管理办法，以及食品生产者采购食品及其原料的索证管理办法等。这类规范性文件是食品法律法规体系的重要组成部分，代表国家及各级政府在一定阶段的政策和指导思想。如《国务院关于进一步加强食品安全工作的决定》（2004），《国务院关于加强食品等产品安全监督管理的特别规定》（2007），《食品生产企业危害分析与关键控制点（HACCP）管理体系认证管理规定》（2002），中共中央办公厅、国务院办公厅发布的《地方党政领导干部食品安全责任制规定》（2019），《中共中央国务院关于深化改革加强食品安全工作的意见》（2019）等。

3.1.3.5 食品安全标准

我国国家标准分为强制性标准和推荐性标准，其中涉及食品安全的标准，均为强制性标准，《食品安全法》出台后，把这些标准称为食品安全国家标准，具有技术法规的属性。目前，我国已经正式发布实施的食品安全国家标准，主要包括食品安全通用标准（11项）、食品产品标准（70项）、特殊膳食食品标准（9项）、食品添加剂质量规格及相关标准（591项）、食品营养强化剂质量规格标准（40项）、食品相关产品标准（15项）、生产经营规范标准（29项）、理化检验方法标准（225项）、微生物检验方法标准（30项）、微生物检验方法标准（26项）、兽药残留检测方法标准（29项）、农药残留检测方法标准（116项）等。

3.2 食品安全法

3.2.1 概述

1982年第五届全国人民代表大会常务委员会第二十五次会议就通过了《食品卫生法（试行）》，1995年10月30日正式颁布施行《中华人民共和国食品卫生法》（以下简称《食品卫生法》），对保证食品安全，预防和控制食源性疾病，保障人民群众身体健康，发挥了积极作用。此后，我国社会转型和改革开放进入关键时期，食品安全出现了一些新情况、新问题，为了适应新形势发展的需要，2004年动议制定食品安全法，到2007年，国务院法制办进行了5次调研，举办了中美"食品安全法（草案）"论坛，6次向各部委、地方政府征求意见。2007—2009年，先后对食品安全法（草案）认真研究，集思广益，征求意见。2009年2月28日第十一届全国人民代表大会常务委员会第七次会议通过了

《中华人民共和国食品安全法》(以下简称《食品安全法》), 2009年6月1日起正式实施。该法实施6年后, 2015年4月24日第十二届全国人民代表大会常务委员会第十四次会议对《食品安全法》进行第一次修订。为了加强食品安全和理顺监管体制, 2018年12月29日第十三届全国人民代表大会常务委员会第七次会议又一次对其进行修订。《食品安全法》的颁布和两次修订实施标志着我国对食品安全工作的重视, 为我国进一步加强食品安全监管奠定了坚实的法律基础。

《食品安全法》两次的修订思路均是按照最严谨的标准、最严格的监管、最严厉的处罚、最严肃的问责（即"四个最严"）的要求。

食品安全法两次修订的理念和原则如下：

① 预防为主：采取预防措施（采用先进管理规范、建立自查制度等），预防食品安全事故的发生。

② 风险管理：根据食品安全状况等，确定监管重点、方式和频次，实施风险分级管理。

③ 全程控制：建立全程追溯制度，企业制定实施原料控制要求和生产经营过程控制要求。

④ 社会共治：强化行业协会、消费者协会、新闻媒体作用，鼓励公众投诉举报（查实有奖），投保食品安全责任险，建立和公布企业信用档案，对严重违法行为进行通报。

3.2.2 基本概念

(1) 食品：指各种供人食用或者饮用的成品和原料以及按照传统既是食品又是中药材的物品，但是不包括以治疗为目的的物品。

(2) 食品安全：指食品无毒、无害，符合应当有的营养要求，对人体健康不造成任何急性、亚急性或者慢性危害。

(3) 预包装食品：指预先定量包装或者制作在包装材料、容器中的食品。

(4) 食品添加剂：指为改善食品品质和色、香、味以及为防腐、保鲜和加工工艺的需要而加入食品中的人工合成或者天然物质，包括营养强化剂。

(5) 用于食品的包装材料和容器：指包装、盛放食品或者食品添加剂用的纸、竹、木、金属、搪瓷、陶瓷、塑料、橡胶、天然纤维、化学纤维、玻璃等制品和直接接触食品或者食品添加剂的涂料。

(6) 用于食品生产经营的工具、设备：指在食品或者食品添加剂生产、销售、使用过程中直接接触食品或者食品添加剂的机械、管道、传送带、容器、用具、餐具等。

(7) 用于食品的洗涤剂、消毒剂：指直接用于洗涤或者消毒食品、餐具、饮具以及直接接触食品的工具、设备或者食品包装材料和容器的物质。

(8) 食品保质期：指食品在标明的贮存条件下保持品质的期限。

(9) 食源性疾病：指食品中致病因素进入人体引起的感染性、中毒性等疾病，包括食物中毒。

(10) 食品安全事故：指食源性疾病、食品污染等源于食品，对人体健康有危害或者可能有危害的事故。

(11) 食用农产品：指供食用的源于农业的初级产品。

食品安全法基本概念及结构

3.2.3 食品安全法结构与主要内容

3.2.3.1 食品安全法结构

《食品安全法》共10章154条，其结构为：

第一章　总则（13条）
第二章　食品安全风险监测和评估（10条）
第三章　食品安全标准（9条）
第四章　食品生产经营（51条）
　　第一节　一般规定（11条）
　　第二节　生产经营过程控制（23条）
　　第三节　标签、说明书和广告（7条）
　　第四节　特殊食品（10条）
第五章　食品检验（7条）
第六章　食品进出口（11条）
第七章　食品安全事故处置（7条）
第八章　监督管理（13条）
第九章　法律责任（28条）
第十章　附则（5条）

3.2.3.2　食品安全法的主要内容

(1) 立法宗旨和适用范围。

食品安全法的立法宗旨：保证食品安全，保障公众身体健康和生命安全。（第一条）

食品安全法的适用范围：在中华人民共和国境内从事下列活动，应当遵守本法：

——食品生产和加工（以下称食品生产），食品销售和餐饮服务（以下称食品经营）；

——食品添加剂的生产经营；

食品安全法的主要内容（上）

——用于食品的包装材料、容器、洗涤剂、消毒剂和用于食品生产经营的工具、设备（以下称食品相关产品）的生产经营；

——食品生产经营者使用食品添加剂、食品相关产品；

——食品的贮存和运输；

——对食品、食品添加剂、食品相关产品的安全管理。

食品安全法的主要内容（下）

供食用的源于农业的初级产品（以下称食用农产品）的质量安全管理，遵守《中华人民共和国农产品质量安全法》的规定。但是，食用农产品的市场销售、有关质量安全标准的制定、有关安全信息的公布和本法对农业投入品作出规定的，应当遵守本法的规定。（第二条）

(2) 食品安全监管制度和食品生产经营者的安全责任。

我国食品安全工作实行预防为主、风险管理、全程控制、社会共治，建立科学、严格的监督管理制度。（第三条）

食品生产经营者对其生产经营食品的安全负责。食品生产经营者应当依照法律、法规和食品安全标准从事生产经营活动，保证食品安全，诚信自律，对社会和公众负责，接受社会监督，承担社会责任。（第四条）

(3) 食品安全监管管理体制和食品安全监督管理责任制。

国务院设立食品安全委员会，其职责由国务院规定。国务院食品安全监督管理部门依照本法和国务院规定的职责，对食品生产经营活动实施监督管理。国务院卫生行政部门依照本法和国务院规定的职责，组织开展食品安全风险监测和风险评估，会同国务院食品安全监督管理部门制定并公布食品安全国家标准。国务院其他有关部门依照本法和国务院规定的职责，承担有关食品安全工作。（第五条）

县级以上地方人民政府对本行政区域的食品安全监督管理工作负责，统一领导、组织、协调本行政区域的食品安全监督管理工作以及食品安全突发事件应对工作,建立健全食品安全全程监督管理工作机制和信息共享机制。县级以上地方人民政府依照本法和国务院的规定,确定本级食品安全监督管理、卫生行政部门和其他有关部门的职责。有关部门在各自职责范围内负责本行政区域的食品安全监督管理工作。县级人民政府食品安全监督管理部门可以在乡镇或者特定区域设立派出机构。(第六条)

县级以上地方人民政府实行食品安全监督管理责任制。上级人民政府负责对下一级人民政府的食品安全监督管理工作进行评议、考核。县级以上地方人民政府负责对本级食品安全监督管理部门和其他有关部门的食品安全监督管理工作进行评议、考核。(第七条)

(4) 食品违法举报和食品安全奖励制度。

任何组织或者个人有权举报食品安全违法行为,依法向有关部门了解食品安全信息,对食品安全监督管理工作提出意见和建议。(第十二条)

对在食品安全工作中做出突出贡献的单位和个人,按照国家有关规定给予表彰、奖励。(第十三条)

(5) 食品安全风险监测和评估制度。

国家建立食品安全风险监测制度,对食源性疾病、食品污染以及食品中的有害因素进行监测。国务院卫生行政部门会同国务院食品安全监督管理等部门,制定、实施国家食品安全风险监测计划。(第十四条)

有下列情形之一的,应当进行食品安全风险评估:

——通过食品安全风险监测或者接到举报发现食品、食品添加剂、食品相关产品可能存在安全隐患的;

——为制定或者修订食品安全国家标准提供科学依据需要进行风险评估的;

——为确定监督管理的重点领域、重点品种需要进行风险评估的;

——发现新的可能危害食品安全因素的;

——需要判断某一因素是否构成食品安全隐患的;

——国务院卫生行政部门认为需要进行风险评估的其他情形。(第十八条)

(6) 食品安全标准管理与制定的规定。

制定食品安全标准,应当以保障公众身体健康为宗旨,做到科学合理、安全可靠。(第二十四条)

食品安全标准是强制执行的标准。除食品安全标准外,不得制定其他食品强制性标准。(第二十五条)

食品安全标准应当包括下列内容:

——食品、食品添加剂、食品相关产品中的致病性微生物,农药残留、兽药残留、生物毒素、重金属等污染物质以及其他危害人体健康物质的限量规定;

——食品添加剂的品种、使用范围、用量;

——专供婴幼儿和其他特定人群的主辅食品的营养成分要求;

——对与卫生、营养等食品安全要求有关的标签、标志、说明书的要求;

——食品生产经营过程的卫生要求;

——与食品安全有关的质量要求;

——与食品安全有关的食品检验方法与规程;

——其他需要制定为食品安全标准的内容。(第二十六条)

食品安全国家标准由国务院卫生行政部门会同国务院食品安全监督管理部门制定、公布,国务院标准化行政部门提供国家标准编号。食品中农药残留、兽药残留的限量规定及其检验方法与规程由国务院卫生行政部门、国务院农业行政部门会同国务院食品安全监督管理部门制定。屠宰畜、禽的检验规程由国务院农业行政部门会同国务院卫生行政部门制定。(第二十七条)

对地方特色食品,没有食品安全国家标准的,省、自治区、直辖市人民政府卫生行政部门可以制定并公布食品安全地方标准,报国务院卫生行政部门备案。食品安全国家标准制定后,该地方标准即行废止。(第二十九条)

国家鼓励食品生产企业制定严于食品安全国家标准或者地方标准的企业标准,在本企业适用,并报省、自治区、直辖市人民政府卫生行政部门备案。(第三十条)

省级以上人民政府卫生行政部门应当在其网站上公布制定和备案的食品安全国家标准、地方标准和企业标准,供公众免费查阅、下载。对食品安全标准执行过程中的问题,县级以上人民政府卫生行政部门应当会同有关部门及时给予指导、解答。(第三十一条)

(7) 食品生产经营的一般规定。

食品生产经营应当符合食品安全标准,并符合下列要求:

——具有与生产经营的食品品种、数量相适应的食品原料处理和食品加工、包装、贮存等场所,保持该场所环境整洁,并与有毒、有害场所以及其他污染源保持规定的距离;

——具有与生产经营的食品品种、数量相适应的生产经营设备或者设施,有相应的消毒、更衣、盥洗、采光、照明、通风、防腐、防尘、防蝇、防鼠、防虫、洗涤以及处理废水、存放垃圾和废弃物的设备或者设施;

——有专职或者兼职的食品安全专业技术人员、食品安全管理人员和保证食品安全的规章制度;

——具有合理的设备布局和工艺流程,防止待加工食品与直接入口食品、原料与成品交叉污染,避免食品接触有毒物、不洁物;

——餐具、饮具和盛放直接入口食品的容器,使用前应当洗净、消毒,炊具、用具用后应当洗净,保持清洁;

——贮存、运输和装卸食品的容器、工具和设备应当安全、无害,保持清洁,防止食品污染,并符合保证食品安全所需的温度、湿度等特殊要求,不得将食品与有毒、有害物品一同贮存、运输;

——直接入口的食品应当使用无毒、清洁的包装材料、餐具、饮具和容器;

——食品生产经营人员应当保持个人卫生,生产经营食品时,应当将手洗净,穿戴清洁的工作衣、帽等;销售无包装的直接入口食品时,应当使用无毒、清洁的容器、售货工具和设备;

——用水应当符合国家规定的生活饮用水卫生标准;

——使用的洗涤剂、消毒剂应当对人体安全、无害;

——法律、法规规定的其他要求。

非食品生产经营者从事食品贮存、运输和装卸的,应当符合上述第六项的规定。(第三十三条)

禁止生产经营下列食品、食品添加剂、食品相关产品:

——用非食品原料生产的食品或者添加食品添加剂以外的化学物质和其他可能危害人体健康物质的食品,或者用回收食品作为原料生产的食品;

——致病性微生物,农药残留、兽药残留、生物毒素、重金属等污染物质以及其他危害人体健康的物质含量超过食品安全标准限量的食品、食品添加剂、食品相关产品;

——用超过保质期的食品原料、食品添加剂生产的食品、食品添加剂;

——超范围、超限量使用食品添加剂的食品；

——营养成分不符合食品安全标准的专供婴幼儿和其他特定人群的主辅食品；

——腐败变质、油脂酸败、霉变生虫、污秽不洁、混有异物、掺假掺杂或者感官性状异常的食品、食品添加剂；

——病死、毒死或者死因不明的禽、畜、兽、水产动物肉类及其制品；

——未按规定进行检疫或者检疫不合格的肉类，或者未经检验或者检验不合格的肉类制品；

——被包装材料、容器、运输工具等污染的食品、食品添加剂；

——标注虚假生产日期、保质期或者超过保质期的食品、食品添加剂；

——无标签的预包装食品、食品添加剂；

——国家为防病等特殊需要明令禁止生产经营的食品；

——其他不符合法律、法规或者食品安全标准的食品、食品添加剂、食品相关产品。（第三十四条）

国家对食品生产经营实行许可制度。从事食品生产、食品销售、餐饮服务，应当依法取得许可。但是，销售食用农产品，不需要取得许可。县级以上地方人民政府食品安全监督管理部门应当依照《中华人民共和国行政许可法》的规定，审核申请人提交的本法第三十三条第一款第一项至第四项规定要求的相关资料，必要时对申请人的生产经营场所进行现场核查；对符合规定条件的，准予许可；对不符合规定条件的，不予许可并书面说明理由。（第三十五条）

食品生产加工小作坊和食品摊贩等从事食品生产经营活动，应当符合本法规定的与其生产经营规模、条件相适应的食品安全要求，保证所生产经营的食品卫生、无毒、无害，食品安全监督管理部门应当对其加强监督管理。县级以上地方人民政府应当对食品生产加工小作坊、食品摊贩等进行综合治理，加强服务和统一规划，改善其生产经营环境，鼓励和支持其改进生产经营条件，进入集中交易市场、店铺等固定场所经营，或者在指定的临时经营区域、时段经营。食品生产加工小作坊和食品摊贩等的具体管理办法由省、自治区、直辖市制定。（第三十六条）

利用新的食品原料生产食品，或者生产食品添加剂新品种、食品相关产品新品种，应当向国务院卫生行政部门提交相关产品的安全性评估材料。国务院卫生行政部门应当自收到申请之日起六十日内组织审查；对符合食品安全要求的，准予许可并公布；对不符合食品安全要求的，不予许可并书面说明理由。（第三十七条）

生产经营的食品中不得添加药品，但是可以添加按照传统既是食品又是中药材的物质。按照传统既是食品又是中药材的物质目录由国务院卫生行政部门会同国务院食品安全监督管理部门制定、公布。（第三十八条）

国家对食品添加剂生产实行许可制度。从事食品添加剂生产，应当具有与所生产食品添加剂品种相适应的场所、生产设备或者设施、专业技术人员和管理制度，并依照本法第三十五条第二款规定的程序，取得食品添加剂生产许可。生产食品添加剂应当符合法律、法规和食品安全国家标准。（第三十九条）

生产食品相关产品应当符合法律、法规和食品安全国家标准。对直接接触食品的包装材料等具有较高风险的食品相关产品，按照国家有关工业产品生产许可证管理的规定实施生产许可。食品安全监督管理部门应当加强对食品相关产品生产活动的监督管理。（第四十一条）

国家建立食品安全全程追溯制度。食品生产经营者应当依照本法的规定，建立食品安全追溯体系，保证食品可追溯。国家鼓励食品生产经营者采用信息化手段采集、留存生产经营信息，建立食品安全追溯体系。国务院食品安全监督管理部门会同国务院农业行政等有关部门建立食品安全全程追溯协作机制。（第四十二条）

（8）生产经营过程控制的规定。

食品生产经营企业应当建立健全食品安全管理制度，对职工进行食品安全知识培训，加强食品检验工作，依法从事生产经营活动。食品生产经营企业的主要负责人应当落实企业食品安全管理制度，对本企业的食品安全工作全面负责。食品生产经营企业应当配备食品安全管理人员，加强对其培训和考核。经考核不具备食品安全管理能力的，不得上岗。食品安全监督管理部门应当对企业食品安全管理人员随机进行监督抽查考核并公布考核情况。监督抽查考核不得收取费用。（第四十四条）

食品生产经营者应当建立并执行从业人员健康管理制度。患有国务院卫生行政部门规定的有碍食品安全疾病的人员，不得从事接触直接入口食品的工作。从事接触直接入口食品工作的食品生产经营人员应当每年进行健康检查，取得健康证明后方可上岗工作。（第四十五条）

食品生产企业应当就下列事项制定并实施控制要求，保证所生产的食品符合食品安全标准：

——原料采购、原料验收、投料等原料控制；

——生产工序、设备、贮存、包装等生产关键环节控制；

——原料检验、半成品检验、成品出厂检验等检验控制；

——运输和交付控制。（第四十六条）

食用农产品生产者应当按照食品安全标准和国家有关规定使用农药、肥料、兽药、饲料和饲料添加剂等农业投入品，严格执行农业投入品使用安全间隔期或者休药期的规定，不得使用国家明令禁止的农业投入品。禁止将剧毒、高毒农药用于蔬菜、瓜果、茶叶和中草药材等国家规定的农作物。（第四十九条）

食品生产者采购食品原料、食品添加剂、食品相关产品，应当查验供货者的许可证和产品合格证明；对无法提供合格证明的食品原料，应当按照食品安全标准进行检验；不得采购或者使用不符合食品安全标准的食品原料、食品添加剂、食品相关产品。食品生产企业应当建立食品原料、食品添加剂、食品相关产品进货查验记录制度，如实记录食品原料、食品添加剂、食品相关产品的名称、规格、数量、生产日期或者生产批号、保质期、进货日期以及供货者名称、地址、联系方式等内容，并保存相关凭证。记录和凭证保存期限不得少于产品保质期满后六个月；没有明确保质期的，保存期限不得少于二年。（第五十条）

食品生产企业应当建立食品出厂检验记录制度，查验出厂食品的检验合格证和安全状况，如实记录食品的名称、规格、数量、生产日期或者生产批号、保质期、检验合格证号、销售日期以及购货者名称、地址、联系方式等内容，并保存相关凭证。记录和凭证保存期限应当符合本法第五十条第二款的规定。（第五十一条）

食品、食品添加剂、食品相关产品的生产者，应当按照食品安全标准对所生产的食品、食品添加剂、食品相关产品进行检验，检验合格后方可出厂或者销售。（第五十二条）

食品经营者采购食品，应当查验供货者的许可证和食品出厂检验合格证或者其他合格证明（以下称合格证明文件）。食品经营企业应当建立食品进货查验记录制度，如实记录食品的名称、规格、数量、生产日期或者生产批号、保质期、进货日期以及供货者名称、地址、联系方式等内容，并保存相关凭证。记录和凭证保存期限应当符合本法第五十条第二款的规定。实行统一配送经营方式的食品经营企业，可以由企业总部统一查验供货者的许可证和食品合格证明文件，进行食品进货查验记录。从事食品批发业务的经营企业应当建立食品销售记录制度,如实记录批发食品的名称、规格、数量、生产日期或者生产批号、保质期、销售日期以及购货者名称、地址、联系方式等内容,并保存相关凭证。记录和凭证保存期限应当符合本法第五十条第二款的规定。(第五十三条)

食品经营者应当按照保证食品安全的要求贮存食品,定期检查库存食品,及时清理变质或者超过保质期的食品。食品经营者贮存散装食品,应当在贮存位置标明食品的名称、生产日期或者生产批号、保质期、生产者名称及联系方式等内容。(第五十四条)

餐饮服务提供者应当制定并实施原料控制要求,不得采购不符合食品安全标准的食品原料。倡导餐饮服务提供者公开加工过程,公示食品原料及其来源等信息。餐饮服务提供者在加工过程中应当检查待加工的食品及原料,发现有本法第三十四条第六项规定情形的,不得加工或者使用。(第五十五条)

餐饮服务提供者应当定期维护食品加工、贮存、陈列等设施、设备;定期清洗、校验保温设施及冷藏、冷冻设施。餐饮服务提供者应当按照要求对餐具、饮具进行清洗消毒,不得使用未经清洗消毒的餐具、饮具;餐饮服务提供者委托清洗消毒餐具、饮具的,应当委托符合本法规定条件的餐具、饮具集中消毒服务单位。(第五十六条)

学校、托幼机构、养老机构、建筑工地等集中用餐单位的食堂应当严格遵守法律、法规和食品安全标准;从供餐单位订餐的,应当从取得食品生产经营许可的企业订购,并按照要求对订购的食品进行查验。供餐单位应当严格遵守法律、法规和食品安全标准,当餐加工,确保食品安全。学校、托幼机构、养老机构、建筑工地等集中用餐单位的主管部门应当加强对集中用餐单位的食品安全教育和日常管理,降低食品安全风险,及时消除食品安全隐患。(第五十七条)

餐具、饮具集中消毒服务单位应当具备相应的作业场所、清洗消毒设备或者设施,用水和使用的洗涤剂、消毒剂应当符合相关食品安全国家标准和其他国家标准、卫生规范。餐具、饮具集中消毒服务单位应当对消毒餐具、饮具进行逐批检验,检验合格后方可出厂,并应当随附消毒合格证明。消毒后的餐具、饮具应当在独立包装上标注单位名称、地址、联系方式、消毒日期以及使用期限等内容。(第五十八条)

食品添加剂生产者应当建立食品添加剂出厂检验记录制度,查验出厂产品的检验合格证和安全状况,如实记录食品添加剂的名称、规格、数量、生产日期或者生产批号、保质期、检验合格证号、销售日期以及购货者名称、地址、联系方式等相关内容,并保存相关凭证。记录和凭证保存期限应当符合本法第五十条第二款的规定。(第五十九条)

食品添加剂经营者采购食品添加剂,应当依法查验供货者的许可证和产品合格证明文件,如实记录食品添加剂的名称、规格、数量、生产日期或者生产批号、保质期、进货日期以及供货者名称、地址、联系方式等内容,并保存相关凭证。记录和凭证保存期限应当符合本法第五十条第二款的规定。(第六十条)

集中交易市场的开办者、柜台出租者和展销会举办者,应当依法审查入场食品经营者的许可证,明确其食品安全管理责任,定期对其经营环境和条件进行检查,发现其有违反本法规定行为的,应当及时制止并立即报告所在地县级人民政府食品安全监督管理部门。(第六十一条)

网络食品交易第三方平台提供者应当对入网食品经营者进行实名登记,明确其食品安全管理责任;依法应当取得许可证的,还应当审查其许可证。网络食品交易第三方平台提供者发现入网食品经营者有违反本法规定行为的,应当及时制止并立即报告所在地县级人民政府食品安全监督管理部门;发现严重违法行为的,应当立即停止提供网络交易平台服务。(第六十二条)

国家建立食品召回制度。食品生产者发现其生产的食品不符合食品安全标准或者有证据证明可能危害人体健康的，应当立即停止生产，召回已经上市销售的食品，通知相关生产经营者和消费者，并记录召回和通知情况等。（第六十三条）

食用农产品批发市场应当配备检验设备和检验人员或者委托符合本法规定的食品检验机构，对进入该批发市场销售的食用农产品进行抽样检验；发现不符合食品安全标准的，应当要求销售者立即停止销售，并向食品安全监督管理部门报告。（第六十四条）

食用农产品销售者应当建立食用农产品进货查验记录制度，如实记录食用农产品的名称、数量、进货日期以及供货者名称、地址、联系方式等内容，并保存相关凭证。记录和凭证保存期限不得少于六个月。（第六十五条）

进入市场销售的食用农产品在包装、保鲜、贮存、运输中使用保鲜剂、防腐剂等食品添加剂和包装材料等食品相关产品，应当符合食品安全国家标准。（第六十六条）

(9) 标签、说明书和广告的规定。

预包装食品的包装上应当有标签。标签应当标明下列事项：

——名称、规格、净含量、生产日期；

——成分或者配料表；

——生产者的名称、地址、联系方式；

——保质期；

——产品标准代号；

——贮存条件；

——所使用的食品添加剂在国家标准中的通用名称；

——生产许可证编号；

——法律、法规或者食品安全标准规定应当标明的其他事项。

专供婴幼儿和其他特定人群的主辅食品，其标签还应当标明主要营养成分及其含量。食品安全国家标准对标签标注事项另有规定的，从其规定。（第六十七条）

食品经营者销售散装食品，应当在散装食品的容器、外包装上标明食品的名称、生产日期或者生产批号、保质期以及生产经营者名称、地址、联系方式等内容。（第六十八条）

生产经营转基因食品应当按照规定显著标示。（第六十九条）

食品添加剂应当有标签、说明书和包装。标签、说明书应当载明本法第六十七条第一款第一项至第六项、第八项、第九项规定的事项，以及食品添加剂的使用范围、用量、使用方法，并在标签上载明"食品添加剂"字样。（第七十条）

食品和食品添加剂的标签、说明书，不得含有虚假内容，不得涉及疾病预防、治疗功能。生产经营者对其提供的标签、说明书的内容负责。食品和食品添加剂的标签、说明书应当清楚、明显，生产日期、保质期等事项应当显著标注，容易辨识。食品和食品添加剂与其标签、说明书的内容不符的，不得上市销售。（第七十一条）

食品广告的内容应当真实合法，不得含有虚假内容，不得涉及疾病预防、治疗功能。食品生产经营者对食品广告内容的真实性、合法性负责。县级以上人民政府食品安全监督管理部门和其他有关部门以及食品检验机构、食品行业协会不得以广告或者其他形式向消费者推荐食品。消费者组织不得以收取费用或者其他牟取利益的方式向消费者推荐食品。（第七十三条）

(10) 保健食品、婴幼儿配方食品和特殊医学用途配方食品等特殊食品的规定。

国家对保健食品、特殊医学用途配方食品和婴幼儿配方食品等特殊食品实行严格监督管理。（第七十四条）

保健食品声称保健功能，应当具有科学依据，不得对人体产生急性、亚急性或者慢性危害。保健食品原料目录和允许保健食品声称的保健功能目录，由国务院食品安全监督管理部门会同国务院卫生行政部门、国家中医药管理部门制定、调整并公布。保健食品原料目录应当包括原料名称、用量及其对应的功效；列入保健食品原料目录的原料只能用于保健食品生产，不得用于其他食品生产。(第七十五条)

使用保健食品原料目录以外原料的保健食品和首次进口的保健食品应当经国务院食品安全监督管理部门注册。但是，首次进口的保健食品中属于补充维生素、矿物质等营养物质的，应当报国务院食品安全监督管理部门备案。进口的保健食品应当是出口国（地区）主管部门准许上市销售的产品。(第七十六条)

保健食品的标签、说明书不得涉及疾病预防、治疗功能，内容应当真实，与注册或者备案的内容相一致，载明适宜人群、不适宜人群、功效成分或者标志性成分及其含量等，并声明"本品不能代替药物"。保健食品的功能和成分应当与标签、说明书相一致。(第七十八条)

保健食品广告除应当符合本法第七十三条第一款的规定外，还应当声明"本品不能代替药物"；其内容应当经生产企业所在地省、自治区、直辖市人民政府食品安全监督管理部门审查批准，取得保健食品广告批准文件。省、自治区、直辖市人民政府食品安全监督管理部门应当公布并及时更新已经批准的保健食品广告目录以及批准的广告内容。(第七十九条)

特殊医学用途配方食品应当经国务院食品安全监督管理部门注册。注册时，应当提交产品配方、生产工艺、标签、说明书以及表明产品安全性、营养充足性和特殊医学用途临床效果的材料。特殊医学用途配方食品广告适用《中华人民共和国广告法》和其他法律、行政法规关于药品广告管理的规定。(第八十条)

婴幼儿配方食品生产企业应当实施从原料进厂到成品出厂的全过程质量控制，对出厂的婴幼儿配方食品实施逐批检验，保证食品安全。生产婴幼儿配方食品使用的生鲜乳、辅料等食品原料、食品添加剂等，应当符合法律、行政法规的规定和食品安全国家标准，保证婴幼儿生长发育所需的营养成分。婴幼儿配方食品生产企业应当将食品原料、食品添加剂、产品配方及标签等事项向省、自治区、直辖市人民政府食品安全监督管理部门备案。婴幼儿配方乳粉的产品配方应当经国务院食品安全监督管理部门注册。注册时，应当提交配方研发报告和其他表明配方科学性、安全性的材料。不得以分装方式生产婴幼儿配方乳粉，同一企业不得用同一配方生产不同品牌的婴幼儿配方乳粉。(第八十一条)

生产保健食品、特殊医学用途配方食品、婴幼儿配方食品和其他专供特定人群的主辅食品的企业，应当按照良好生产规范的要求建立与所生产食品相适应的生产质量管理体系，定期对该体系的运行情况进行自查，保证其有效运行，并向所在地县级人民政府食品安全监督管理部门提交自查报告。(第八十三条)

(11) 食品检验的资质管理和检验人员的规定。

食品检验机构按照国家有关认证认可的规定取得资质认定后，方可从事食品检验活动。但是，法律另有规定的除外。食品检验机构的资质认定条件和检验规范，由国务院食品安全监督管理部门规定。符合本法规定的食品检验机构出具的检验报告具有同等效力。县级以上人民政府应当整合食品检验资源，实现资源共享。(第八十四条)

食品检验由食品检验机构指定的检验人独立进行。检验人应当依照有关法律、法规的规定，并按照食品安全标准和检验规范对食品进行检验，尊重科学，恪守职业道德，保证出具的检验数据和结论客观、公正，不得出具虚假检验报告。(第八十五条)

食品检验实行食品检验机构与检验人负责制。食品检验报告应当加盖食品检验机构公章，并有检验人的签名或者盖章。食品检验机构和检验人对出具的食品检验报告负责。(第八十六条)

(12) 食品进出口管理的规定。

国家出入境检验检疫部门对进出口食品安全实施监督管理。(第九十一条)

境外出口商、境外生产企业应当保证向我国出口的食品、食品添加剂、食品相关产品符合本法以及我国其他有关法律、行政法规的规定和食品安全国家标准的要求，并对标签、说明书的内容负责。进口商应当建立境外出口商、境外生产企业审核制度，重点审核前款规定的内容；审核不合格的，不得进口。发现进口食品不符合我国食品安全国家标准或者有证据证明可能危害人体健康的，进口商应当立即停止进口，并依照本法第六十三条的规定召回。(第九十四条)

境外发生的食品安全事件可能对我国境内造成影响，或者在进口食品、食品添加剂、食品相关产品中发现严重食品安全问题的，国家出入境检验检疫部门应当及时采取风险预警或者控制措施，并向国务院食品安全监督管理、卫生行政、农业行政部门通报。接到通报的部门应当及时采取相应措施。县级以上人民政府食品安全监督管理部门对国内市场上销售的进口食品、食品添加剂实施监督管理。发现存在严重食品安全问题的，国务院食品安全监督管理部门应当及时向国家出入境检验检疫部门通报。国家出入境检验检疫部门应当及时采取相应措施。(第九十五条)

进口的预包装食品、食品添加剂应当有中文标签；依法应当有说明书的，还应当有中文说明书。标签、说明书应当符合本法以及我国其他有关法律、行政法规的规定和食品安全国家标准的要求，并载明食品的原产地以及境内代理商的名称、地址、联系方式。预包装食品没有中文标签、中文说明书或者标签、说明书不符合本条规定的，不得进口。(第九十七条)

进口商应当建立食品、食品添加剂进口和销售记录制度，如实记录食品、食品添加剂的名称、规格、数量、生产日期、生产或者进口批号、保质期、境外出口商和购货者名称、地址及联系方式、交货日期等内容，并保存相关凭证。记录和凭证保存期限应当符合本法第五十条第二款的规定。(第九十八条)

出口食品生产企业应当保证其出口食品符合进口国（地区）的标准或者合同要求。出口食品生产企业和出口食品原料种植、养殖场应当向国家出入境检验检疫部门备案。(第九十九条)

(13) 食品安全事故处置的规定。

国务院组织制定国家食品安全事故应急预案。县级以上地方人民政府应当根据有关法律、法规的规定和上级人民政府的食品安全事故应急预案以及本行政区域的实际情况，制定本行政区域的食品安全事故应急预案，并报上一级人民政府备案。食品安全事故应急预案应当对食品安全事故分级、事故处置组织指挥体系与职责、预防预警机制、处置程序、应急保障措施等作出规定。食品生产经营企业应当制定食品安全事故处置方案，定期检查本企业各项食品安全防范措施的落实情况，及时消除事故隐患。(第一百零二条)

发生食品安全事故的单位应当立即采取措施，防止事故扩大。事故单位和接收病人进行治疗的单位应当及时向事故发生地县级人民政府食品安全监督管理、卫生行政部门报告。县级以上人民政府农业行政等部门在日常监督管理中发现食品安全事故或者接到事故举报，应当立即向同级食品安全监督管理部门通报发生食品安全事故，接到报告的县级人民政府食品安全监督管理部门应当按照应急预案的规定向本级人民政府和上级人民政府食品安全监督管理部门报告。县级人民政府和上级人民政府食品安全监督管理部门应当按照应急预案的规定上报。任何单位和个人不得对食品安全事故隐瞒、谎报、缓报，不得隐匿、伪造、毁灭有关证据。(第一百零三条)

医疗机构发现其接收的病人属于食源性疾病病人或者疑似病人的，应当按照规定及时将相关信息向所在地县级人民政府卫生行政部门报告。县级人民政府卫生行政部门认为与食品安全有关的，应当及时通报同级食品安全监督管理部门。县级以上人民政府卫生行政部门在调查处理传染病或者其他突发公共卫生事件中发现与食品安全相关的信息，应当及时通报同级食品安全监督管理部门。（第一百零四条）

县级以上人民政府食品安全监督管理部门接到食品安全事故的报告后，应当立即会同同级卫生行政、农业行政等部门进行调查处理，并采取下列措施，防止或者减轻社会危害：

——开展应急救援工作，组织救治因食品安全事故导致人身伤害的人员；

——封存可能导致食品安全事故的食品及其原料，并立即进行检验；对确认属于被污染的食品及其原料，责令食品生产经营者依照本法第六十三条的规定召回或者停止经营；

——封存被污染的食品相关产品，并责令进行清洗消毒；

——做好信息发布工作，依法对食品安全事故及其处理情况进行发布，并对可能产生的危害加以解释、说明。

发生食品安全事故需要启动应急预案的，县级以上人民政府应当立即成立事故处置指挥机构，启动应急预案，依照前款和应急预案的规定进行处置。发生食品安全事故，县级以上疾病预防控制机构应当对事故现场进行卫生处理，并对与事故有关的因素开展流行病学调查，有关部门应当予以协助。县级以上疾病预防控制机构应当向同级食品安全监督管理、卫生行政部门提交流行病学调查报告。（第一百零五条）

发生食品安全事故，设区的市级以上人民政府食品安全监督管理部门应当立即会同有关部门进行事故责任调查，督促有关部门履行职责，向本级人民政府和上一级人民政府食品安全监督管理部门提出事故责任调查处理报告。涉及两个以上省、自治区、直辖市的重大食品安全事故由国务院食品安全监督管理部门依照前款规定组织事故责任调查。（第一百零六条）

调查食品安全事故，应当坚持实事求是、尊重科学的原则，及时、准确查清事故性质和原因，认定事故责任，提出整改措施。调查食品安全事故，除了查明事故单位的责任，还应当查明有关监督管理部门、食品检验机构、认证机构及其工作人员的责任。（第一百零七条）

食品安全事故调查部门有权向有关单位和个人了解与事故有关的情况，并要求提供相关资料和样品。有关单位和个人应当予以配合，按照要求提供相关资料和样品，不得拒绝。任何单位和个人不得阻挠、干涉食品安全事故的调查处理。（第一百零八条）

(14) 食品安全监督管理体制和监督管理重点的规定。

县级以上人民政府食品安全监督管理部门根据食品安全风险监测、风险评估结果和食品安全状况等，确定监督管理的重点、方式和频次，实施风险分级管理。县级以上地方人民政府组织本级食品安全监督管理、农业行政等部门制定本行政区域的食品安全年度监督管理计划，向社会公布并组织实施。

食品安全年度监督管理计划应当将下列事项作为监督管理的重点：

——专供婴幼儿和其他特定人群的主辅食品；

——保健食品生产过程中的添加行为和按照注册或者备案的技术要求组织生产的情况，保健食品标签、说明书以及宣传材料中有关功能宣传的情况；

——发生食品安全事故风险较高的食品生产经营者；

——食品安全风险监测结果表明可能存在食品安全隐患的事项。（第一百零九条）

任何单位和个人不得编造、散布虚假食品安全信息。县级以上人民政府食品安全监督管理部门发现可能误导消费者和社会舆论的食品安全信息，应当立即组织有关部门、专业机构、相关食品生产经营者等进行核实、分析，并及时公布结果。（第一百二十条）

县级以上人民政府食品安全监督管理等部门发现涉嫌食品安全犯罪的，应当按照有关规定及时将案件移送公安机关。对移送的案件，公安机关应当及时审查；认为有犯罪事实需要追究刑事责任的，应当立案侦查。公安机关在食品安全犯罪案件侦查过程中认为没有犯罪事实，或者犯罪事实显著轻微，不需要追究刑事责任，但依法应当追究行政责任的，应当及时将案件移送食品安全监督管理等部门和监察机关，有关部门应当依法处理。公安机关商请食品安全监督管理、生态环境等部门提供检验结论、认定意见以及对涉案物品进行无害化处理等协助的，有关部门应当及时提供，予以协助。（第一百二十一条）

（15）食品安全法律责任的规定。

食品安全法法律责任共28条，其中生产经营者的法律责任15条，占53.57%；食品安全风险监测、评估机构1条，占3.57%；食品检验机构2条，占7.14%；违法广告、宣传和虚假信息2条，占7.14%；政府和主管部门5条，占17.86%；民事赔偿2条，占7.14%；构成犯罪1条，占3.57%。

① 生产经营者的法律责任。

食品法律责任（上）

食品法律责任（下）

违反本法规定，未取得食品生产经营许可从事食品生产经营活动，或者未取得食品添加剂生产许可从事食品添加剂生产活动的，由县级以上人民政府食品安全监督管理部门没收违法所得和违法生产经营的食品、食品添加剂以及用于违法生产经营的工具、设备、原料等物品；违法生产经营的食品、食品添加剂货值金额不足一万元的，并处五万元以上十万元以下罚款；货值金额一万元以上的，并处货值金额十倍以上二十倍以下罚款。明知从事前款规定的违法行为，仍为其提供生产经营场所或者其他条件的，由县级以上人民政府食品安全监督管理部门责令停止违法行为，没收违法所得，并处五万元以上十万元以下罚款；使消费者的合法权益受到损害的，应当与食品、食品添加剂生产经营者承担连带责任。（第一百二十二条）

违反本法规定，有下列情形之一，尚不构成犯罪的，由县级以上人民政府食品安全监督管理部门没收违法所得和违法生产经营的食品，并可以没收用于违法生产经营的工具、设备、原料等物品；违法生产经营的食品货值金额不足一万元的，并处十万元以上十五万元以下罚款；货值金额一万元以上的，并处货值金额十五倍以上三十倍以下罚款；情节严重的，吊销许可证，并可以由公安机关对其直接负责的主管人员和其他直接责任人员处五日以上十五日以下拘留：

——用非食品原料生产食品、在食品中添加食品添加剂以外的化学物质和其他可能危害人体健康的物质，或者用回收食品作为原料生产食品，或者经营上述食品；

——生产经营营养成分不符合食品安全标准的专供婴幼儿和其他特定人群的主辅食品；

——经营病死、毒死或者死因不明的禽、畜、兽、水产动物肉类，或者生产经营其制品；

——经营未按规定进行检疫或者检疫不合格的肉类，或者生产经营未经检验或者检验不合格的肉类制品；

——生产经营国家为防病等特殊需要明令禁止生产经营的食品；

——生产经营添加药品的食品。

明知从事前款规定的违法行为，仍为其提供生产经营场所或者其他条件的，由县级以上人民政府食品安全监督管理部门责令停止违法行为，没收违法所得，并处十万元以上二十万元以下罚款；使消费者的合法权益受到损害的，应当与食品生产经营者承担连带责任。违法使用剧毒、高毒农药的，除依照有关法律、法规规定给予处罚外，可以由公安机关依照第一款规定给予拘留。（第一百二十三条）

　　违反本法规定，有下列情形之一，尚不构成犯罪的，由县级以上人民政府食品安全监督管理部门没收违法所得和违法生产经营的食品、食品添加剂，并可以没收用于违法生产经营的工具、设备、原料等物品；违法生产经营的食品、食品添加剂货值金额不足一万元的，并处五万元以上十万元以下罚款；货值金额一万元以上的，并处货值金额十倍以上二十倍以下罚款；情节严重的，吊销许可证：

　　——生产经营致病性微生物，农药残留、兽药残留、生物毒素、重金属等污染物质以及其他危害人体健康的物质含量超过食品安全标准限量的食品、食品添加剂；

模拟法庭
（上）

　　——用超过保质期的食品原料、食品添加剂生产食品、食品添加剂，或者经营上述食品、食品添加剂；

　　——生产经营超范围、超限量使用食品添加剂的食品；

　　——生产经营腐败变质、油脂酸败、霉变生虫、污秽不洁、混有异物、掺假掺杂或者感官性状异常的食品、食品添加剂；

　　——生产经营标注虚假生产日期、保质期或者超过保质期的食品、食品添加剂；

　　——生产经营未按规定注册的保健食品、特殊医学用途配方食品、婴幼儿配方乳粉，或者未按注册的产品配方、生产工艺等技术要求组织生产；

模拟法庭
（中）

　　——以分装方式生产婴幼儿配方乳粉，或者同一企业以同一配方生产不同品牌的婴幼儿配方乳粉；

　　——利用新的食品原料生产食品，或者生产食品添加剂新品种，未通过安全性评估；

　　——食品生产经营者在食品安全监督管理部门责令其召回或者停止经营后，仍拒不召回或者停止经营。

　　除前款和本法第一百二十三条、第一百二十五条规定的情形外，生产经营不符合法律、法规或者食品安全标准的食品、食品添加剂的，依照前款规定给予处罚。生产食品相关产品新品种，未通过安全性评估，或者生产不符合食品安全标准的食品相关产品的，由县级以上人民政府食品安全监督管理部门依照第一款规定给予处罚。（第一百二十四条）

模拟法庭
（下）

　　违反本法规定，有下列情形之一的，由县级以上人民政府食品安全监督管理部门责令改正，给予警告；拒不改正的，处五千元以上五万元以下罚款；情节严重的，责令停产停业，直至吊销许可证：

　　——食品、食品添加剂生产者未按规定对采购的食品原料和生产的食品、食品添加剂进行检验；

　　——食品生产经营企业未按规定建立食品安全管理制度，或者未按规定配备或者培训、考核食品安全管理人员；

　　——食品、食品添加剂生产经营者进货时未查验许可证和相关证明文件，或者未按规定建立并遵守进货查验记录、出厂检验记录和销售记录制度；

　　——食品生产经营企业未制定食品安全事故处置方案；

　　——餐具、饮具和盛放直接入口食品的容器，使用前未经洗净、消毒或者清洗消毒不合格，或者餐饮服务设施、设备未按规定定期维护、清洗、校验；

　　——食品生产经营者安排未取得健康证明或者患有国务院卫生行政部门规定的有碍食品安全疾病的人员从事接触直接入口食品的工作；

　　——食品经营者未按规定要求销售食品；

——保健食品生产企业未按规定向食品安全监督管理部门备案,或者未按备案的产品配方、生产工艺等技术要求组织生产;

——婴幼儿配方食品生产企业未将食品原料、食品添加剂、产品配方、标签等向食品安全监督管理部门备案;

——特殊食品生产企业未按规定建立生产质量管理体系并有效运行,或者未定期提交自查报告;

——食品生产经营者未定期对食品安全状况进行检查评价,或者生产经营条件发生变化,未按规定处理;

——学校、托幼机构、养老机构、建筑工地等集中用餐单位未按规定履行食品安全管理责任;

——食品生产企业、餐饮服务提供者未按规定制定、实施生产经营过程控制要求。

违反本法规定,集中交易市场的开办者、柜台出租者、展销会的举办者允许未依法取得许可的食品经营者进入市场销售食品,或者未履行检查、报告等义务的,由县级以上人民政府食品安全监督管理部门责令改正,没收违法所得,并处五万元以上二十万元以下罚款;造成严重后果的,责令停业,直至由原发证部门吊销许可证;使消费者的合法权益受到损害的,应当与食品经营者承担连带责任。食用农产品批发市场违反本法第六十四条规定的,依照前款规定承担责任。(第一百三十条)

违反本法规定,网络食品交易第三方平台提供者未对入网食品经营者进行实名登记、审查许可证,或者未履行报告、停止提供网络交易平台服务等义务的,由县级以上人民政府食品安全监督管理部门责令改正,没收违法所得,并处五万元以上二十万元以下罚款;造成严重后果的,责令停业,直至由原发证部门吊销许可证;使消费者的合法权益受到损害的,应当与食品经营者承担连带责任。消费者通过网络食品交易第三方平台购买食品,其合法权益受到损害的,可以向入网食品经营者或者食品生产者要求赔偿。网络食品交易第三方平台提供者不能提供入网食品经营者的真实名称、地址和有效联系方式的,由网络食品交易第三方平台提供者赔偿。网络食品交易第三方平台提供者赔偿后,有权向入网食品经营者或者食品生产者追偿。网络食品交易第三方平台提供者作出更有利于消费者承诺的,应当履行其承诺。(第一百三十一条)

违反本法规定,未按要求进行食品贮存、运输和装卸的,由县级以上人民政府食品安全监督管理等部门按照各自职责分工责令改正,给予警告;拒不改正的,责令停产停业,并处一万元以上五万元以下罚款;情节严重的,吊销许可证。(第一百三十二条)

违反本法规定,拒绝、阻挠、干涉有关部门、机构及其工作人员依法开展食品安全监督检查、事故调查处理、风险监测和风险评估的,由有关主管部门按照各自职责分工责令停产停业,并处二千元以上五万元以下罚款;情节严重的,吊销许可证;构成违反治安管理行为的,由公安机关依法给予治安管理处罚。违反本法规定,对举报人以解除、变更劳动合同或者其他方式打击报复的,应当依照有关法律的规定承担责任。(第一百三十三条)

食品生产经营者在一年内累计三次因违反本法规定受到责令停产停业、吊销许可证以外处罚的,由食品安全监督管理部门责令停产停业,直至吊销许可证。(第一百三十四条)

被吊销许可证的食品生产经营者及其法定代表人、直接负责的主管人员和其他直接责任人员自处罚决定作出之日起五年内不得申请食品生产经营许可,或者从事食品生产经营管理工作、担任食品生产经营企业食品安全管理人员。因食品安全犯罪被判处有期徒刑以上刑罚的,终身不得从事食品生产经营管理工作,也不得担任食品生产经营企业食品安全管理人员。食品生产经营者聘用人员违反前两款规定的,由县级以上人民政府

食品安全监督管理部门吊销许可证。(第一百三十五条)

食品经营者履行了本法规定的进货查验等义务,有充分证据证明其不知道所采购的食品不符合食品安全标准,并能如实说明其进货来源的,可以免予处罚,但应当依法没收其不符合食品安全标准的食品;造成人身、财产或者其他损害的,依法承担赔偿责任。(第一百三十六条)

违反本法规定,承担食品安全风险监测、风险评估工作的技术机构、技术人员提供虚假监测、评估信息的,依法对技术机构直接负责的主管人员和技术人员给予撤职、开除处分;有执业资格的,由授予其资格的主管部门吊销执业证书。(第一百三十七条)

② 政府及监管者的法律责任。

违反本法规定,县级以上地方人民政府有下列行为之一的,对直接负责的主管人员和其他直接责任人员给予记大过处分;情节较重的,给予降级或者撤职处分;情节严重的,给予开除处分;造成严重后果的,其主要负责人还应当引咎辞职:

——对发生在本行政区域内的食品安全事故,未及时组织协调有关部门开展有效处置,造成不良影响或者损失;

——对本行政区域内涉及多环节的区域性食品安全问题,未及时组织整治,造成不良影响或者损失;

——隐瞒、谎报、缓报食品安全事故;

——本行政区域内发生特别重大食品安全事故,或者连续发生重大食品安全事故。(第一百四十二条)

违反本法规定,县级以上地方人民政府有下列行为之一的,对直接负责的主管人员和其他直接责任人员给予警告、记过或者记大过处分;造成严重后果的,给予降级或者撤职处分:

——未确定有关部门的食品安全监督管理职责,未建立健全食品安全全程监督管理工作机制和信息共享机制,未落实食品安全监督管理责任制;

——未制定本行政区域的食品安全事故应急预案,或者发生食品安全事故后未按规定立即成立事故处置指挥机构、启动应急预案。(第一百四十三条)

违反本法规定,县级以上人民政府食品药品监督管理、卫生行政、质量监督、农业行政等部门有下列行为之一的,对直接负责的主管人员和其他直接责任人员给予记大过处分;情节较重的,给予降级或者撤职处分;情节严重的,给予开除处分;造成严重后果的,其主要负责人还应当引咎辞职:

——隐瞒、谎报、缓报食品安全事故;

——未按规定查处食品安全事故,或者接到食品安全事故报告未及时处理,造成事故扩大或者蔓延;

——经食品安全风险评估得出食品、食品添加剂、食品相关产品不安全结论后,未及时采取相应措施,造成食品安全事故或者不良社会影响;

——对不符合条件的申请人准予许可,或者超越法定职权准予许可;

——不履行食品安全监督管理职责,导致发生食品安全事故。(第一百四十四条)

食品安全监督管理等部门在履行食品安全监督管理职责过程中,违法实施检查、强制等执法措施,给生产经营者造成损失的,应当依法予以赔偿,对直接负责的主管人员和其他直接责任人员依法给予处分。(第一百四十六条)

违反本法规定,造成人身、财产或者其他损害的,依法承担赔偿责任。生产经营者财产不足以同时承担民事赔偿责任和缴纳罚款、罚金时,先承担民事赔偿责任。(第一百四十七条)

消费者因不符合食品安全标准的食品受到损害的,可以向经营者要求赔偿损失,也可以向生产者要求赔偿损失。接到消费者赔偿要求的生产经营者,应当实行首负责任制,先行赔付,不得推诿;属于生产者责任的,经营者赔偿后有权向生产者追偿;属于经营者责任的,生产者赔偿后有权向经营者追偿。生产不符合食品安全标准的食品或者经营明知是不符合食品安全标准的食品,消费者除要求赔偿损失外,还可以向生产者或者经营者要求支付价款十倍或者损失三倍的赔偿金;增加赔偿的金额不足一千元的,为一千元。但是,食品的标签、说明书存在不影响食品安全且不会对消费者造成误导的瑕疵的除外。(第一百四十八条)

违反本法规定,构成犯罪的,依法追究刑事责任。(第一百四十九条)

> 具体刑事责任认定按照最高人民法院、最高人民检察院2013年5月2日颁布,2013年5月4日实施的《关于办理危害食品安全刑事案件适用法律若干问题的解释》执行,食品安全犯罪包括两种罪:一是刑法第一百四十三条【生产、销售不符合安全标准的食品罪】规定,生产、销售不符合食品安全标准的食品,足以造成严重食物中毒事故或者其他严重食源性疾病的,处三年以下有期徒刑或者拘役,并处罚金;对人体健康造成严重危害或者有其他严重情节的,处三年以上七年以下有期徒刑,并处罚金;后果特别严重的,处七年以上有期徒刑或者无期徒刑,并处罚金或者没收财产。二是刑法第一百四十四条【生产、销售有毒、有害食品罪】规定,在生产、销售的食品中掺入有毒、有害的非食品原料的,或者销售明知掺有有毒、有害的非食品原料的食品的,处五年以下有期徒刑,并处罚金;对人体健康造成严重危害或者有其他严重情节的,处五年以上十年以下有期徒刑,并处罚金;致人死亡或者有其他特别严重情节的,依照本法第一百四十一条的规定处罚。

③ 食品检验和认证机构的法律责任。

违反本法规定,食品检验机构、食品检验人员出具虚假检验报告的,由授予其资质的主管部门或者机构撤销该食品检验机构的检验资质,没收所收取的检验费用,并处检验费用五倍以上十倍以下罚款,检验费用不足一万元的,并处五万元以上十万元以下罚款;依法对食品检验机构直接负责的主管人员和食品检验人员给予撤职或者开除处分;导致发生重大食品安全事故的,对直接负责的主管人员和食品检验人员给予开除处分。违反本法规定,受到开除处分的食品检验机构人员,自处分决定作出之日起十年内不得从事食品检验工作;因食品安全违法行为受到刑事处罚或者因出具虚假检验报告导致发生重大食品安全事故受到开除处分的食品检验机构人员,终身不得从事食品检验工作。食品检验机构聘用不得从事食品检验工作的人员的,由授予其资质的主管部门或者机构撤销该食品检验机构的检验资质。食品检验机构出具虚假检验报告,使消费者的合法权益受到损害的,应当与食品生产经营者承担连带责任。(第一百三十八条)

违反本法规定,认证机构出具虚假认证结论,由认证认可监督管理部门没收所收取的认证费用,并处认证费用五倍以上十倍以下罚款,认证费用不足一万元的,并处五万元以上十万元以下罚款;情节严重的,责令停业,直至撤销认证机构批准文件,并向社会公布;对直接负责的主管人员和负有直接责任的认证人员,撤销其执业资格。认证机构出具虚假认证结论,使消费者的合法权益受到损害的,应当与食品生产经营者承担连带责任。(第一百三十九条)

④ 食品广告和虚假信息的法律责任。

违反本法规定,在广告中对食品作虚假宣传,欺骗消费者,或者发布未取得批准文件、广告内容与批准文件不一致的保健食品广告的,依照《中华人民共和国广告法》的规定给予处罚。广告经营者、发布者设计、制作、发布虚假食品广告，使消费者的合法权益受到损害的，应当与食品生产经营者承担连带责任。社会团体或者其他组织、个人在虚假广告或者其他虚假宣传中向消费者推荐食品，使消费者的合法权益受到损害的，应当与食品生产经营者承担连带责任。违反本法规定，食品安全监督管理等部门、食品检验机构、食品行业协会以广告或者其他形式向消费者推荐食品，消费者组织以收取费用或者其他牟取利益的方式向消费者推荐食品的，由有关主管部门没收违法所得，依法对直接负责的主管人员和其他直接责任人员给予记大过、降级或者撤职处分；情节严重的，给予开除处分。对食品作虚假宣传且情节严重的，由省级以上人民政府食品安全监督管理部门决定暂停销售该食品，并向社会公布；仍然销售该食品的，由县级以上人民政府食品安全监督管理部门没收违法所得和违法销售的食品，并处二万元以上五万元以下罚款。(第一百四十条)

3.3 保健食品安全管理

我国保健食品始于1980年，1984年成立中国保健品协会。30多年来，随着国民经济的发展和科学技术水平的提高，保健食品的生产和消费迅速发展，截至2018年年底已批准保健食品17 164个，进口保健食品783个。

为了加强保健食品的监督管理，保证保健食品质量，保障人体食用安全。根据《中华人民共和国食品卫生法》《中华人民共和国行政许可法》，卫生部于1996年3月15日发布了《保健食品管理办法》；国家食品药品监督管理局于2005年4月30日审议通过了《保健食品注册管理办法（试行）》，自2005年7月1日起施行，同时声明本办法施行前有关保健食品注册的规定，不符合本办法规定的，自本办法施行之日起停止执行。2016年2月26日国家食品药品监督管理总局发布《保健食品注册与备案管理办法》，本办法自2016年7月1日起施行，《保健食品注册管理办法（试行）》同时废止。

3.3.1 保健食品的概念及注册备案管理

3.3.1.1 保健食品概念

保健食品是指声称具有特定保健功能或者以补充维生素、矿物质为目的的食品。即适宜于特定人群食用，具有调节机体功能，不以治疗疾病为目的，并且对人体不产生任何急性、亚急性或者慢性危害的食品。

(1) 保健食品的两大特征。

① 安全性，对人体不产生任何急性、亚急性或慢性危害。

② 功能性，对特定人群具有一定的调节作用，不能治疗疾病，不能取代药物对病人的治疗作用。

(2) 保健食品与普通食品的共性和区别。

① 共性。保健食品和普通食品都能提供人体生存必需的基本营养物质，都具有特定的色、香、味、形。

② 区别。保健食品：(a) 调节人体的机能，具有特定的保健功能；(b) 特定人群食用；(c) 具有规定的每日服用量。

普通食品：(a) 不强调特定功能；(b) 普遍人群食用；(c) 无规定的食用量。

(3) 保健食品与药品的区别。

保健食品：(a) 不以治疗为目的，主要是调节人体的机能；(b) 不能有任何急性、亚急性或慢性危害；（c）可以长期使用；（d）口服。

药品：（a）应当有明确的治疗目的以及相应的适应证和功能主治；（b）可以有不良反应；（c）有规定的使用期限；（d）注射、外用、口服等。

3.3.1.2 保健食品注册与备案管理

2016年2月发布的《保健食品注册与备案管理办法》明确对保健食品实施注册与备案相结合的管理制度。在中华人民共和国境内保健食品的注册与备案及其监督管理适用本办法，并规定保健食品的注册与备案及其监督管理应当遵循科学、公开、公正、便民、高效的原则。现就其主要条款解读如下：

(1) 保健食品注册与备案的概念。

保健食品注册是指食品药品监督管理部门根据注册申请人申请，依照法定程序、条件和要求，对申请注册的保健食品的安全性、保健功能和质量可控性等相关申请材料进行系统评价和审评，并决定是否准予其注册的审批过程。

保健食品备案是指保健食品生产企业依照法定程序、条件和要求，将表明产品安全性、保健功能和质量可控性的材料提交食品药品监督管理部门进行存档、公开、备查的过程。（第三条）

(2) 保健食品管理部门的规定。

保健食品注册与备案管理（上）

保健食品注册与备案管理（下）

国家食品药品监督管理总局负责保健食品注册管理，以及首次进口的属于补充维生素、矿物质等营养物质的保健食品备案管理，并指导监督省、自治区、直辖市食品药品监督管理部门承担的保健食品注册与备案相关工作。省、自治区、直辖市食品药品监督管理部门负责本行政区域内保健食品备案管理，并配合国家食品药品监督管理总局开展保健食品注册现场核查等工作。市、县级食品药品监督管理部门负责本行政区域内注册和备案保健食品的监督管理，承担上级食品药品监督管理部门委托的其他工作。（第五条）

国家食品药品监督管理总局行政受理机构（以下简称受理机构）负责受理保健食品注册和接收相关进口保健食品备案材料。省、自治区、直辖市食品药品监督管理部门负责接收相关保健食品备案材料。国家食品药品监督管理总局保健食品审评机构（以下简称审评机构）负责组织保健食品审评，管理审评专家，并依法承担相关保健食品备案工作。国家食品药品监督管理总局审核查验机构（以下简称查验机构）负责保健食品注册现场核查工作。（第六条）

(3) 保健食品注册和备案人的规定。

保健食品注册申请人或者备案人应当具有相应的专业知识，熟悉保健食品注册管理的法律、法规、规章和技术要求。保健食品注册申请人或者备案人应当对所提交材料的真实性、完整性、可溯源性负责，并对提交材料的真实性承担法律责任。保健食品注册申请人或者备案人应当协助食品药品监督管理部门开展与注册或者备案相关的现场核查、样品抽样、复核检验和监督管理等工作。（第七条）

(4) 保健食品注册的规定。

生产和进口下列产品应当申请保健食品注册：

——使用保健食品原料目录以外原料（以下简称目录外原料）的保健食品；

——首次进口的保健食品（属于补充维生素、矿物质等营养物质的保健食品除外）。首次进口的保健食品，是指非同一国家、同一企业、同一配方申请中国境内上市销售的保健食品。（第九条）

产品声称的保健功能应当已经列入保健食品功能目录。（第十条）

国产保健食品注册申请人应当是在中国境内登记的法人或者其他组织；进口保健食品注册申请人应当是上市保健食品的境外生产厂商。申请进口保健食品注册的，应当由其常驻中国代表机构或者由其委托中国境内的代理机构办理。境外生产厂商，是指产品符合所在国（地区）上市要求的法人或者其他组织。（第十一条）

（5）保健食品注册需要提供的材料要求。

申请保健食品注册应当提交下列材料：

——保健食品注册申请表，以及申请人对申请材料真实性负责的法律责任承诺书；

——注册申请人主体登记证明文件复印件；

——产品研发报告，包括研发人、研发时间、研制过程、中试规模以上的验证数据，目录外原料及产品安全性、保健功能、质量可控性的论证报告和相关科学依据，以及根据研发结果综合确定的产品技术要求等；

——产品配方材料，包括原料和辅料的名称及用量、生产工艺、质量标准，必要时还应当按照规定提供原料使用依据、使用部位的说明、检验合格证明、品种鉴定报告等；

——产品生产工艺材料，包括生产工艺流程简图及说明，关键工艺控制点及说明；

——安全性和保健功能评价材料，包括目录外原料及产品的安全性、保健功能试验评价材料，人群食用评价材料；功效成分或者标志性成分、卫生学、稳定性、菌种鉴定、菌种毒力等试验报告，以及涉及兴奋剂、违禁药物成分等检测报告；

——直接接触保健食品的包装材料种类、名称、相关标准等；

——产品标签、说明书样稿；产品名称中的通用名与注册的药品名称不重名的检索材料；

——3个最小销售包装样品；

——其他与产品注册审评相关的材料。（第十二条）

申请首次进口保健食品注册，除提交本办法第十二条规定的材料外，还应当提交下列材料：

——产品生产国（地区）政府主管部门或者法律服务机构出具的注册申请人为上市保健食品境外生产厂商的资质证明文件；

——产品生产国（地区）政府主管部门或者法律服务机构出具的保健食品上市销售一年以上的证明文件，或者产品境外销售以及人群食用情况的安全性报告；

——产品生产国（地区）或者国际组织与保健食品相关的技术法规或者标准；

——产品在生产国（地区）上市的包装、标签、说明书实样。

由境外注册申请人常驻中国代表机构办理注册事务的，应当提交《外国企业常驻中国代表机构登记证》及其复印件；境外注册申请人委托境内的代理机构办理注册事项的，应当提交经过公证的委托书原件以及受委托的代理机构营业执照复印件。（第十三条）

（6）保健食品注册申请材料处理的规定。

保健食品受理机构收到申请材料后，应当根据下列情况分别作出处理：

——申请事项依法不需要取得注册的，应当即时告知注册申请人不受理；

——申请事项依法不属于国家食品药品监督管理总局职权范围的，应当即时作出不予受理的决定，并告知注册申请人向有关行政机关申请；

——申请材料存在可以当场更正的错误的，应当允许注册申请人当场更正；

——申请材料不齐全或者不符合法定形式的，应当当场或者在5个工作日内一次告知注册申请人需要补正的全部内容，逾期不告知的，自收到申请材料之日起即为受理；

——申请事项属于国家食品药品监督管理总局职权范围，申请材料齐全、符合法定形式，注册申请人按照要求提交全部补正申请材料的，应当受理注册申请。（第十四条）

审评机构应当组织对申请材料中的下列内容进行审评,并根据科学依据的充足程度明确产品保健功能声称的限定用语:

——产品研发报告的完整性、合理性和科学性;

——产品配方的科学性,及产品安全性和保健功能;

——目录外原料及产品的生产工艺合理性、可行性和质量可控性;

——产品技术要求和检验方法的科学性和复现性;

——标签、说明书样稿主要内容以及产品名称的规范性。(第十七条)

审评机构认为需要开展现场核查的,应当及时通知查验机构按照申请材料中的产品研发报告、配方、生产工艺等技术要求进行现场核查,并对下线产品封样送复核检验机构检验。查验机构应当自接到通知之日起 30 个工作日内完成现场核查,并将核查报告送交审评机构。核查报告认为申请材料不真实、无法溯源复现或者存在重大缺陷的,审评机构应当终止审评,提出不予注册的建议。(第二十条)

首次进口的保健食品境外现场核查和复核检验时限,根据境外生产厂商的实际情况确定。(第二十二条)

国家食品药品监督管理总局应当自受理之日起 20 个工作日内对审评程序和结论的合法性、规范性以及完整性进行审查,并作出准予注册或者不予注册的决定。(第二十六条)

保健食品注册人转让技术的,受让方应当在转让方的指导下重新提出产品注册申请,产品技术要求等应当与原申请材料一致。审评机构按照相关规定简化审评程序。符合要求的,国家食品药品监督管理总局应当为受让方核发新的保健食品注册证书,并对转让方保健食品注册予以注销。受让方除提交本办法规定的注册申请材料外,还应当提交经公证的转让合同。(第三十条)

(7) 保健食品注册申请延续与变更材料处理的规定。

已经生产销售的保健食品注册证书有效期届满需要延续的,保健食品注册人应当在有效期届满 6 个月前申请延续。获得注册的保健食品原料已经列入保健食品原料目录,并符合相关技术要求,保健食品注册人申请变更注册,或者期满申请延续注册的,应当按照备案程序办理。(第三十二条)

申请变更国产保健食品注册的,除提交保健食品注册变更申请表(包括申请人对申请材料真实性负责的法律责任承诺书)、注册申请人主体登记证明文件复印件、保健食品注册证书及其附件的复印件外,还应当按照下列情形分别提交材料:

——改变注册人名称、地址的变更申请,还应当提供该注册人名称、地址变更的证明材料;

——改变产品名称的变更申请,还应当提供拟变更后的产品通用名与已经注册的药品名称不重名的检索材料;

——增加保健食品功能项目的变更申请,还应当提供所增加功能项目的功能学试验报告;

——改变产品规格、保质期、生产工艺等涉及产品技术要求的变更申请,还应当提供证明变更后产品的安全性、保健功能和质量可控性与原注册内容实质等同的材料、依据及变更后 3 批样品符合产品技术要求的全项目检验报告;

——改变产品标签、说明书的变更申请,还应当提供拟变更的保健食品标签、说明书样稿。(第三十三条)

申请延续国产保健食品注册的,应当提交下列材料:

——保健食品延续注册申请表,以及申请人对申请材料真实性负责的法律责任承诺书;

——注册申请人主体登记证明文件复印件；

——保健食品注册证书及其附件的复印件；

——经省级食品药品监督管理部门核实的注册证书有效期内保健食品的生产销售情况；

——人群食用情况分析报告、生产质量管理体系运行情况的自查报告以及符合产品技术要求的检验报告。（第三十四条）

申请进口保健食品变更注册或者延续注册的，除分别提交本办法第三十三条、第三十四条规定的材料外，还应当提交本办法第十三条第一款前四项和第二款规定的相关材料。（第三十五条）

申请延续注册的保健食品的安全性、保健功能和质量可控性符合要求的，予以延续注册。申请延续注册的保健食品的安全性、保健功能和质量可控性依据不足或者不再符合要求，在注册证书有效期内未进行生产销售的，以及注册人未在规定时限内提交延续申请的，不予延续注册。（第三十七条）

准予变更注册或者延续注册的，颁发新的保健食品注册证书，同时注销原保健食品注册证书。（第三十九条）

（8）保健食品注册证书管理的规定。

保健食品注册证书应当载明产品名称、注册人名称和地址、注册号、颁发日期及有效期、保健功能、功效成分或者标志性成分及含量、产品规格、保质期、适宜人群、不适宜人群、注意事项。保健食品注册证书附件应当载明产品标签、说明书主要内容和产品技术要求等。产品技术要求应当包括产品名称、配方、生产工艺、感官要求、鉴别、理化指标、微生物指标、功效成分或者标志性成分含量及检测方法、装量或者重量差异指标（净含量及允许负偏差指标）、原辅料质量要求等内容。（第四十一条）

保健食品注册证书有效期为 5 年。变更注册的保健食品注册证书有效期与原保健食品注册证书有效期相同。（第四十二条）

国产保健食品注册号格式为：国食健注 G＋4 位年代号＋4 位顺序号；

进口保健食品注册号格式为：国食健注 J＋4 位年代号＋4 位顺序号。（第四十三条）

（9）保健食品备案管理的规定。

生产和进口下列保健食品应当依法备案：

——使用的原料已经列入保健食品原料目录的保健食品；

——首次进口的属于补充维生素、矿物质等营养物质的保健食品。

首次进口的属于补充维生素、矿物质等营养物质的保健食品，其营养物质应当是列入保健食品原料目录的物质。（第四十五条）

国产保健食品的备案人应当是保健食品生产企业，原注册人可以作为备案人；进口保健食品的备案人，应当是上市保健食品境外生产厂商。（第四十六条）

备案的产品配方、原辅料名称及用量、功效、生产工艺等应当符合法律、法规、规章、强制性标准以及保健食品原料目录技术要求的规定。（第四十七条）

申请保健食品备案，除应当提交本办法第十二条第四至八项规定的材料外，还应当提交下列材料：

——保健食品备案登记表，以及备案人对提交材料真实性负责的法律责任承诺书；

——备案人主体登记证明文件复印件；

——产品技术要求材料；

——具有合法资质的检验机构出具的符合产品技术要求全项目检验报告；

——其他表明产品安全性和保健功能的材料。（第四十八条）

食品药品监督管理部门应当完成备案信息的存档备查工作，并发放备案号。对备案的保健食品，食品药品监督管理部门应当按照相关要求的格式制作备案凭证，并将备案信息表中登载的信息在其网站上公布。

国产保健食品备案号格式为：食健备G+4位年代号+2位省级行政区域代码+6位顺序编号；

进口保健食品备案号格式为：食健备J+4位年代号+00+6位顺序编号。（第五十一条）

已经备案的保健食品，需要变更备案材料的，备案人应当向原备案机关提交变更说明及相关证明文件。备案材料符合要求的，食品药品监督管理部门应当将变更情况登载于变更信息中，将备案材料存档备查。（第五十二条）

保健食品备案信息应当包括产品名称、备案人名称和地址、备案登记号、登记日期以及产品标签、说明书和技术要求。（第五十三条）

(10) 保健食品标签及说明书的规定。

申请保健食品注册或者备案的，产品标签、说明书样稿应当包括产品名称、原料、辅料、功效成分或者标志性成分及含量、适宜人群、不适宜人群、保健功能、食用量及食用方法、规格、贮藏方法、保质期、注意事项等内容及相关制定依据和说明等。（第五十四条）

保健食品的标签、说明书主要内容不得涉及疾病预防、治疗功能，并声明"本品不能代替药物"。（第五十五条）

(11) 保健食品名称的规定。

保健食品的名称由商标名、通用名和属性名组成。

商标名，是指保健食品使用依法注册的商标名称或者符合《中华人民共和国商标法》规定的未注册的商标名称，用以表明其产品是独有的、区别于其他同类产品。

通用名，是指表明产品主要原料等特性的名称。

属性名，是指表明产品剂型或者食品分类属性等的名称。（第五十六条）

保健食品名称不得含有下列内容：

——虚假、夸大或者绝对化的词语；

——明示或者暗示预防、治疗功能的词语；

——庸俗或者带有封建迷信色彩的词语；

——人体组织器官等词语；

——除"®"之外的符号；

——其他误导消费者的词语。

保健食品名称不得含有人名、地名、汉语拼音、字母及数字等，但注册商标作为商标名、通用名中含有符合国家规定的含字母及数字的原料名除外。（第五十七条）

通用名不得含有下列内容：

——已经注册的药品通用名，但以原料名称命名或者保健食品注册批准在先的除外；

——保健功能名称或者与表述产品保健功能相关的文字；

——易产生误导的原料简写名称；

——营养素补充剂产品配方中部分维生素或者矿物质；

——法律、法规规定禁止使用的其他词语。（第五十八条）

备案保健食品通用名应当以规范的原料名称命名。（第五十九条）

同一企业不得使用同一配方注册或者备案不同名称的保健食品；不得使用同一名称注册或者备案不同配方的保健食品。（第六十条）

(12) 保健食品监督管理的规定。

承担保健食品审评、核查、检验的机构和人员应当对出具的审评意见、核查报告、检验报告负责。保健食品审评、核查、检验机构和人员应当依照有关法律、法规、规章的规定,恪守职业道德,按照食品安全标准、技术规范等对保健食品进行审评、核查和检验,保证相关工作科学、客观和公正。(第六十二条)

参与保健食品注册与备案管理工作的单位和个人,应当保守在注册或者备案中获知的商业秘密。属于商业秘密的,注册申请人和备案人在申请注册或者备案时应当在提交的资料中明确相关内容和依据。(第六十三条)

食品药品监督管理部门接到有关单位或者个人举报的保健食品注册受理、审评、核查、检验、审批等工作中的违法违规行为后,应当及时核实处理。(第六十四条)

除涉及国家秘密、商业秘密外,食品药品监督管理部门应当自完成注册或者备案工作之日起 20 个工作日内根据相关职责在网站公布已经注册或者备案的保健食品目录及相关信息。(第六十五条)

有下列情形之一的,国家食品药品监督管理总局根据利害关系人的请求或者依据职权,可以撤销保健食品注册证书:

——行政机关工作人员滥用职权、玩忽职守作出准予注册决定的;

——超越法定职权或者违反法定程序作出准予注册决定的;

——对不具备申请资格或者不符合法定条件的注册申请人准予注册的;

——依法可以撤销保健食品注册证书的其他情形。

注册人以欺骗、贿赂等不正当手段取得保健食品注册的,国家食品药品监督管理总局应当予以撤销。(第六十六条)

有下列情形之一的,国家食品药品监督管理总局应当依法办理保健食品注册注销手续:

——保健食品注册有效期届满,注册人未申请延续或者国家食品药品监管总局不予延续的;

——保健食品注册人申请注销的;

——保健食品注册人依法终止的;

——保健食品注册依法被撤销,或者保健食品注册证书依法被吊销的;

——根据科学研究的发展,有证据表明保健食品可能存在安全隐患,依法被撤回的;

——法律、法规规定的应当注销保健食品注册的其他情形。(第六十七条)

有下列情形之一的,食品药品监督管理部门取消保健食品备案:

——备案材料虚假的;

——备案产品生产工艺、产品配方等存在安全性问题的;

——保健食品生产企业的生产许可被依法吊销、注销的;

——备案人申请取消备案的;

——依法应当取消备案的其他情形。(第六十八条)

(13) 法律责任的规定。

保健食品注册与备案违法行为,食品安全法等法律法规已有规定的,依照其规定。(第六十九条)

注册申请人隐瞒真实情况或者提供虚假材料申请注册的,国家食品药品监督管理总局不予受理或者不予注册,并给予警告;申请人在 1 年内不得再次申请注册该保健食品;构成犯罪的,依法追究刑事责任。(第七十条)

注册申请人以欺骗、贿赂等不正当手段取得保健食品注册证书的,由国家食品药品监督管理总局撤销保健食品注册证书,并处1万元以上3万元以下罚款。被许可人在3年内不得再次申请注册;构成犯罪的,依法追究刑事责任。(第七十一条)

有下列情形之一的:

——擅自转让保健食品注册证书的;

——伪造、涂改、倒卖、出租、出借保健食品注册证书的。

由县级以上人民政府食品药品监督管理部门处以1万元以上3万元以下罚款;构成犯罪的,依法追究刑事责任。(第七十二条)

食品药品监督管理部门及其工作人员对不符合条件的申请人准予注册,或者超越法定职权准予注册的,依照食品安全法第一百四十四条的规定予以处理。食品药品监督管理部门及其工作人员在注册审评过程中滥用职权、玩忽职守、徇私舞弊的,依照食品安全法第一百四十五条的规定予以处理。(第七十三条)

3.3.2 保健食品注册功能

保健食品可以分成两个大类:一类是具有特定保健功能的食品;一类是以补充维生素、矿物质为目的的食品(通称"营养素补充剂")。

一般申请注册的保健食品的功能应在公布的27种功能范围内,保健食品注册功能见表3-1。

表3-1 保健食品注册功能

1. 增强免疫力功能⊙	15. 抗氧化功能★
2. 改善睡眠功能⊙	16. 辅助改善记忆功能★
3. 对化学性肝损伤有辅助保护功能⊙	17. 促进排铅功能★
4. 增加骨密度功能⊙	18. 清咽功能★
5. 提高缺氧耐受力功能⊙	19. 辅助降血压功能★
6. 对辐射危害有辅助保护功能⊙	20. 促进泌乳功能★
7. 缓解体力疲劳功能⊙◇	21. 减肥功能★◇
8. 缓解视疲劳功能☆	22. 改善生长发育功能★◇
9. 祛痤疮功能☆	23. 改善营养性贫血功能★
10. 祛黄褐斑功能☆	24. 调节肠道菌群功能★
11. 改善皮肤水分功能☆	25. 促进消化功能★
12. 改善皮肤油分功能☆	26. 通便功能★
13. 辅助降血脂功能★	27. 对胃黏膜损伤有辅助保护功能★
14. 辅助降血糖功能★	

注:标有★的15个功能,既需要进行动物功能试验又需要进行人体功能试验。

标有☆的5个功能,只需进行人体功能试验,无须进行动物功能试验。

标有⊙的7个功能,只需进行动物试验,不必进行人体试食试验的保健功能。

标有◇的3个功能需做兴奋剂检测。

不在公布范围内的功能也允许申请注册,但申请人必须自行进行动物试验和人体试食试验,并向认定的检验机构提供功能研发报告。待检验机构对其功能学检验与评价方法及其试验结果进行验证,并出具验证报告后,方可向食品药品监督管理部门提交注册申请。

3.3.3 保健食品注册检验机构

2013年8月国家食品药品监督管理总局授权的保健食品注册检验机构共有22家。保健食品注册检验机构及检验项目范围见表 3-2。其他机构的检验检测结果不能作为保健食品注册的依据。

表 3-2　保健食品注册检验机构及检验项目范围

编号	检验机构名称	注册检验项目范围
011	国家食品安全风险评估中心	安全性毒理学试验、功能学动物试验（1. 增强免疫力功能；2. 辅助降血脂功能；3. 辅助降血糖功能；4. 抗氧化功能；5. 辅助改善记忆功能；6. 促进排铅功能；7. 清咽功能；8. 辅助降血压功能；9. 改善睡眠功能；10. 促进泌乳功能；11. 缓解体力疲劳功能；12. 提高缺氧耐受力功能；13. 对辐射危害有辅助保护功能；14. 减肥功能；15. 改善生长发育功能；16. 增加骨密度功能；17. 改善营养性贫血功能；18. 对化学性肝损伤有辅助保护功能；19. 调节肠道菌群功能；20. 促进消化功能；21. 通便功能；22. 对胃黏膜损伤有辅助保护功能）、功效成分或标志性成分检测、卫生学试验、稳定性试验、复核检验
012	中国检验检疫科学研究院综合检测中心	安全性毒理学试验、功能学动物试验（1. 增强免疫力功能；2. 辅助降血脂功能；3. 缓解体力疲劳功能；4. 调节肠道菌群功能；5. 通便功能）、功效成分或标志性成分检测、卫生学试验、稳定性试验
013	总后勤部卫生部药品仪器检验所	安全性毒理学试验、功能学动物试验（1. 清咽功能；2. 改善睡眠功能；3. 缓解体力疲劳功能；4. 提高缺氧耐受力功能；5. 通便功能）、功效成分或标志性成分检测、卫生学试验、稳定性试验
014	天津市疾病预防控制中心	安全性毒理学试验、功能学动物试验（1. 增强免疫力功能；2. 辅助降血脂功能；3. 辅助降血糖功能；4. 抗氧化功能；5. 辅助改善记忆功能；6. 清咽功能；7. 辅助降血压功能；8. 改善睡眠功能；9. 缓解体力疲劳功能；10. 提高缺氧耐受力功能；11. 对辐射危害有辅助保护功能；12. 减肥功能；13. 改善生长发育功能；14. 增加骨密度功能；15. 改善营养性贫血功能；16. 对化学性肝损伤有辅助保护功能；17. 调节肠道菌群功能；18. 促进消化功能；19. 通便功能；20. 对胃黏膜损伤有辅助保护功能）、功效成分或标志性成分检测、卫生学试验、稳定性试验、复核检验
015	辽宁省食品药品检验所	安全性毒理学试验、功能学动物试验（1. 辅助降血脂功能；2. 辅助降血糖功能；3. 辅助改善记忆功能；4. 清咽功能；5. 改善睡眠功能；6. 缓解体力疲劳功能；7. 提高缺氧耐受力功能；8. 减肥功能；9. 对化学性肝损伤有辅助保护功能；10. 促进消化功能；11. 通便功能；12. 对胃黏膜损伤有辅助保护功能）、功效成分或标志性成分检测、卫生学试验、稳定性试验、复核检验
016	辽宁省疾病预防控制中心	安全性毒理学试验、功能学动物试验（1. 增强免疫力功能；2. 辅助降血脂功能；3. 辅助降血糖功能；4. 抗氧化功能；5. 清咽功能；6. 辅助降血压功能；7. 改善睡眠功能；8. 缓解体力疲劳功能；9. 提高缺氧耐受力功能；10. 对辐射危害有辅助保护功能；11. 减肥功能；12. 改善生长发育功能；13. 改善营养性贫血功能；14. 对化学性肝损伤有辅助保护功能；15. 促进消化功能；16. 通便功能；17. 对胃黏膜损伤有辅助保护功能）、功效成分或标志性成分检测、卫生学试验、稳定性试验、复核检验
017	上海市食品药品检验所	安全性毒理学试验、功能学动物试验（1. 增强免疫力功能；2. 辅助降血脂功能；3. 清咽功能；4. 改善睡眠功能；5. 提高缺氧耐受力功能；6. 改善生长发育功能；7. 对化学性肝损伤有辅助保护功能；8. 对胃黏膜损伤有辅助保护功能）、功效成分或标志性成分检测、卫生学试验、稳定性试验、复核检验

(续)

编号	检验机构名称	注册检验项目范围
018	上海市疾病预防控制中心	安全性毒理学试验、功能学动物试验（1. 增强免疫力功能；2. 辅助降血脂功能；3. 辅助降血糖功能；4. 抗氧化功能；5. 辅助改善记忆功能；6. 促进排铅功能；7. 清咽功能；8. 辅助降血压功能；9. 改善睡眠功能；10. 促进泌乳功能；11. 缓解体力疲劳功能；12. 提高缺氧耐受力功能；13. 对辐射危害有辅助保护功能；14. 减肥功能；15. 改善生长发育功能；16. 增加骨密度功能；17. 改善营养性贫血功能；18. 对化学性肝损伤有辅助保护功能；19. 调节肠道菌群功能；20. 促进消化功能；21. 通便功能；22. 对胃黏膜损伤有辅助保护功能）、功效成分或标志性成分检测、卫生学试验、稳定性试验、复核检验
019	江苏省食品药品检验所	安全性毒理学试验、功能学动物试验（1. 辅助降血脂功能；2. 辅助降血糖功能；3. 清咽功能；4. 改善睡眠功能；5. 缓解体力疲劳功能；6. 提高缺氧耐受力功能；7. 促进消化功能；8. 通便功能；9. 对胃黏膜损伤有辅助保护功能）、功效成分或标志性成分检测、卫生学试验、稳定性试验、复核检验
020	江苏省疾病预防控制中心	安全性毒理学试验、功能学动物试验（1. 增强免疫力功能；2. 辅助降血脂功能；3. 辅助降血糖功能；4. 抗氧化功能；5. 改善睡眠功能；6. 缓解体力疲劳功能；7. 提高缺氧耐受力功能；8. 对辐射危害有辅助保护功能；9. 对化学性肝损伤有辅助保护功能；10. 通便功能）、功效成分或标志性成分检测、卫生学试验、稳定性试验、复核检验
021	安徽省食品药品检验所	安全性毒理学试验、功能学动物试验（1. 辅助降血糖功能；2. 辅助降血压功能；3. 改善睡眠功能；4. 提高缺氧耐受力功能；5. 减肥功能；6. 改善生长发育功能；7. 通便功能）、功效成分或标志性成分检测、卫生学试验、稳定性试验、复核检验
022	福建省疾病预防控制中心	安全性毒理学试验、功能学动物试验（1. 增强免疫力功能；2. 辅助降血脂功能；3. 辅助降血糖功能；4. 抗氧化功能；5. 辅助改善记忆功能；6. 促进排铅功能；7. 清咽功能；8. 改善睡眠功能；9. 促进泌乳功能；10. 缓解体力疲劳功能；11. 提高缺氧耐受力功能；12. 对辐射危害有辅助保护功能；13. 减肥功能；14. 改善营养性贫血功能；15. 对化学性肝损伤有辅助保护功能；16. 调节肠道菌群功能；17. 促进消化功能；18. 通便功能；19. 对胃黏膜损伤有辅助保护功能）、功效成分或标志性成分检测、卫生学试验、稳定性试验、复核检验
023	江西省食品药品检验所	安全性毒理学试验、功能学动物试验（1. 增强免疫力功能；2. 辅助降血脂功能；3. 辅助降血糖功能；4. 抗氧化功能；5. 促进排铅功能；6. 提高缺氧耐受力功能；7. 减肥功能；8. 对化学性肝损伤有辅助保护功能）、功效成分或标志性成分检测、卫生学试验、稳定性试验、复核检验
024	江西省疾病预防控制中心	安全性毒理学试验、功能学动物试验（1. 增强免疫力功能；2. 辅助降血脂功能；3. 辅助降血糖功能；4. 抗氧化功能；5. 清咽功能；6. 改善睡眠功能；7. 缓解体力疲劳功能；8. 通便功能）、功效成分或标志性成分检测、卫生学试验、稳定性试验、复核检验
025	河南省食品药品检验所	安全性毒理学试验、功能学动物试验（1. 辅助降血糖功能；2. 促进排铅功能；3. 清咽功能；4. 改善睡眠功能；5. 提高缺氧耐受力功能；6. 促进消化功能；7. 通便功能；8. 对胃黏膜损伤有辅助保护功能）、功效成分或标志性成分检测、卫生学试验、稳定性试验、复核检验

(续)

编号	检验机构名称	注册检验项目范围
026	湖北省食品药品监督检验研究院	安全性毒理学试验、功能学动物试验（1. 增强免疫力功能；2. 辅助降血脂功能；3. 辅助降血糖功能；4. 抗氧化功能；5. 辅助改善记忆功能；6. 清咽功能；7. 改善睡眠功能；8. 缓解体力疲劳功能；9. 对化学性肝损伤有辅助保护功能；10. 通便功能）、功效成分或标志性成分检测、卫生学试验、稳定性试验、复核检验
027	湖北省疾病预防控制中心	安全性毒理学试验、功能学动物试验（1. 增强免疫力功能；2. 辅助降血脂功能；3. 辅助降血糖功能；4. 抗氧化功能；5. 辅助改善记忆功能；6. 改善睡眠功能；7. 缓解体力疲劳功能；8. 提高缺氧耐受力功能；9. 对辐射危害有辅助保护功能；10. 减肥功能；11. 改善生长发育功能；12. 对化学性肝损伤有辅助保护功能；13. 促进消化功能；14. 通便功能；15. 对胃黏膜损伤有辅助保护功能）、功效成分或标志性成分检测、卫生学试验、稳定性试验、复核检验
028	湖南省食品药品检验研究院	安全性毒理学试验、功能学动物试验（1. 清咽功能；2. 改善睡眠功能；3. 提高缺氧耐受力功能；4. 促进消化功能；5. 通便功能）、功效成分或标志性成分检测、卫生学试验、稳定性试验
029	湖南省疾病预防控制中心	安全性毒理学试验、功能学动物试验（1. 增强免疫力功能；2. 辅助降血脂功能；3. 辅助降血糖功能；4. 抗氧化功能；5. 辅助改善记忆功能；6. 促进排铅功能；7. 清咽功能；8. 辅助降血压功能；9. 改善睡眠功能；10. 缓解体力疲劳功能；11. 提高缺氧耐受力功能；12. 对辐射危害有辅助保护功能；13. 减肥功能；14. 改善生长发育功能；15. 增加骨密度功能；16. 改善营养性贫血功能；17. 对化学性肝损伤有辅助保护功能；18. 调节肠道菌群功能；19. 促进消化功能；20. 通便功能；21. 对胃黏膜损伤有辅助保护功能）、功效成分或标志性成分检测、卫生学试验、稳定性试验、复核检验
030	湖南省职业病防治院	安全性毒理学试验、功能学动物试验（1. 增强免疫力功能；2. 辅助降血脂功能；3. 辅助降血糖功能；4. 促进排铅功能；5. 改善睡眠功能；6. 减肥功能；7. 对化学性肝损伤有辅助保护功能）、功效成分或标志性成分检测、卫生学试验、稳定性试验
031	四川省食品药品检验所	安全性毒理学试验、功能学动物试验（1. 增强免疫力功能；2. 辅助降血脂功能；3. 辅助降血糖功能；4. 抗氧化功能；5. 辅助改善记忆功能；6. 清咽功能；7. 改善睡眠功能；8. 缓解体力疲劳功能；9. 提高缺氧耐受力功能；10. 改善生长发育功能；11. 对化学性肝损伤有辅助保护功能；12. 促进消化功能；13. 通便功能）、功效成分或标志性成分检测、卫生学试验、稳定性试验、复核检验
032	四川省疾病预防控制中心	安全性毒理学试验、功能学动物试验（1. 增强免疫力功能；2. 辅助降血脂功能；3. 抗氧化功能；4. 改善睡眠功能；5. 缓解体力疲劳功能；6. 提高缺氧耐受力功能；7. 减肥功能；8. 改善生长发育功能；9. 改善营养性贫血功能；10. 对化学性肝损伤有辅助保护功能；11. 促进消化功能；12. 通便功能；13. 对胃黏膜损伤有辅助保护功能）、功效成分或标志性成分检测、卫生学试验、稳定性试验

3.3.4 保健食品原料与辅料的管理

保健食品的原料是指与保健食品功能相关的初始物料。保健食品的辅料是指生产保健食品时所用的赋形剂及其他附加物料。保健食品所使用的原料和辅料应当符合国家标准和卫生要求。无国家标准的，应当提供行业标准或者自行制定的质量标准。国家市场监督管理总局和国家有关部门规定的不可用于保健食品的原料和辅料,禁止使用的物品不得作为保健食品的原料和辅料。

国家公布的可作为保健食品的原料包括:

① 普通食品的原料。普通食品的原料食用安全,可以作为保健食品的原料。

② 既是食品又是中药材的物质。共110个。主要是中国传统上有食用习惯、民间广泛食用,但又在中医临床中使用的物品。具体名单如下:丁香、八角茴香、刀豆、小茴香、小蓟、山药、山楂、马齿苋、乌梢蛇、乌梅、木瓜、火麻仁、代代花、玉竹、甘草、白芷、白果、白扁豆、白扁豆花、龙眼肉(桂圆)、决明子、百合、肉豆蔻、肉桂、余甘子、佛手、杏仁(甜、苦)、沙棘、牡蛎、芡实、花椒、赤小豆、阿胶、鸡内金、麦芽、昆布、枣(大枣、酸枣、黑枣)、罗汉果、郁李仁、金银花、青果、鱼腥草、姜(生姜、干姜)、枳椇子、枸杞子、栀子、砂仁、胖大海、茯苓、香橼、香薷、桃仁、桑叶、桑椹、橘红、桔梗、益智仁、荷叶、莱菔子、莲子、高良姜、淡竹叶、淡豆豉、菊花、菊苣、黄芥子、黄精、紫苏、紫苏籽、葛根、黑芝麻、黑胡椒、槐米/槐花、蒲公英、蜂蜜、榧子、酸枣仁、鲜白茅根、鲜芦根、蝮蛇、橘皮、薄荷、薏苡仁、薤白、覆盆子、藿香、人参、山银花、芫荽、玫瑰花、松花粉、粉葛、布渣叶、夏枯草、当归、山柰、西红花、草果、姜黄、荜茇、党参、肉苁蓉、铁皮石斛、西洋参、黄芪、灵芝、天麻、山茱萸、杜仲叶(有关具体用途按照批准文件规定执行)。

③ 可用于保健食品的物品。共114个。这些品种经批准可以在保健食品中使用,但不能在普通食品中使用。具体名单如下:人参、人参叶、人参果、三七、土茯苓、大蓟、女贞子、山茱萸、川牛膝、川贝母、川芎、马鹿胎、马鹿茸、马鹿骨、丹参、五加皮、五味子、升麻、天门冬、天麻、太子参、巴戟天、木香、木贼、牛蒡子、牛蒡根、车前子、车前草、北沙参、平贝母、玄参、生地黄、生何首乌、白及、白术、白芍、白豆蔻、石决明、石斛(需提供可使用证明)、地骨皮、当归、竹茹、红花、红景天、西洋参、吴茱萸、怀牛膝、杜仲、杜仲叶、沙苑子、牡丹皮、芦荟、苍术、补骨脂、诃子、赤芍、远志、麦门冬、龟甲、佩兰、侧柏叶、制大黄、制何首乌、刺五加、刺玫果、泽兰、泽泻、玫瑰花、玫瑰茄、知母、罗布麻、苦丁茶、金荞麦、金樱子、青皮、厚朴、厚朴花、姜黄、枳壳、枳实、柏子仁、珍珠、绞股蓝、胡卢巴、茜草、荜茇、韭菜子、首乌藤、香附、骨碎补、党参、桑白皮、桑枝、浙贝母、益母草、积雪草、淫羊藿、菟丝子、野菊花、银杏叶、黄芪、湖北贝母、番泻叶、蛤蚧、越橘、槐实、蒲黄、蒺藜、蜂胶、酸角、墨旱莲、熟大黄、熟地黄、鳖甲。

④ 列入 GB 2760《食品添加剂使用标准》和 GB 14880《营养强化剂使用标准》的食品添加剂和营养强化剂。

⑤ 可用于保健食品的真菌和益生菌菌种。

可用于保健食品的真菌(11种):酿酒酵母;产朊假丝酵母;乳酸克鲁维酵母;卡氏酵母;蝙蝠蛾拟青霉;蝙蝠蛾被毛孢;灵芝;紫芝;松杉灵芝;红曲霉;紫红曲霉。

可用于保健食品的益生菌(11种):两歧双歧杆菌;婴儿两歧双歧杆菌;长两歧双歧杆菌;短两歧双歧杆菌;青春两歧双歧杆菌;保加利亚乳杆菌;嗜酸乳杆菌;嗜热链球菌;干酪乳杆菌干酪亚种;罗伊氏乳杆菌。

⑥ 一些列入药典的辅料。如赋形剂、填充剂。

不在上述范围内的品种也可作为保健食品的原料,但是须按照有关规定提供该原料相应的安全性毒理学评价试验报告及相关的食用安全资料。

保健食品禁用物品共有59个,主要包括两个方面:一是国家保护一、二级野生动植物及其产品;人工驯养繁殖或人工栽培的国家保护一级野生动植物及其产品;二是肌酸、熊胆粉、金属硫蛋白等。具体名单如下：八角莲、八里麻、千金子、土青木香、山莨菪、川乌、广防己、马桑叶、马钱子、六角莲、天仙子、巴豆、水银、长春花、甘遂、生天南星、生半夏、生白附子、生狼毒、白降丹、石蒜、关木通、农吉痢、夹竹桃、朱砂、米壳（罂粟壳）、红升丹、红豆杉、红茴香、红粉、羊角拗、羊踯躅、丽江山慈姑、京大戟、昆明山海棠、河豚、闹羊花、青娘虫、鱼藤、洋地黄、洋金花、牵牛子、砒石（白砒、红砒、砒霜）、草乌、香加皮（杠柳皮）、骆驼蓬、鬼臼、莽草、铁棒槌、铃兰、雪上一枝蒿、黄花夹竹桃、斑蝥、硫黄、雄黄、雷公藤、颠茄、藜芦、蟾酥。

3.4 新食品原料安全管理

为规范新食品原料安全性评估材料审查工作，国家卫生与计划生育委员会（以下简称国家卫生计生委）于2013年5月1日发布《新食品原料安全性审查管理办法》，2017年进行修订，修订后的管理办法自2017年12月26日起施行。本办法所称的新食品原料不包括转基因食品、保健食品、食品添加剂新品种。转基因食品、保健食品、食品添加剂新品种的管理依照国家有关法律法规执行。

新食品原料安全性审查管理办法

3.4.1 新食品原料相关概念

（1）新食品原料。 新食品原料是指在我国无传统食用习惯的以下物品：

——动物、植物和微生物；

——从动物、植物和微生物中分离的成分；

——原有结构发生改变的食品成分；

——其他新研制的食品原料。（第二条）

（2）实质等同。 实质等同是指如某个新申报的食品原料与食品或者已公布的新食品原料在种属、来源、生物学特征、主要成分、食用部位、使用量、使用范围和应用人群等方面相同，所采用工艺和质量要求基本一致，可以视为它们是同等安全的，具有实质等同性。（第二十三条）

3.4.2 新食品原料的安全性要求

新食品原料应当具有食品原料的特性，符合应当有的营养要求，且无毒、无害，对人体健康不造成任何急性、亚急性、慢性或者其他潜在性危害。（第三条）

3.4.3 新食品原料的管理规定

新食品原料应当经过国家卫生计生委安全性审查后，方可用于食品生产经营。（第四条）

国家卫生计生委负责新食品原料安全性评估材料的审查和许可工作。国家卫生计生委新食品原料技术审评机构（以下简称审评机构）负责新食品原料安全性技术审查，提出综合审查结论及建议。（第五条）

3.4.4 新食品原料的申请规定

（1）国产新食品原料申请。 拟从事新食品原料生产、使用或者进口的单位或者个人（以下简称申请人），应当提出申请并提交以下材料：

——申请表；

——新食品原料研制报告；

——安全性评估报告；
——生产工艺；
——执行的相关标准（包括安全要求、质量规格、检验方法等）；
——标签及说明书；
——国内外研究利用情况和相关安全性评估资料；
——有助于评审的其他资料。
另附未启封的产品样品 1 件或者原料 30 克。（第六条）

（2）进口新食品原料申请。 申请进口新食品原料的，除提交第六条规定的材料外，还应当提交以下材料：

——出口国（地区）相关部门或者机构出具的允许该产品在本国（地区）生产或者销售的证明材料；
——生产企业所在国（地区）有关机构或者组织出具的对生产企业审查或者认证的证明材料。（第七条）

申请人应当如实提交有关材料，反映真实情况，对申请材料内容的真实性负责，并承担法律责任。（第八条）

申请人在提交本办法第六条第一款第二项至第六项材料时，应当注明其中不涉及商业秘密，可以向社会公开的内容。（第九条）

3.4.5 新食品原料的受理与审查许可公告管理规定

国家卫生计生委受理新食品原料申请后，向社会公开征求意见。（第十条）

国家卫生计生委自受理新食品原料申请之日起 60 日内，应当组织专家对新食品原料安全性评估材料进行审查，作出审查结论。（第十一条）

审查过程中需要补充资料的，应当及时书面告知申请人，申请人应当按照要求及时补充有关资料。根据审查工作需要，可以要求申请人现场解答有关技术问题，申请人应当予以配合。（第十二条）

审查过程中需要对生产工艺进行现场核查的，可以组织专家对新食品原料研制及生产现场进行核查，并出具现场核查意见，专家对出具的现场核查意见承担责任。省级卫生监督机构应当予以配合。参加现场核查的专家不参与该产品安全性评估材料的审查表决。（第十三条）

新食品原料安全性评估材料审查和许可的具体程序按照《行政许可法》《卫生行政许可管理办法》等有关法律法规规定执行。（第十四条）

审评机构提出的综合审查结论，应当包括安全性审查结果和社会稳定风险评估结果。（第十五条）

国家卫生计生委根据新食品原料的安全性审查结论，对符合食品安全要求的，准予许可并予以公告；对不符合食品安全要求的，不予许可并书面说明理由。对与食品或者已公告的新食品原料具有实质等同性的，应当作出终止审查的决定，并书面告知申请人。（第十六条）

根据新食品原料的不同特点，公告可以包括以下内容：
——名称；
——来源；
——生产工艺；
——主要成分；
——质量规格要求；

——标签标识要求；

——其他需要公告的内容。（第十七条）

3.4.6 新食品原料的重新审查和标识管理规定

有下列情形之一的，国家卫生计生委应当及时组织对已公布的新食品原料进行重新审查：

——随着科学技术的发展，对新食品原料的安全性产生质疑的；

——有证据表明新食品原料的安全性可能存在问题的；

——其他需要重新审查的情形。

对重新审查不符合食品安全要求的新食品原料，国家卫生计生委可以撤销许可。（第十八条）

食品中含有新食品原料的，其产品标签标识应当符合国家法律、法规、食品安全标准和国家卫生计生委公告要求。（第二十条）

3.4.7 新食品原料的法律责任

违反本办法规定，生产或者使用未经安全性评估的新食品原料的，按照《食品安全法》的有关规定处理。（第二十一条）

申请人隐瞒有关情况或者提供虚假材料申请新食品原料许可的，国家卫生计生委不予受理或者不予许可，并给予警告，且申请人在一年内不得再次申请该新食品原料许可。以欺骗、贿赂等不正当手段通过新食品原料安全性审查并取得许可的，国家卫生计生委应当撤销许可，且申请人在三年内不得再次申请新食品原料许可。（第二十二条）

3.5 食品添加剂新品种安全管理

2010年3月，《食品添加剂新品种管理办法》发布实施。这是继2009年6月1日《食品安全法》发布实施后，首次颁布的专门针对食品添加剂新品种的管理规定。

按照规定，国家卫生行政管理部门负责食品添加剂新品种的行政许可和安全标准工作，对于食品添加剂的生产、流通和使用则由市场监督管理部门管理。

食品添加剂新品种管理办法

3.5.1 食品添加剂新品种的概念

食品添加剂新品种，是指未列入食品安全国家标准、未列入国务院卫生行政部门公告允许使用的以及需要扩大使用范围或者用量的食品添加剂品种，经申请、国务院卫生行政主管部门组织评估并批准后，允许作为食品添加剂使用的物质。与《食品添加剂卫生管理办法》相比，新办法将扩大使用范围或者用量的食品添加剂也纳入新品种的行政许可范畴之内，按照相同的程序进行行政许可。所有属于上述范畴的食品添加剂，申请人都需要按照本办法的规定进行申请。

3.5.2 食品添加剂新品种的基本要求

目前，我国食品添加剂共分为酸度调节剂、防腐剂、抗氧化剂、着色剂、酶制剂等22大类。所有允许使用的添加剂必须符合两个基本要求，即产品安全性和在技术上确有必要使用（工艺必要性）。《食品添加剂新品种管理办法》规定，食品添加剂应当在技术上确有必要且经过风险评估证明安全可靠。这是申请作为食品添加剂新品种必须具备的最基本的要求。

从产品安全性角度来说，对于某一具体食品添加剂而言，申请作为食品添加剂新品种，首先需要根据毒理学和相关安全性评价结果计算该添加剂的每日允许摄入量（即消费者终生每天低于该量摄入食品添加剂不会给消费者带来健康损害的量），然后根据该食品添加剂使用的食品类别的每天消费量和在这些食品类别中该食品添加剂的使用量评估该食品添加剂每天可能的摄入量，再对二者进行比较，要求可能的摄入量要低于每日允许摄入量，以保证消费者的健康。

从工艺必要性角度来说，就是申请作为食品添加剂新品种的物质都需要在食品中或者食品的生产加工过程中发挥一定的功能作用，不能发挥作用或者在工艺上没有必要添加的物质，其安全性再高，也没有必要批准作为食品添加剂。比如在我国使用了近 25 年的面粉增白剂（过氧化苯甲酰），按照批准的使用限量和使用范围，不会对人体产生危害，并且大多数国家均允许使用，使用量还高于我国现行的允许使用量。但 2011 年卫生部作出撤销在面粉中使用增白剂的决定，就是因为面粉生产工艺中已不再需要过氧化苯甲酰，也就是说，技术上已经没有必要性。

当科学研究结果或者有证据表明已批准的食品添加剂安全性可能存在问题，或者不再具备技术上必要性时，国务院卫生行政部门应当及时组织对食品添加剂进行重新评估。对重新审查认为不符合食品安全要求的，国务院卫生行政部门可以公告撤销已批准的食品添加剂品种或者修订其使用范围和用量。也就是说，我国建立的是食品添加剂重新评估机制，因为对食品添加剂的安全性和技术必要性的评价都是基于目前已有的评价资料和技术水平。随着科学水平的不断进步，对于同一事物可能会有新的认识和发现，这就需要不断追踪和研究这些新的进展，及时对已批准的食品添加剂进行重新评估。例如，溴酸钾是以前我国批准使用的面粉处理剂。在批准使用这种物质作为食品添加剂时，基于当时的评价结果认为是安全的。但是随着研究的深入，获得了该物质的最新安全性评价结果，认为其不再适合作为食品添加剂，于是 2005 年卫生部发布公告将其从添加剂名单中取消了。

在《食品添加剂新品种管理办法》中重申了对食品添加剂的要求。食品添加剂新品种的管理除了特定的规章制度外，同时也要遵守食品添加剂的一般要求。这些要求包括：（a）不应当掩盖食品腐败变质；（b）不应当掩盖食品本身或者加工过程中的质量缺陷；（c）不以掺杂、掺假、伪造为目的而使用食品添加剂；（d）不应当降低食品本身的营养价值；（e）在达到预期的效果下尽可能降低在食品中的用量；（f）食品工业用加工助剂应当在制成最后成品之前去除，有规定允许残留量的除外。

以上 6 个要求出自 GB 2760—2014《食品安全国家标准 食品添加剂使用标准》，这些原则同每个食品添加剂的具体使用规定一样，都是必须执行的。这些要求中既有关于对以非法目的使用食品添加剂的禁止性条款，也有关于所有食品添加剂使用过程中的普遍要求性条款。前者如禁止以掺杂、掺假、伪造为目的使用食品添加剂。在现实食品生产过程中，确实有一些违法生产者打着使用食品添加剂的旗号在进行造假等非法行为，例如，在普通大米中加入香精生产"香米"的案例，就是以掺假、伪造为目的使用食品添加剂，虽然我国的法规标准中没有明确规定香精的具体使用范围，但这些都是违反食品添加剂使用原则的，是法律法规所不允许的。后者如在达到预期目的的效果下应尽可能降低在食品中的用量。这里面包含了食品添加剂使用方面我们提到的一个原则，即在达到工艺目的的条件下，对于食品添加剂坚持"能不用就不用，能少用就少用"的原则。

3.5.3 食品添加剂新品种的许可管理

食品添加剂新品种许可制度是指对食品添加剂新品种的生产、经营、使用以及进口等方面实施以技术必要性论证和食品安全风险评估为主要内容的行政管理方式。根据《食品安全法》及《食品添加剂新品种管理办法》中的规定，国务院卫生行政部门负责食品添加剂新品种的审查许可工作，组织制定食品添加剂新品种技术评价和审查规范。

3.5.3.1 食品添加剂新品种许可申请

申请食品添加剂新品种生产、经营、使用或者进口的单位或者个人（申请人），应当提出食品添加剂新品种许可申请，提供关于这种物质的基本物理、化学特性和生产技术等证明该物质技术上确有必要性，且具有安全性文件资料。申请资料应包括：

① 食品添加剂的通用名称、功能分类、用量和使用范围。
② 证明技术上确有必要和使用效果的资料或者文件。
③ 食品添加剂的质量规格要求、生产工艺和检验方法，食品中该添加剂的检验方法或者相关情况说明。

其中，质量规格材料包括：食品添加剂产品标准的文本（包括鉴别、主要技术指标要求及相应的检验方法）；编制说明；与国际组织和其他国家（地区）相关标准的比较；检验方法的验证情况。

④ 关于安全性评估材料，包括生产原料或者来源、化学结构和物理特性、生产工艺、毒理学安全性评价资料或者检验报告、质量规格检验报告。
⑤ 标签、说明书和食品添加剂产品样品。
⑥ 其他国家（地区）、国际组织允许生产和使用等有助于安全性评估的资料。
⑦ 申请首次进口食品添加剂新品种的，申请人还应当提交出口国（地区）相关部门或者机构出具的允许该添加剂在本国（地区）生产或者销售的证明材料和生产企业所在国（地区）有关机构或者组织出具的对生产企业审查或者认证的证明材料。

申请食品添加剂新品种受理后，国家卫生健康委员会将通过其网站（www.nhc.gov.cn）、食品安全综合信息网（www.nfsiw.gov.cn）和食品安全国家标准网（www.chinafoodsafety.net）等公布相关信息，公开征求社会各界、各有关部门和相关行业组织意见。

3.5.3.2 食品添加剂新品种许可审批

依据《食品添加剂新品种管理办法》等有关文件，国家卫生健康委员会应当在新品种申请受理后60 d内组织医学、农业、食品、营养、工艺等方面的专家，对申请人提供的食品添加剂新品种技术上确有必要性和安全性评估资料进行技术审查，并做出技术评审结论。在技术审查过程中，必要时，国家卫生健康委员会可以组织专家对食品添加剂新品种研制及生产现场进行核实、评价。具体来说，由承担食品添加剂新品种安全性评审的机构挑选2~3名专家，对食品添加剂新品种研制及生产现场进行现场核实、评价。评价的内容包括：（a）研制单位的基本情况；（b）生产所用的原料、来源和投料记录；（c）按照申报资料的工艺流程图核查样品的生产工艺过程及记录；（d）如需对检验结果进行验证检验的，抽取样品进行验证检验；（e）对申请扩大食品添加剂使用范围和用量的，可根据具体情况组织现场审核工作。

对缺乏技术上必要性和不符合食品安全要求的，不予许可并书面说明理由。对发现可能添加到食品中的非食用化学物质或者其他危害人体健康的物质，按照《食品安全法实施条例》第十六条规定执行（国务院卫生行政部门应当及时公布新的食品原料、食品添加剂新品种和食品相关产品新品种目录以及所适用的食品安全国家标准。对按照传统既是食品又是中药材的物质目录，国务院卫生行政部门会同国务院食品安全监督管理部门应当及时更新)。

技术审查结束后,根据技术评审结论,国家卫生健康委员会以公告的方式,对在技术上确有必要性和符合食品安全要求的食品添加剂新品种准予许可并列入允许使用的食品添加剂名单予以公布。国家卫生健康委员会根据技术上必要性和食品安全风险评估结果,将公告允许使用的食品添加剂的品种、使用范围、用量,按照食品安全国家标准的程序,制定、公布为食品安全国家标准。

获得食品添加剂新品种许可,只是说明某种产品可以作为食品添加剂使用,或者可以在一种食品中使用,是对产品可食用性、安全食用性的认可,并不代表企业有生产这种食品添加剂的资格。任何单位和个人必须获得食品添加剂生产许可证后才能具有生产食品添加剂资格。食品添加剂新品种许可是食品添加剂生产许可的必不可少的前提条件。

3.5.4　食品添加剂新品种的监管

3.5.4.1　生产销售环节

市场监督管理部门严格执行食品添加剂生产许可制度,从严惩处未经许可擅自生产的企业;加强原料采购和生产配料等重点环节的日常监管,督促生产企业严格执行有关标准和质量安全控制要求。规范复配食品添加剂生产,严禁使用非食用物质生产复配食品添加剂。监督食品添加剂销售者建立并严格执行进货查验、销售台账制度,严厉查处无照经营和违法销售假冒伪劣食品添加剂的行为。市场监督管理等部门严厉查处制售使用标签标识不规范的食品添加剂行为,督促企业将标签标识作为食品添加剂出厂和进货查验的重要内容,不得出厂、销售不符合法定要求的产品。

3.5.4.2　加强食品添加剂使用监管

食品生产经营单位和餐饮服务单位严格执行食品添加剂进货查验、记录制度,不得购入标识不规范、来源不明的食品添加剂,严格按照相关法律法规和标准规定的范围和限量使用食品添加剂。严肃查处超范围、超限量等滥用食品添加剂的行为。制定餐饮服务环节食品添加剂使用规定,明确允许使用的食品添加剂品种,指导餐饮服务单位规范食品添加剂使用,不得虚假宣传、欺骗消费者。市场监督管理部门加强对提供火锅、自制饮料、自制调味料等服务的餐饮单位使用食品添加剂的监管。

3.5.4.3　完善食品添加剂标准

国家卫生健康委员会从严审核、制定食品添加剂新品种国家标准。对暂无国家标准的食品添加剂,有关企业或行业组织可以依据有关规定提出参照国际组织或其他国家标准指定产品标准的申请,国家卫生健康委员会会同有关部门要加快食品添加剂标准制定。制定出台相关措施,做好标准制定完成前的生产许可和监管衔接工作。国家市场监督管理总局及时审查公布获得进口许可的无国家标准食品添加剂的产品名单,拟生产同一品种食品添加剂的企业可以按相关规定提出制定标准立项建议,在国家卫生健康委员会制定并公布该标准后,按有关规定申请生产许可。

3.6　食品安全法实施条例解读

3.6.1　食品安全法实施条例修订背景

党中央、国务院高度重视食品安全。党的十九大报告提出,实施食品安全战略,让人民吃得放心。习近平总书记指出，民以食为天，食品安全工作必须抓得紧而又紧，落实最严谨的标准、最严格的监管、最严厉的处罚、最严肃的问责，确保所有食品安全违法行为都要追究到个人，切实保障人民群众"舌尖上的安全"。李克强总理强调，要加快健全从中央到地方直至基层的权威监管体系，落实最严格的全程监管制度，严把"从农田到餐桌"的每一道防线，对违法违规行为要零容忍、出快手、下重拳。

《食品安全法》实施以来，我国食品安全整体水平稳步提升，食品安全总体形势不断好转，但仍存在部门间协调配合不够顺畅，部分食品安全标准之间衔接不够紧密，食品贮存、运输环节不够规范，食品虚假宣传时有发生等问题；同时，监管实践中形成的一些有效做法也需要总结，上升为法律规范。根据新修订的《食品安全法》规定，针对当前存在的实际问题，有必要对2009年7月国务院制定的《中华人民共和国食品安全法实施条例》进行修订。

修订原则：围绕夯实主体责任、强化全过程监管、提高违法成本等重点内容，在食品安全法的基础上，补短板、强弱项，以良法善治，为人民群众"舌尖上的安全"保驾护航。

总体思路：一是细化并严格落实《食品安全法》的要求规定，进一步增强制度的可操作性。二是坚持问题导向，针对《食品安全法》实施以来食品安全领域依然存在的问题，完善相关制度措施。三是重点细化过程管理、处罚规定等内容，夯实企业责任，加大违法成本，震慑违法行为。

新修订的《中华人民共和国食品安全法实施条例》（以下简称《食品安全法实施条例》）于2019年3月26日国务院第42次常务会议通过，自2019年12月1日起施行。

3.6.2 食品安全法实施条例结构和修订主要内容

(1) 结构。 共10章86条。

第一章　总则（5条）

第二章　食品安全风险监测和评估（4条）

第三章　食品安全标准（5条）

第四章　食品生产经营（25条）

第五章　食品检验（4条）

第六章　食品进出口（10条）

第七章　食品安全事故处置（5条）

第八章　监督管理（8条）

第九章　法律责任（19条）

第十章　附则（1条）

(2) 修订主要内容。

① 严控源头风险。《食品安全法实施条例》增设了农业投入品风险评估制度，加强对农药、兽药饲料和饲料添加剂等农业投入品的管理；强化了进口食品风险控制措施以及进口商的责任义务，进一步加强食品安全源头管控，防止不合格食品流入市场。

② 严查掺杂掺假。《食品安全法实施条例》规定，市场监督管理部门可以制定非标物质的补充检验项目和检验方法，为严格监管执法提供依据，有利于及时发现问题，及时消除隐患。

③ 严格"处罚到人"。《食品安全法实施条例》规定，对故意违法、性质恶劣、后果严重的行为，除了对企业进行处罚外，还要对企业法定代表人、主要负责人、直接负责的主管人员和其他直接责任人员处以罚款，最高可处其上年度从企业所获收入的10倍。

④ 严惩失信失德。《食品安全法实施条例》明确要求建立守信联合激励和失信联合惩戒机制，建立严重违法生产经营者"黑名单"制度。

⑤ 严打恶意违法。《食品安全法实施条例》从违法行为的货值金额、持续时间、损害后果、主观恶意等方面列举"情节严重"的情形，明确要求对"情节严重"者从重从严处罚。

(3) 完善食品安全基础制度。《食品安全法实施条例》从四个方面对食品安全风险监测、标准制定做了完善性规定：

① 强化食品安全风险监测结果的运用，规定风险监测结果表明存在食品安全隐患，监管部门经调查确认有必要的，要及时通知食品生产经营者，由其进行自查、依法实施食品召回。

② 规范食品安全地方标准的制定，明确对保健食品等特殊食品不得制定地方标准。

③ 允许食品生产经营者在食品安全标准规定的实施日期之前实施该标准，以方便企业安排生产经营活动。

④ 明确企业标准的备案范围，规定食品安全指标严于国家标准或者地方标准的企业标准应当备案。

(4) 对保健食品实行严于一般食品的监管制度。

① 不允许对保健食品等特殊食品制定食品安全地方标准，防止一些食品生产者对本应实行特殊严格管理措施的保健食品等特殊食品以地方特色食品的名义生产，逃避法定义务。

② 加强生产环节的把关，规定保健食品生产工艺有原料提取、纯化等前处理工序的，生产企业应当具备相应的原料前处理能力。

③ 加强对销售环节的监管，规定销售者应当核对保健食品标签、说明书内容是否与经注册或者备案的内容一致，不一致的不得销售；保健食品不得与普通食品或者药品混放销售。

(5) 对食品宣传行为的规定。为进一步治理食品虚假宣传，《食品安全法实施条例》在《食品安全法》基础上补充了以下规定：

① 禁止利用包括会议、讲座、健康咨询在内的任何方式对食品进行虚假宣传。

② 明确非保健食品不得声称具有保健作用。

③ 针对实践中一些组织和个人擅自发布未取得我国资质认定的机构出具的食品检验信息欺骗误导消费者的行为，《食品安全法实施条例》规定任何单位和个人不得发布未依法取得资质认定的食品检验机构出具的食品检验信息，不得利用上述检验信息对食品、食品生产经营者进行等级评定，欺骗、误导消费者，对违法者最高可以处100万元罚款。

(6) 完善法律责任。

① 落实党中央和国务院关于食品安全违法行为追究到人的重要精神，对存在故意违法等严重违法情形单位的法定代表人、主要负责人、直接负责的主管人员和其他直接责任人员处以罚款。

② 细化属于情节严重的具体情形，为执法中的法律适用提供明确指引，对情节严重的违法行为从重从严处罚。

③ 针对《食品安全法实施条例》新增的义务性规定，设定严格的法律责任。

④ 规定食品生产经营者依法实施召回或者采取其他有效措施减轻、消除食品安全风险，未造成危害后果的，可以从轻或者减轻处罚，以此引导食品生产经营者主动、及时采取措施控制风险、减少危害。

⑤ 细化食品安全监管部门和公安机关的协作机制，明确行政拘留与其他行政处罚的衔接程序。

关键术语

食品　农产品　食用农产品　食品安全　预包装食品　保质期　食品安全风险评估　食品质量与食品安全　食品卫生与食品安全　食品安全控制　保健食品　新食品原料　食品添加剂　食品添加剂新品种

思考题

1. 什么是食品？什么是食品安全？食品安全与食品质量有何区别？
2. 简述我国食品安全监管体制。
3. 我国对农产品产地管理有何具体规定？
4. 什么是农产品？农产品的范围包括哪些？
5. 农产品生产者有什么义务？
6. 农业投入品的使用应遵从哪些规定？
7. 农产品质量安全责任有哪些？
8. 什么样的农产品不能卖？
9. 什么是保健食品？保健食品有哪些类别？
10. 什么是新食品原料？国家对新食品原料管理有何要求？
11. 什么是食品添加剂新品种？食品添加剂新品种需要遵守的要求有哪些？
12. 食品添加剂新品种申报需要哪些材料？国家已批准了哪些食品添加剂新品种？请举例。
13. 进出口食品的检验检疫依据是什么？
14. 简述进出口食品安全监管体制。
15. 《食品安全法》对食品生产经营者违法处理是怎样规定的？
16. 《食品安全法》规定禁止生产经营的食品是什么？
17. 中国食品安全法规体系主要有哪几个部分？
18. 《食品安全法实施条例》对食品生产经营企业的法定代表人、主要负责人、直接负责的主管人员和其他直接责任人员故意实施违法行为的处罚规定是什么？

参考文献

安建，张穹，牛盾，2006. 中华人民共和国农产品质量安全法释义 [M]. 北京：法律出版社.
陈彦彦，2008. 农产品质量安全制度研究 [M]. 北京：中国农业大学出版社.
李凤林，黄聪亮，余蕾，2001. 食品添加剂 [M]. 北京：化学工业出版社.
徐宗华，胡培雨，2008. 质量技术监督法规简明教程 [M]. 上海：同济大学出版社.
张检波，2012. 食品添加剂新品种行政许可更加规范企业申请更加便利——解读《食品添加剂新品种管理办法》[J]. 中国卫生标准管理，1（3）：37-39.
张建新，2002. 食品质量安全技术标准法规应用指南 [M]. 北京：科学技术文献出版社.
张建新，沈明浩，2011. 食品安全概论 [M]. 郑州：郑州大学出版社.
张建新，2014. 食品标准与技术法规 [M]. 2版. 北京：中国农业出版社.
张水华，余以刚，2010. 食品标准与法规 [M]. 北京：中国轻工业出版社.
邹志飞，林海丹，易蓉，等，2012. 我国食品添加剂法规标准现状与应用体会 [J]. 中国食品卫生杂志，24（4）：375-382.

第4章 食品质量管理及质量控制

> **内容要点**
> - 质量与质量管理的基本概念
> - 食品质量特性
> - 国内外质量管理概况
> - 我国质量管理法规体系
> - 产品质量法框架结构与主要内容
> - 国家监督抽查制度
> - 国家产品质量监督抽查实施规范

4.1 概述

质量是随着商品生产的出现而出现的。商品生产的目的是进行商品交换,而商品之所以能实现交换,是因为它具有价值和使用价值。商品的使用价值是它能满足人们某种或某些需要的特性。通俗而言,质量是指商品(产品)的优劣程度,如果某种商品的使用价值能够很好地满足人们的需要,无疑其质量就较高。因此从某种意义上说,商品的使用价值对人们需要的满足程度就构成了商品质量的高低。一个关注质量的组织倡导一种通过满足顾客和其他相关方的需求和期望来实现其价值的文化,这种文化将反映在其行动、态度、活动和过程中。组织的产品和服务质量取决于满足顾客的能力,以及有关相关方有意和无意的影响。产品和服务的质量不仅包括其预期的功能和性能,而且还涉及顾客对其价值和受益的感知。

4.1.1 基本概念

4.1.1.1 质量

在 GB/T 19000—2016/ISO 9000:2015《质量管理体系 基础和术语》中,将"质量"(Quality)定义为:客体的一组固有特性满足要求的程度。

> 注1:术语"质量"可使用形容词来修饰,如差、好或优秀。
> 注2:"固有"(其对应的是"赋予")是指存在客体中。

定义中的"客体"是指可感知或可想象到的任何事物。如产品、服务、过程、人员、组织、体系和资源；也可能是物质的（如一台发动机、一张纸、一颗钻石）、非物质的（如转换率、一个项目计划）或想象的（如组织未来的状态）。

定义中的"特性"是指可区分的特征。特性可以是固有的或赋予的，也可以是定性的或定量的，还有各种类别的特性，如物理的（如机械的、电的、化学的或生物学的特性）、感官的（如嗅觉、触觉、味觉、视觉、听觉）、行为的（如礼貌、诚实、正直）、时间的（如准时的、可靠的、可用的、连续的）、人因功效的（如生理的特性或有关人身安全的特性）、功能的（如飞机的最高速度）。

定义中的"要求"是指明示的、通常隐含的或必须履行的需求或期望。明示的要求是指规定要求，如在成文信息中阐述。规定要求可使用限定词表示，如产品要求、质量管理要求、顾客要求、质量要求。为实现较高的顾客满意，可能有必要满足那些顾客既没有明示，也不是通常隐含或必须履行的期望。"通常隐含"是指组织和相关方的惯例或一般做法，所考虑的需求或期望是不言而喻的。

4.1.1.2 质量特性

在 GB/T 19000—2016/ISO 9000：2015《质量管理体系 基础和术语》中，将"质量特性"（Quality characteristic）定义为：与要求有关的、客体的固有特性。

> 注1：固有意味着本身就存在的，尤其是那些永久的特性。
> 注2：赋予客体的特性（如客体的价格）不是它们的质量特性。

定义中的"特性"与质量定义是一致的。也可以是固有的或赋予的，还可以是定性的或定量的。同时还有各种类别的特征，如物理的、感官的、行为的、时间的、人因功效的和功能的特征。

4.1.1.3 质量管理

在 GB/T 19000—2016/ISO 9000：2015《质量管理体系 基础和术语》中，将"质量管理"（Quality management）定义为：关于质量的管理。

> 注：质量管理可包括制定质量方针和质量目标，以及通过质量策划、质量保证、质量控制和质量改进实现这些质量目标的过程。

定义中的"管理"是指指挥和控制组织的协调活动。管理主要包括制定质量方针和目标，以及实现这些目标的过程。方针是指（组织）由最高管理者正式发布的组织的宗旨和方向。质量方针是关于质量的方针，通常质量方针与组织的总方针相一致，可以与组织的愿景和使命相一致，并为制定质量目标提供框架。愿景是指（组织）由最高管理者发布的组织的未来展望。使命是指（组织）由最高管理者发布的组织存在的目的。

要做好质量管理，就必须明确什么是质量策划和质量保证，如何有效地进行质量控制和质量改进。质量策划是质量管理的一部分，致力于制定质量目标并规定必要的运行过程和相关资源，以实现质量目标。质量保证是质量管理的一部分，致力于提供质量要求会得到满足的信任。质量控制是质量管理的一部分，致力于满足质量要求。质量改进是质量管理的一部分，致力于增强满足质量要求的能力。因此，质量管理与产品、服务质量形成的过程密切相关，常言道"三分技术、七分管理"，这就充分反映了人们对产品、服务质量形成过程中质量管理重要性的认识。

4.1.2 食品质量与管理

4.1.2.1 食品质量特性

食品作为一种特殊的产品，除具有与其他产品相同的一些特性之外，食品质量特性在许多方面都表现出与其他产品有着明显的差异，其中最为关键的是食品质量关系到消费者的身体健康，在整个生产、运输和销售、消费全过程都要重视质量管理，防止或消除有毒有害物质的危害，以保证食品的安全性。食品质量特性主要表现在以下方面：

(1) 安全性。 食品安全性是食品质量特性中最重要的特性。食品安全性如果不符合相应的标准要求，那么即使其他质量特性如色泽、味道、质地等再好，也丧失了作为产品和商品存在的价值。WHO将食品安全列为工作重点和最优先解决的领域。我国在基本解决了食物安全之后，对食品安全的重视程度达到前所未有的高度。可见，食品安全性是食品质量特性的最基本要求。

(2) 功能性。 食品功能性除内在性能、外在性能外，还有潜在的文化性能。内在性能包括营养性能、风味嗜好性能和生理调节性能。外在性能包括食品的造型、款式、色彩、光泽等。文化性能包括民族、宗教、文化、历史、习俗等特性（如清真食品）。消费者对食品口味的要求出现多样化。许多食品适应于一般人群，但也有部分食品仅仅针对一部分特殊人群，如婴幼儿食品、孕妇食品、老年食品、运动食品等。

(3) 综合性。 食品是与人类生存和健康密切相关的特殊产品，现代食品产业是关系到国计民生的大产业。食品质量特性除了安全性、功能性之外，其生产加工过程中原辅料、生产工艺技术、生产环境、工作人员素质等综合性因素也对质量有着重要的影响。

4.1.2.2 食品质量管理

质量管理是食品工业企业管理的中心环节。由于食品产品的特殊性，食品质量管理也有其特殊性。

(1) 在空间和时间上具有广泛性。 食品质量管理在空间上包括田间、原料运输车辆、原料贮存车间、生产车间、成品贮存库房、运输车辆、超市或商店、运输车辆、冰箱、再加工、餐桌等环节的各种环境。"从农田到餐桌"的任何一环的疏忽都可使食品丧失食用价值。

食品质量管理在时间上包括3个主要阶段：原料生产阶段、加工阶段、消费阶段，其中原料生产阶段时间特别长。任何一个时间段的疏忽都可使食品丧失食用价值。食用变质的食品，非但对人的健康没有任何好处，还会产生极其严重的后果。对加工企业而言，对加工期间的原料、对制品和产品的质量管理和控制较为容易，而对原料生产阶段和消费阶段的管理和控制往往鞭长莫及。

(2) 在管理对象上具有复杂性。 食品原料包括植物、动物、微生物等。许多原料在采收以后必须立即进行预处理、贮存和加工，稍有延误就会变质或丧失加工价值和食用价值。而且原料大多为具有生命机能的生物体，必须控制在适当的温度、气体分压、酸碱度等环境条件下，才能保持其鲜活的和可利用的状态。食品原料还受产地、品种、季节、采收期、生产条件、环境条件的影响，这些因素都会很大程度上改变原料的化学组成、风味、质地、结构，进而改变原料的质量和利用程度，最后影响到产品的质量。因此，食品质量管理对象的复杂性增加了食品质量管理的难度，需要随原料的变化不断调整工艺参数，才能保证产品质量的一致性。也就是说，在产品质量形成的桑德霍姆质量循环模型中原料供应单位和采购环节的作用就显得更为突出。

(3) 在安全性控制方面具有重要性。 在食品的有形质量特性中，安全性是首要的。食品安全性的重要性决定了食品质量管理中安全质量管理的重要地位。食品的安全性受到全社会和政府的高度重视。有人把食品安全管理比作仅次于核电站的安全管理一点也不为过。因此，可以说食品质量管理以食品安全质量管理为核心，食品法规以安全卫生法规为核心，食品质量标准以食品卫生标准为核心。

(4) 在监测控制方面具有难度性。 质量检测控制常采用物理、化学和生物学测量方法。在电子、机械、医药、化工等行业中，质量检测的方法和指标都比较成熟。食品的质量检测包括化学成分、风味成分、质地、卫生等方面的检测。一般来说，常量成分的检测较为容易，微量成分的检测难度大，而活性成分的检测在方法上尚未成熟。感官指标和物性指标的检测往往要借用评审小组或专门仪器来完成。食品卫生的常规检验一般采用细菌总数、大肠菌群、致病菌作为指标，而细菌总数检验技术较落后，耗时长，大肠菌群检验既烦琐又不科学，致病菌的检验准确性欠佳。对于转基因食品的检验更需要专用的实验室和经过专门训练的操作人员。

(5) 须关注食品的特殊质量特性。 食品的功能性除了内在性能、外在性能以外，还有潜在的文化性能。因此在食品质量管理上要严格尊重和遵循有关法律、道德规范、风俗习惯的规定，不得擅自更改。例如，清真食品在加工时有一些特殊的程序和规定，也应列入相应的食品质量管理的范围。食品质量管理还必须不断进行市场调查，及时调整工艺参数，提高产品的适应性，满足消费者口味的变化。针对适用于特殊人群的食品，如婴儿食品、老年食品、保健食品等，有相应的法规和政策，建立了审核、检查、管理、监督制度和标准，因此特殊食品质量管理一般要比普通食品有更严格的要求和更高的监管水平。

(6) 在管理水平上有待提高。 食品加工和贮藏是古老的传统产业，基础较为薄弱，大部分大中型食品企业的技术设备先进，管理水平较高，但也有一些食品企业产品老化，设备陈旧，科技含量低，从业人员素质不高，管理不善。行政管理部门也存在法规不健全以及执行和监督不力、设置准入门槛过低等问题。因此，食品行业的质量管理总体水平与医药、电子、机械等行业相比有一定差距，应向其他行业学习，不断提高管理水平。

4.1.3 我国质量管理法规体系

法规一般指国家制定和认可，并由国家强制力保证实施的各种行为规范的总和。在我国是由法律、行政法规、地方法规和国家行政机关发布的规章所组成。

质量法规体系，是由国家颁布的有关质量管理方面的法律、法规及国家行政机关自行制定发布的质量方面规章组成的体系，它们具有"法"的所有属性，是进行质量管理、质量认证和质量监督的依据。每个质量管理人员和其他管理人员都必须熟悉和掌握。

近几年来，由于经济体制改革的深入发展，全面质量管理的积极推行，质量管理法规建设大大加快，至今，已初步形成我国质量法规体系（图4-1）。我国质量法规体系的构成与其他经济法规体系相同，也是由法律、法规和规章三个层级构成。

从图4-1中可以看到，我国质量法规体系具有两个显著的特点：

① 由于质量是一个综合性经济指标，在很多经济法规中都有质量方面的内容，这就使质量法规体系与其他法规体系有一明显的区别，即质量管理法规体系既有质量管理方面的专门法律、法规及规章等，又包含具有质量方面内容的其他经济法规条文。

② 衡量质量高低的依据是质量标准，而质量标准（如工农业产品、工程建设和服务质量标准）又是我国标准体系中的主体、标准化法规的对象。因此，质量法规与标准化法规有十分密切的联系。例如，由于产品（工程）质量监督是产品（工程）标准实施监

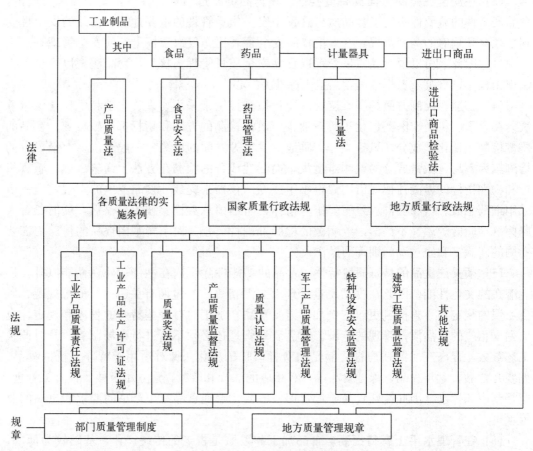

图 4-1 我国质量法规体系

督的主要任务，从而使产品质量监督方面的法规具有两重性。也就是说，质量监督法规既是我国标准化法规体系中的重要组成部分，又是我国质量法规体系中不可缺少的组成部分。

4.2 产品质量法

4.2.1 概述

第七届全国人民代表大会常务委员会第十三次会议于1993年2月22日审议通过了《中华人民共和国产品质量法》（以下简称《产品质量法》），该法于1993年9月1日起施行。2000年7月22日第九届全国人民代表大会常务委员会第十六次会议通过了《产品质量法》的修改决定，对1993年施行的《产品质量法》进行了修改。新增了25条，删除了2条，修改了20多条，涉及的内容十分广泛。此次修改的直接背景是全国市场上的产品质量和管理问题，主要修改原因及措施如下：第一，在质量监督领域，地方保护主义严重，设立了在国务院直接领导下的国家质量监督垂直管理制度。第二，产品质量监督处罚的力度不够，造假的势头无法遏制，加大了经济处罚力度。第三，在少数领域，行政执法部门的权力相互交叉，严重影响了产品质量监督管理，理顺了管理部门之间的关系。第四，在环节上，产品质量法注重产品的生产与流通环节的质量问题，忽视了服务领域的产品质量问题。第五，对国家质量管理部门、社会中介机构、质检机构等，法律规定不得向社会推荐产品或者以监制、监销等方式参与产品经营活动。2018年12月29日第十三届全国人民代表大会常务委员会第七次会议通过了《关于修改〈中华人民共和国产品质量法〉的决定》第三次修正,主要是 2018 年国务院机构改革成立了国家市场监督管理总局,调整了质量管理的相关政府部门。主要修改如下:一是将第八条、第十条、第十四条、第十五条、第十七条、第十八条、第十九条、第二十四条、第二十五条、第六十六条、第六十七条中的"产品质量监督部门"修改为"市场监督管理部门"。二是删去第十八条第二款。三是将第二十二条中的"产品质量监督部门、工商行政管理部门"修改为"市场监督管理部门"。四是将第四十条第三款、第六十三条、第六十五条、第六十八条、第六十九条中的"产品质量监督部门或者工商行政管理部门"修改为"市场监督管理部门"。五是删去第七十条中的"本法规定的吊销营业执照的行政处罚由工商行政管理部门决定",将"由产品质量监督部门或者工商行政管理部门按照国务院规定的职权范围决定"修改为"由市场监督管理部门决定"。

《产品质量法》是调整产品的生产者、销售者、用户及消费者以及政府有关行政管理部门之间,因产品质量问题而形成的权利义务关系的法律规范的总称。从《产品质量法》的规定来看,它主要调整两种社会关系,既调整国家行政管理机关和产品的生产者、销售者之间的监督管理关系,又调整生产者、销售者与消费者之间的民事关系。

《产品质量法》是保护消费者切身利益、管理产品质量的一部重要的法律。其中所包含的法律规范十分丰富,从大的方面说,这个法律文件中既有行政法律规范,也有民事法律规范,还有刑事法律规范的内容。《产品质量法》的颁布实施,标志着中国产品质量工作进一步走上了法制管理的道路,对于建立产品质量公平竞争机制,促进社会主义市场经济的发展,具有十分重要的意义,为制裁产品质量的违法行为,提供了强大的法律武器。

4.2.2 基本概念

(1) 产品: 本法所称产品是指经过加工、制作,用于销售的产品。

(2) 合格产品: 是指产品质量符合国家有关法律规定的质量要求或者符合采用的产品标准、产品说明、实物样品或者以其他方式表明的质量状况的产品。否则为不合格产品。

(3) 缺陷: 本法所称的缺陷,是指产品存在危及人身、他人财产安全的不合理危险;产品有保障人体健康和人身、财产安全的国家标准、行业标准的,是指不符合该标准。

(4) 产品质量: 产品满足规定需要和潜在需要的特征和特性的总和。反映用户使用需要的质量特性归纳起来一般有六个方面,即性能、寿命(即耐用性)、可靠性与维修性、安全性、适用性、经济性。《产品质量法》第二十六条对产品质量做了细化,规定产品质量应当符合下列要求:不存在危及人身、财产安全的不合理的危险,有保障人体健康和人身、财产安全的国家标准、行业标准的,应当符合该标准;具备产品应当具备的使用性能,但是对产品存在使用性能的瑕疵做出说明的除外;符合在产品或者其包装上注明采用的产品标准,符合以产品说明、实物样品等方式表明的质量状况。

从立法技术上讲,我国法律同时使用了概括法和排除法来界定产品。根据《产品质量法》的规定,产品应当具备两个条件:

① 经过加工、制作。未经加工、制作的天然物品不是本法意义上的产品,如矿产品、农产品。加工、制作包括工业上的和手工业上的。电力、煤气等虽然是无体物,但也是工业产品,也应包括在内。

② 用于销售。只是为了自己使用的加工、制作品不属于产品责任法意义上的产品。有学者认为,使用"销售"不如使用"流通"更为准确,因为有些产品是企业为了营销目的无偿赠送或作为福利分发交付给消费者。其实,"用于销售"不等于经过销售,只要产品是以销售为目的生产、制作的,不论它是经过销售渠道到达消费者或用户手上,还

是经过其他渠道,都属于《产品质量法》所规定的产品,因此,不必要用"流通"代替"销售"。赠送的产品、试用的产品也属于产品责任法意义上的产品。比如厂家将自己生产的新产品或某些产品以赠予、试用、买一送一、买大送小等无偿赠送的方式送与用户,这些产品虽然可能"未投入流通",但是,以销售为目的生产并以营销为目的交付消费者的,这类产品存在缺陷造成他人损害,应当允许受害人提起产品责任诉讼。

4.2.3 产品质量法结构与主要内容

4.2.3.1 产品质量法结构

食品质量法的主要内容(上)

食品质量法的主要内容(下)

产品质量法共6章74条,其结构为:
第一章 总则(共11条);
第二章 产品质量的监督(共14条);
第三章 生产者、消费者的产品质量责任和义务(共14条,其中生产者和消费者各7条);
第四章 损害赔偿(共9条);
第五章 罚则(共24条);
第六章 附则(共2条)。

从产品质量法的结构与条款数量来看,首先,产品质量法把重点放在了第四章罚则,用了24条涉及处罚,占产品质量法总条数的32.4%;其次是产品质量的监督和生产者、消费者的产品质量责任和义务,也就是第二章和第三章,各为14条,各占产品质量法总条数的18.9%。

4.2.3.2 产品质量法的调整对象和适用范围

(1) 调整对象。 法律的调整对象是指法律所调整的社会关系,任何法律都有其特定的调整对象。《产品质量法》调整的社会关系有两种:一是法律授权的行政管理机关与产品的生产者、销售者间的监督关系;二是生产者、销售者和服务业的经营者与消费者之间的民事关系。

(2) 适用范围。

① 适用的产品范围。《产品质量法》所称产品,是指经过加工、制作,用于销售的产品。经过加工、制作,用于销售的产品,除了由特别法专门调整外,均属于《产品质量法》的调整范围。需要明确的是,建设工程不适用《产品质量法》的规定,但是,建设工程使用的建筑材料、建筑构配件和设备,属于《产品质量法》规定的产品范围,适用《产品质量法》的规定。军工产品质量监督管理办法,由国务院、中央军事委员会另行制定。

② 适用的主体范围。《产品质量法》适用的法律关系的主体包括产品的生产者、销售者及相关的经营者,消费者,产品质量技术监督部门及有关部门,产品质量检验、认证等中介机构等。

③ 适用的经营活动范围。《产品质量法》规定,从事产品生产、销售活动,必须遵守本法。因此,产品的生产、销售是《产品质量法》适用的经营活动。

4.2.3.3 产品质量法主要制度

《产品质量法》及其产品质量法律体系中的其他法律、法规、规章,明确了一系列产品质量监督管理的制度,这些制度主要有:

(1) 重要工业产品生产许可证制度。 这是一项行政许可制度,是一种事前管理方式。国家对直接关系公共安全、人体健康、生命财产安全的重要工业产品的生产企业实行生产许可证制度,以确保重要工业产品安全,贯彻国家产业政策,促进社会主义市场经济健康协调发展。

(2) 产品质量监督检查制度。《产品质量法》规定,国家对产品质量实现以抽查为主要方式的监督检查制度。监督抽查制度的目的在于加强对生产、流通领域的产品质量实施监督,以督促企业提高产品质量,从而保护国家和广大消费者的利益,维护社会经济秩序。

这是一项行政措施,是一种事后监督方式,由市场监督管理部门规划和组织。我国产品质量监督抽查的重点是可能危及人体健康和人身、财产安全的产品,影响国计民生的重要工业产品以及消费者、有关组织反映有质量问题的产品。对依法进行的产品质量监督检查,生产者、销售者不得拒绝。若抽查的产品质量不合格,由实施监督抽查的市场监督管理部门责令其生产者、销售者限期改正。逾期不改正的,由省级以上人民政府市场监督管理部门予以公告,公告后经复查仍不合格的,责令停业,限期整顿;整顿期满后经复查产品质量仍不合格的企业,将被吊销营业执照。

(3) 企业质量体系认证和产品质量认证制度。认证是一种外部质量保证手段,是独立于买卖双方的第三方的活动,是国际上通行的政府用于调控、规范和管理经济的重要手段,它是指由认证机构证明产品、服务、管理体系符合相关技术规范的强制性要求或者标准的合格评定活动。

企业质量体系认证属于管理体系认证。企业质量体系认证是指法定的认证机构对企业的产品质量保证能力和质量管理水平进行的综合性检查和评定后,确认和证明该企业质量管理达到国际通用标准的一种制度。该制度通过对产品质量构成的各种因素,如产品设计、工艺准备、制造过程、质量检验、组织机构和人员素质等质量保证能力进行严格评定,使企业形成稳定生产符合标准产品的能力。

产品质量认证属于产品认证。产品质量认证是依据产品标准和相应技术要求,经认证机构确认并通过颁发认证证书和认证标志来证明某一产品符合相应标准和相应技术要求的活动。产品质量认证可分为安全认证和合格认证。安全认证是以安全标准为依据进行的认证或只对产品中有关安全的项目进行认证。合格认证是对产品的全部性能、要求,依据标准或相应技术要求进行的认证。我国的产品质量认证工作由专门的认证委员会承担,每类开展质量认证的产品都有相应的认证委员会。

企业质量体系认证和产品质量认证既相互联系又相互区别。前者认证的对象是企业的质量体系,后者认证对象是企业的产品;前者认证的依据是质量管理标准,后者认证的依据是产品标准。从认证结论上看,前者是要证明企业质量体系是否符合质量管理标准,后者是要证明产品是否符合产品标准。《产品质量法》设定的上述制度以企业自愿为原则。

(4) 奖惩制度。《产品质量法》规定,对产品质量管理先进和产品质量达到国际先进水平、成绩显著的单位和个人,给予奖励。国家设立了名牌产品评价、企业质量管理等奖励制度。而对于实施了产品质量违法行为的单位和个人,则规定其应当承担的民事责任、行政责任和刑事责任。

(5) 产品质量检验制度。产品质量检验是指检验机构根据一定标准对产品品质进行检测,并判断合格与否的活动,而对这一活动的方法、程序、要求和法律性质用法律加以确定就形成了产品质量检验制度。《产品质量法》明文规定:产品质量应当检验合格,不得以不合格产品冒充合格产品。

企业产品质量检验是产品质量的自我检验,具有自主性和合法性的特点。所谓自主性,是指这种检验是企业为保障产品质量合格,适合并满足用户和消费者的要求,依法主动进行的,在不违反法律强制性规定的前提下,企业可选择适合自己的检验标准和检验程序。所谓合法性,是指企业的质量检验必须依法进行,遵循国家的有关规定。产品出厂时,可由企业自行设置的检验机构检验,也可经过企业委托有关产品质量检验机构进行,按照我国法律规定,产品质量检验机构必须具备相应的检验条件和能力,并须经过省级以上人民政府产品质量监督管理部门或者其授权的部门考核合格后,方可承担产品质量检验工作。

(6) 产品召回制度。 产品召回制度是指生产企业的产品存在设计缺陷、制造缺陷、指示缺陷,并已经进入流通领域、消费领域,为避免缺陷产品危及人身安全及财产损失,生产企业及时将缺陷产品从流通、消费领域收回,予以退货、维修,或者销毁,并承担相关费用的制度。产品召回制度的建立,有利于保护消费者的人身安全,促进消费,提高人们的物质生活水平,也有利于促进企业通过不断改进技术来提高产品质量,提高生产率,使企业不断发展。

(7) 损害赔偿制度。 根据《产品质量法》的规定,售出的产品不具备产品应当具备的使用性能而事先未做说明,或者不符合在产品或者其包装上注明采用的产品标准,或者不符合以产品说明、实物样品等方式表明的质量状况的,销售者应当负责修理、更换、退货;给购买产品的消费者造成损失的,销售者应当赔偿损失。销售者承担的上述修理、更换、退货及赔偿损失的责任称为产品瑕疵担保责任。

(8) 产品标识制度。《产品质量法》规定产品或者其包装上的标识必须真实,并符合下列要求:(a) 有产品质量检验合格证明;(b) 有中文标明的产品名称、生产厂名和厂址;(c) 根据产品的特点和使用要求,需要标明产品规格、等级、所含主要成分的名称和含量的,用中文相应予以标明;(d) 需要事先让消费者知晓的,应当在外包装上标明,或者预先向消费者提供有关资料;(e) 限期使用的产品,应当在显著位置清晰地标明生产日期和安全使用期或者失效日期;使用不当,容易造成产品本身损坏或者可能危及人身、财产安全的产品,应当有警示标志或者中文警示说明;(f) 裸装的食品和其他根据产品的特点难以附加标识的裸装产品,可以不符合产品标识。

4.2.4 产品质量法重要条款解释

产品质量的监督和产品质量责任是《产品质量法》的重要内容。

4.2.4.1 产品质量的监督

(1)《产品质量法》第十二条规定: 产品质量应当检验合格,不得以不合格产品冒充合格产品。本条是对产品质量检验要求的规定。

产品质量应当检验合格,既是对生产者和销售者的要求,也是对从事产品质量监督工作的行政机关的要求。

对生产者和销售者来说,产品质量应当检验合格,是要求生产、销售产品时,要严格按照法律要求,把好质量关,在生产环节、出厂检验环节、进货检查验收环节认真检验产品,防止不合格产品流入市场,损害消费者的利益。

对市场监督管理部门来说,产品质量应当检验合格,是要求行政机关认真履行监督和执法职能,依法组织产品质量监督检查,监督生产领域、流通领域的产品质量,保证生产、销售的产品合格,打击假冒伪劣违法行为,防止不合格产品给消费者造成损害。

(2)《产品质量法》第十三条规定: 可能危及人体健康和人身安全的工业产品,必须符合人体健康和人身财产安全的国家标准、行业标准;未制定国家标准、行业标准的必须符合保障人体健康和人身财产安全的要求。禁止生产、销售不符合保障人体健康和人身财产安全的标准和要求的工业产品。

按照新修订的《标准化法》的规定，标准按制定、审批的机关不同可分为国家标准、行业标准、地方标准和团体标准、企业标准。按实施效力不同分为强制性标准和推荐性标准。强制性标准必须执行，不符合强制性标准要求的产品不得生产、销售、进口。产品标准是判定产品合格与否的主要依据。

本条规定对可能危及人体健康和人身财产安全的工业产品有保障人体健康和人身财产安全的国家标准、行业标准必须执行，未制定国家标准、行业标准的必须符合保障人体健康和人身财产安全要求，保障人体健康和人身财产安全是指社会普遍公认的应当具备的安全卫生要求。"社会普遍公认的应当具备的安全卫生要求"是指社会公众普遍接受、不用做特殊说明、不言而喻的要求。

目前我国已实施了针对国内工业产品的生产许可证制度和强制认证制度，2019年国务院发布《关于调整工业产品生产许可证管理目录加强事中事后监管的决定》（国发〔2019〕19号），调整后继续实施工业产品生产许可证管理的产品共计10类，其中，由国家市场监督管理总局实施的5类，由省级市场监督管理部门实施的5类。

(3)《**产品质量法**》第十四条规定：国家根据通用的质量管理标准推行企业质量体系认证制度，国家参照国际先进的产品标准和技术要求，推行产品的认证制度。企业可以向市场监督管理部门或国务院产品质量监督管理部门授权的部门认可的认证机构申请质量体系认证或产品认证，经认证合格，颁发认证证书。

① 企业质量体系认证，是指依据国际通用的标准，经过认证机构和企业的质量体系审核，通过颁发证书的形式，证明企业的质量体系和质量保证能力符合要求的活动。目前企业质量体系认证的依据是国际通用的标准ISO 9001，我国可采用ISO 9000或GB/T 19001（等同采用ISO 9000）。

② 产品质量认证，是指依据产品标准和相应技术要求，经过认证机构确认并通过颁发认证证书和认证标志来证明某一产品符合相应标准和相应技术要求的活动。

产品认证分为安全认证和合格认证。安全认证的依据是强制性标准，实行强制性管理。合格认证涉及的国家标准或行业标准中的全部要求，除非法律和规章另有规定，合格认证一般是自愿性的。

经认证合格后颁发相应的认证证书，准许企业在产品或者包装上使用产品质量认证标志。

(4)《**产品质量法**》第十五条规定：国家对产品质量实行以抽查为主要方式的监督检查制度，对可能危及人体健康和人身财产安全的产品，影响国计民生的重要工业产品以及消费者、有关组织反映产品质量有问题的产品进行抽查。抽查样品应当在市场上或企业成品库内待销产品中随机抽取。监督抽查工作由国务院市场监督管理部门规划和组织。县级以上地方市场监督管理部门在本行政区域内可以组织监督抽查。法律对产品质量的监督检查另有规定的，依照有关法律的规定执行。

国家监督抽查的产品，地方不得另行重复抽查。检验抽取样品的数量不得超过检验合理需要，并不得向被检查人收取检验费。监督抽查所需检验费用按照国务院规定列支。

生产者、销售者对抽查检验结果有异议的可以自收到检验结果之日起十五日内向实施监督抽查的市场监督管理部门或其上级市场监督管理部门申请复检，由受理复检的市场监督管理部门做出复检结论。

① 产品质量监督检验制度，是指国务院市场监督管理部门和县级以上地方市场监督管理部门依据法律法规的规定，以及人民政府赋予的行政职权，对生产领域、流通领域的产品实施监督的一项制度。监督检查是以抽查为主要方式。监督检查方式有：监督抽查、统一监督抽查、定期监督抽查、专项监督抽查等。

② 产品质量监督检查的对象主要是可能危及人体健康和人身财产安全的产品，影响国计民生的重要工业产品，用户、消费者以及有关组织反映有质量问题的产品。

③ 产品质量监督抽查工作为了避免重复工作，《产品质量法》规定监督抽查工作由国务院市场监督管理部门规划和组织。为了做好产品质量监督抽查工作，发挥各部门各地方的管理职能，做好分级分工管理，县级以上地方市场监督管理部门在本行政区内也可以进行监督抽查。但国家监督抽查的产品，地方不得另行重复抽查，上级监督抽查的产品下级不得另行重复抽查。

④ 监督抽查不得向被检查者收费，检验费用按照国务院规定列支。为了保证所抽样品的代表性，《产品质量法》对抽样地点、抽样数量、抽样方法做了规定。生产者、销售者对抽查结果有异议的，应在收到检验结果之日十五日内向实施监督抽查的市场监督管理部门或其上级部门提出申请复检。

(5)《产品质量法》第十九条规定：承担产品质量检验工作的机构必须具备相应的检测条件和能力，经省级以上人民政府市场监督管理部门或其授权的部门考核合格后，方可承担产品质量检验工作。产品质量检验机构分为依法设置的和依法授权的两类。依法设置的一般称产品质量监督检验院（所），依法授权的一般称为产品质量监督检验中心（站）。

4.2.4.2 产品质量责任

产品质量义务是指法律法规规定的产品质量法律关系中的主体必须做出一定行为或者不得做出一定行为，是产品质量法律关系的内容之一，与产品质量责任相对应。保证产品质量是产品生产者的首要义务。

产品质量责任是指产品的生产者、销售者及其他有关主体，违反国家有关产品质量的法律法规的规定，不履行或不完全履行法定的产品质量义务，对其作为或者不作为的行为，应当依法承担的法律后果。产品质量责任是一种综合责任，包括承担相应的行政责任、民事责任和刑事责任。在民事责任中，包括产品瑕疵担保责任（合同责任）和产品侵权损害赔偿责任（产品责任）。

(1) 生产者的产品质量责任和义务。

① 产品质量应符合：(a) 保证产品的安全、卫生要求，不得存在人身、财产安全不合理的危险，有保障人体健康和人身财产安全的国家标准、行业标准的，应当符合该标准。(b) 保证产品具备应有的使用性能。(c) 保证产品质量符合生产者在产品或包装上明示的质量状况。

"不存在危及人身、财产安全不合理的危险，有保障人体健康和人身财产安全的国家标准、行业标准的，应当符合该标准"是法律对生产者保证产品安全、卫生要求而提出的默示担保条件及判定产品是否符合安全、卫生要求的依据。保证产品安全、卫生是法定的义务，不得以合同约定等任何方式予以排除和限制。产品"不存在危及人身、财产安全的不合理的危险是要求生产者生产的产品不得存在缺陷"。"具备产品应有的使用性能"是指产品应当具备规定的使用性能，包括明示的和隐含的使用性能要求。"符合在产品或包装上注明采用的产品标准，符合以产品说明、实物样品等方式表明的质量状况"是指产品内在质量应当符合生产者自身对产品质量做出的保证和承诺，即符合明示担保的条件。

② 产品标识规定。产品或者其包装上的标识必须真实，并符合下列要求：(a) 有产品质量合格证明；(b) 产品名称、生产厂名和厂址；(c) 产品的规格等级、所含成分的含量及名称；(d) 生产日期、安全使用期、失效日期、警示说明标志。

产品质量检验合格证明是指生产者或其产品质量检验机构、检验人员等为表明出厂的产品经质量检验合格而附于产品或产品包装上的合格证明。合格证明标注方式有3种：合格证书、合格标签、合格印章。《产品质量法》规定"限期使用的产品，应当在显著位置清晰地标明生产日期和安全使用或者失效日期"，限期使用的产品多见于食品、药品、化工产品、生物制品及部分日用工业产品。

生产日期是指生产者生产的成品经过检验的日期，它是产品的产出日期。

安全使用期是产品可以正常使用并保证使用者的人体健康和人身、财产安全的时间，包括保质期、保鲜期、保存期。

失效日期是指产品超过了保存日期或者失去原有效能、作用的时间界限。

对警示说明标志，《产品质量法》规定：使用不当容易造成产品本身损坏或可能危及人身、财产安全的产品、对产品包装有特殊要求的危险品等，应当有警示标志和警示说明。一般包括：易燃、易爆、危险、剧毒产品以及结构复杂、操作烦琐的机床、设备、电脑、复印机等。这是法律对生产者的一项产品标识义务。有关警示标志和包装储运标志可参照 GB 190《危险货物包装标志》、GB 191《包装储运图文标志》和相关规定。

③ 产品包装要求。《产品质量法》规定：易碎、易燃、易爆、有毒、有腐蚀性、有放射性等危险品以及储运中不能倒置和其他有特殊要求的产品，其包装质量必须符合相应要求。"包装质量必须符合相应要求"是指产品的包装必须符合国家法律、法规、规章、合同、标准及规范性文件规定的要求，保证人身、财产安全，防止产品损坏并且应当在产品包装上标注相应的产品标识。

④ 对生产者的禁止行为。

（a）生产者不得生产国家明令淘汰的产品。"国家明令淘汰的产品"是指国务院以及国务院有关行政部门依据其行政职能，按照一定的程序，采用行政的措施，通过发布行政文件的形式，向社会公布某项产品或者某个型号的产品，自何年、何月、何日起禁止生产、销售、使用。

（b）生产者不得伪造产地，不得伪造和冒用他人的厂名、厂址。产品的产地是指产品最终的制作地、组装地、加工地。产品的产地不是《产品质量法》规定标注的内容，但标注产地时应当真实、合法，不得伪造。伪造产品产地的，《产品质量法》追究其民事责任、行政责任，构成犯罪的，追究其刑事责任。

伪造厂名、厂址是指生产者、销售者在产品或其包装上标注虚假的厂名、厂址。冒用他人厂名、厂址，是指生产者、销售者在产品或其包装上标注同类产品的其他经营者的厂名、厂址，其目的是欺骗消费者、逃避承担产品质量责任。

（c）生产者不得伪造或冒用认证标志等质量标志。"质量标志"是指由有关主管部门或者组织，按照规定的程序颁发给生产者，用于表明该企业生产的该产品的质量达到相应水平的证明标志。常见的质量标志有：认证标志、原产地域产品专用标志、免检标志、生产许可标志、市场准入标志等。"伪造或冒用认证等质量标志"是指非法制造、编造、捏造产品质量认证标志的行为，是一种欺骗行为。

（d）生产者生产产品，不得掺杂、掺假，不得以假充真、以次充好，不得以不合格产品冒充合格产品。"掺杂、掺假"是指生产者、销售者在产品中掺入杂质或者造假，致使产品中有关物质的成分或者含量不符合国家有关法律法规、标准规定要求的欺骗行为。"以假充真"是指生产者、销售者以牟取利益为目的，用甲种产品冒充其特征、特性不同的乙种产品的欺骗行为。"以次充好"是指生产者、销售者以低等级、低档次的产品冒充高等级、高档次产品的欺骗行为。

(2) 销售者的产品质量责任和义务。

① 应当建立并执行进货检查验收制度,验明产品合格证明和其他标识。进货检查验收制度,是法规规定的供需双方根据合同的规定,检验买卖的产品,以分清双方责任的一项制度。该验收制度规定,生产者与经销者在产品交接时应当验明产品的质量、品种、数量。

② 应当采取措施,保持销售产品的质量。"保持产品质量"是指保持在通常保养条件下产品应保持或达到的质量。销售者有义务在销售过程中保持产品的质量,防止产品过期失效、发生霉变,影响产品质量。因此销售者可以采取必要措施,如建立仓库增加保护产品的设备,制定相应的管理制度等。

③ 不得销售国家明令淘汰并停止销售的产品和失效变质的产品。"国家明令淘汰的产品"是指国务院以及国务院有关行政部门依据其行政职能,按照一定的程序,采用行政的措施,通过发布行政文件的形式,向社会公布某项产品或者某个型号的产品,自何年、何月、何日起禁止生产、销售、使用。"失效变质的产品"指产品的功能、效用已部分或全部丧失的产品或者产品的质量已经起了物理、化学的变化,失去了产品原有的基本使用性能。

④ 销售的产品标识应当符合《产品质量法》第二十七条规定。

⑤ 不得伪造产地、不得伪造或冒用他人的厂名、厂址。

⑥ 不得伪造或者冒用认证标志等质量标志。销售者伪造或冒用质量标志的产品,有两种情况:一是销售自己伪造或冒用质量标志的产品。二是销售的产品上附有他人伪造或冒用的质量标志。上述两种行为均是禁止的违法行为。

⑦ 销售产品,不得掺杂、掺假,不得以假充真、以次充好,以不合格冒充合格产品。

需要说明的是,对于生产者的产品质量义务,主要规定在《产品质量法》中,但在经济合同法、消费者权益保护法以及其他产品质量相关法律、行政法规中也有规定。有些不合格产品,如果没有违反国家安全、卫生、环境保护和计量等法律、法规的要求,只要明确标明不合格品,仍可以销售。

4.3 国家产品质量监督抽查制度

4.3.1 概述

1985年,国民经济呈现快速发展,产品供不应求矛盾凸显,"重产出、轻质量"的现象抬头,一些基础工业产品质量出现下滑。党中央、国务院、全国人民代表大会对此高度重视。时任国家经济委员会副主任的朱镕基同志代表国家经济委员会向国务院和全国人民代表大会作了《关于扭转部分工业产品质量下降状况的报告》,提出了遏制产品质量滑坡的9项措施,其中之一就是实行产品质量国家监督抽查制度。国务院决定从1985年第3季度开始实施。1985年3月15日,国家标准局发布了《产品质量监督试行办法》(国标发〔1985〕38号);同年9月,国家经济委员会下发了《关于实行国家监督性的产品质量抽查制度的通知》(经质〔1985〕556号)。1985年第3季度,国家标准局组织对几百家企业的33类数百种产品实施了首次国家监督抽查。第一批17类产品质量抽查结果在《国家监督抽查产品质量公报(第一号)》上公布。朱镕基同志还专门撰写了《加强监督抽查,狠抓产品质量》的文章,对第一次监督抽查情况进行了介绍和分析,阐述了产品质量国家监督抽查的意义,要求各级经济委员会对抽查中发现的问题不能手软、徇私、不了了之。自此,产品质量国家监督抽查制度作为国家对工业企业进行产品质量监督管理的一项重要制度被确立下来。1986年,国家经济委员会发布《国家监督抽查产品质量的若干规定》。1991 年国家技术监督局发布了《产品质量国家监督抽查补充规定》。1993 年《中华人民共和国产品质量法》颁布实施，从法律层面上确立了国家产品质量监督抽查制度。2001 年国家质量监督检验检疫总局发布了《产品质量国家监督抽查管理办法》，并从 2002 年 3 月 1 日施行。(1986 年国家经济委员会发布的《国家监督抽查产品质量的若干规定》和 1991 年国家技术监督局发布的《产品质量国家监督抽查补充规定》同时废止)《产品质量监督抽查管理暂行办法》(以下简称《抽查管理暂行办法》)已于 2019 年 11 月 8 日经国家市场监督管理总局 2019 年第 14 次局务会议审议通过，自 2020 年 1 月 1 日起施行。(2010 年 12 月 29 日国家质量监督检验检疫总局令第 133 号公布的《产品质量监督抽查管理办法》、2014 年 2 月 14 日国家工商行政管理总局令第 61 号公布的《流通领域商品质量抽查检验办法》、2016 年 3 月 17 日国家工商行政管理总局令第 85 号公布的《流通领域商品质量监督管理办法》同时废止)

产品质量监督检查的特征：一是特定性。产品质量监督检查主体和范围特定。产品质量监督检查主体是市场监督管理部门和其他法定部门，主要是质量技术监督部门、工商行政管理部门和其他行业主管部门。检查范围是生产者、销售者生产、销售的产品。二是合法性。产品质量监督检查的合法性是指产品质量监督检查必须有法律依据，符合国家的有关法律法规。三是科学性。按照我国产品质量相关法律法规和产品质量标准，用科学的检测方法，以技术数据为基础，对产品质量做出客观的评价。四是公开性。产品质量监督检查的公开性是指产品质量监督检查的过程公开，结果公开。五是随机性。目前产品质量监督抽查具有普遍的随机性，抽查什么企业及其产品，实施之前不通知，甚至没有预想规划，在实施过程中，采取时间随机、抽检人员随机、抽检机构随机、抽检产品随机等措施，以保证抽查结果的公正和实效，有利于发现问题和解决问题。

国家产品质量监督抽查制度（上）

国家产品质量监督抽查制度（下）

4.3.2 抽查管理暂行办法结构与主要内容

4.3.2.1 结构

《抽查管理暂行办法》共 8 章 56 条，具体的结构如下：

第一章　总则（10 条）

第二章　监督抽查的组织（4 条）

第三章　抽样（14 条）

　第一节　现场抽样（10 条）

　第二节　网络抽样（4 条）

第四章　检验（6 条）

第五章　异议处理（9 条）

第六章　结果处理（7 条）

第七章　法律责任（3 条）

第八章　附则（3 条）

4.3.2.2 主要内容

(1) 监督抽查的概念与分类。 监督抽查是指市场监督管理部门为监督产品质量，依法组织对在中华人民共和国境内生产、销售的产品进行抽样、检验，并进行处理的活动。

监督抽查分为两个类型：一是由国家市场监督管理总局组织的国家监督抽查；二是由县级以上地方市场监督管理部门组织的地方监督抽查。

（2）监督抽查的实施与管理规定。

① 国家监督抽查由国家市场监督管理总局负责统筹管理、指导协调、组织实施，并汇总、分析全国监督抽查信息。

② 地方监督抽查分为省级和市级、县级监督抽查。省级监督抽查由省级市场监督管理部门负责统一管理本行政区域内监督抽查工作，组织实施本级监督抽查，汇总、分析本行政区域监督抽查信息。市级、县级监督抽查由市级、县级市场监督管理部门负责组织实施本级监督抽查，汇总、分析本行政区域监督抽查信息，配合上级市场监督管理部门在本行政区域内开展抽样工作，承担监督抽查结果处理工作。

③ 无论是国家监督抽查，还是地方监督抽查，其监督抽查所需样品的抽取、购买、运输、检验、处置以及复查等工作费用，按照国家有关规定列入同级政府财政预算。生产者、销售者应当配合监督抽查，如实提供监督抽查所需材料和信息，不得以任何方式阻碍、拒绝监督抽查。

④ 同一市场监督管理部门不得在六个月内对同一生产者按照同一标准生产的同一商标、同一规格型号的产品（以下简称同一产品）进行两次以上监督抽查。被抽样生产者、销售者在抽样时能够证明同一产品在六个月内经上级市场监督管理部门监督抽查的，下级市场监督管理部门不得重复抽查。对监督抽查发现的不合格产品的跟踪抽查和为应对突发事件开展的监督抽查，不适用前两款规定。

⑤ 监督抽查实行抽检分离制度。除现场检验外，抽样人员不得承担其抽样产品的检验工作。

⑥ 组织监督抽查的市场监督管理部门应当按照法律、行政法规有关规定公开监督抽查结果。未经组织监督抽查的市场监督管理部门同意，任何单位和个人不得擅自公开监督抽查结果。

⑦ 市场监督管理部门应当妥善保存抽样文书等有关材料、证据，保存期限不得少于两年。

（3）监督抽查的组织与信息公开。

① 国家市场监督管理总局负责制订国家监督抽查年度计划，并通报省级市场监督管理部门。县级以上地方市场监督管理部门负责制订本级监督抽查年度计划，并报送上一级市场监督管理部门备案。

② 组织监督抽查的市场监督管理部门应当根据本级监督抽查年度计划，制订监督抽查方案和监督抽查实施细则。监督抽查方案应当包括抽查产品范围、工作分工、进度要求等内容。监督抽查实施细则应当包括抽样方法、检验项目、检验方法、判定规则等内容。监督抽查实施细则应当在抽样前向社会公开。

③ 组织监督抽查的市场监督管理部门应当按照政府采购等有关要求，确定承担监督抽查抽样、检验工作的抽样机构、检验机构，并签订委托协议，明确权利、义务、违约责任等内容。法律、行政法规对抽样机构、检验机构的资质有规定的，应当委托具备法定资质的机构。

（4）监督抽查机构的要求。

① 抽样机构、检验机构应当在委托范围内开展抽样、检验工作，保证抽样、检验工作及其结果的客观、公正、真实。

② 抽样机构、检验机构不得有下列行为：

（a）在实施抽样前以任何方式将监督抽查方案有关内容告知被抽样生产者、销售者；

（b）转包检验任务或者未经组织监督抽查的市场监督管理部门同意分包检验任务；

（c）出具虚假检验报告；

（d）在承担监督抽查相关工作期间，与被抽样生产者、销售者签订监督抽查同类产品的有偿服务协议或者接受被抽样生产者、销售者对同一产品的委托检验；

（e）利用监督抽查结果开展产品推荐、评比，出具监督抽查产品合格证书、牌匾等；

（f）利用承担监督抽查相关工作的便利，牟取非法或者不当利益；

（g）违反规定向被抽样生产者、销售者收取抽样、检验等与监督抽查有关的费用。

（5）监督抽查现场抽样要求。

① 市场监督管理部门应当自行抽样或者委托抽样机构抽样，并按照有关规定随机抽取被抽样生产者、销售者，随机选派抽样人员。抽样人员应当熟悉相关法律、行政法规、部门规章以及标准等规定。

② 抽样人员不得少于两人，并向被抽样生产者、销售者出示组织监督抽查的市场监督管理部门出具的监督抽查通知书、抽样人员身份证明。抽样机构执行抽样任务的，还应当出示组织监督抽查的市场监督管理部门出具的授权委托书复印件。抽样人员应当告知被抽样生产者、销售者抽查产品范围、抽样方法等。

③ 样品应当由抽样人员在被抽样生产者、销售者的待销产品中随机抽取，不得由被抽样生产者、销售者自行抽样。抽样人员发现被抽样生产者、销售者涉嫌存在无证无照等无须检验即可判定违法的情形的，应当终止抽样，立即报告组织监督抽查的市场监督管理部门，并同时报告涉嫌违法的被抽样生产者、销售者所在地县级市场监督管理部门。有下列情形之一的，抽样人员不得抽样：

（a）待销产品数量不符合监督抽查实施细则要求的；

（b）有充分证据表明拟抽样产品不用于销售，或者只用于出口并且出口合同对产品质量另有约定的；

（c）产品或者其包装上标注"试制""处理""样品"等字样的。

④ 抽样人员应当按照监督抽查实施细则所规定的抽样方法进行抽样。抽样人员应当使用规定的抽样文书记录抽样信息，并对抽样场所、贮存环境、被抽样产品的标识、库存数量、抽样过程等通过拍照或者录像的方式留存证据。抽样文书应当经抽样人员和被抽样生产者、销售者签字。被抽样生产者、销售者拒绝签字的，抽样人员应当在抽样文书上注明情况，必要时可以邀请有关人员作为见证人。抽样文书确需更正或者补充的，应当由被抽样生产者、销售者在更正或者补充处以签名、盖章等方式予以确认。

⑤ 因被抽样生产者、销售者转产、停业等原因致使无法抽样的，抽样人员应当如实记录，报送组织监督抽查的市场监督管理部门。被抽样生产者、销售者以明显不合理的样品价格等方式阻碍、拒绝或者不配合抽样的，抽样人员应当如实记录，立即报告组织监督抽查的市场监督管理部门，并同时报告被抽样生产者、销售者所在地县级市场监督管理部门。

⑥ 样品分为检验样品和备用样品。除不以破坏性试验方式进行检验，并且不会对样品质量造成实质性影响的外，抽样人员应当购买检验样品。购买检验样品的价格以生产、销售产品的标价为准；没有标价的，以同类产品的市场价格为准。备用样品由被抽样生产者、销售者先行无偿提供。法律、行政法规、部门规章对样品获取方式另有规定的，依照其规定。

⑦ 抽样人员应当采取有效的防拆封措施，对检验样品和备用样品分别封样，并由抽样人员和被抽样生产者、销售者签字确认。

⑧ 样品应当由抽样人员携带或者寄递至检验机构进行检验。对于易碎品、危险化学品等对运输、贮存过程有特殊要求的样品，应当采取有效措施，保证样品的运输、贮存过程符合国家有关规定，不发生影响检验结论的变化。样品需要先行存放在被抽样生产

者、销售者处的，应当予以封存，并加施封存标识。被抽样生产者、销售者应当妥善保管封存的样品，不得隐匿、转移、变卖、损毁。

(6) 监督抽查网络抽样要求。

① 市场监督管理部门对电子商务经营者销售的本行政区域内的生产者生产的产品和本行政区域内的电子商务经营者销售的产品进行抽样时，可以以消费者的名义买样。

② 市场监督管理部门进行网络抽样的，应当记录抽样人员以及付款账户、注册账号、收货地址、联系方式等信息。抽样人员应当通过截图、拍照或者录像的方式记录被抽样销售者信息、样品网页展示信息，以及订单信息、支付记录等。抽样人员购买的样品应当包括检验样品和备用样品。

③ 抽样人员收到样品后，应当通过拍照或者录像的方式记录拆封过程，对寄递包装、样品包装、样品标识、样品寄递情形等进行查验，对检验样品和备用样品分别封样，并将检验样品和备用样品携带或者寄递至检验机构进行检验。

④ 抽样人员应当根据样品情况填写抽样文书。抽样文书经抽样人员签字并加盖抽样单位公章后，与监督抽查通知书一并寄送被抽样销售者。抽样机构执行买样任务的，还应当寄送组织监督抽查的市场监督管理部门出具的授权委托书复印件。

(7) 监督抽查检验要求。

① 检验人员收到样品后，应当通过拍照或者录像的方式检查记录样品的外观、状态、封条有无破损以及其他可能对检验结论产生影响的情形，并核对样品与抽样文书的记录是否相符。对于抽样不规范的样品，检验人员应当拒绝接收并书面说明理由，同时向组织监督抽查的市场监督管理部门报告。对于网络抽样的检验样品和备用样品，应当分别加贴相应标识后，按照有关要求予以存放。

② 被抽样产品实行生产许可、强制性产品认证等管理的，检验人员应当在检验前核实样品的生产者是否符合相应要求。检验人员发现样品的生产者涉嫌存在无证、无照等无须检验即可判定违法的情形的，应当终止检验，立即报告组织监督抽查的市场监督管理部门，并同时报告涉嫌违法的样品的生产者所在地县级市场监督管理部门。

③ 检验人员应当按照监督抽查实施细则所规定的检验项目、检验方法、判定规则等进行检验。检验中发现因样品失效或者其他原因致使检验无法进行的，检验人员应当如实记录，并提供相关证明材料，报送组织监督抽查的市场监督管理部门。

④ 检验机构出具检验报告，应当内容真实齐全、数据准确、结论明确，并按照有关规定签字、盖章。检验机构和检验人员应当对其出具的检验报告负责。

⑤ 检验机构应当在规定时间内将检验报告及有关材料报送组织监督抽查的市场监督管理部门。

⑥ 检验结论为合格并且属于无偿提供的样品，组织监督抽查的市场监督管理部门应当在提出异议处理申请期限届满后及时退还。

(8) 监督抽查异议处理。

① 组织监督抽查的市场监督管理部门应当及时将检验结论书面告知被抽样生产者、销售者，并同时告知其依法享有的权利。

② 样品属于在销售者处现场抽取的，组织监督抽查的市场监督管理部门还应当同时书面告知样品标称的生产者。

③ 样品属于通过网络抽样方式购买的，还应当同时书面告知电子商务平台经营者和样品标称的生产者。

④ 被抽样生产者、销售者有异议的，应当自收到检验结论书面告知之日起十五日内向组织监督抽查的市场监督管理部门提出书面异议处理申请，并提交相关材料。

⑤ 被抽样生产者、销售者对抽样过程、样品真实性等有异议的，收到异议处理申请的市场监督管理部门应当组织异议处理，并将处理结论书面告知申请人。被抽样生产者、销售者对检验结论有异议，提出书面复检申请并阐明理由的，收到异议处理申请的市场监督管理部门应当组织研究。对需要复检并具备检验条件的，应当组织复检。除不以破坏性试验方式进行检验，并且不会对样品质量造成实质性影响的外，组织复检的市场监督管理部门应当向被抽样生产者、销售者支付备用样品费用。

⑥ 申请人应当自收到市场监督管理部门复检通知之日起七日内办理复检手续。逾期未办理的，视为放弃复检。

⑦ 市场监督管理部门应当自申请人办理复检手续之日起十日内确定具备相应资质的检验机构进行复检。复检机构与初检机构不得为同一机构，但组织监督抽查的省级以上市场监督管理部门行政区域内或者组织监督抽查的市级、县级市场监督管理部门所在省辖区内仅有一个检验机构具备相应资质的除外。

⑧ 被抽样生产者、销售者隐匿、转移、变卖、损毁备用样品的，应当终止复检，并以初检结论为最终结论。

⑨ 复检机构应当通过拍照或者录像的方式检查记录备用样品的外观、状态、封条有无破损以及其他可能对检验结论产生影响的情形，并核对备用样品与抽样文书的记录是否相符。

⑩ 复检机构应当在规定时间内按照监督抽查实施细则所规定的检验方法、判定规则等对与异议相关的检验项目进行复检，并将复检结论及时报送组织复检的市场监督管理部门，由组织复检的市场监督管理部门书面告知复检申请人。复检结论为最终结论。

⑪ 复检费用由申请人向复检机构先行支付。复检结论与初检结论一致的，复检费用由申请人承担；与初检结论不一致的，复检费用由组织监督抽查的市场监督管理部门承担。

(9) 监督抽查结果处理。

① 组织监督抽查的市场监督管理部门应当汇总分析、依法公开监督抽查结果，并向地方人民政府、上一级市场监督管理部门和同级有关部门通报监督抽查情况。

② 组织地方监督抽查的市场监督管理部门发现不合格产品为本行政区域以外的生产者生产的，应当及时通报生产者所在地同级市场监督管理部门。

③ 对检验结论为不合格的产品，被抽样生产者、销售者应当立即停止生产、销售同一产品。

④ 负责结果处理的市场监督管理部门应当责令不合格产品的被抽样生产者、销售者自责令之日起六十日内予以改正。

⑤ 负责结果处理的市场监督管理部门应当自责令之日起七十五日内按照监督抽查实施细则组织复查。

⑥ 被抽样生产者、销售者经复查不合格的，负责结果处理的市场监督管理部门应当逐级上报至省级市场监督管理部门，由其向社会公告。

⑦ 负责结果处理的市场监督管理部门应当在公告之日起六十日后九十日前对被抽样生产者、销售者组织复查，经复查仍不合格的，按照《中华人民共和国产品质量法》第十七条规定，责令停业，限期整顿；整顿期满后经复查仍不合格的，吊销营业执照。

⑧ 复查所需样品由被抽样生产者、销售者无偿提供。除为提供复查所需样品外，被抽样生产者、销售者在经负责结果处理的市场监督管理部门认定复查合格前，不得恢复生产、销售同一产品。

⑨ 监督抽查发现产品存在区域性、行业性质量问题，市场监督管理部门可以会同其他有关部门、行业组织召开质量分析会，指导相关产品生产者、销售者加强质量管理。

(10) 监督抽查法律责任。

① 被抽样生产者、销售者有下列情形之一的，由县级市场监督管理部门按照有关法律、行政法规规定处理；法律、行政法规未作规定的，处三万元以下罚款；涉嫌构成犯罪，依法需要追究刑事责任的，按照有关规定移送公安机关：

(a) 被抽样产品存在严重质量问题的；

(b) 阻碍、拒绝或者不配合依法进行的监督抽查的；

(c) 未经负责结果处理的市场监督管理部门认定复查合格而恢复生产、销售同一产品的；

(d) 隐匿、转移、变卖、损毁样品的。

② 抽样机构、检验机构及其工作人员违反相关规定的，由县级市场监督管理部门按照有关法律、行政法规规定处理；法律、行政法规未作规定的，处三万元以下罚款；涉嫌构成犯罪，依法需要追究刑事责任的，按照有关规定移送公安机关。

③ 市场监督管理部门工作人员滥用职权、玩忽职守、徇私舞弊的，对直接负责的主管人员和其他直接责任人员依法给予行政处分。

特别说明：抽查监督暂行办法中所称"日"为公历日。若期间届满的最后一日为法定节假日的，以法定节假日后的第一日为期间届满的日期。

4.3.3 监督抽查类别

国家产品质量监督抽查实施规范（2015年版）产品目录，共涉及7个大类67个亚类234种产品。具体情况如下：

① 日用及纺织品（共计6类22个）；

② 电子电器（共计3类41个）；

③ 轻工产品（共计6类27个）；

④ 建筑和装饰装修材料（共计26类53个）；

⑤ 农业生产资料（共计5类27个）；

⑥ 机械及安防（共计10类38个）；

⑦ 电工及材料（共计11类26个）。

与农产品、食品安全相关的产品主要涉及轻工产品（食品包装材料等）和农业生产资料（农药、化肥等）两个方面。

关于国家食品质量监督抽查规范的主要内容，这里以CCGF 603.3—2015《商用电动食品加工设备产品质量监督抽查实施规范》为例，其他产品可在官方网站上查找。

商用电动食品加工设备产品质量监督抽查实施规范

1 范围

本规范适用于商用电动食品加工设备产品质量国家监督抽查，针对特殊情况的专项国家监督抽查、省级质量技术监督部门组织的监督抽查可参照执行。监督抽查产品范围包括和面机、切片机、切菜机、轧面机（切面条机）、绞肉机、打蛋机、搅拌机、切肉机、刨冰机、锯骨机、混合机、液体或食物搅拌机、推板式混合机、切碎机、开罐机、食物擦碎机、去皮机、磨咖啡机、食物清洗和/或干燥机、定量分配机、油酥面团辊轧机、食物加工机、梁式混合机、奶油搅打器、筛分机、冰淇淋机、柑橘果汁压榨机、离心取汁器、果浆汁榨取器、磨浆机、豆类切片机、土豆剥皮机、磨碎器与切碎器、磨刀机、漏斗容量超过 3 L 的谷类磨碎器等。本规范内容包括产品分类、术语和定义、企业产品生产规模划分、检验依据、抽样、检验要求、判定原则、异议处理及附则。

2 产品分类

2.1 产品分类及代码

产品分类及代码见表1。

表1 产品分类及代码

产品分类	一级分类	二级分类	三级分类
分类代码	6	603	603.3
分类名称	机械与安防	通用机械	商用电动食品加工设备

2.2 产品种类

商用电动食品加工设备主要包括有：

和面机、切片机、切菜机、轧面机（切面条机）、绞肉机、打蛋机、搅拌机、切肉机、刨冰机、锯骨机、混合机、液体或食物搅拌机、推板式混合机、切碎机、开罐机、食物擦碎机、去皮机、磨咖啡机、食物清洗和/或干燥机、定量分配机、油酥面团辊轧机、食物加工机、梁式混合机、奶油搅打器、筛分机、冰淇淋机、柑橘果汁压榨机、离心取汁器、果浆汁榨取器、磨浆机、豆类切片机、土豆剥皮机、磨碎器与切碎器、磨刀机、漏斗容量超过 3 L 的谷类磨碎器等。

本规范不适用于：

专为工业用途而设计的器具；

打算供给经常出现特殊状态，如存在腐蚀性或爆炸性空气（粉尘、蒸汽或可燃气体）等场所使用的器具；

供大量生产食品用的流水作业器具；

单独的输送设备，如食物分配带式输送机。

3 术语和定义

商用电动食品加工设备产品：

主要用于餐馆、食品店、医院的厨房、面包房、商店、肉食店、轻工业和农场等场所，非专供家用，由非专业的人员使用，以电力驱动的食品加工机械或设备，其动力源，对于单相器具额定电压不超过 250 V，对于三相器具额定电压不超过 480 V。

4 企业商用电动食品加工设备产品生产规模划分

根据商用电动食品加工设备产品行业的实际情况，企业生产规模以商用电动食品加工设备产品年销售额为标准划分为大、中、小型企业。见表2。

表2 企业商用电动食品加工设备产品生产规模划分

企业商用电动食品加工设备产品生产规模	大型企业	中型企业	小型企业
销售额/万元	≥10 000	≥3 000 且<10 000	<3 000

5 检验依据

下列文件凡是注明日期的,其随后所有的修改单或修订版均不适用于本规范。凡是不注明日期的,其最新版本适用于本规范。

GB 4706.1 家用和类似用途电器的安全 第1部分:通用要求

GB 4706.38 家用和类似用途电器的安全 第38部分:商用电动饮食加工机械的特殊要求

相关的法律法规、部门规章和规范

经备案现行有效的企业标准及产品明示质量要求

6 抽样

6.1 抽样型号或规格

抽取样品应为同一型号规格的产品。优先按以下原则抽取:

——企业生产量最大的产品;

——企业库存量最大的产品;

——和面机、切片机、切菜机、轧面机(切面条机)、绞肉机、打蛋机、搅拌机、切肉机、刨冰机、锯骨机、混合机等商用电动食品加工设备;

——其他产品。

6.2 抽样方法、基数及数量

在企业的成品库内(成品存放区)或市场待销产品中随机抽取有产品质量检验合格证明或者以其他形式表明合格的、近期生产的产品。

抽样基数不少于2台。

每个受检企业随机抽取1种具有代表性规格型号的产品。每种规格抽取2台,其中1台样品作为检验样品,1台作为备用样品。

随机数的产生一般可使用随机数表、骰子、抽签或扑克牌等方法产生。

6.3 样品处置

抽样后对检验样品和备用样品分别签封。如样品标识上标明特殊储存要求,样品应按要求进行处置。备用样品留存在受检企业的,企业应确保备用样品及封签完好。

检验样品和备用样品的封签,至少应在标牌处、可打开更换零部件(主要是电气零部件)的端盖或连接处分别粘贴抽样单位封签,如需要可在适当的部位采用混合漆进行漆封,一般来说一台样品上不得少于两张封条。封样后要对签封和漆封(如有)部位进行拍照存档。

样品封样后应进行包装,包装不得损坏签封和漆封,并具有防止样品、签封和漆封(如有)遭受环境(如雨水、灰尘、撞击)等因素的影响而损坏或失去识别效果的能力。

接收样品时,样品接收人员要核对抽样单上填写的内容与样品实物一致并确认完好,要查看签封和漆封(如有)确认完好。如果可疑时,对照存档签封和漆封(如有)照片进一步查看。

6.4 抽样单

应按有关规定填写抽样单,并记录被抽查产品及受检企业相关信息。同时记录受检企业上一年度生产的商用电动食品加工设备产品销售总额,以万元计;若上一年度

第4章 食品质量管理及质量控制

没有生产,则记录本年度实际销售额,并加以注明。对于产品检验所需的样品技术参数等信息,需要受检企业提供的,应在抽样现场获取,并经企业确认。

采用漆封的产品,在每张抽样单上应点涂漆封用漆样,作为漆封用漆样的记录。

7 检验要求

7.1 检验项目及重要程度分类

检验项目及重要程度分类见表3。

表3 检验项目及重要程度分类

序号	检验项目	依据标准	检测方法	重要程度分类 A类[a]	重要程度分类 B类[b]
1	警示标志	GB 4706.1 第7章 GB 4706.38 第7章	GB 4706.1 第7章 GB 4706.38 第7章		●
2	对触及带电部件的防护	GB 4706.1 第8章	GB 4706.1 第8章	●	
3	输入功率和电流	GB 4706.1 第10章 GB 4706.38 第10章	GB 4706.1 第10章 GB 4706.38 第10章	●	
4	工作温度下的泄漏电流和电气强度	GB 4706.1 第13章 GB 4706.38 第13章	GB 4706.1 第13章 GB 4706.38 第13章	●	
5	泄漏电流和电气强度	GB 4706.1 第16章 GB 4706.38 第16章	GB 4706.1 第16章 GB 4706.38 第16章	●	
6	非正常工作	GB 4706.1 第19章 (19.11.1条除外) GB 4706.38 第19章	GB 4706.1 第19章 (19.11.1条除外) GB 4706.38 第19章	●	
7	稳定性和机械危险	GB 4706.1 第20章 GB 4706.38 第20章	GB 4706.1 第20章 GB 4706.38 第20章	●	
8	机械强度	GB 4706.1 第21章 GB 4706.38 第21章	GB 4706.1 第21章 GB 4706.38 第21章	●	
9	结构	GB 4706.1 第22章 GB 4706.38 第22章	GB 4706.1 第22章 GB 4706.38 第22章		●
10	内部布线	GB 4706.1 第23章 GB 4706.38 第23章	GB 4706.1 第23章 GB 4706.38 第23章		●
11	电源连接和外部软线	GB 4706.1 第25章 GB 4706.38 第25章	GB 4706.1 第25章 GB 4706.38 第25章		●
12	外部导线用接线端子	GB 4706.1 第26章	GB 4706.1 第26章		●
13	接地措施	GB 4706.1 第27章 GB 4706.38 第27章	GB 4706.1 第27章 GB 4706.38 第27章	●	
14	螺钉和连接	GB 4706.1 第28章	GB 4706.1 第28章		●
15	电气间隙、爬电距离和固体绝缘	GB 4706.1 第29章 GB 4706.38 第29章	GB 4706.1 第29章 GB 4706.38 第29章	●	
a. 极重要质量项目					
b. 重要质量项目					
备注	GB 4706.38特殊要求和GB 4706.1通用要求配合使用。				

注:①极重要质量项目是指直接涉及人体健康、使用安全的指标;重要质量项目是指产品涉及环保、能效、关键性能或特征值的指标。
②表中所列检验项目是有关法律法规、标准等规定的,重点涉及健康、安全、节能、环保以及消费者、有关组织反映有质量问题的重要项目。

7.2 检验顺序

应放在最后检验的项目为：机械强度、工作温度下的泄漏电流和电气强度、泄漏电流和电气强度、非正常工作（19.11.1 电磁骚扰除外）。

7.3 检验应注意的问题

若被检产品明示的质量要求高于本规范中检验项目依据的标准要求时，应按被检产品明示的质量要求判定。

若被检产品明示的质量要求低于本规范中检验项目依据的强制性标准要求时，应按强制性标准要求判定。

若被检产品明示的质量要求低于或包含规范中检验项目依据的推荐性标准要求时，应依被检产品明示的质量要求判定。

若被检产品明示的质量要求缺少本规范中的检验项目依据的强制性标准要求时，应按强制性标准要求判定。

若被检产品明示的质量要求缺少本规范中的检验项目依据的推荐性标准要求时，该项目不参与判定，但应在检验报告备注中进行说明。

当检验时由于项目检测造成样品出现损坏，导致未检验的项目不能进行时，所检项目判定为不合格，其他无法检验的项目不检验，也不判定。

8 判定原则

8.1 单项判定

经检验，每个检验项目中的子项目或条款要求全部符合标准要求，判定该项目为合格，否则判定该项目为不合格。

8.2 综合判定

经检验，检验项目全部合格，判定为被抽查产品合格；所检项目中任一项或一项以上不合格，判定为被抽查产品不合格。其中，当产品存在 A 类项目不合格时，属于严重不合格。

9 异议处理

对判定不合格产品进行复检时，按以下方式进行：

9.1 核查不合格项目相关证据，能够以记录（纸质记录或电子记录或影像记录）或与不合格项目相关联的其他质量数据等检验证据证明。

9.2 对需要复检并具备检验条件时的，处理企业异议的市场监督管理部门或指定检验机构应当按原监督抽查方案对留存的样品或抽取的备用样品组织复检，并出具检验报告。复检结论为最终结论。

9.3 特殊情况

如初次检验出现样品损坏导致有未检验的项目时，复检时除了要检验不合格项目外，初检时未检验的项目也要进行检验。

10 附则

本规范代替 CCGF 509.4—2011 版。

本规范编写单位：国家食品机械产品质量监督检验中心（赵庆亮）、国家饮食服务机械质量监督检验中心（刘旭）、国家食品加工机械产品质量监督检验中心（杨春晖）。

本规范由国家质量监督检验检疫总局产品质量监督司管理。

关键术语

质量　质量管理　产品　食品质量特性　产品质量监督抽查　产品质量监督抽查实施规范

思考题

1. 我国产品质量监管体制是什么？
2. 食品质量特性与一般工业产品有何区别？
3. 什么是产品？什么是产品的缺陷？
4. 《产品质量法》对产品标签有何规定？
5. 产品生产者和销售者的责任有哪些？
6. 国家产品质量监督抽查的法律依据及其分类是什么？
7. 国家产品质量监督抽查的重点是什么？
8. 国家产品质量监督检验有哪些具体的规定？
9. 国家产品质量监督抽查的结果是如何处理的？
10. 国家产品质量监督抽查对采样有何规定？
11. 国家产品质量监督抽查的工作纪律是什么？
12. 产品质量监督抽查实施规范的主要内容是什么？

参考文献

全国质量管理和质量保证标准化技术委员会，2016. 质量管理体系　基础和术语：GB/T 19000—2016/ISO 9000：2015 [S]. 北京：中国标准出版社.

吴澎，赵丽芹，2010. 食品法律法规与标准 [M]. 北京：化学工业出版社.

张建新，2014. 食品标准与技术法规 [M]. 2版. 北京：中国农业出版社.

张建新，陈宗道，2006. 食品标准与法规 [M]. 北京：中国轻工业出版社.

第5章 计量管理与食品检测检验机构认证

> **内容要点**
> - 计量及计量认证相关基本概念
> - 计量法结构与主要内容
> - 实验室资质认定特点
> - 食品检验机构资质认定条件
> - 食品检验实验室资质认定认可准则
> - 质量体系文件的编写

5.1 概述

5.1.1 计量概况

公元前200年左右，幼发拉底河流域的巴比伦王国在本国提出了统一度量衡。1875年5月20日17个国家联合签订《米制公约》，决定成立国际计量委员会（CIPM）和国际计量局（BIPM），它是代表"科学计量"的国际组织。1889年国际计量局完成了铂铱合金"米"和"千克"原器的制造工作，选出"国际原器"，并将同一批的原器分发到各国，作为各国计量基准器。这标志着"实物基准"时代的开始。1960年第11届国际计量大会通过以米（m）、千克（kg）、秒（s）、安培（A）、开尔文（K）、坎德拉（cd）6个测量单位作为基本单位的实用计量单位制，后又增加一个摩尔（mol），命名为国际单位制（符号"SI"）。1977年我国正式参加该组织。1980年以后，科学家们开始以量子理论为基础，由实物基准过渡到微观"量子基准"，提高了SI基本单位实现的准确性、稳定性和可靠性。

计量在我国已有几千年的历史，秦始皇在中国首次提出了统一度量衡。度量衡，其原始含义是关于长度、容积和质量的测量，主要器具是尺、斗和秤。尽管随着时代的发展，度量衡的概念和内容在不断地变化和充实，但仍难以摆脱历史的局限性，不能适应科技、经济和社会发展以及全球经济一体化的需要。我国从20世纪50年代开始，便逐渐以"计量"取代了"度量衡"。可以说，计量是度量衡的发展，也有人称计量为"现代度量衡"。计量原本是物理学的一个主要分支，现已经发展形成以研究测量理论和实践的一门综合性学科。计量是对"量"的定性分析和定量确定的过程。计量是实现单位统一、保障量值准确可靠的活动，它包括科学技术上的、法律法规上的和计量管理上的一系列活动。人们在广泛的社会活动中，每天都进行着各种不同的测量。测量的准确与否，直接影响这些活动的成效，而计量是实现准确测量的基本保证。

新中国成立后，党和政府非常注重计量事业的开展，采取了许多重要措施开展计量事业，经过70多年的努力，取得了如下显著的成就：

(1) 统一计量单位制的工作获得了很大的成效。 1985年9月6日，第六届全国人民代表大会常务委员会第十二次会议通过《中华人民共和国计量法》，决定从1986年7月1日起开始实施。目前，全国各行各业已全部采用法定计量单位制。

(2) 计量科学技术取得了较快的进展。 我国先后建立了177种国家计量基准，社会公用计量标准4 874项，获得国际互任的国家校准和测量能力1 248项，在国际上排名第四。例如，中国计量科学研究院首席研究员李天初院士研制了NIM5-M铯喷泉钟，用于中国北斗卫星，准确度1 500万年不差一秒，标志着我国时间频率基准已达到国际先进水平。

(3) 统一的量值传递体系已经建成。 经过多年的努力，一个全国统一的以地域为主的量值传递体系已全面建成。目前中国计量科学研究院可提供有证标准物质1 655种，一级标准物质689种，二级标准物质966种，覆盖10个专业领域。

(4) 开发了一些新的计量测试技术。 几十年来，我国在电子技术、激光技术、超导传感器技术以及微处理机等领域，应用于计量测试的工作获得了显著的成果。2019年世界各国校准测量能力数据显示，我国共有1 574项校准测量能力得到国际上的承认，国际排名跃居世界第三、亚洲第一。居前五位的分别是：美国1 891项、俄罗斯1 742项、中国1 574项、德国1 562项、韩国1 205项。

计量的概述及基本概念

(5) 计量法制管理工作体系完备。 中国特色的社会主义计量法制体系基本建成，到目前为止，各省、自治区、直辖市以及绝大多数县域都成立了计量管理机构；国务院有关部门和人民解放军的一些部门也建立了计量管理机构，构成了对各行各业、各个地域的计量工作的监管体系。

5.1.2　计量及其相关概念

在JJF 1001—2011《通用计量术语及定义技术规范》中，给出了有关计量相关术语及其定义。

(1) 计量（metrology）：实现单位统一、量值准确可靠的活动。

(2) 测量（measurement）：通过实验获得并可以合理赋予某量一个或多个量值的过程。

> 注1：测量不适用于标称特性。
> 注2：测量意味着量的比较并包括实体的计数。
> 注3：测量的先决条件是对测量结果预期用途相适应的量的描述、测量程序以及根据规定测量程序（包括测量条件）进行操作的经校准的测量系统。

(3) 校准（calibration）：在规定条件下的一组操作，第一步是确定由测量标准提供的量值与相应示值之间的关系，第二步则是用此信息确定由示值获得测量结果的关系，这里测量标准提供的量值与相应示值都具有测量不确定度。

> 注1：校准可以用文字说明、校准函数、校准图、校准曲线或校准表格的形式表示。某些情况下，可以包含示值的具有测量不确定度的修正值或修正因子。
> 注2：校准不应与测量系统的调整（常被错误称作"自校准"）相混淆，也不应与校准的验证相混淆。
> 注3：通常，只把上述定义中的第一步认为是校准。

(4) 测量不确定度（measurement uncertainty）：根据所用到的信息，表征赋予被测量量值分散性的非负参数。测量不确定度分为标准不确定度、合成标准不确定度和相对标准不确定度（标准偏差的倍数）。

(5) 计量检定（metrological verification）：查明和确认测量仪器符合法定要求的活动，它包括检查、加标记和/或出具检定证书。计量检定包括测量仪器的检定（verification of a measuring instrument）和计量器具的检定（verification of a measuring instrument）。

(6) 计量单位（measurement unit）、**测量单位**（measurement unit）：根据约定定义和采用的标量，任何其他同类量可与其比较使两个量之比用一个数表示。

> 注1：测量单位具有根据约定赋予的名称和符号。
> 注2：同量纲量的测量单位可具有相同的名称和符号，即使这些量不是同类量。如焦耳每开尔文和 J/K 既是热容量的单位名称和符号，也是熵的单位名称和符号，而热容量和熵并非同类量。然而，在某些情况下，具有专门名称的测量单位仅限用于特定种类的量。如测量单位"秒的负一次方"（1/s）用于频率时称为赫兹，用于放射性核素的活度时称为贝克（Bq）。
> 注3：量纲为一的量的测量单位是数。在某些情况下，这些单位有专门名称，如弧度、球面度和分贝；或表示为商，如毫摩尔每摩尔等于 10^{-3}，微克每千克等于 10^{-9}。
> 注4：对于一个给定量，"单位"通常与量的名称连在一起，如"质量单位"或"质量的单位"。

(7) 国家法定计量单位（legal unit of measurement）：国家法律、法规规定使用的测量单位。

(8) 有证标准物质（certified reference material）：附有由权威机构发布的文件，提供使用有效程序获得的具有不确定度和溯源性的一个或多个特性量值的标准物质。

> 注1："文件"是以"证书"的形式给出。
> 注2：有证标准物质制备和颁发证书的程序是有规定的。
> 注3：在定义中，"不确定度"包含了测量不确定度和标称特性值的不确定度两个含义，这样做是为了一致和连贯。"溯源性"既包含量值的计量溯源性，也包含标称特性值的溯源性。
> 注4："有证标准物质"的特性量值要求附有测量不确定度的计量溯源性。

(9) 测量仪器（measuring instrument）、**计量器具**（measuring instrument）：单独或与一个或多个辅助设备组合，用于进行测量的装置。

> 注1：一台可单独使用的测量仪器是一个测量系统。
> 注2：测量仪器可以是指示式测量仪器，也可以是实物量具。

(10) 量值传递（dissemination of the value of quantity）：通过对测量仪器的校准或检定，将国家测量标准所实现的单位量值通过各等级的测量标准传递到工作测量仪器的活动，以保证测量所得的量值准确一致。

(11) 计量溯源性（metrological traceability）：通过文件规定的不间断的校准链，测量结果与参照对象联系起来的特性，校准链中的每项校准均会引入测量不确定度。

> 注1：本定义中的参照对象可以是实际实现的测量单位的定义，或包括无序量测量单位的测量程序，或测量标准。
> 注2：计量溯源性要求建立校准等级序列。

(12) 溯源等级图（hierarchy scheme）：一种代表等级顺序的框图，用以表明测量仪器的计量特性与给定量的测量标准之间的关系。

> 注：溯源等级图是对给定量或给定类别的测量仪器所用比较链的一种说明，以此作为其溯源性的证据。

(13) 国家溯源等级图（national hierarchy scheme）：在一个国家内，对给定量的测量仪器有效的一种溯源等级图，包括推荐（或允许）的比较方法或手段。

> 注：在我国，也称国家计量检定系统表。

(14) 国家计量检定规程（national regulation for verification）：由国家计量主管部门组织制定并批准颁布，在全国范围内施行，作为计量器具特性评定和法制管理的计量技术法规。

(15) 比对（comparison）：在规定条件下，对相同准确度等级或指定不确定度范围的同种测量仪器复现的量值之间比较的过程。

(16) 测量误差（measurement error）：测得的量值减去参考量值。

> 注1：测量误差的概念在以下两种情况下均可使用：
> ① 当涉及存在单个参考量值，如用测得值的测量不确定度可忽略的测量标准进行校准，或约定量给定时，测量误差是已知的。
> ② 假设被测量使用唯一的真值或范围可忽略的一组真值表征时，测量误差是未知的。
> 注2：测量误差不应与出现的错误或过失相混淆。

(17) 计量监督（metrological supervision）：为检查测量仪器是否遵守计量法律、法规要求并对测量仪器的制造、进口、安装、使用、维护和维修所实施的控制。

> 注：计量监督还包括对商品量和向社会提供公证数据的检测实验室能力的监督。

(18) 计量鉴定（metrological expertise）：以举证为目的的所有操作，例如参照相应的法定要求，为法庭证实测量仪器的状态并确定其计量性能，或者评价公证用的检测数据的正确性。

(19) 检测（testing）：对给定产品，按照规定程序确定某一种或多种特性、进行处理或提供服务所组成的技术操作。

(20) 实验室认可（laboratory accreditation）：对校准和检测实验室有能力进行特定类型校准和检测所做的一种正式承认。

5.1.3 计量的特性

(1) 一致性。 一致性是计量的本质特性。它是指在统一计量单位的基础上，测量结果应该是可重复、可再现（复现）、可比较的。一致性包括：国家计量制度和计量标准的统一，国际计量制度和计量标准的协调一致，全国测量器具的量值统一到国家、国际基准。

计量的特性

(2) 准确性。 准确性是指测量结果与被测量真值的一致程度。准确性是计量的基本特点，是计量科学的命脉和统一性的基础，也是计量技术工作的核心。它表明计量结果与被测量真值的接近程度。只有量值而无准确程度的结果，严格来讲就不是计量结果。准确的量值才具有社会实用价值。所谓量值的统一，实际上是指在一定准确的程度上的统一。也就是说，"准"字是计量工作的核心。无论准确度高或是低，测量给出量值时，必须给出不确定度或测量误差等表示准确性的指标。

(3) 溯源性。 为了使计量结果准确一致，任何量值都必须由同一个基准（国际基准或国家基准）传递而来。溯源性是保证量值准确可靠最基本的方法。溯源性是准确性和一致性的技术归宗。尽管任何准确性和一致性是相对的，它与当时科学技术发展的水平、人们的认识能力有关。但是，溯源性毕竟使计量科学与人们的认识相一致，使计量的准确与一致得到基本保证。否则，量值出于多源，不仅无准确一致可言，而且必然造成技术和应用上的混乱。

(4) 法制性。 凡有测量活动的领域都涉及计量；凡有测量活动的集体、个人也都涉及计量。这是计量社会属性的主要表现。因此，为了保障量值的准确统一、维护社会和经济秩序，必须有相应的法律、法规、规范和行政监督管理。也就是说，计量的社会性本质就要求有计量的法制性来保障。不论是单位的统一、计量基准的建立，还是量值传递网的形成、计量检定的实施等，不仅要有技术的手段，还要有严格的法律法规的监督管理。要在国家实施计量单位的统一和保障量值的准确可靠，就必须以法律法规的形式做出相应的规定。特别是一些重要的或关系到国计民生的计量，更必须有法律来保障。否则，计量的准确性、一致性就无法实施，其重要作用也难以发挥。以法律制度来规范，以行政审批等制度来组织实施，以执法监督手段来保证是我国计量法制性的主要体现。

5.1.4 我国食品检验机构概况

计量法及检验机构概况

目前，我国食品检验检测机构形成了以国家级、省部级、市级和县级 4 个层次的食品检验检测网络，实现了"以国家级检验机构为龙头，以省部级食品检验机构为主体，以市、县级食品检验机构为补充"的食品安全检验检测体系。我国共有 4 000 家食品类检测实验室通过了实验室资质认定，其中食品类国家产品质检中心 48 家，重点食品类实验室 35 家，这些实验室的检测能力和水平达到了国际先进。近年来，随着国家对食品安全监管越来越重视，检验检测设备、人员投入力度加大，检验检测能力，尤其是硬件水平已经接近国际水准。

目前，检测行业成为全球发展较快的行业之一，年增长在 15% 左右。我国获得 CNAS、CMA、CAL 认可的实验室已经超过 2 万余家，中国国内检测机构共有仪器设备资产价值 3 000 多亿元人民币，实验室面积 5 400 万平方米。

从 2010 年以来，我国食品、环保、贸易、医疗等行业均发布相关政策支持独立第三方检测机构建设，以政府为主导的检验检测逐步向第三方独立检验检测机构开放。目前第三方检测已经成为我国检验检测行业的重要组成部分，占整体产业规模的 40% 左右。

在进出口食品监管方面，形成了以 35 家"国家级重点实验室"为龙头的进出口食品安全技术支持体系。各实验室可检测各类食品中的农兽药残留、添加剂、重金属含量等 786 个安全卫生项目以及各种食源性致病菌。

虽然我国食品检验检测机构建设取得了较大成就，但也存在一些问题。从中央到地方省、市、县级食品安全检验检测机构资源配置不尽合理。现有各食品安全监管下属检验检测机构的基础设施、检测设备、检验能力、技术队伍等多分布在省级机构，市、县级特别是基层的检验检测机构平均配置水平不能满足工作需要。一方面，基层食品安全检验检测业务运转条件缺乏保障，不少机构是买得起设备，配不起人员，基层食品检验检测的功能没有得到充分发挥。另一方面，上级食品安全检验检测机构对基层机构的技术指导、人员培训和设备共享等方面的扶持与培训也有待加强。

5.2 计量法

5.2.1 概述

《中华人民共和国计量法》（以下简称《计量法》）于 1986 年 7 月 1 日开始施行。1987 年 1 月 19 日经国务院批准，国家计量局发布了《中华人民共和国计量法实施细则》（以下简称《计量法实施细则》）。由于当时的计量法律、行政法规大多是在计划经济管理体制条件下形成的，重视对计量器具的管理，其在计量基准器具，计量标准器具，计量检定，计量器具的制造、修理、销售、使用、进口，以及计量器具新产品开发的监督管理等方面做出了比较翔实的规定，但对市场经济生活中迫切需要规范的有关商品量、服务量以及计量数据、计量行为的监督管理涉及甚少。于是，关于《计量法》的修正问题得到了重视，不少学者和人大代表对计量法的修改提出了许多有建设性的意见，全国人民代表大会常务委员会先后 5 次对《计量法》进行修正。2009 年 8 月 27 日第十一届全国人民代表大会常务委员会第十次会议通过《关于修改部分法律的决定》（第一次修正）；2013 年 12 月 28 日第十二届全国人民代表大会常务委员会第六次会议通过《关于修改〈中华人民共和国计量法〉等七部法律的决定》（第二次修正）；2015 年 4 月 24 日第十二届全国人民代表大会常务委员会第十四次会议通过《关于修改〈中华人民共和国计量法〉等五部法律的决定》（第三次修正）；2017 年 12 月 27 日第十二届全国人民代表大会常务委员会第三十一次会议通过《关于修改〈中华人民共和国招标投标法〉〈中华人民共和国计量法〉的决定》（第四次修正）；2018 年 10 月 26 日第十三届全国人民代表大会常务委员会第六次会议通过《关于修改〈中华人民共和国计量法〉等十五部法律的决定》（第五次修正）。至此，中国计量法制体系基本完善，满足了计量管理等需要，详见图 5-1。

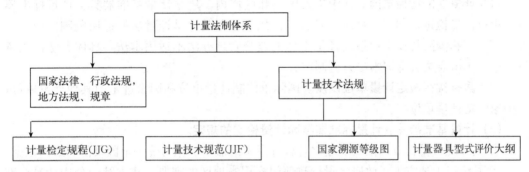

图 5-1 计量法制体系

第一层次，法律，即《中华人民共和国计量法》。

第二层次，法规，由国务院、国家计量行政管理部门和地方立法，包括：《中华人民共和国计量法实施细则》《中华人民共和国进口计量器具监督管理办法》《国务院关于在我国统一实行法定计量单位的命令》《中华人民共和国强制检定的工作计量器具检定管理办法》《国防计量监督管理条例》《关于改革全国土地面积计量单位的通知》《全面推行我国法定计量单位的意见》《能源计量监督管理办法》《计量比对管理办法》《计量检定人员管理办法》《计量标准考核办法》《计量基准管理办法》《国家计量检定规程管理办法》《零售商品称重计量监督管理办法》《定量包装商品计量监督管理办法》《计量器具新产品管理办法》《进口计量器具监督管理办法实施细则》《商品量计量违法行为处罚规定》《法定计量检定机构监督管理办法》《计量违法行为处罚细则》《计量授权管理办法》《中华人民共和国强制检定的工作计量器具检定管理办法》以及地方立法（如《海南省计量管理条例》《山东省计量条例》《吉林省计量管理条例》《贵州省计量监督管理条例》）等。

第三层次，计量技术法规，包括计量检定规程、计量技术规范、国家溯源等级图和计量器具型式评价大纲。我国先后制/修订了国家计量检定规程（971 项）、计量技术规范（672 项）和国家溯源等级图（也就是国家计量检定系统表）（95 项）、计量器具型式评价大纲（117 项），确保计量管理的需要。

5.2.2 计量法结构与主要内容

5.2.2.1 计量法的结构

2018年修正的《计量法》包括6章共34条，其结构为：
第一章　总则（4条）；
第二章　计量基准器具、计量标准器具和计量检定（7条）；
第三章　计量器具管理（6条）；
第四章　计量监督（5条）；
第五章　法律责任（9条）；
第六章　附则（3条）。

从法律的条文数量来看，该法在法律责任方面的规定最多，有9条，占整个法律条文总数的26.5%；在计量基准器具、计量标准器具和计量检定方面的规定有7条，占20.6%；在对计量器具管理方面的规定有6条，占17.7%。

5.2.2.2 计量法重要条款解释

(1) 计量法的适用范围。 在中华人民共和国境内，建立计量基准器具、计量标准器具，进行计量检定，制造、修理、销售、使用计量器具，是计量法的适用范围。但中国人民解放军和国防科技工业系统计量工作的监督管理办法不适用本法，具体办法由国务院、中央军事委员会依据本法另行制定。

(2) 国家实行法定计量单位制度。 国际单位制计量单位和国家选定的其他计量单位，为国家法定计量单位。

(3) 计量基准器具、计量标准器具和计量检定的规定。

① 国务院计量行政部门负责建立各种计量基准器具，作为统一全国量值的最高依据。

② 县级以上地方人民政府计量行政部门根据本地区的需要，建立社会公用计量标准器具，经上级人民政府计量行政部门主持考核合格后使用。

③ 国务院有关主管部门和省、自治区、直辖市人民政府有关主管部门，根据本部门的特殊需要，可以建立本部门使用的计量标准器具，其各项最高计量标准器具经同级人民政府计量行政部门主持考核合格后使用。

④ 企业、事业单位根据需要，可以建立本单位使用的计量标准器具，其各项最高计量标准器具经有关人民政府计量行政部门主持考核合格后使用。

⑤ 县级以上人民政府计量行政部门对社会公用计量标准器具，部门和企业、事业单位使用的最高计量标准器具，以及用于贸易结算、安全防护、医疗卫生、环境监测方面的列入强制检定目录的工作计量器具，实行强制检定。未按照规定申请检定或者检定不合格的，不得使用。实行强制检定的工作计量器具的目录和管理办法，由国务院制定。

对前款规定以外的其他计量标准器具和工作计量器具，使用单位应当自行定期检定或者送其他计量检定机构检定。

⑥ 计量检定必须按照国家计量检定系统表进行。国家计量检定系统表由国务院计量行政部门制定。计量检定必须执行计量检定规程。国家计量检定规程由国务院计量行政部门制定。没有国家计量检定规程的，由国务院有关主管部门和省、自治区、直辖市人民政府计量行政部门分别制定部门计量检定规程和地方计量检定规程。

⑦ 计量检定工作应当按照经济合理的原则，就地就近进行。

(4) 计量器具管理规定。

① 制造、修理计量器具的企业、事业单位，必须具有与所制造、修理的计量器具相适应的设施、人员和检定仪器设备。

② 制造计量器具的企业、事业单位生产本单位未生产过的计量器具新产品，必须经省级以上人民政府计量行政部门对其样品的计量性能考核合格，方可投入生产。

③ 任何单位和个人不得违反规定制造、销售和进口非法定计量单位的计量器具。

④ 制造、修理计量器具的企业、事业单位必须对制造、修理的计量器具进行检定，保证产品计量性能合格，并对合格产品出具产品合格证。

⑤ 使用计量器具不得破坏其准确度，损害国家和消费者的利益。

⑥ 个体工商户可以制造、修理简易的计量器具。个体工商户制造、修理计量器具的范围和管理办法，由国务院计量行政部门制定。

(5) 计量监督管理规定。

① 县级以上人民政府计量行政部门应当依法对制造、修理、销售、进口和使用计量器具，以及计量检定等相关计量活动进行监督检查。有关单位和个人不得拒绝、阻挠。

② 县级以上人民政府计量行政部门可以根据需要设置计量监督员。计量监督员管理办法，由国务院计量行政部门制定。

③ 县级以上人民政府计量行政部门可以根据需要设置计量检定机构，或者授权其他单位的计量检定机构，执行强制检定和其他检定、测试任务。

执行前款规定的检定、测试任务的人员，必须经考核合格。

④ 处理因计量器具准确度所引起的纠纷，以国家计量基准器具或者社会公用计量标准器具检定的数据为准。

⑤ 为社会提供公证数据的产品质量检验机构，必须经省级以上人民政府计量行政部门对其计量检定、测试的能力和可靠性考核合格。这是我国实施的计量认证管理的法律依据（《计量法》第二十二条）。

同时《计量法实施细则》还规定，为社会提供公证数据的产品质量检验机构，必须经省级以上人民政府计量行政部门计量认证。产品质量检验机构计量认证的内容包括：计量检定、测试设备的性能；计量检定、测试设备的工作环境和人员的操作技能；保证量值统一、准确的措施及检测数据公正可靠的管理制度。

(6) 法律责任与处罚规定。

① 制造、销售未经考核合格的计量器具新产品的，责令停止制造、销售该种新产品，没收违法所得，可以并处罚款。

② 制造、修理、销售的计量器具不合格的，没收违法所得，可以并处罚款。

③ 属于强制检定范围的计量器具，未按照规定申请检定或者检定不合格继续使用的，责令停止使用，可以并处罚款。

④ 使用不合格的计量器具或者破坏计量器具准确度，给国家和消费者造成损失的，责令赔偿损失，没收计量器具和违法所得，可以并处罚款。

⑤ 制造、销售、使用以欺骗消费者为目的的计量器具的，没收计量器具和违法所得，处以罚款；情节严重的，并对个人或者单位直接责任人员依照刑法有关规定追究刑事责任。

⑥ 违反本法规定，制造、修理、销售的计量器具不合格，造成人身伤亡或者重大财产损失的，依照刑法有关规定，对个人或者单位直接责任人员追究刑事责任。

⑦ 计量监督人员违法失职，情节严重的，依照刑法有关规定追究刑事责任；情节轻微的，给予行政处分。

⑧ 违法的行政处罚，由县级以上地方人民政府计量行政部门决定。

⑨ 当事人对行政处罚决定不服的，可以在接到处罚通知之日起十五日内向人民法院起诉；对罚款、没收违法所得的行政处罚决定期满不起诉又不履行的，由作出行政处罚决定的机关申请人民法院强制执行。

有关计量法的实施，可以依据《计量法实施细则》(2018年修正本)的相关规定执行。如使用非法定计量单位的，责令其改正；属出版物的，责令其停止销售，可并处1000元以下的罚款；违反《计量法》第十四条规定，制造、销售和进口非法定计量单位的计量器具的，责令其停止制造、销售和进口，没收计量器具和全部违法所得，可并处相当其违法所得10%~50%的罚款；部门和企业、事业单位的各项最高计量标准，未经有关人民政府计量行政部门考核合格而开展计量检定的，责令其停止使用，可并处1000元以下的罚款；属于强制检定范围的计量器具，未按照规定申请检定和属于非强制检定范围的计量器具未自行定期检定或者送其他计量检定机构定期检定的，以及经检定不合格继续使用的，责令其停止使用，可并处1000元以下的罚款；制造、销售未经型式批准或样机试验合格的计量器具新产品的，责令其停止制造、销售，封存该种新产品，没收全部违法所得，可并处3000元以下的罚款；使用不合格计量器具或者破坏计量器具准确度和伪造数据，给国家和消费者造成损失的，责令其赔偿损失，没收计量器具和全部违法所得，可并处2000元以下的罚款；制造、销售、使用以欺骗消费者为目的的计量器具的单位和个人，没收其计量器具和全部违法所得，可并处2000元以下的罚款，构成犯罪的，对个人或者单位直接责任人员，依法追究刑事责任；计量监督管理人员违法失职，徇私舞弊，情节轻微的，给予行政处分；构成犯罪的，依法追究刑事责任。

5.3 检验检测机构资质认定

5.3.1 资质认定的类型

检验机构资质认定发展与管理

检验检测机构资质认定，随着计量法律法规的要求变化而变化，形成了以下不同的类型。但无论怎么变化，其最根本的要求都是要确保检验数据的准确可靠。

我国从20世纪80年后期，依据《计量法》及有关法律法规和规章，对产品质量监督检验机构和社会上其他技术机构开始实施计量认证工作。取得计量认证合格证书的检测机构，可按证书批准的范围，在检测（测试）证书及报告上使用该标志。

检验检测机构资质认定类型主要有以下几种。

(1) 计量认证。《计量法》是计量认证的法律依据。当时我国借鉴英国、欧共体的经验制定了自己的考核标准，在1990年发布了JJG 1021—1990《产品质量检验机构计量认证技术考核规范》（计量认证50条）。中国计量认证（China Metrology Accreditation，CMA）的标志见图5-2。

通过计量认证的检验检测机构，颁发计量认证证书。检验检测机构可按证书所批准的范围，在检验报告上使用计量认证标志。

图5-2 中国计量认证标志

(2) 审查认可/验收。 20世纪80年代起，《标准化法》要求国家产品质量监管部门、国务院各部委、各省（自治区、直辖市）政府产品质量管理部门设立相应的质检机构。当时承担监督检验任务的检验机构分成两种：一是依法设置，指政府质量行政主管部门直属的质检机构，如国家质检中心，省、市质检院所，对这类机构考核称为验收。二是依法授权，指利用社会资源建立、政府质量行政主管部门授权的质检机构,如建立在大专院校、科研院所的质检机构,对这类机构考核称为审查认可。

在1990年制定的产品质检机构验收及审查认可如《国家产品质量监督检验中心审查认可细则》《产品质量监督检验所验收细则》《产品质量监督站审查认可细则》三个细则中,通过审查认可(验收)考核合格的检验检测机构,方可在其出具的检验报告上使用中国考核合格实验室(China Accredited Laboratory,CAL)标志,见图5-3。

图5-3 中国考核合格实验室标志

当时,质检机构的计量认证和审查认可同时进行,所以称为检验检测机构"双认证"。

(3)资质认定。依据《计量法》的规定,为社会提供公证数据的检验检测机构应当经省级以上人民政府计量行政主管部门对其计量能力和可靠性考核合格,取得资质认定后方可向社会提供相关公证数据。2009年颁布的《食品安全法》对食品检验机构(实验室)提出了新的要求。对食品检验机构资质认定,相关部门制定了食品检验机构的资质认定条件和检验规范,在我国首次出现了食品检验机构资质认定,通过后方可从事食品检验活动。食品检验机构(实验室)资质认定标志是在中国检验检测机构资质认定的"CMA"标志的右下角增加了"Ⓕ","F"是食品英文"Food"的第一个字母的大写,见图5-4。

图5-4 食品检验机构资质认定标志

通过食品检验机构资质认定的在其检验报告上可以使用该标志。"CMAF"标志使用的时间是2011年3月到2015年10月。2015年10月以后"CMAF"标志废止,继续使用计量认证标志"CMA"为资质认定标志,但赋予了CMA新的含义:中国检验机构和实验室强制性认可(China Inspection Body and Laboratory Mandatory Approval)。

目前国家对食品检验机构(实验室)资质认定采用"A+B"模式。A指的是国家认证认可监督管理委员会颁布的RB/T 214—2017《检验检测机构资质认定能力评价—检验检测机构通用要求》,这是资质认定的通用要求。B指的是2016年国家食品药品监督管理总局和国家认证认可监督管理委员会颁布的《食品检验机构资质认定条件》,该资质认定的条件是专门针对食品提出的特殊要求。也就是说,A、B均达到要求的,才能通过食品检验检测机构的资质认定。

(4)实验室认可。为了与国际接轨,促进国际贸易发展,参与国际竞争,宜按照国际通用的做法和惯例来管理和运作实验室。由国家认证认可监督管理委员会批准设立并授权中国合格评定国家认可委员会(China National Accreditation Service for Conformity Assessment,CNAS)统一负责对认证机构、实验室和检查机构的认可工作。通过CNAS认可的实验室,其检验报告上方可使用CNAS认可标志,见图5-5。

图5-5 中国合格评定实验室标志

CNAS认可实现了国际互认,如与国际实验室认可合作组织/亚太实验室认可合作组织(ILAC/APLAC)的互认。

CNAS认可执行的标准是:ISO/IEC 17025—2017《检测和校准实验室能力认可准则》≡CNAS-CL01《检测和校准实验室能力认可准则》

(ISO/IEC 17025：2017)≡GB/T 27025—2019《检测和校准实验室能力的通用要求》，三个标准是完全等效的。

无论资质认定如何调整变化，我国通过资质认定的检验检测机构的检验能力和检验水平与质量有了明显的提高，并逐步实现了与国际接轨，对评价质量检验技术机构的能力、规范检验检测机构的检验行为，加强质量检验检测机构的管理和提高决策技术水平等起到了极大的促进作用。同时，在扶优治劣，打击假冒伪劣、掺杂掺假等违法产品，确保市场经济的正常运转中发挥了积极的作用，取得了显著的经济效益和社会效益。

5.3.2 基本概念

依据 RB/T 214—2017《检验检测机构资质认定能力评价—检验检测机构通用要求》、CNAS-CL 01：2018《检测和校准实验室能力认可准则》、GB/T 27000—2006/ISO/IEC 17000：2004《合格评定 词汇和通用原则》和 JJF 1001—2011《通用计量术语及定义技术规范》等技术规范标准，给出检验检测的相关概念。

(1) 检验检测机构（inspection body and laboratory）：依法成立依据相关标准或者技术规范，利用仪器设备、环境设施等技术条件和专业技能，对产品或者法律法规规定的特定对象进行检验检测的专业技术组织。

(2) 资质认定（mandatory approval）：国家认证认可监督管理委员会和省级市场监督管理部门依据有关法律法规和标准、技术规范的规定，对检验检测机构的基本条件和技术能力是否符合法定要求实施的评价许可。

(3) 资质认定评审（assessment of mandatory approval）：国家认证认可监督管理委员会和省级市场监督管理部门依据《中华人民共和国行政许可法》的有关规定，自行或者委托专业技术评价机构，组织评审人员，对检验检测机构的基本条件和技术能力是否符合《检验检测机构资质认定认可准则》和评审补充要求所进行的审查和考核。

(4) 公正性（impartiality）：客观性的存在。

> 注1：客观性意味着利益冲突不存在或已解决，不会对后续的实验室活动产生不利影响。
> 注2：其他可用于表示公正性要素的术语有无利益冲突、没有成见、没有偏见、中立、公平、思想开明、不偏不倚、不受他人影响、平衡。

(5) 投诉（complaint）：任何人员或组织向实验室就其活动或结果表达不满意，并期望得到回复的行为。

(6) 实验室间比对（interlaboratory comparison）：按照预先规定的条件，由两个或多个实验室对相同或类似的物品进行测量或检测的组织、实施和评价。

(7) 实验室内比对（intra-laboratory comparison）：按照预先规定的条件，在同一实验室内部对相同或类似的物品进行测量或检测的组织、实施和评价。

(8) 能力验证（proficiency testing）：利用实验室间比对，按照预先制定的准则评价参加者的能力。

(9) 实验室（laboratory）：从事下列一种或多种活动的机构：
——检测；
——校准；
——与后续检测或校准相关的抽样。

(10) 判定规则（decision rule）：当声明与规定要求的符合性时，描述如何考虑测量不确定度的规则。

(11) 验证（verification）：提供客观证据，证明给定项目满足规定要求。

> 例1：证实在测量取样质量小至 10 mg 时，对于相关量值和测量程序，给定标准物质的均匀性与其声称的一致。
> 例2：证实已达到测量系统的性能特性或法定要求。
> 例3：证实可满足目标测量不确定度。

> 注1：适用时，宜考虑测量不确定度。
> 注2：项目可以是，例如一个过程、测量程序、物质、化合物或测量系统。
> 注3：满足规定要求，如制造商的规范。
> 注4：在国际法制计量术语（VIML）中定义的验证，以及通常在合格评定中的验证，是指对测量系统的检查并加标记和（或）出具验证证书。在我国的法制计量领域，"验证"也称为"检定"。
> 注5：验证不宜与校准混淆。不是每个验证都是确认。
> 注6：在化学中，验证实体身份或活性时，需要描述该实体或活性的结构或特性。

(12) 确认（validation）：对规定要求满足预期用途的验证。

> 例：一个通常用于测量水中氮的质量浓度的测量程序，也可被确认为可用于测量人体血清中氮的质量浓度。

(13) 公证数据（notarization data）（具有证明作用的数据）：面向社会从事检验检测工作的技术机构为他人做决定、仲裁、裁决所出具的可引起一定法律后果的数据。

(14) 计量认证（metrology accreditation）：指政府计量行政管理部门对面向社会提供公证数据的技术机构的计量检定、测试能力和可靠性所进行的考核和证明。

(15) 检测（testing）：按照程序确定合格评定对象的样品的活动。

> 注：检测主要适用于材料、产品或过程。

(16) 检验（inspect）：按照严格规定程序和方法进行的测量，所采用的程序和方法必须法定有效。检验通常要提供一个数据，并要有明确的结论。

> 注：检验结果通常被记录在称之为检验报告或检验证书的文件中。

(17) 测试（test）：是指具有一定试验性（探索性）的测量。近年来，往往将不是严格按照约定规程或成熟方案进行的测量统称为测试，甚至有时也可以将测试理解为测量和试验的综合。测试只提供一个数据，没有明确的结论。

(18) 质量手册（quality manual）：对质量体系做概括表述、阐述及指导质量体系实践的主要文件，是企业质量管理和质量保证活动应长期遵循的纲领性文件。

> 注：质量手册可以列出与检验检测质量工作有关的其他文件。

5.3.3 资质认定的对象与分级

(1) 资质认定的对象。 凡是为社会提供公证数据的产品质量检验检测机构和其他测试实验室，面向社会从事产品质量检验检测机构均可申请资质认定。其中向社会提供公证数据的产品质量检验检测机构，必须申请进行资质认定，属于强制性的。其他的检验检测机构可根据实际情况自愿申请资质认定，属于非强制性的。

(2) 资质认定的分级。 资质认定分为两级实施。国家级资质认定，由国家认可认证监督管理委员会组织实施；省级资质认定，由省级市场监督管理局计量行政管理部门负责组织实施。不论是国家级还是省级，实施的效力均是完全一致的，不论是国家级还是省级认证，通过认证的检测机构资格在全国均同样法定有效，不存在办理部门不同效力不同的差异。

5.3.4 资质认定的性质与目的

5.3.4.1 资质认定的性质

检验检测机构资质认定是一项确保检验检测数据、结果的真实、客观、准确的行政许可制度。资质认定具有非常严格的科学性和严肃的法制性。

(1) 计量认证的科学性。

① 资质认定遵循检测和校准实验室能力认可准则，其内容具有一定的广度和深度，只有对检验检测机构实行严格的全面质量管理，才能达到要求。

② 资质认定的考核评审内容是建立在误差理论、数理统计和正确的数据分析的科学基础上的。

(2) 资质认定的法制性。

① 计量认证在计量法律法规体系中占有相当重要的地位。其法律依据是《计量法》《计量法实施细则》。

② 通过资质认定考核和评审的质检机构或技术机构，向社会提供的检验数据具有法律效力，是产品或技术贸易、科技成果鉴定的重要依据，在社会技术和经济生活以及国际上有重要的作用。在产品和技术贸易中，通过了资质认定的检验检测机构出具的检验报告可作为技术仲裁的法律依据。未取得资质认定证书的检验检测机构，不得开展产品质量检验工作。表明这项工作是强制性的政府行为。

③ 申请资质认定的检验检测机构必须经过计量行政部门考核合格后，才有资格为社会提供公证数据，这同计量工作的其他方面不一样，表明政府对这项工作行使的权限是严格控制的。

④ 强制要求检验检测机构的量值必须溯源到国家溯源等级图，使用的最高等级的计量标准也应取得法定的资格，以保证国家单位量值的统一和准确可靠。

5.3.4.2 资质认定的目的

资质认定的目的主要表现在：

① 对为社会提供公证数据的质量检验技术机构，实施计量法制监督与管理。

② 促进检验检测机构自身的规范化和科学化管理。

③ 检验检测机构向社会提供准确可靠的数据，在全国范围内保证检测数据的一致性、准确性，并保证量值传递可溯源到国家基准。

④ 有利于保护国家、企业和消费者的合法权益。

⑤ 通过资质认定的管理方法，可以提高检验检测机构在社会上的知名度和市场竞争力，促进服务质量提高。

⑥ 资质认定能够为国际科学技术交流、经济贸易和有关国际合作创造条件。

5.3.5 资质认定评审的特点

资质认定评审的特点概括起来有以下几条：

① 坚持评审员与技术专家评审相结合。一般评审组由评审员和技术管理、产品质量检验、计量检测三方面的专家组成。评审员必须经过省级以上计量行政管理部门组织的专门培训，并经考试合格，取得资质认定评审员资格证书。要求专家从事本专业工作经

历在 10 年以上，工作认真负责，客观公正，实事求是。

② 坚持考核与"管、帮、促"相结合。资质认定一般历时 1~2 年，条件好的技术机构最少也需要半年的认真准备。考核评审的过程，也是帮助申请单位改进工作和管理的过程，"帮、促"工作要贯彻资质认定工作的始终。

③ 坚持程序管理和规范管理相结合。资质认定是一项执法认证工作，所有的工作管理程序必须按照法定程序进行，绝不能随心所欲。

④ 资质认定是对检验检测机构管理能力和技术水平的全面考核。资质认定不仅仅是对计量器具的检定和校准，其内容还包括组织和管理、质量体系、审核和评审、人员、设施和环境、仪器设备和标准物质、量值溯源和校准、检验方法、检验样品的处置、记录、证书和报告、检验的分包、外部支持服务和供应、投诉等多个方面。一般的检验检测机构不经过认真努力和有效的整改是难以达到规定要求的。

⑤ 资质认定本身具有第三方公证地位。通过资质认定的检验检测机构的工作具有独立性，不受有关行政主管部门的干预，仅仅执行法律赋予的义务和责任。

5.3.6 资质认定的通用要求

根据《中华人民共和国计量法》《中华人民共和国产品质量法》《中华人民共和国食品安全法》《中华人民共和国农产品质量安全法》《中华人民共和国认证认可条例》等有关法律、法规的规定，国家认证认可监督管理委员会颁布了 RB/T 214—2017《检验检测机构资质认定能力评价 检验检测机构通用要求》。RB/T 214—2017 是我国最新的检验检测机构资质认定要求，对检验检测机构进行资质认定能力评价时，在机构、人员、场所环境、设备设施、管理体系方面的通用要求，通常也称为 A 要求，简称通用要求。针对各个不同领域的检验检测机构，应参考依据相应领域的补充要求，如原国家食品药品监督管理总局和原农业部就对食品和农产品检验检测机构的特殊要求，通常称为 B 要求。RB/T 214—2017 适用于向社会出具具有证明作用的数据、结果的检验检测机构的资质认定能力评价，也适用于检验检测机构的自我评价。

RB/T 214—2017 提出了机构、人员、场所环境、设备设施和管理体系 5 个方面要求，共 49 条，其中机构要求有 5 条，人员要求有 7 条，场所环境要求 4 条，设备设施 6 条，管理体系 27 条。从通用要求的条款来看，管理体系的要求条数最多，也说明检验检测机构的管理是做好检验检测工作的关键。

(1) 机构。

① 检验检测机构应是依法成立并能够承担相应法律责任的法人或者其他组织。检验检测机构或者其所在的组织应有明确的法律地位，对其出具的检验检测数据、结果负责，并承担相应法律责任。不具备独立法人资格的检验检测机构应经所在法人单位授权。

② 检验检测机构应明确其组织结构及管理、技术运作和支持服务之间的关系。检验检测机构应配备检验检测活动所需的人员、设施、设备、系统及支持服务。

③ 检验检测机构及其人员从事检验检测活动，应遵守国家相关法律法规的规定，遵循客观独立、公平公正、诚实信用原则，恪守职业道德，承担社会责任。

④ 检验检测机构应建立和保持维护其公正和诚信的程序。检验检测机构及其人员应不受来自内外部的、不正当的商业、财务和其他方面的压力和影响，确保检验检测数据、结果的真实、客观、准确和可追溯。检验检测机构应建立识别出公正性风险的长效机制。如识别出公正性风险，检验检测机构应能证明消除或减少该风险。若检验检测机构所在的组织还从事检验检测以外的活动，应识别并采取措施避免潜在的利益冲突。检验检测机构不得使用同时在两个及以上检验检测机构从业的人员。

⑤ 检验检测机构应建立和保持保护客户秘密和所有权的程序，该程序应包括保护电子存储和传输结果信息的要求。检验检测机构及其人员应对其在检验检测活动中所知悉的国家秘密、商业秘密和技术秘密负有保密义务，并制定和实施相应的保密措施。

（2）人员。

① 检验检测机构应建立和保持人员管理程序、对人员资格确认、任用、授权和能力保持等进行规范管理。检验检测机构应与其人员建立劳动、聘用或录用关系，明确技术人员和管理人员的岗位职责、任职要求和工作关系，使其满足岗位要求并具有所需的权力和资源，履行建立、实施、保持和持续改进管理体系的职责。检验检测机构中所有可能影响检验检测活动的人员，无论是内部还是外部人员，均应行为公正，受到监督，胜任工作，并按照管理体系要求履行职责。

② 检验检测机构应确定全权负责的管理层，管理层应履行其对管理体系的领导作用和承诺：（a）对公正性做出承诺；（b）负责管理体系的建立和有效运行；（c）确保管理体系所需的资源；（d）确保制定质量方针和质量目标；（e）确保管理体系要求融入检验检测的全过程；（f）组织管理体系的管理评审；（g）确保管理体系实现其预期结果；（h）满足相关法律法规要求和客户要求；（i）提升客户满意度；（j）运用过程方法建立管理体系和分析风险、机遇。

③ 检验检测机构的技术负责人应具有中级及以上专业技术职称或同等能力，全面负责技术运作；质量负责人应确保管理体系得到实施和保持；应指定关键管理人员的代理人。

④ 检验检测机构的授权签字人应具有中级及以上专业技术职称或同等能力，并经资质认定部门批准，非授权签字人不得签发检验检测报告或证书。

⑤ 检验检测机构应对抽样、操作设备、检验检测、签发检验检测报告或证书以及提出意见和解释的人员，依据相应的教育、培训、技能和经验进行能力确认。应由熟悉检验检测目的、程序、方法和结果评价的人员，对检验检测人员包括实习员工进行监督。

⑥ 检验检测机构应建立和保持人员培训程序，确定人员的教育和培训目标，明确培训需求和实施人员培训。培训计划应与检验检测机构当前和预期的任务相适应。

⑦ 检验检测机构应保留人员的相关资格、能力确认、授权、教育、培训和监督的记录，记录包含能力要求的确定、人员选择、人员培训、人员监督、人员授权和人员能力监控。

（3）场所环境。

① 检验检测机构应有固定的、临时的、可移动的或多个地点的场所，上述场所应满足相关法律法规、标准或技术规范的要求。检验检测机构应将其从事检验检测活动所必需的场所、环境要求制定成文件。

② 检验检测机构应确保其工作环境满足检验检测的要求。检验检测机构在固定场所以外进行检验检测或抽样时，应提出相应的控制要求，以确保环境条件满足检验检测标准或者技术规范的要求。

③ 检验检测标准或者技术规范对环境条件有要求时或环境条件影响检验检测结果时，应监测、控制和记录环境条件。当环境条件不利于检验检测的开展时，应停止检验检测活动。

④ 检验检测机构应建立和保持检验检测场所良好的内务管理程序，该程序应考虑安全和环境的因素。检验检测机构应将不相容活动的相邻区域进行有效隔离，应采取措施以防止干扰或者交叉污染。检验检测机构应对使用和进入影响检验检测质量的区域加以控制，并根据特定情况确定控制的范围。

(4) 设备设施。

① 设备设施的配备。检验检测机构应配备满足检验检测（包括抽样、物品制备、数据处理与分析）要求的设备和设施。用于检验检测的设施应有利于检验检测工作的正常开展。设备包括检验检测活动所必需并影响结果的仪器、软件、测量标准、标准物质、参考数据、试剂、消耗品、辅助设备或相应组合装置。检验检测机构使用非本机构的设施和设备时，应确保满足本标准要求。

检验检测机构租用仪器设备开展检验检测时，应确保：（a）租用仪器设备的管理应纳入本检验检测机构的管理体系；（b）本检验检测机构可全权支配使用，即租用的仪器设备由本检验检测机构的人员操作、维护、检定或校准，并对使用环境和贮存条件进行控制；（c）在租赁合同中明确规定租用设备的使用权；（d）同一台设备不允许在同一时期被不同检验检测机构共同租赁和资质认定。

② 设备设施的维护。检验检测机构应建立和保持检验检测设备和设施管理程序，以确保设备和设施的配置、使用和维护满足检验检测工作要求。

③ 设备管理。检验检测机构应对检验检测结果、抽样结果的准确性或有效性有影响或计量溯源性有要求的设备，包括用于测量环境条件等辅助测量设备有计划地实施检定或校准。设备在投入使用前，应采用核查、检定或校准等方式，以确认其是否满足检验检测的要求。所有需要检定、校准或有有效期的设备应使用标签、编码或以其他方式标识，以便使用人员易于识别检定、校准的状态或有效期。

检验检测设备，包括硬件和软件设备应得到保护，以避免出现致使检验检测结果失效的调整。检验检测机构的参考标准应满足溯源要求。无法溯源到国家或国际测量标准时，检验检测机构应保留检验检测结果相关性或准确性的证据。

当需要利用期间核查以保持设备的可信度时，应建立和保持相关的程序。针对校准结果包含的修正信息或标准物质包含的参考值，检验检测机构应确保在其检测数据及相关记录中加以利用并备份和更新。

④ 设备控制。检验检测机构应保存对检验检测具有影响的设备及其软件的记录。用于检验检测并对结果有影响的设备及其软件，如可能，应加以唯一性标识。检验检测设备应由经过授权的人员操作并对其进行正常维护。若设备脱离了检验检测机构的直接控制，应确保该设备返回后，在使用前对其功能和检定、校准状态进行核查，并得到满意结果。

⑤ 故障处理。设备出现故障或者异常时，检验检测机构应采取相应措施，如停止使用、隔离或加贴停用标签、标记，直至修复并通过检定、校准或核查表明能正常工作为止。应核查这些缺陷或偏离对以前检验检测结果的影响。

⑥ 标准物质。检验检测机构应建立和保持标准物质管理程序。标准物质应尽可能溯源到国际单位制单位或有证标准物质。检验检测机构应根据程序对标准物质进行期间核查。

(5) 管理体系。

① 总则。检验检测机构应建立、实施和保持与其活动范围相适应的管理体系，应将其政策、制度、计划、程序和指导书制定成文件，管理体系文件应传达至有关人员，并被其获取、理解、执行。检验检测机构管理体系至少应包括：管理体系文件、管理体系文件的控制、记录控制、应对风险和机遇的措施、改进、纠正措施、内部审核和管理评审。

② 方针目标。检验检测机构应阐明质量方针，制定质量目标，并在管理评审时予以评审。

③ 文件控制。检验检测机构应建立和保持控制其管理体系的内部和外部文件的程序，明确文件的标识、批准、发布、变更和废止，防止使用无效、作废的文件。

④ 合同评审。检验检测机构应建立和保持评审客户要求、标书、合同的程序。对要求、标书、合同的偏离、变更应征得客户同意并通知相关人员。当客户要求出具的检验检测报告或证书中包含对标准或规范的符合性声明（如合格或不合格）时，检验检测机构应有相应的判定规则。若标准或规范不包含判定规则内容，检验检测机构选择的判定规则应与客户沟通并得到同意。

⑤ 分包。检验检测机构须分包检验检测项目时，应分包给已取得检验检测机构资质认定并有能力完成分包项目的检验检测机构，具体分包的检验检测项目和承担分包项目的检验检测机构应事先取得委托人的同意。出具检验检测报告或证书时，应将分包项目予以区分。

检验检测机构实施分包前，应建立和保持分包的管理程序，并在检验检测业务洽谈、合同评审和合同签署过程中予以实施。

检验检测机构不得将法律法规、技术标准等文件禁止分包的项目实施分包。

⑥ 采购。检验检测机构应建立和保持选择和购买对检验检测质量有影响的服务和供应品的程序，明确服务、供应品、试剂、消耗材料等的购买、验收、存储的要求，并保存对供应商的评价记录。

⑦ 服务客户。检验检测机构应建立和保持服务客户的程序，包括：保持与客户沟通，对客户进行服务满意度调查、跟踪客户的需求，以及允许客户或其代表合理进入为其检验检测的相关区域观察。

⑧ 投诉。检验检测机构应建立和保持处理投诉的程序。明确对投诉的接收、确认、调查和处理职责，跟踪和记录投诉，确保采取适宜的措施，并注重人员的回避。

⑨ 不符合工作控制。检验检测机构应建立和保持出现不符合工作的处理程序，当检验检测机构活动或结果不符合其自身程序或与客户达成一致的要求时，检验检测机构应实施该程序。该程序应确保：（a）明确对不符合工作进行管理的责任和权力；（b）针对风险等级采取措施；（c）对不符合工作的严重性进行评价，包括对以前结果的影响分析；（d）对不符合工作的可接受性做出决定；（e）必要时，通知客户并取消工作；（f）规定批准恢复工作的职责；（g）记录所描述的不符合工作和措施。

⑩ 纠正措施、应对风险与机遇的措施和改进。检验检测机构应建立和保持在识别出不符合时，采取纠正措施的程序。检验检测机构应通过实施质量方针、质量目标，应用审核结果、数据分析、纠正措施、管理评审、人员建议、风险评估、能力验证和客户反馈等信息来持续改进管理体系的适宜性、充分性和有效性。

检验检测机构应考虑与检验检测活动有关的风险和机遇，以利于：确保管理体系能够实现其预期结果；把握实现目标的机遇；预防或减少检验检测活动中的不利影响和潜在的失败；实现管理体系改进。检验检测机构应策划：应对这些风险和机遇的措施；如何在管理体系中整合并实施这些措施；如何评价这些措施的有效性。

⑪ 记录控制。检验检测机构应建立和保持记录管理程序，确保每一项检验检测活动技术记录的信息充分，确保记录的标识、储存、保护、检索、保留和处置符合要求。

⑫ 内部审核。检验检测机构应建立和保持管理体系内部审核的程序，以便验证其运作是否符合管理体系和本标准的要求，管理体系是否得到有效的实施和保持。内部审核通常每年一次，由质量负责人策划内审并制定审核方案。内审员须经过培训，具备相应资格。若资源允许，内审员应独立于被审核的活动。检验检测机构应：（a）依据有关过程的重要性、对检验检测机构产生影响的变化和以往的审核结果，策划、制定、实施和

保持审核方案，审核方案包括频次、方法、职责策划要求和报告；（b）规定每次审核的审核要求和范围；（c）选择审核员并实施审核；（d）确保将审核结果报告给相关管理者；（e）及时采取适当的纠正和纠正措施；（f）保留形成文件的信息，作为实施审核方案以及审核结果的证据。

⑬ 管理评审。检验检测机构应建立和保持管理评审的程序。管理评审通常12个月一次，由最高管理者负责。最高管理者应确保管理评审后，得出的相应变更或改进措施予以实施，确保管理体系的适宜性、充分性和有效性。应保留管理评审的记录。管理评审输入应包括以下信息：（a）检验检测机构相关的内外部因素的变化；（b）目标的可行性；（c）政策和程序的适用性；（d）以往管理评审所采取措施的情况；（e）近期内部审核的结果；（f）纠正措施；（g）由外部机构进行的评审；（h）工作量和工作类型的变化或检验检测机构活动范围的变化；（i）客户反馈；（j）投诉；（k）实施改进的有效性；（l）资源配备的合理性；（m）风险识别的可控性；（n）结果质量的保障性；（o）其他相关因素，如监督活动和培训。

管理评审输出应包括以下内容：（a）管理体系及其过程的有效性；（b）符合本标准要求的改进；（c）提供所需的资源；（d）变更的需求。

⑭ 方法的选择、验证和确认。检验检测机构应建立和保持检验检测方法控制程序。检验检测方法包括标准方法和非标准方法（含自制方法）。应优先使用标准方法，并确保使用标准的有效版本。在使用标准方法前，应进行验证。在使用非标准方法（含自制方法）前，应进行确认。检验检测机构应跟踪方法的变化，并重新进行验证或确认。必要时，检验检测机构应制定作业指导书。如确需方法偏离，应有文件规定，经技术判断和批准，并征得客户同意。当客户建议的方法不适合或已过期时，应通知客户。

非标准方法（含自制方法）的使用，应事先征得客户同意，并告知客户相关方法可能存在的风险。需要时，检验检测机构应建立和保持开发自制方法控制程序，自制方法应经确认。检验检测机构应记录作为确认证据的信息：使用的确认程序、规定的要求、方法性能特征的确定、获得的结果和描述该方法满足预期用途的有效性声明。

⑮ 测量不确定度。检验检测机构应根据需要建立和保持应用评定测量不确定度的程序。

检验检测项目中有测量不确定度的要求时，检验检测机构应建立和保持应用评定测量不确定度的程序。检验检测机构应建立相应数学模型，给出相应检验检测能力的评定测量不确定度案例。检验检测机构可在检验检测出现临界值、内部质量控制或客户有要求时，报告测量不确定度。

⑯ 数据信息管理。检验检测机构应获得检验检测活动所需的数据和信息，并对其信息管理系统进行有效管理。检验检测机构应对计算和数据转移进行系统和适当地检查。当利用计算机或自动化设备对检验检测数据进行采集、处理、记录、报告、存储或检索时，检验检测机构应：（a）将自行开发的计算机软件形成文件，使用前确认其适用性，并进行定期确认、改变或升级后再次确认，应保留确认记录；（b）建立和保持数据完整性、正确性和保密性的保护程序；（c）定期维护计算机和自动设备，保持其功能正常。

⑰ 抽样。检验检测机构如从事抽样检验检测时，应建立和保持抽样控制程序。抽样计划应根据适当的统计方法制定，抽样应确保检验检测结果的有效性。当客户对抽样程序有偏离的要求时，应予以详细记录，同时告知相关人员。如果客户要求的偏离影响到检验检测结果，应在报告、证书中做出声明。

⑱ 样品处置。检验检测机构应建立和保持样品管理程序，以保护样品的完整性并为客户保密。检验检测机构应有样品的标识系统，并在检验检测整个期间保留该标识。在接收样品时，应记录样品的异常情况或记录对检验检测方法的偏离。样品在运输、接收、处置、保护、存储、保留、清理或返回过程中应予以控制和记录。当样品需要存放或养护时，应维护、监控和记录环境条件。

⑲ 结果有效性。检验检测机构应建立和保持监控结果有效性程序。检验检测机构可采用定期使用标准物质、定期使用经过检定或校准的具有溯源性的替代仪器、对设备的功能进行检查、运用工作标准与控制图、使用相同或不同方法进行重复检验检测、保存样品的再次检验检测、分析样品不同结果的相关性、对报告数据进行审核、参加能力验证或机构之间比对、机构内部比对、盲样检验检测等进行监控。检验检测机构所有数据的记录方式应便于发现其发展趋势，若发现偏离预先判据，应采取有效的措施纠正出现的问题，防止出现错误的结果。质量控制应有适当的方法和计划并加以评价。

⑳ 结果报告。检验检测机构应准确、清晰、明确、客观地出具检验检测结果，符合检验检测方法的规定，并确保检验检测结果的有效性。结果通常应以检验检测报告或证书的形式发出。检验检测报告或证书应至少包括下列信息：（a）标题；（b）标注资质认定标志，加盖检验检测专用章（适用时）；（c）检验检测机构的名称和地址，检验检测的地点（如果与检验检测机构的地址不同）；（d）检验检测报告或证书的唯一性标识（如系列号）和每一页上的标识，以确保能够识别该页是属于检验检测报告或证书的一部分，以及表明检验检测报告或证书结束的清晰标识；（e）客户的名称和联系信息；（f）所用检验检测方法的识别；（g）检验检测样品的描述、状态和标识；（h）检验检测的日期，对检验检测结果的有效性和应用有重大影响时，注明样品的接收日期或抽样日期；（i）对检验检测结果的有效性或应用有影响时，提供检验检测机构或其他机构所用的抽样计划和程序的说明；（j）检验检测报告或证书签发人的姓名、签字或等效的标识和签发日期；（k）检验检测结果的测量单位（适用时）；（l）检验检测机构不负责抽样（如样品是由客户提供）时，应在报告或证书中声明结果仅适用于客户提供的样品；（m）检验检测结果来自于外部提供者时的清晰标注；（n）检验检测机构应做出未经本机构批准，不得复制（全文复制除外）报告或证书的声明。

㉑ 结果说明。当需对检验检测结果进行说明时，检验检测报告或证书中还应包括下列内容：（a）对检验检测方法的偏离、增加或删减，以及特定检验检测条件的信息，如环境条件；（b）适用时，给出符合（或不符合）要求或规范的声明；（c）当测量不确定度与检验检测结果的有效性或应用有关，或客户有要求，或当测量不确定度影响到对规范限度的符合性时，检验检测报告或证书中还需要包括测量不确定度的信息；（d）适用且需要时，提出意见和解释；（e）特定检验检测方法或客户所要求的附加信息。报告或证书涉及使用客户提供的数据时，应有明确的标识。当客户提供的信息可能影响结果的有效性时，报告或证书中应有免责声明。

㉒ 抽样结果。检验检测机构从事抽样时，应有完整、充分的信息支撑其检验检测报告或证书。

㉓ 意见和解释。当需要对报告或证书做出意见和解释时，检验检测机构应将意见和解释的依据形成文件。意见和解释应在检验检测报告或证书中清晰标注。

㉔ 分包结果。当检验检测报告或证书包含了由分包方所出具的检验检测结果时，这些结果应予清晰标明。

㉕ 结果传送和格式。当用电话、传真或其他电子或电磁方式传送检验检测结果时，

应满足本标准对数据控制的要求。检验检测报告或证书的格式应设计为适用于所进行的各种检验检测类型，并尽量减小产生误解或误用的可能性。

㉖ 修改。检验检测报告或证书签发后，若有更正或增补应予以记录。修订的检验检测报告或证书应标明所代替的报告或证书，并注以唯一性标识。

㉗ 记录和保存。检验检测机构应对检验检测原始记录、报告、证书归档留存，保证其具有可追溯性。检验检测原始记录、报告、证书的保存期限通常不少于6年。

5.3.7 食品检验机构资质认定条件

根据《食品安全法》《农产品质量安全法》对食品检验检测机构的要求，2016年国家食品药品监督管理总局和国家认证认可监督管理委员会颁布了《食品检验机构资质认定条件》（以下简称《认定条件》），并从2016年8月8日起开始施行。这就是前面我们提到的食品检验检测的B要求，只有"A+B"模式同时通过，食品检验检测机构才具有开展相关产品的法定资质。

资质认定评审准则

《认定条件》共分为总则、组织、管理体系、检验能力、人员、环境和设施、设备和标准物质、附则共8章31条，本节主要介绍前7章。

(1) 总则。

① 本认定条件适用于依据《食品安全法》及其实施条例开展食品检验活动的食品检验机构的资质认定。

② 本认定条件规定了检验机构在组织、管理体系、检验能力、人员、环境和设施、设备和标准物质等方面应当达到的要求。

资质认定评审准备

③ 检验机构应当符合相关法律法规和本认定条件的要求，按照食品检验工作规范开展食品检验活动，并保证检验活动的独立、科学、诚信和公正。

(2) 组织。

① 检验机构应当是依法成立并能够承担相应法律责任的法人或者其他组织。

② 检验机构开展国家法律法规规定需要取得特定资质的检验活动，应当取得相应的资质。

(3) 管理体系。

① 检验机构应当按照《食品安全法》及其实施条例、国家有关检验检测机构管理的规定及本认定条件的要求，建立和实施与其所开展的检验活动相适应的独立、科学、诚信和公正的管理体系。

② 检验机构应当制定完善的管理体系文件，包括政策、计划、程序文件、作业指导书、应急检验预案、档案管理制度、安全规章制度、检验责任追究制度以及相关法律法规要求的其他文件等，并确保其有效实施和受控。

③ 检验机构应当采用内部审核、管理评审、质量监督、内部质控、能力验证等有效内外部措施定期审查和完善管理体系，保证其基本条件和技术能力能够持续符合资质认定条件和要求，并确保管理体系有效运行。在首次资质认定前，管理体系应当已经连续运行至少6个月，并实施了完整的内部审核和管理评审。

④ 检验机构应当规范工作流程，强化对抽（采）样、检验、结果报告等关键环节质量控制，有效监控检验结果的稳定性和准确性，加强原始记录和检验报告管理，确保检验结果准确、完整、可溯源。

⑤ 食品检验实行检验机构与检验人负责制。检验机构和检验人对出具的食品检验报告负责。检验机构和检验人出具虚假检验报告的，按照相关法律法规的规定承担相应责任。

⑥ 检验机构在运用计算机与信息技术或自动设备系统对检验数据和相关信息进行管理时，应当有保障其安全性、完整性的措施，并验证有效。

(4) 检验能力。

① 检验机构应当至少具备下列一项或多项检验能力：(a) 能对某类或多类食品标准所规定的检验项目进行检验；(b) 能对某类或多类食品添加剂标准所规定的检验项目进行检验；(c) 能对某类或多类食品相关产品的食品安全标准所规定的检验项目进行检验；(d) 能对食品中污染物、农药残留、兽药残留、真菌毒素等通用类标准或相关规定要求的检验项目进行检验；(e) 能对食品安全事故致病因子进行鉴定；(f) 能进行食品毒理学、功能性评价；(g) 能开展《食品安全法》及其实施条例规定的其他检验活动。

② 检验机构应当掌握开展食品检验活动所需的有效的相关标准和检验方法，应当在使用前对其进行验证或确认，并保存相关记录。

③ 检验机构应当能够对所检验食品的检验质量事故进行分析和评估，并采取相应纠正措施。

(5) 人员。

① 食品检验由检验机构指定的检验人独立进行。检验人应当依照有关法律、法规的规定，并按照食品标准和食品检验工作规范对食品进行检验，尊重科学，恪守职业道德，保证出具的检验数据和结论客观、公正，不得出具虚假检验数据和报告。

② 检验机构应当具备与所开展的检验活动相适应的管理人员。管理人员应当具有检验机构管理知识，并熟悉食品相关的法律法规和标准。

③ 检验机构应当具备充足的技术人员，其数量、专业技术背景、工作经历、检验能力等应当与所开展的检验活动相匹配，并符合以下要求：(a) 技术人员应当熟悉《食品安全法》及其相关法律法规以及有关食品标准和检验方法的原理，掌握检验操作技能、标准操作规程、质量控制要求、实验室安全与防护知识、计量和数据处理知识等，并应当经过食品相关法律法规、质量管理和有关专业技术的培训和考核。(b) 技术负责人、授权签字人应当熟悉业务，具有食品、生物、化学等相关专业的中级及以上技术职称或者同等能力。食品、生物、化学等相关专业博士研究生毕业，从事食品检验工作 1 年及以上；食品、生物、化学等相关专业硕士研究生毕业，从事食品检验工作 3 年及以上；食品、生物、化学等相关专业大学本科毕业，从事食品检验工作 5 年及以上；食品、生物、化学等相关专业大学专科毕业，从事食品检验工作 8 年及以上，可视为具有同等能力。(c) 检验人员应当具有食品、生物、化学等相关专业专科及以上学历并具有 1 年及以上食品检测工作经历，或者具有 5 年及以上食品检测工作经历。(d) 从事国家规定的特定检验活动的人员应当取得相关法律法规所规定的资格。

④ 检验人员应当为正式聘用人员，并且只能在本检验机构中从业。检验机构不得聘用相关法律法规规定禁止从事食品检验工作的人员。具有中级及以上技术职称或同等能力的人员数量应当不少于从事食品检验活动的人员总数的 30%。

(6) 环境和设施。

① 检验机构应当具备开展食品检验活动所必需的且能够独立调配使用的固定工作场所，工作环境应当满足食品检验的功能要求：(a) 检验机构的工作环境和基本设施应当满足检验方法、仪器设备正常运转、技术档案贮存、样品制备和贮存、废弃物贮存和处理、信息传输与数据处理、保障人身安全和环境保护等要求。(b) 检验机构应当具备开展食品检验活动所必需的实验场地，并进行合理分区。实验区应当与非实验区分离，互相有影响的相邻区域应当实施有效隔离，防止交叉污染及干扰，明确需要控制的区域范围和有关危害的明显警示。

② 检验机构应当制定并实施有关实验室安全和保障人身安全的制度。检验机构应当具有与检验活动相适应的、便于使用的安全防护装备及设施，并定期检查其功能的有效性。

③ 开展动物实验活动的检验机构应当满足以下条件：（a）具有温度、湿度、通风、空气净化、照明等环境控制和监控设施；（b）具有独立的实验动物检疫室，布局合理，并且避免交叉污染；（c）具有与开展动物实验项目相适应的消毒灭菌设施，净化区和非净化区分开；（d）具有收集和放置动物排泄物及其他废弃物的卫生设施；（e）具有用于分离饲养不同种系及不同实验项目动物、隔离患病动物等所需的独立空间；（f）开展挥发性物质、放射性物质或微生物等特殊动物实验的检验机构应当配备特殊动物实验室，并配备相应的防护设施（包括换气及排污系统），且与常规动物实验室完全分隔；（g）开展动物功能性评价的检验机构，其动物实验室环境应当相对独立，并具备满足不同功能实验要求的实验空间和技术设备条件。

④ 毒理实验室应当配备用于阳性对照物贮存和处理的设施。开展体外毒理学检验的实验室应当具有足够的独立空间分别进行微生物和细胞的遗传毒性实验。

⑤ 微生物实验室面积应当满足检验工作的需求，总体布局应当减少潜在的污染和避免生物危害，并防止交叉污染。涉及病原微生物的检验活动应当按照相关规定在相应级别的生物安全实验室中进行。

⑥ 开展感官检验的检验机构应当按照食品标准及相关规定的要求设置必要的感官分析区域。

⑦ 开展人体功能性评价的检验机构应当具备相对独立的评测空间以及能够满足人体试食试验功能评价需要的设施条件。

(7) 设备和标准物质。

① 检验机构应当配备开展检验活动所必需的且能够独立调配使用的仪器设备、样品前处理装置以及标准物质或标准菌（毒）种等。

② 检验机构的仪器设备及其软件、标准物质或标准菌（毒）种等应当由专人管理，仪器设备应当经量值溯源或核查以满足使用要求。

③ 检验机构应当建立和保存对检验结果有影响的仪器设备的档案，包括操作规程、量值溯源的计划和证明、使用和维护维修记录等。

5.4 资质认定程序

5.4.1 资质认定程序

(1) 申请与受理。

① 申请的检验检测机构（以下简称申请人），应当根据需要向国家认证认可监督管理委员会或者地方市场监督管理部门（以下简称受理人）提出书面申请，并提交符合规定的相关证明材料。

② 受理人应当对申请人提交的申请材料进行初步审查，并自收到申请材料之日起 5 d 内作出受理或者不予受理的书面决定。

③ 受理人应当自受理申请之日起，根据需要对申请人进行技术评审，并书面告知申请人，技术评审时间不计算在作出批准的期限内。

④ 受理人应当自技术评审完结之日起 20 d 内，根据技术评审结果作出是否批准的决定。决定批准的，向申请人出具资质认定证书，并准许其使用资质认定标志；不予批准的，应当书面通知申请人，并说明理由。

⑤ 国家认证认可监督管理委员会或省级以上市场监督管理部门应当定期公布取得资质认定的检验检测机构名录，以及资质认定项目、授权检验的产品范围等。

(2) 申请材料。

① 资质认定申请书（以下简称"申请书"）；

② 法人资格证明或法人授权证明文件；

③ 上级或有关部门批准机构设置的证明文件；

④ 质量手册；

⑤ 程序文件目录；

⑥ 典型检测报告（2～3 份）；

⑦ 参加能力验证活动的证明材料（近两年，初次申请除外）。

(3) 制订评审计划。 由负责资质认定的评审机构制订评审计划。评审工作按评审计划执行，但也可根据实际工作的进展情况做适当的调整。

(4) 现场评审。

① 初访问和预访问（必要时）。

初访问：申请单位可以根据工作需要提出申请初访问。初访问的目的是为了被评审单位及时发现存在问题，以便提前对准备工作中的不足进行整改，确保现场评审工作顺利通过。一般初访的程序与现场评审的程序基本相同，只是在评审报告中不做评审结论，只是提出存在的问题和现场评审前需要整改的具体要求。

预访问：根据申请单位的具体准备情况，由负责资质认定评审机构与申请单位进行协商，如果需要，由评审机构选派评审组长或评审员到申请单位进行预访问。预访问的目的是了解申请单位的概况，掌握其实验室规模的大小、检测工作的主要特点，以便制订科学合理的评审计划，同时提出应配备哪一方面的技术专家，保证现场评审任务高标准、高质量的顺利完成。

② 现场评审前的准备。在现场评审的前 30 d，由负责资质认定的评审机构，确定评审组长，由评审组长对被评审单位的质量手册、程序文件等资料进行审查，审查其是否满足《认可准则》的要求，对不满足要求的，评审组长应及时将有关情况向资质认定评审机构反映。对于文件审查合格的与负责计量认证的评审机构共同确定评审员，必要时配备技术专家，协商后确定现场评审时间，并将现场评审所需要的全部材料交给评审组长。

③ 现场评审的实施。资质认定的现场评审是一次严格的执法过程，要保证评审过程的严肃性。坚持《认可准则》规定要求是对每一个评审员和评审单位人员素质最基本的考核。评审的主要目的是通过问、听、查、看、考等方法，对检验检测机构进行全面的考核，判断其检测能力，考核其管理水平，保证其法律地位公正、出具的检验数据准确可靠。

现场评审的时间安排一般为 3 d，评审组成员可根据被评审单位的规模大小和申请项目的多少来定，一般情况下需要 5～7 名评审员。

④ 现场评审的程序。预备会议→首次会议→参观实验室→软、硬件小组评审→评审组沟通、汇总情况→与被评审单位领导交换意见→末次会议→整改实施。

预备会议：现场评审通常从首次会议开始，但首次会议之前，评审组长应组织预备会议。预备会议的目的是介绍被评审单位的概况，制订现场评审计划，明确现场评审的软、硬件小组的具体分工，初步确定现场试验项目，确定软、硬件联络员等。

首次会议：首次会议是实施现场评审的会议，通常由评审组长主持，其目的是确认现场评审计划，确定现场试验项目，介绍评审方法，提出后勤保障要求，听取被评审单位领导的简要介绍等,首次会议一般 30～45 min。

参观实验室:为使评审组了解被评审单位环境和仪器设备、人员等情况,首次会议后由被评审单位的人员组织参观实验室、样品保管室、资料室及主要管理部门,以使评审员增加对被评审单位的感性认识,为提高评审工作效率打下基础。

分成软、硬件小组进行评审:现场评审通常分为软、硬件两个小组进行。

软件组主要负责《检测和校准实验室能力认可准则》中"组织""管理体系""人员""记录和检验报告""投诉"等要求的评审,主持召开有关人员参加的座谈会。

硬件组负责《检测和校准实验室能力认可准则》中"人员""设施和环境""检验能力""设备和标准物质"要求的评审,并主持进行现场试验项目的考核。

两个小组在现场评审过程中分工不分家,应相互协调、配合,对发现的问题及时沟通,确保现场评审客观、全面、准确、公正。

沟通、汇总情况:软、硬件两个组将评审情况进行汇总,确定评审通过的项目。提出存在问题和整改要求,形成评审结论和评审记录。

与被评审单位领导沟通:评审组将评审汇总的情况与被评审单位领导交流,取得共识,对于未达成共识的意见可采取必要的补充评审,以便最终达成共识。

末次会议:末次会议是实施现场评审的最后一次会议,由评审组长主持,目的是宣布评审结论和评审通过的项目,确定整改要求和期限等。

整改实施:对于现场评审提出的问题和整改要求,在两个月内由被评审单位进行整改,整改后将书面整改材料交评审组长确认。如需到现场复查由评审组长或委派评审员到现场复查,合格后形成书面材料报评审组长。

⑤ 审批发证。

(a)申请材料和现场评审材料的审核:被评审的检验检测机构将整改材料交评审组长后,评审组长应在 15 d 内将申请材料和现场评审材料上报负责资质认定的评审机构,由其指派专门人员对全部申请材料和现场评审材料进行审核,确认批准认可的项目,如发现问题,应及时与评审组长或被评审单位沟通,直至确认没有问题后,上报国家认证认可监督管理委员会或省级以上市场监督管理部门批准。

(b)批准发证:对于申请资质认定并经审核合格的检验检测机构由国家认证认可监督管理委员会或省级以上市场监督管理部门批准并颁发资质认定合格证书,证书的有效期为 6 年。

5.4.2 监督评审

(1)监督评审的原则。资质认定的监督评审工作由国家认证认可监督管理委员会或省级以上市场监督管理部门负责。监督评审采取定期监督评审和不定期监督评审相结合的方法。

① 定期监督。对已取得资质认定的检验检测机构或其他技术机构,在证书有效期 6 年内,将有计划地对其实际工作情况进行至少一次的监督评审。这主要是为了保证检验检测机构和其他实验室机构的质量体系运行持续有效,保证其出具的检验数据准确科学。

② 不定期监督评审。根据检验检测机构工作状况及用户对其是否有投诉的情况,可进行不定期的监督评审,及时发现问题,要求限期改正,确保质量体系的有效运行。

(2)监督评审的程序。

① 监督评审的程序。首次会议→软、硬件小组评审→评审组汇总情况→被评审单位领导沟通情况→末次会议。

② 监督评审的时间安排。监督评审的时间比初次现场评审的时间要少,评审组的成

员也应少于初次现场评审的人数,现场试验项目可按照计量认证/审查认可(验收)具体项目有重点地抽取(对发现问题比较多的项目,应重点加以审核),必要时,应有技术专家参与。

③ 监督评审的方式。监督评审的方式与初次评审的方式基本相同。在评审中应重点检查有关质量体系的运行记录,仪器设备的检定和校准,样品的处置和标识,检验报告的准确程度等。

(3)监督评审结果的处理。 在监督评审中发现存在一般问题,在 1 个月内进行整改后,将整改报告上报负责计量认证的评审机构,对于有严重问题的质量检验机构,要暂停其出具公证数据的资格,停止使用资质认定标志并给予公布。暂停期限一般为 6 个月,到期前可申请复审,复审合格的可恢复其计量认证/审查认可的资格,可以使用计量认证/审查认可标志。如果到期后不提出复审或复审后还不合格的,则注销其资质认定合格证书,并予以公布。

5.4.3 扩项/复查评审

(1)扩项评审的程序。

① 扩项的申请。检验检测机构对于新开展的检验项目待其检验条件具备后,可向原发证机构提出扩项申请,需提交的扩项申请材料包括扩项申请书、变化后的质量手册、典型产品检验报告、标准有效性确认报告、增项批文、能力验证活动记录。

② 扩项的现场评审程序。扩项的现场评审程序与技术评审程序相同,现场试验重点对新开展项目的检测能力、环境条件、人员操作水平进行评审;扩项申请可以在监督评审或复查评审前提出,以便与监督评审或复查评审同时进行,减少现场评审次数,提高工作效率;对于比较简单的项目的扩项也可将书面申请材料上报后,由负责资质认定评审机构书面确认批准后,即可开展工作,待监督评审时一并对其进行现场评审。

(2)复查评审的管理。 在 6 年有效期到达前 6 个月,检验检测机构应向负责资质认定评审机构提交复查申请材料,负责资质认定评审机构受理申请后,制订复查评审计划,复查评审计划可与监督评审、初次现场评审计划一并下达,复查评审程序与初次现场评审的程序相同。

对于到期未提出复查换证的单位,不列入评审计划,其资质认定证书到期后,不得出具公证数据,也不得在其检验报告和检验证书上使用认证标志。

5.5 检测和校准实验室能力认可准则

根据《中华人民共和国计量法》《中华人民共和国计量法实施细则》和《中华人民共和国认证认可条例》等法律法规的规定,国家认证认可监督管理委员会组织中国合格评定国家认可委员会制定了 CNAS-CL 01:2018《检测和校准实验室能力认可准则》(以下简称《认可准则》),2018 年 3 月 1 日发布,2018 年 9 月 1 日实施,2019 年 2 月 20 日第一次修订。该《认可准则》是我国检验检测机构资质认定必须遵循的要求,是强制性的技术法规。《认可准则》规定了实验室能力、公正性以及一致运作的通用要求,适用于所有从事实验室活动的组织,不论其人员数量多少,并为实验室的客户、法定管理机构、使用同行评审的组织和方案、认可机构及其他机构采用本认可准则确认或承认实验室能力。

《认可准则》主要包括通用要求、结构要求、资源要求、过程要求和管理体系要求等 5 个方面,主要内容介绍如下。

5.5.1 通用要求

(1) 公正性。

① 实验室应公正地实施实验室活动,并从组织结构和管理上保证公正性。

② 实验室管理层应做出公正性承诺。

③ 实验室应对实验室活动的公正性负责,不允许商业、财务或其他方面的压力损害公正性。

④ 实验室应持续识别影响公正性的风险。这些风险应包括其活动、实验室的各种关系,或者实验室人员的关系而引发的风险。然而,这些关系并非一定会对实验室的公正性产生风险。

> 注:危及实验室公正性的关系可能基于所有权、控制权、管理、人员、共享资源、财务、合同、市场营销(包括品牌)、支付销售佣金或其他引荐新客户的奖酬等。

⑤ 如果识别出公正性风险,实验室应能够证明如何消除或最大程度降低这种风险。

(2) 保密性。

① 实验室应通过做出具有法律效力的承诺,对在实验室活动中获得或产生的所有信息承担管理责任。实验室应将其准备公开的信息事先通知客户。除客户公开的信息,或实验室与客户有约定(例如:为回应投诉的目的),其他所有信息都被视为专有信息,应予保密。

② 实验室依据法律要求或合同授权透露保密信息时,应将所提供的信息通知到相关客户或个人,除非法律禁止。

③ 实验室从客户以外渠道(如投诉人、监管机构)获取有关客户的信息时,应在客户和实验室间保密。除非信息的提供方同意,实验室应为信息提供方(来源)保密,且不应告知客户。

④ 人员,包括委员会委员、合同方、外部机构人员或代表实验室的个人,应对在实施实验室活动过程中获得或产生的所有信息保密,法律要求除外。

5.5.2 结构要求

① 实验室应为法律实体,或法律实体中被明确界定的一部分,该实体对实验室活动承担法律责任。

> 注:在本准则中,政府实验室基于其政府地位被视为法律实体。

② 实验室应确定对实验室全权负责的管理层。

③ 实验室应规定符合本准则的实验室活动范围,并制定成文件。实验室应仅声明符合本准则的实验室活动范围,不应包括持续从外部获得的实验室活动。

④ 实验室应以满足本准则、实验室客户、法定管理机构和提供承认的组织要求的方式开展实验室活动,这包括实验室在固定设施、固定设施以外的地点、临时或移动设施、客户的设施中实施的实验室活动。

⑤ 实验室应:

(a) 确定实验室的组织和管理结构、其在母体组织中的位置,以及管理、技术运作和支持服务间的关系;

(b) 规定对实验室活动结果有影响的所有管理、操作或验证人员的职责、权力和相互关系;

(c) 将程序形成文件的程度,以确保实验室活动实施的一致性和结果有效性为原则。

⑥ 实验室应有人员(不论其他职责)具有履行职责所需的权力和资源,这些职责包括:

(a) 实施、保持和改进管理体系;

(b) 识别与管理体系或实验室活动程序的偏离;

(c) 采取措施以预防或最大程度减少这类偏离;

(d) 向实验室管理层报告管理体系运行状况和改进需求;

(e) 确保实验室活动的有效性。

⑦ 实验室管理层应确保:

(a) 针对管理体系有效性、满足客户和其他要求的重要性进行沟通;

(b) 当策划和实施管理体系变更时,保持管理体系的完整性。

5.5.3 资源要求

(1) 总则。 实验室应获得管理和实施实验室活动所需的人员、设施、设备、系统及支持服务。

(2) 人员。

① 所有可能影响实验室活动的人员,无论是内部人员还是外部人员,应行为公正、有能力,并按照实验室管理体系要求工作。

② 实验室应将影响实验室活动结果的各职能的能力要求制定成文件,包括对教育、资格、培训、技术知识、技能和经验的要求。

③ 实验室应确保人员具备其负责的实验室活动的能力,以及评估偏离影响程度的能力。

④ 实验室管理层应向实验室人员传达其职责和权限。

⑤ 实验室应有以下活动的程序,并保存相关记录:

(a) 确定能力要求;

(b) 人员选择;

(c) 人员培训;

(d) 人员监督;

(e) 人员授权;

(f) 人员能力监控。

⑥ 实验室应授权人员从事特定的实验室活动,包括但不限于下列活动:

(a) 开发、修改、验证和确认方法;

(b) 分析结果,包括符合性声明或意见和解释;

(c) 报告、审查和批准结果。

(3) 设施和环境条件。

① 设施和环境条件应适合实验室活动,不应对结果有效性产生不利影响。

> 注:对结果有效性有不利影响的因素可能包括但不限于微生物污染、灰尘、电磁干扰、辐射、湿度、供电、温度、声音和振动。

② 实验室应将从事实验室活动所必需的设施及环境条件的要求形成文件。

③ 当相关规范、方法或程序对环境条件有要求时,或环境条件影响结果的有效性时,实验室应监测、控制和记录环境条件。

④ 实验室应实施、监控并定期评审控制设施的措施,这些措施应包括但不限于:

（a）进入和使用影响实验室活动区域的控制；

（b）预防对实验室活动的污染、干扰或不利影响；

（c）有效隔离不相容的实验室活动区域。

⑤ 当实验室在永久控制之外的地点或设施中实施实验室活动时，应确保满足本准则中有关设施和环境条件的要求。

（4）设备。

① 实验室应获得正确开展实验室活动所需的并影响结果的设备，包括但不限于：测量仪器、软件、测量标准、标准物质、参考数据、试剂、消耗品或辅助装置。

② 实验室使用永久控制以外的设备时，应确保满足本准则对设备的要求。

③ 实验室应有处理、运输、储存、使用和按计划维护设备的程序，以确保其功能正常并防止污染或性能退化。

④ 当设备投入使用或重新投入使用前，实验室应验证其符合规定要求。

⑤ 用于测量的设备应能达到所需的测量准确度和（或）测量不确定度，以提供有效结果。

⑥ 在下列情况下，测量设备应进行校准：

（a）当测量准确度或测量不确定度影响报告结果的有效性；

（b）为建立报告结果的计量溯源性，要求对设备进行校准。

> 注：影响报告结果有效性的设备类型可包括：
> ——用于直接测量被测量的设备，如使用天平测量质量；
> ——用于修正测量值的设备，如温度测量；
> ——用于从多个量计算获得测量结果的设备。

⑦ 实验室应制订校准方案，并应进行复核和必要的调整，以保持对校准状态的可信度。

⑧ 所有需要校准或具有规定有效期的设备应使用标签、编码或以其他方式标识，使设备使用人方便地识别校准状态或有效期。

⑨ 如果设备有过载或处置不当、给出可疑结果、已显示有缺陷或超出规定要求时，应停止使用。这些设备应予以隔离以防误用，或加贴标签/标记以清晰表明该设备已停用，直至经过验证表明能正常工作。实验室应检查设备缺陷或偏离规定要求的影响，并应启动不符合工作管理程序。

⑩ 当需要利用期间核查以保持对设备性能的信心时，应按程序进行核查。

⑪ 如果校准和标准物质数据中包含参考值或修正因子，实验室应确保该参考值和修正因子得到适当的更新和应用，以满足规定要求。

⑫ 实验室应有切实可行的措施，防止设备被意外调整而导致结果无效。

⑬ 实验室应保存对实验室活动有影响的设备记录。适用时，记录应包括以下内容：

（a）设备的识别，包括软件和固件版本；

（b）制造商名称、型号、序列号或其他唯一性标识；

（c）设备符合规定要求的验证证据；

（d）当前的位置；

（e）校准日期、校准结果、设备调整、验收准则、下次校准的预定日期或校准周期；

（f）标准物质的文件、结果、验收准则、相关日期和有效期；

（g）与设备性能相关的维护计划和已进行的维护；

（h）设备的损坏、故障、改装或维修的详细信息。

(5) 计量溯源性。

① 实验室应通过形成文件的不间断的校准链将测量结果与适当的参考对象相关联,建立并保持测量结果的计量溯源性,每次校准均会引入测量不确定度。

② 实验室应通过以下方式确保测量结果溯源到国际单位制(SI):

(a) 具备能力的实验室提供的校准;

(b) 具备能力的标准物质生产者提供并声明计量溯源至 SI 的有证标准物质的标准值;

(c) SI 单位的直接复现,并通过直接或间接与国家或国际标准比对来保证。

③ 技术上不可能计量溯源到 SI 单位时,实验室应证明可计量溯源至适当的参考对象,如:

(a) 具备能力的标准物质生产者提供的有证标准物质的标准值;

(b) 描述清晰的参考测量程序、规定方法或协议标准的结果,其测量结果满足预期用途,并通过适当比对予以保证。

(6) 外部提供的产品和服务。

① 实验室应确保影响实验室活动的外部提供的产品和服务的适宜性,这些产品和服务包括:

(a) 用于实验室自身的活动;

(b) 部分或全部直接提供给客户;

(c) 用于支持实验室的运作。

> 注:产品可包括测量标准和设备、辅助设备、消耗材料和标准物质。服务可包括校准服务、抽样服务、检测服务、设施和设备维护服务、能力验证服务以及评审和审核服务。

② 实验室应有以下活动的程序,并保存相关记录:

(a) 确定、审查和批准实验室对外部提供的产品和服务的要求;

(b) 确定评价、选择、监控表现和再次评价外部供应商的准则;

(c) 在使用外部提供的产品和服务前,或直接提供给客户之前,应确保符合实验室规定的要求,或适用时满足本准则的相关要求;

(d) 根据对外部供应商的评价、监控表现和再次评价的结果采取措施。

③ 实验室应与外部供应商沟通,明确以下要求:

(a) 需提供的产品和服务;

(b) 验收准则;

(c) 能力,包括人员需具备的资格;

(d) 实验室或其客户拟在外部供应商的场所进行的活动。

5.5.4 过程要求

(1) 要求、标书和合同评审。

① 实验室应有要求、标书和合同评审程序。该程序应确保:

(a) 明确规定要求,形成文件,并被理解;

(b) 实验室有能力和资源满足这些要求;

(c) 当使用外部供应商时,应满足条款的要求,实验室应告知客户由外部供应商实施的实验室活动,并获得客户同意;

(d) 选择适当的方法或程序,并能满足客户的要求。

② 当客户要求的方法不合适或是过期时,实验室应通知客户。

③ 当客户要求针对检测或校准做出与规范或标准符合性的声明时（如通过/未通过，在允许限内/超出允许限），应明确规定规范或标准以及判定规则。选择的判定规则应通知客户并得到同意，除非规范或标准本身已包含判定规则。

④ 要求或标书与合同之间的任何差异，应在实施实验室活动前解决。每项合同应被实验室和客户双方接受。客户要求的偏离不应影响实验室的诚信或结果的有效性。

⑤ 与合同的任何偏离应通知客户。

⑥ 如果工作开始后修改合同，应重新进行合同评审，并与所有受影响的人员沟通修改的内容。

⑦ 在澄清客户要求和允许客户监控其相关工作表现方面，实验室应与客户或其代表合作。

⑧ 实验室应保存评审记录，包括任何重大变化的评审记录。针对客户要求或实验室活动结果与客户的讨论，也应作为记录予以保存。

(2) 方法的选择、验证和确认。

方法的选择和验证：

① 实验室应使用适当的方法和程序开展所有实验室活动，适当时，包括测量不确定度的评定以及使用统计技术进行数据分析。

② 所有方法、程序和支持文件，例如与实验室活动相关的指导书、标准、手册和参考数据，应保持现行有效并易于人员取阅。

③ 实验室应确保使用最新有效版本的方法，除非不合适或不可能做到。必要时，应补充方法使用的细则以确保应用的一致性。

④ 当客户未指定所用的方法时，实验室应选择适当的方法并通知客户。推荐使用以国际标准、区域标准或国家标准发布的方法，或由知名技术组织或有关科技文献或期刊中公布的方法，或设备制造商规定的方法。实验室制定或修改的方法也可使用。

⑤ 实验室在引入方法前，应验证能够正确地运用该方法，以确保实现所需的方法性能。应保存验证记录。如果发布机构修订了方法，应在所需的程度上重新进行验证。

⑥ 当需要开发方法时，应予以策划，指定具备能力的人员，并为其配备足够的资源。在方法开发的过程中，应进行定期评审，以确定持续满足客户需求。开发计划的任何变更应得到批准和授权。

⑦ 对实验室活动方法的偏离，应事先将该偏离形成文件，做技术判断，获得授权并被客户接受。

方法确认：

① 实验室应对非标准方法、实验室制定的方法、超出预定范围使用的标准方法或其他修改的标准方法进行确认。确认应尽可能全面，以满足预期用途或应用领域的需要。

② 当修改已确认过的方法时，应确定这些修改的影响。当发现影响原有的确认时，应重新进行方法确认。

③ 当按预期用途评估被确认方法的性能特性时，应确保与客户需求相关，并符合规定要求。

④ 实验室应保存以下方法确认记录：

（a）使用的确认程序；

（b）规定的要求；

（c）确定的方法性能特性；

（d）获得的结果；

（e）方法有效性声明，并详述与预期用途的适宜性。

(3) 抽样。

① 当实验室为后续检测或校准对物质、材料或产品实施抽样时,应有抽样计划和方法。抽样方法应明确需要控制的因素,以确保后续检测或校准结果的有效性。在抽样地点应能得到抽样计划和方法。只要合理,抽样计划应基于适当的统计方法。

② 抽样方法应描述:

(a) 样品或地点的选择;

(b) 抽样计划;

(c) 从物质、材料或产品中取得样品的制备和处理,以作为后续检测或校准的物品。

③ 实验室应将抽样数据作为检测或校准工作记录的一部分予以保存。相关时,这些记录应包括以下信息:

(a) 所用的抽样方法;

(b) 抽样日期和时间;

(c) 识别和描述样品的数据(如编号、数量和名称);

(d) 抽样人的识别;

(e) 所用设备的识别;

(f) 环境或运输条件;

(g) 适当时,标识抽样位置的图示或其他等效方式;

(h) 与抽样方法和抽样计划的偏离或增减。

(4) 检测或校准物品的处置。

① 实验室应有运输、接收、处置、保护、存储、保留、清理或返还检测或校准物品的程序,包括为保护检测或校准物品的完整性以及实验室与客户利益需要的所有规定。在处置、运输、保存/等候、制备、检测或校准过程中,应注意避免物品变质、污染、丢失或损坏。应遵守随物品提供的操作说明。

② 实验室应有清晰标识检测或校准物品的系统。物品在实验室负责的期间内应保留该标识。标识系统应确保物品在实物上、记录或其他文件中不被混淆。适当时,标识系统应包含一个物品或一组物品的细分和物品的传递。

③ 接收检测或校准物品时,应记录与规定条件的偏离。当对物品是否适于检测或校准有疑问,或当物品不符合所提供的描述时,实验室应在开始工作之前询问客户,以得到进一步的说明,并记录询问的结果。当客户知道偏离了规定条件仍要求进行检测或校准时,实验室应在报告中做出免责声明,并指出偏离可能影响的结果。

④ 如物品需要在规定环境条件下储存或调置时,应保持、监控和记录这些环境条件。

(5) 技术记录。

① 实验室应确保每一项实验室活动的技术记录包含结果、报告和足够的信息,以便在可能时识别影响测量结果及其测量不确定度的因素,并确保能在尽可能接近原条件的情况下重复该实验室活动。技术记录应包括每项实验室活动以及审查数据结果的日期和责任人。原始的观察结果、数据和计算应在观察或获得时予以记录,并应按特定任务予以识别。

② 实验室应确保技术记录的修改可以追溯到前一个版本或原始观察结果。应保存原始的以及修改后的数据和文档,包括修改的日期、标识修改的内容和负责修改的人员。

(6) 测量不确定度的评定。

① 实验室应识别测量不确定度的贡献。评定测量不确定度时,应采用适当的分析方法考虑所有显著贡献,包括来自抽样的贡献。

② 开展校准的实验室,包括校准自有设备,应评定所有校准的测量不确定度。

③ 开展检测的实验室应评定测量不确定度。当由于检测方法的原因难以严格评定测量不确定度时,实验室应基于对理论原理的理解或使用该方法的实践经验进行评估。

(7) 确保结果有效性。

① 实验室应有监控结果有效性的程序。记录结果数据的方式应便于发现其发展趋势,如可行,应采用统计技术审查结果。实验室应对监控进行策划和审查,适当时,监控应包括但不限于以下方式:

(a) 使用标准物质或质量控制物质;
(b) 使用其他已校准能够提供可溯源结果的仪器;
(c) 测量和检测设备的功能核查;
(d) 适用时,使用核查或工作标准,并制作控制图;
(e) 测量设备的期间核查;
(f) 使用相同或不同方法重复检测或校准;
(g) 留存样品的重复检测或重复校准;
(h) 物品不同特性结果之间的相关性;
(i) 审查报告的结果;
(j) 实验室内比对;
(k) 盲样测试。

② 可行和适当时,实验室应通过与其他实验室的结果比对监控能力水平。监控应予以策划和审查,包括但不限于以下一种或两种措施:

(a) 参加能力验证;
(b) 参加除能力验证之外的实验室间比对。

③ 实验室应分析监控活动的数据用于控制实验室活动,适用时实施改进。如果发现监控活动数据分析结果超出预定的准则时,应采取适当措施防止报告不正确的结果。

(8) 报告结果。

总则:

① 结果在发出前应经过审查和批准。

② 实验室应准确、清晰、明确和客观地出具结果,并且应包括客户同意的、解释结果所必需的以及所用方法要求的全部信息。实验室通常以报告的形式提供结果(如检测报告、校准证书或抽样报告)。所有发出的报告应作为技术记录予以保存。

> 注1:检测报告和校准证书有时称为检测证书和校准报告。
> 注2:只要满足本准则的要求,报告可以硬拷贝或电子方式发布。

③ 如客户同意,可用简化方式报告结果。如果未向客户报告上述(7)①(a)~(g)条款中所列的信息,客户应能方便地获得。

检测/校准/抽样报告的通用要求:

① 除非实验室有有效的理由,每份报告应至少包括下列信息,以最大限度地减少误解或误用的可能性:

(a) 标题(如"检测报告""校准证书"或"抽样报告");
(b) 实验室的名称和地址;
(c) 实施实验室活动的地点,包括客户设施、实验室固定设施以外的地点、相关的临时或移动设施;
(d) 将报告中所有部分标记为完整报告一部分的唯一性标识,以及表明报告结束的清晰标识;

(e) 客户的名称和联络信息；
(f) 所用方法的识别；
(g) 物品的描述、明确的标识以及必要时物品的状态；
(h) 检测或校准物品的接收日期，以及对结果的有效性和应用至关重要的抽样日期；
(i) 实施实验室活动的日期；
(j) 报告的发布日期；
(k) 如与结果的有效性或应用相关时，实验室或其他机构所用的抽样计划和抽样方法；
(l) 结果仅与被检测、被校准或被抽样物品有关的声明；
(m) 结果适当时，带有测量单位；
(n) 对方法的补充、偏离或删减；
(o) 报告批准人的识别；
(p) 当结果来自于外部供应商时，清晰标识。

> 注：报告中声明除全文复制外，未经实验室批准不得部分复制报告，可以确保报告不被部分摘用。

② 实验室对报告中的所有信息负责，客户提供的信息除外。客户提供的数据应予明确标识。此外，当客户提供的信息可能影响结果的有效性时，报告中应有免责声明。当实验室不负责抽样（如样品由客户提供），应在报告中声明结果仅适用于收到的样品。

③ 实验室在报告符合性声明时应清晰标识：
(a) 符合性声明适用的结果；
(b) 满足或不满足的规范、标准或其中的部分；
(c) 应用的判定规则（除非规范或标准中已包含）。

报告的意见和解释：
① 当表述意见和解释时，实验室应确保只有授权人员才能发布相关意见和解释。实验室应将意见和解释的依据制定成文件。
② 报告中的意见和解释应基于被检测或校准物品的结果，并清晰地予以标注。
③ 当以对话方式直接与客户沟通意见和解释时，应保存对话记录。

修改报告：
① 当更改、修订或重新发布已发出的报告时，应在报告中清晰标识修改的信息，适当时标注修改的原因。
② 修改已发出的报告时，应仅以追加文件或数据传送的形式，并包含以下声明："对序列号为……（或其他标识）报告的修改"，或其他等效文字。这类修改应满足本准则的所有要求。
③ 当有必要发布全新的报告时，应予以唯一性标识，并注明所替代的原报告。

(9) 投诉。
① 实验室应有形成文件的过程来接收和评价投诉，并对投诉做出决定。
② 利益相关方有要求时，应可获得对投诉处理过程的说明。在接到投诉后，实验室应确认投诉是否与其负责的实验室活动相关，如相关，则应处理。实验室应对投诉处理过程中的所有决定负责。
③ 投诉处理过程应至少包括以下要素和方法：
(a) 对投诉的接收、确认、调查以及决定采取处理措施过程的说明；
(b) 跟踪并记录投诉，包括为解决投诉所采取的措施；
(c) 确保采取适当措施。

④ 接到投诉的实验室应负责收集并验证所有必要的信息，以便确认投诉是否有效。

⑤ 只要可能，实验室应告知投诉人已收到投诉，并向其提供处理进程的报告和结果。

⑥ 通知投诉人的处理结果应由与所涉及的实验室活动无关的人员做出，或审查和批准。

⑦ 只要可能，实验室应正式通知投诉人投诉处理完毕。

(10) 不符合工作。

① 当实验室活动或结果不符合自身的程序或与客户协商一致的要求时（例如，设备或环境条件超出规定限值，监控结果不能满足规定的准则），实验室应有程序予以实施。该程序应确保：

（a）确定不符合工作管理的职责和权利；

（b）基于实验室建立的风险水平采取措施（包括必要时暂停或重复工作以及扣发报告）；

（c）评价不符合工作的严重性，包括分析对先前结果的影响；

（d）对不符合工作的可接受性做出决定；

（e）必要时，通知客户并召回；

（f）规定批准恢复工作的职责。

② 实验室应保存不符合工作和上述（b）至（f）规定措施的记录。

③ 当评价表明不符合工作可能再次发生时，或对实验室的运行与其管理体系的符合性产生怀疑时，实验室应采取纠正措施。

(11) 数据控制和信息管理。

① 实验室应获得开展实验室活动所需的数据和信息。

② 用于收集、处理、记录、报告、存储或检索数据的实验室信息管理系统，在投入使用前应进行功能确认，包括实验室信息管理系统中界面的适当运行。当对管理系统的任何变更，包括修改实验室软件配置或现成的商业化软件，在实施前应被批准、形成文件并确认。

③ 实验室信息管理系统应：

（a）防止未经授权的访问；

（b）安全保护以防止篡改和丢失；

（c）在符合系统供应商或实验室规定的环境中运行，或对于非计算机化的系统，提供保护人工记录和转录准确性的条件；

（d）以确保数据和信息完整性的方式进行维护；

（e）包括记录系统失效和适当的紧急措施及纠正措施。

④ 当实验室信息管理系统在异地或由外部供应商进行管理和维护时，实验室应确保系统的供应商或运营商符合本准则的所有适用要求。

⑤ 实验室应确保员工易于获取与实验室信息管理系统相关的说明书、手册和参考数据。

⑥ 应对计算和数据传送进行适当和系统地检查。

5.5.5 管理体系要求

(1) 方式。

① 总则。实验室应建立、编制、实施和保持管理体系，该管理体系应能够支持和证明实验室持续满足本准则要求，并且保证实验室结果的质量。除满足上述通用要求、结构要求、资源要求和过程要求外，实验室还应按方式 A 或方式 B 实施管理体系。

② 方式 A。实验室管理体系至少应包括下列内容：
(a) 管理体系文件；
(b) 管理体系文件的控制；
(c) 记录控制；
(d) 应对风险和机遇的措施；
(e) 改进；
(f) 纠正措施；
(g) 内部审核；
(h) 管理评审。
③ 方式 B。实验室按照 GB/T 19001 的要求建立并保持管理体系，能够支持和证明持续符合要求，也至少满足规定的管理体系要求。

(2) 管理体系文件（方式 A）。
① 实验室管理层应建立、编制和保持符合本准则目的的方针和目标，并确保该方针和目标在实验室组织的各级人员得到理解和执行。
② 方针和目标应能体现实验室的能力、公正性和一致运作。
③ 实验室管理层应提供建立和实施管理体系以及持续改进其有效性承诺的证据。
④ 管理体系应包含、引用或链接与满足本准则要求相关的所有文件、过程、系统和记录等。
⑤ 参与实验室活动的所有人员应可获得适用其职责的管理体系文件和相关信息。

(3) 管理体系文件的控制（方式 A）。
① 实验室应控制与满足本准则要求有关的内部和外部文件。

> 注：本准则中，"文件"可以是政策声明、程序、规范、制造商的说明书、校准表格、图表、教科书、张贴品、通知、备忘录、图纸、计划等。这些文件可能承载在各种载体上，如硬拷贝或数字形式。

② 实验室应确保：
(a) 文件发布前由授权人员审查其充分性并批准；
(b) 定期审查文件，必要时更新；
(c) 识别文件更改和当前修订状态；
(d) 在使用地点应可获得适用文件的相关版本，必要时，应控制其发放；
(e) 文件有唯一性标识；
(f) 防止误用作废文件，无论出于任何目的而保留的作废文件，应有适当标识。

(4) 记录控制（方式 A）。
① 实验室应建立和保存清晰的记录以证明满足本准则的要求。
② 实验室应对记录的标识、存储、保护、备份、归档、检索、保存期和处置实施所需的控制。实验室记录保存期限应符合合同义务。记录的调阅应符合保密承诺，记录应易于获得。

(5) 应对风险和机遇的措施（方式 A）。
① 实验室应考虑与实验室活动相关的风险和机遇，以：
(a) 确保管理体系能够实现其预期结果；
(b) 增强实现实验室目的和目标的机遇；
(c) 预防或减少实验室活动中的不利影响和可能的失败；
(d) 实现改进。
② 实验室应策划：

(a) 应对这些风险和机遇的措施;

(b) 如何:

——在管理体系中整合并实施这些措施;

——评价这些措施的有效性。

> 注:虽然本准则规定实验室应策划应对风险的措施,但并未要求运用正式的风险管理方法或形成文件的风险管理过程。实验室可决定是否采用超出本准则要求的更广泛的风险管理方法,如通过应用其他指南或标准。

③ 应对风险和机遇的措施应与其对实验室结果有效性的潜在影响相适应。

> 注1:应对风险的方式包括识别和规避威胁,为寻求机遇承担风险,消除风险源,改变风险的可能性或后果,分担风险,或通过信息充分的决策而保留风险。
> 注2:机遇可能促使实验室扩展活动范围,赢得新客户,使用新技术和其他方式应对客户需求。

(6) 改进(方式 A)。

① 实验室应识别和选择改进机遇,并采取必要措施。

> 注:实验室可通过评审操作程序、实施方针、总体目标、审核结果、纠正措施、管理评审、人员建议、风险评估、数据分析和能力验证结果识别改进机遇。

② 实验室应向客户征求反馈,无论是正面的还是负面的。应分析和利用这些反馈,以改进管理体系、实验室活动和客户服务。

> 注:反馈的类型示例包括客户满意度调查、与客户的沟通记录和共同评价报告。

(7) 纠正措施(方式 A)。

① 当发生不符合时,实验室应:

(a) 对不符合做出应对,并且适用时:

——采取措施以控制和纠正不符合;

——处置后果。

(b) 通过下列活动评价是否需要采取措施,以消除产生不符合的原因,避免其再次发生或者在其他场合发生:

——评审和分析不符合;

——确定不符合的原因;

——确定是否存在或可能发生类似的不符合。

(c) 实施所需的措施。

(d) 评审所采取的纠正措施的有效性。

(e) 必要时,更新在策划期间确定的风险和机遇。

(f) 必要时,变更管理体系。

② 纠正措施应与不符合产生的影响相适应。

③ 实验室应保存记录,作为下列事项的证据:

(a) 不符合的性质、产生原因和后续所采取的措施;

(b) 纠正措施的结果。

(8) 内部审核(方式 A)。

① 实验室应按照策划的时间间隔进行内部审核,以提供有关管理体系的下列信息:

(a) 是否符合:

——实验室自身的管理体系要求,包括实验室活动;

——本准则的要求。

(b) 是否得到有效的实施和保持。

② 实验室应:

(a) 考虑实验室活动的重要性、影响实验室的变化和以前审核的结果,策划、制定、实施和保持审核方案,审核方案包括频次、方法、职责、策划要求和报告;

(b) 规定每次审核的审核准则和范围;

(c) 确保将审核结果报告给相关管理层;

(d) 及时采取适当的纠正和纠正措施;

(e) 保存记录,作为实施审核方案和审核结果的证据。

(9) 管理评审(方式 A)。

① 实验室管理层应按照策划的时间间隔对实验室的管理体系进行评审,以确保其持续的适宜性、充分性和有效性,包括执行本准则的相关方针和目标。

② 实验室应记录管理评审的输入,并包括以下相关信息:

(a) 与实验室相关的内外部因素的变化;

(b) 目标实现;

(c) 政策和程序的适宜性;

(d) 以往管理评审所采取措施的情况;

(e) 近期内部审核的结果;

(f) 纠正措施;

(g) 由外部机构进行的评审;

(h) 工作量和工作类型的变化或实验室活动范围的变化;

(i) 客户和员工的反馈;

(j) 投诉;

(k) 实施改进的有效性;

(l) 资源的充分性;

(m) 风险识别的结果;

(n) 保证结果有效性的输出;

(o) 其他相关因素,如监控活动和培训。

③ 管理评审的输出至少应记录与下列事项相关的决定和措施:

(a) 管理体系及其过程的有效性;

(b) 履行本准则要求相关的实验室活动的改进;

(c) 提供所需的资源;

(d) 所需的变更。

5.6 资质认定的准备

资质认定的准备要按照《认可准则》和 2016 年国家食品药品监督管理总局和国家认证认可监督管理委员会颁布的《食品检验机构资质认定条件》的要求,做好资质认定的全面工作,主要是软件和硬件两个方面,其中比较繁重的准备工作是软件方面,主要是质量运行体系建设,特别是质量手册的编写。硬件准备主要是实验室环境改造和仪器设备及其检测能力的训练等。准备工作要坚持软件和硬件建设两手抓,相互配合,相互支撑,齐头并进,才能确保资质认定工作的顺利推进。

5.6.1 质量体系文件的作用和特点

(1) 质量体系文件的作用。质量体系文件是将检验检测机构全部质量体系要素以文件化形式加以规定和描述的内部规范性文件，一般包括质量手册、程序文件、作业指导书、质量和技术记录等。质量体系文件是建立健全质量体系的基础和证据，是规范检验检测工作和全体人员行为，开展各项质量活动并达到预期质量目标的依据，也是向客户证实质量体系实用性和开展质量活动的证明，同时也为持续改进和评价质量管理体系提供依据。

(2) 质量体系文件的特点。

① 法规性。作为内部质量法规，质量体系文件一旦批准实施，就必须认真贯彻执行。

② 唯一性。一个实验室只能有唯一的质量体系文件系统，一般一项活动只能规定唯一的程序；一项规定只能有唯一的理解。

③ 适用性。应结合实际情况，制定符合自身性质、任务和特点的，满足实验室需要的质量体系文件，而不是条款越多越严就越好。

④ 协调性。协调性是指质量体系文件与实验室其他管理规定以及质量体系中文件和文件之间均应相互协调一致，文件的编制应紧扣该文件的目的和范围。

⑤ 见证性。质量体系文件的实施，使各项质量活动具有可溯源性和见证性，可及时通过质量记录等见证性文件发现和修正质量体系的缺陷和偏差，不断完善质量体系。

5.6.2 质量体系文件编写的准备

(1) 培训学习。质量体系文件编写前首先要组织检验检测机构的全体人员反复学习《认可准则》和国家有关的法律法规，使他们了解建立质量体系的重要性，很好地理解《认可准则》的内容和要求，了解自己的参与职责，要特别注意掌握评审条款的变化，以便对原质量体系及体系文件进行调整和有效的补充。

(2) 明确职责。质量体系文件编制前，最好以文件的形式明确参与质量活动的各部门以及从事对质量有影响的操作、监督、管理等各岗位工作人员的质量职责（这也是质量手册的内容之一）。根据其质量职责将质量体系文件起草任务分解到具体部门，再由职责部门分解到具体个人。例如，质量手册中量值溯源和校准部分一般由质量管理部门负责，外部支持服务和供应多由办公室或后勤部门负责，而作业指导书中仪器设备的操作规程、具体作业活动规范可由仪器使用人员及相关岗位工作人员具体起草。

(3) 组建编写机构。在明确职责、全员参与、分工编写的基础上，应由最高管理者、各部门管理和技术骨干代表组成编写小组，制订出详细的编写计划并由负责人检查各部门落实情况，对文件编制工作中各部门由于对《认可准则》理解的角度不同、业务职能交叉等原因产生的工作接口问题进行协调，对各部门起草完成的质量体系文件进行会审、修订和汇编整理。质量体系文件的执笔人员应熟悉文件所涉及质量活动的内容和要求，并具有一定文字能力，能够严谨、简明、准确地对各项质量活动进行文字化表述。此外，还应随时组织编写人员和使用人员相互探讨，注意听取使用人员的合理化建议，调动全体职工的积极性和参与意识，确保文件的科学性、操作性和有效性。

5.6.3 质量手册的编写

(1) 质量手册编写步骤。

① 成立领导小组；

② 制订编制计划；

③确定质量方针、目标；
④确定质量体系的活动和要素；
⑤调整组织结构；
⑥列出岗位职责及程序文件清单；
⑦确定文件标准格式；
⑧起草文件；
⑨会审文件草稿；
⑩修改文件；
⑪批准发放；
⑫资源调剂；
⑬手册完成；
⑭试行修订；
⑮宣贯；
⑯内审和管理评审（运行半年后）。

(2) 质量手册编写顺序。应按《认可准则》的顺序编写，应全部符合（覆盖）《认可准则》的要求。

(3) 质量手册编写格式。应按规定的格式。

(4) 质量手册的结构和内容。应包括：
① 封面；
② 批准页；
③ 修订页；
④ 目录；
⑤ 前言［实验室名称、地址、通信方式、经历和背景、规模、性质等，对社会的各项承诺（如公正性声明等）也可单独列章］；
⑥ 主体内容及适用范围［适用于哪些检测领域（包括种类、范围）］、服务类型、采用的质量体系标准（如认可准则等）以及规定所使用的质量体系要素；
⑦ 定义及缩略语（必要时）；
⑧ 质量手册的管理（编制、审批、发放、保存、修订、是否保密等规定）；
⑨ 质量方针和目标、质量承诺；
⑩ 组织机构［高层管理人员（包括技术、质量主管）］和任职条件、职责、权利相互关系及权利委派等；与检验质量有关部门和人员的职责、权利和相互关系；
⑪ 组织机构图（内外部关系）；
⑫ 监督网框图及监督人员的任职条件、职责、权利及人员比例；
⑬ 防止不恰当干扰，保证公正性、独立性的措施；
⑭ 参加比对和能力验证的组织措施；
⑮ 质量体系要素描述［质量手册一般只作原则性描述，内容包括：目的范围，负责和参与部门，达到要素要求所规定的程序，开展活动的时机、地点及资源保证，支持性文件，用表格的形式表述实验室开展产品检验所具备的能力］；
⑯ 支持性文件目录，主要是程序文件和作业指导书等。

5.6.4 程序文件的编写

(1) 程序文件。应包括：目的、范围、职责、工作顺序、引用文件、使用的质量记录表格。

(2) 工作程序。应强调 5W1H [做何事（what）？为何做（why）？何人做（who）？何时做（when）？何地做（where）？如何做（how）] 及如何对 5M1E [人（man）、机（器）（machine）、（材）料（material）、（方）法（method）、测（量）（measure）、环（境）（environment）] 进行控制和记录。

(3) 程序文件的基本格式和内容。包括封面（实验室名称和标志、文件名称、文件编号、编制和批准人及日期、生效日期、版次号、受控状态、密级及发放登记号）；刊头（实验室名称和标志、文件名称、文件编号、生效日期、版次号、页码等）；正文（目的、适用范围、职责、工作程序、相关文件）；刊尾（必要时对有关情况的说明）。应编制质量手册和程序文件与认可准则条款要求对照表。

5.6.5　作业指导书的编写

(1) 作业指导书的分类及要求。作业指导书主要指标准操作规程（SOP），通常分为样品处理类、检测方法类（检测细则）、仪器设备类、数据处理类、其他类等。作业指导书的基本要求是要给出所需的所有信息，能按照所写规程完成全部工作，所以要写得尽量详细。

(2) 方法类作业指导书的编写方法。方法类作业指导书的内容应包括：编写说明、方法名称、适用范围（包括方法的检出限等）、规范性引用文件、原理、试剂、仪器、分析步骤（样品处理、标准系列制备、仪器参考操作条件、测定方法）、结果计算、精密度、准确度等。

(3) 仪器设备类作业指导书的编写方法。仪器设备类作业指导书的内容应包括：操作规程名称、适用范围、技术特性（使用环境、主要技术参数）、操作方法（操作前的准备、开机程序、测定方法、关机程序）、点检程序（概述、检验项目、技术要求、点检内容及方法、结果处理）、点检周期、使用注意事项、维护内容及方法等。

(4) 作业指导书的批准发放。作业指导书应由起草人、审核人（专业技术负责人）、批准人（单位技术负责人）签名及日期后，编号发放，纳入受控文件管理。

5.6.6　质量体系文件的执行和修订

质量体系文件编制完成并发布实施后，通过一段时间的操作执行，可能会发现某些措施、方法或制度在实际执行过程中存在偏差，或者由于新的标准、规范更新颁布以及有关部门与客户的要求等情况需要对质量体系文件做出相应修订，要按照文件的控制和维护程序由申请人或部门书面提出文件更改修订申请，经原审批部门批准后实施修订，以保证质量体系文件的有效性。

关键术语

计量　计量器具　计量检定　计量认证　公证数据　检验　检测　测试　资质认定　"A+B"模式　认可准则　质量手册

思考题

1. 简述计量检定、计量认证和资质认定的概念。
2. 产品检验机构资质认定的法律依据是什么？
3. 产品质量检验机构资质认定的内容是什么？
4. 产品检验机构资质认定考核合格后有哪些效力？
5. 食品检验机构资质认定应具备哪些主要条件？

6. 如何组织编写质量手册？

参考文献

国家认证认可监督管理委员会，2017. 检验检测机构资质认定能力评价　检验检测机构通用要求：RB/T 214—2017 [S]. 北京：中国标准出版社.

全国法制计量管理计量技术委员会，2011. 通用计量术语及定义：JJF 1001—2011 [S]. 北京：中国标准出版社.

全国信用标准化技术工作组，2015. 检验检测机构诚信基本要求：GB/T 31880—2015 [S]. 北京：中国标准出版社.

张建新，2002. 食品质量安全技术标准法规应用指南 [M]. 北京：科学技术文献出版社.

张建新，2014. 食品标准与技术法规 [M]. 2版. 北京：中国农业出版社.

第6章 食品生产经营许可及食品安全认证与管理

> **内容要点**
> - 食品生产许可
> - 食品经营许可
> - 绿色食品管理与认证
> - 有机产品管理与认证
> - 农产品地理标志产品的管理与认证

6.1 食品生产经营许可概述

食品生产许可是食品企业或者生产者生产的食品能否进入食品市场的关键条件之一。我国食品生产许可制度，根据不同时期法律法规的要求，其许可形式和要求具有明显的时代特征。1983年7月1日实施的《食品卫生法（试行）》和1995年10月30日实施的《食品卫生法》规定，对食品生产、销售和餐饮等均实施卫生许可证制度。随着社会经济的发展，对食品安全的要求发生了新的变化，2002年国家质量监督检验检疫总局取消了食品卫生许可制度，取而代之的是食品市场准入制度。食品市场准入制度的主要内容：一是实施食品生产许可证制度。凡不具备保证产品质量必备条件的企业不得从事食品生产加工。二是对出厂产品实施强制检验。不合格的食品不得出厂销售。三是对检验合格的食品加贴市场准入标志，即 QS（quality safety）标志[①]，向社会做出"质量安全"承诺。自2003年8月1日起，凡在我国境内从事大米、小麦粉、食用植物油、酱油和食醋生产加工的企业，未获得食品生产许可证和未经检验合格而加贴（印）食品市场准入标志的这5类产品，将不得出厂、不得在市场上销售。2004年对肉制品、罐头、乳制品、饮料、冷冻饮品、方便面、饼干、膨化食品、速冻米面食品、调味品（糖及味精）等10类实施食品市场准入制度。2005年对糖果制品、茶叶、葡萄糖及果酒、啤酒、黄酒、酱腌菜、蜜饯、炒货食品、蛋制品、可可制品、焙烤咖啡、水产加工、淀粉及淀

---

① 2015年修订的《食品安全法》实施后，食品生产许可证标志由"QS"更改为"SC"。

粉制品等 13 类实施食品市场准入制度。到 2006 年，对豆制品、果冻、蜂产品、酱类产品、糕点制品、挂面等所有 35 类食品以及 7 类食品包装容器和材料等全部实施市场准入制度管理。

根据 2009 年实施的《食品安全法》等有关规定，对食品生产经营活动实施监督管理。按照一个监管环节由一个部门监管的原则，采取分段监管为主、品种监管为辅的方式，进一步理顺食品安全监管职能，明确责任。农业部门负责初级农产品生产环节的监管，质监部门负责食品生产加工环节的监管，工商部门负责食品流通环节的监管，卫生部门负责餐饮业和食堂等消费环节的监管。从事食品生产者，应当依法取得食品生产许可证；从事食品流通销售者，应当依法取得食品流通许可证；从事餐饮服务者，应当依法取得食品餐饮许可证；食品生产加工小作坊和食品摊贩等的具体管理办法包括许可等，由省、自治区、直辖市制定。

为了保障食品安全，加强食品生产监管，规范食品生产许可活动，根据《食品安全法》及其实施条例以及产品质量、生产许可等法律法规的规定，2010 年国家质量监督检验检疫总局发布《食品生产许可管理办法》（最新修正版为 2020 版）。在对原有市场准入食品生产许可执行的实际情况和存在问题分析的基础上，重新把实施生产许可的食品分成若干个大类，在 2006 年食品生产许可审查细则上，制定了新的不同类型食品生产许可审查细则。国家工商行政管理总局为了规范食品流通许可行为，加强食品流通许可证管理，根据相关法律法规的规定，于 2009 年发布《食品流通许可证管理办法》，自 2009 年 7 月 30 日起施行。卫生部为加强餐饮服务监督管理，保障餐饮服务环节食品安全，根据相关法律法规的规定，制定《餐饮服务许可证管理办法》，自 2010 年 5 月 1 日起施行。

针对分段监管为主、品种监管为辅的方式所出现的问题，2015 年新修订的《食品安全法》把食品生产、流通和餐饮服务全部整合为由食品药品监督管理部门统一管理，并把食品生产经营过程中的生产许可、流通许可和餐饮许可，划分成食品生产许可和食品经营许可（流通许可和餐饮许可合并）两大类型。在政府机构改革中，把质监部门的食品生产监管和工商行政管理部门的食品流通监管全部移交给食品药品监管部门，实现了食品生产、流通和餐饮服务的集中管理。为规范食品、食品添加剂生产许可活动，加强食品生产监督管理，保障食品安全，2015 年 8 月 31 日国家食品药品监督管理总局发布《食品生产许可管理办法》，自 2015 年 10 月 1 日起施行。2017 年 11 月 7 日国家食品药品监督管理总局针对食品生产许可管理办法存在的不足对部分内容提出了修正的《关于修改部分规章的决定》，对《食品经营许可管理办法》进行了修改。

2018 年 3 月根据第十三届全国人民代表大会第一次会议批准的国务院机构改革方案，将国家工商行政管理总局的职责、国家质量监督检验检疫总局的职责、国家食品药品监督管理总局的职责、国家发展和改革委员会的价格监督检查与反垄断执法职责、商务部的经营者集中反垄断执法以及国务院反垄断委员会办公室等职责整合，组建国家市场监督管理总局，作为国务院直属机构。负责市场综合监督管理，统一登记市场主体并建立信息公示和共享机制，组织市场监管综合执法工作，承担反垄断统一执法，规范和维护市场秩序，组织实施质量强国战略，负责工业产品质量安全、食品安全、特种设备安全监管，统一管理计量标准、检验检测、认证认可工作等。我国实现了大市场一体化监管也就是"三合一"监管体制。

与此同时，2018 年 12 月 29 日第十三届全国人民代表大会常务委员会第七次会议对《食品安全法》进行了第二次修订。2018 年修订的《食品安全法》第三十五条规定：国家对食品生产经营实行许可制度。从事食品生产、食品销售、餐饮服务，应当依法取得许可。但是，销售食用农产品，不需要取得许可。县级以上地方人民政府食品安全监督管理部门应当依照《中华人民共和国行政许可法》的规定，审核申请人提交的本法第三十三条第一款第一项至第四项规定要求的相关资料，必要时对申请人的生产经营场所进行现场核查；对符合规定条件的，准予许可；对不符合规定条件的，不予许可并书面说明理由。《食品安全法》第三十六条规定：食品生产加工小作坊和食品摊贩等从事食品生产经营活动，应当符合本法规定的与其生产经营规模、条件相适应的食品安全要求，保证所生产经营的食品卫生、无毒、无害，食品安全监督管理部门应当对其加强监督管理。县级以上地方人民政府应当对食品生产加工小作坊、食品摊贩等进行综合治理，加强服务和统一规划，改善其生产经营环境，鼓励和支持其改进生产经营条件，进入集中交易市场、店铺等固定场所经营，或者在指定的临时经营区域、时段经营。食品生产加工小作坊和食品摊贩等的具体管理办法由省、自治区、直辖市制定。《食品安全法》第三十七条规定：利用新的食品原料生产食品，或者生产食品添加剂新品种、食品相关产品新品种，应当向国务院卫生行政部门提交相关产品的安全性评估材料。国务院卫生行政部门应当自收到申请之日起60日内组织审查；对符合食品安全要求的，准予许可并公布；对不符合食品安全要求的，不予许可并书面说明理由。2020年1月3日国家市场监督管理总局发布《食品生产许可管理办法》，自2020年3月1日起施行，原办法同时废止。

从现行的食品安全法规定来看，食品生产经营行政许可主要包括：食品生产许可、食品经营许可、食品用包装材料和容器许可、食品生产加工小作坊和食品摊贩许可、新的食品原料生产食品许可、食品添加剂新品种许可、食品相关产品新品种许可，以及保健食品、特殊医学用途配方食品和婴幼儿配方食品等特殊食品注册（许可），共10个类型。且食品生产许可、食品经营许可、食品用包装材料和容器许可、食品生产加工小作坊和食品摊贩许可，以及保健食品、特殊医学用途配方食品和婴幼儿配方食品等特殊食品注册（许可）由市场监督管理部门负责，新的食品原料生产食品许可、食品添加剂新品种许可和食品相关产品新品种许可由国务院卫生行政部门负责。本部分主要介绍食品生产许可管理办法和食品经营许可管理办法以及食品安全认证管理办法。

6.2　食品生产许可证管理

6.2.1　食品生产许可的法律依据

2018年新修订的《中华人民共和国食品安全法》（2015年9月1日起施行）第三十五条中"国家对食品生产经营实行许可制度。从事食品生产、食品销售、餐饮服务，应当依法取得许可。但是，销售食用农产品，不需要取得许可"这一规定是国家对食品生产实行许可管理的法律依据。

2019年3月26日国务院第42次常务会议修订通过的《中华人民共和国食品安全法实施条例》自2019年12月1日起施行。该条例第十五条规定食品生产经营许可的有效期为5年。食品生产经营者的生产经营条件发生变化，不再符合食品生产经营要求的，食品生产经营者应当立即采取整改措施；需要重新办理许可手续的，应当依法办理。该条例第二十一条规定：食品、食品添加剂生产经营者委托生产食品、食品添加剂的，应当委托取得食品生产许可、食品添加剂生产许可的生产者生产，并对其生产行为进行监督，对委托生产的食品、食品添加剂的安全负责。受托方应当依照法律、法规、食品安全标准以及合同约定进行生产，对生产行为负责，并接受委托方的监督。

食品生产管理办法

6.2.2　食品生产许可证管理办法的结构

2020年1月3日国家市场监督管理总局发布的《食品生产许可管理办法》共8章

61条。

  第一章 总则（9条）
  第二章 申请与受理（11条）
  第三章 审查与决定（7条）
  第四章 许可证管理（4条）
  第五章 变更、延续与注销（11条）
  第六章 监督检查（6条）
  第七章 法律责任（7条）
  第八章 附则（6条）

该办法贯彻落实了国务院"放管服"改革工作部署和《国务院关于在全国推开"证照分离"改革的通知》（国发〔2018〕35号）的要求，加强事中事后监管，推动食品生产监管工作重心向事后监管转移，进一步增强食品生产许可管理体制的可操作性。

6.2.3　食品生产许可证管理办法的主要内容

6.2.3.1　食品生产许可证适用范围和许可原则

(1) 适用范围： 在中华人民共和国境内，从事食品生产活动，应当依法取得食品生产许可。

(2) 许可原则： ①食品生产许可应当遵循依法、公开、公平、公正、便民、高效的原则。②食品生产许可实行一企一证原则，即同一个食品生产者从事食品生产活动，应当取得一个食品生产许可证。

6.2.3.2　食品生产许可证管理规定

① 市场监督管理部门按照食品的风险程度，结合食品原料、生产工艺等因素，对食品生产实施分类许可。

② 国家市场监督管理总局负责监督指导全国食品生产许可管理工作。县级以上地方市场监督管理部门负责本行政区域内的食品生产许可监督管理工作。

③ 省、自治区、直辖市市场监督管理部门可以根据食品类别和食品安全风险状况，确定市、县级市场监督管理部门的食品生产许可管理权限。

④ 保健食品、特殊医学用途配方食品、婴幼儿配方食品、婴幼儿辅助食品、食盐等食品的生产许可，由省、自治区、直辖市市场监督管理部门负责。

⑤ 国家市场监督管理总局负责制定食品生产许可审查通则和细则。省、自治区、直辖市市场监督管理部门可以根据本行政区域食品生产许可审查工作的需要，对地方特色食品制定食品生产许可审查细则，在本行政区域内实施，并向国家市场监督管理总局报告。国家市场监督管理总局制定公布相关食品生产许可审查细则后，地方特色食品生产许可审查细则自行废止。县级以上地方市场监督管理部门实施食品生产许可审查，应当遵守食品生产许可审查通则和细则。

⑥ 取得食品经营许可的餐饮服务提供者在其餐饮服务场所制作加工食品，不需要取得本办法规定的食品生产许可。

⑦ 对食品生产加工小作坊的监督管理，按照省、自治区、直辖市制定的具体管理办法执行。

6.2.3.3　食品生产许可证申请与食品类别

申请食品生产许可，应当先行取得营业执照等合法主体资格。企业法人、合伙企业、个人独资企业、个体工商户、农民专业合作组织等，以营业执照载明的主体作为申请人。

申请食品生产许可，应当按照以下食品类别提出：粮食加工品，食用油、油脂及其制品，调味品，肉制品，乳制品，饮料，方便食品，饼干，罐头，冷冻饮品，速冻食品，薯类和膨化食品，糖果制品，茶叶及相关制品，酒类，蔬菜制品，水果制品，炒货食品及坚果制品，蛋制品，可可及焙烤咖啡产品，食糖，水产制品，淀粉及淀粉制品，糕点，豆制品，蜂产品，保健食品，特殊医学用途配方食品，婴幼儿配方食品，特殊膳食食品，其他食品等。

6.2.3.4 食品生产许可证申请条件和材料要求

(1) 申请条件。

① 具有与生产的食品品种、数量相适应的食品原料处理和食品加工、包装、贮存等场所，保持该场所环境整洁，并与有毒、有害场所以及其他污染源保持规定的距离。

② 具有与生产的食品品种、数量相适应的生产设备或者设施，有相应的消毒、更衣、盥洗、采光、照明、通风、防腐、防尘、防蝇、防鼠、防虫、洗涤以及处理废水、存放垃圾和废弃物的设备或者设施；保健食品生产工艺有原料提取、纯化等前处理工序的，需要具备与生产的品种、数量相适应的原料前处理设备或者设施。

③ 有专职或者兼职的食品安全专业技术人员、食品安全管理人员和保证食品安全的规章制度。

④ 具有合理的设备布局和工艺流程，防止待加工食品与直接入口食品、原料与成品交叉污染，避免食品接触有毒物、不洁物。

⑤ 法律法规规定的其他条件。

(2) 申请材料。

① 食品生产许可申请书。
② 食品生产设备布局图和食品生产工艺流程图。
③ 食品生产主要设备、设施清单。
④ 专职或者兼职的食品安全专业技术人员、食品安全管理人员信息和食品安全管理制度。

6.2.3.5 食品生产许可证的审查和有效期

① 县级以上地方市场监督管理部门应当对申请人提交的申请材料进行审查。需要对申请材料的实质内容进行核实的，应当进行现场核查。市场监督管理部门开展食品生产许可现场核查时，应当按照申请材料进行核查。对首次申请许可或者增加食品类别的变更许可，根据食品生产工艺流程等要求，核查试制食品的检验报告。开展食品添加剂生产许可现场核查时，可以根据食品添加剂品种特点，核查试制食品添加剂的检验报告和复配食品添加剂配方等。试制食品检验可以由生产者自行检验，或者委托有资质的食品检验机构检验。

② 现场核查应当由食品安全监管人员进行，根据需要可以聘请专业技术人员作为核查人员参加现场核查。核查人员不得少于2人。核查人员应当出示有效证件，填写食品生产许可现场核查表，制作现场核查记录，经申请人核对无误后，由核查人员和申请人在核查表和记录上签名或者盖章。申请人拒绝签名或者盖章的，核查人员应当注明情况。

③ 申请保健食品、特殊医学用途配方食品、婴幼儿配方乳粉生产许可，在产品注册或者产品配方注册时经过现场核查的项目，可以不再重复进行现场核查。

④ 市场监督管理部门可以委托下级市场监督管理部门，对受理的食品生产许可申请

进行现场核查。特殊食品生产许可的现场核查原则上不得委托下级市场监督管理部门实施。

⑤ 核查人员应当自接受现场核查任务之日起5个工作日内，完成对生产场所的现场核查。

⑥ 食品添加剂生产许可申请符合条件的，由申请人所在地县级以上地方市场监督管理部门依法颁发食品生产许可证，并标注食品添加剂。

⑦ 食品生产许可证发证日期为许可决定作出的日期，有效期为5年。

6.2.3.6 食品生产许可证法律效力与证书内容和编号的规定

① 食品生产许可证分为正本、副本。正本、副本具有同等法律效力。市场监督管理部门制作的食品生产许可电子证书与印制的食品生产许可证书具有同等法律效力。

② 食品生产许可证应当载明：生产者名称、社会信用代码、法定代表人（负责人）、住所、生产地址、食品类别、许可证编号、有效期、发证机关、发证日期和二维码。

③ 副本还应当载明食品明细。生产保健食品、特殊医学用途配方食品、婴幼儿配方食品的，还应当载明产品或者产品配方的注册号或者备案登记号；接受委托生产保健食品的，还应当载明委托企业名称及住所等相关信息。

④ 食品生产许可证编号由SC（"生产"的汉语拼音字母缩写）和14位阿拉伯数字组成。数字从左至右依次为：3位食品类别编码、2位省（自治区、直辖市）代码、2位市（地）代码、2位县（区）代码、4位顺序码、1位校验码。

6.2.3.7 食品生产许可证变更、延续与注销

① 食品生产许可证有效期内，食品生产者名称、现有设备布局和工艺流程、主要生产设备设施、食品类别等事项发生变化，需要变更食品生产许可证载明的许可事项的，食品生产者应当在变化后10个工作日内向原发证的市场监督管理部门提出变更申请。

② 食品生产者的生产场所迁址的，应当重新申请食品生产许可。

③ 食品生产者需要延续依法取得的食品生产许可有效期的，应当在该食品生产许可有效期届满30个工作日前，向原发证的市场监督管理部门提出申请。

④ 保健食品、特殊医学用途配方食品、婴幼儿配方食品的生产企业申请延续食品生产许可的，还应当提供生产质量管理体系运行情况的自查报告。

⑤ 保健食品、特殊医学用途配方食品、婴幼儿配方食品注册或者备案的生产工艺发生变化的，应当先办理注册或者备案变更手续。

⑥ 食品生产者终止食品生产，食品生产许可被撤回、撤销，应当在20个工作日内向原发证的市场监督管理部门申请办理注销手续。

⑦ 食品生产者申请注销食品生产许可的，应当向原发证的市场监督管理部门提交食品生产许可注销申请书。食品生产许可被注销的，许可证编号不得再次使用。

⑧ 食品生产者未按规定申请办理注销手续的，原发证的市场监督管理部门应当依法办理食品生产许可注销手续。

6.2.3.8 食品生产许可证监督检查

① 县级以上地方市场监督管理部门应当依据法律法规规定的职责，对食品生产者的许可事项进行监督检查。

② 县级以上地方市场监督管理部门及其工作人员履行食品生产许可管理职责，应当自觉接受食品生产者和社会监督。

③ 接到有关工作人员在食品生产许可管理过程中存在违法行为的举报，市场监督管理部门应当及时进行调查核实。情况属实的，应当立即纠正。

④ 国家市场监督管理总局可以定期或者不定期组织对全国食品生产许可工作进行监督检查；省、自治区、直辖市市场监督管理部门可以定期或者不定期组织对本行政区域内的食品生产许可工作进行监督检查。

⑤ 未经申请人同意，行政机关及其工作人员、参加现场核查的人员不得披露申请人提交的商业秘密、未披露信息或者保密商务信息，法律另有规定或者涉及国家安全、重大社会公共利益的除外。

6.2.3.9 食品生产许可证法律责任

① 未取得食品生产许可从事食品生产活动的，由县级以上地方市场监督管理部门依照《中华人民共和国食品安全法》第一百二十二条的规定给予处罚。

② 食品生产者生产的食品不属于食品生产许可证上载明的食品类别的，视为未取得食品生产许可从事食品生产活动。

③ 许可申请人隐瞒真实情况或者提供虚假材料申请食品生产许可的，由县级以上地方市场监督管理部门给予警告。申请人在1年内不得再次申请食品生产许可。

④ 被许可人以欺骗、贿赂等不正当手段取得食品生产许可的，由原发证的市场监督管理部门撤销许可，并处1万元以上3万元以下罚款。被许可人在3年内不得再次申请食品生产许可。

⑤ 违反本办法第三十一条第一款规定，食品生产者伪造、涂改、倒卖、出租、出借、转让食品生产许可证的，由县级以上地方市场监督管理部门责令改正，给予警告，并处1万元以下罚款；情节严重的，处1万元以上3万元以下罚款。

⑥ 食品生产许可证有效期内，食品生产者名称、现有设备布局和工艺流程、主要生产设备设施等事项发生变化，需要变更食品生产许可证载明的许可事项，未按规定申请变更的，由原发证的市场监督管理部门责令改正，给予警告；拒不改正的，处1万元以上3万元以下罚款。

⑦ 食品生产许可证副本载明的同一食品类别内的事项发生变化，食品生产者未按规定报告的，食品生产者终止食品生产，食品生产许可证被撤回、撤销或者食品生产许可证被吊销，未按规定申请办理注销手续的，由原发证的市场监督管理部门责令改正；拒不改正的，给予警告，并处5 000元以下罚款。

⑧ 被吊销生产许可证的食品生产者及其法定代表人、直接负责的主管人员和其他直接责任人员自处罚决定作出之日起5年内不得申请食品生产经营许可，或者从事食品生产经营管理工作、担任食品生产经营企业食品安全管理人员。

6.3 食品经营许可证及餐饮业量化分级制度

6.3.1 食品经营相关概念

(1) 单位食堂：指设于机关、事业单位、社会团体、民办非企业单位、企业等，供应内部职工、学生等集中就餐的餐饮服务提供者。

(2) 预包装食品：指预先定量包装或者制作在包装材料和容器中的食品，包括预先定量包装以及预先定量制作在包装材料和容器中并且在一定量限范围内具有统一的质量或体积标识的食品。

(3) 散装食品：指无预先定量包装，需称重销售的食品，包括无包装和带非定量包装的食品。

(4) 热食类食品：指食品原料经粗加工、切配并经过蒸、煮、烹、煎、炒、烤、炸等烹饪工艺制作，在一定热度状态下食用的即食食品，含火锅和烧烤等烹饪方式加工而成的食品等。

(5) 冷食类食品：指一般无须再加热，在常温或者低温状态下即可食用的食品，含熟食卤味、生食瓜果蔬菜、腌菜等。

(6) 生食类食品：一般特指生食水产品。

(7) 糕点类食品：指以粮、糖、油、蛋、奶等为主要原料经焙烤等工艺现场加工而成的食品，含裱花蛋糕等。

(8) 自制饮品：指经营者现场制作的各种饮料，含冰淇淋等。

(9) 中央厨房：指由餐饮单位建立的，具有独立场所及设施设备，集中完成食品成品或者半成品加工制作并配送的食品经营者。

(10) 集体用餐配送单位：指根据服务对象订购要求，集中加工、分送食品但不提供就餐场所的食品经营者。

(11) 其他类食品：指区域性销售食品、民族特色食品、地方特色食品等。

(12) 特殊医学用途配方食品：是指为了满足进食受限、消化吸收障碍、代谢紊乱或特定疾病状态人群对营养素或膳食的特殊需要，专门加工配制而成的配方食品。该类产品必须在医生或临床营养师指导下，单独食用或与其他食品配合食用。

(13) 特殊医学用途婴儿配方食品：指针对患有特殊紊乱、疾病或医疗状况等特殊医学状况婴儿的营养需求而设计制成的粉状或液态配方食品。在医生或临床营养师的指导下，单独食用或与其他食物配合食用时，其能量和营养成分能够满足0～6月龄特殊医学状况婴儿的生长发育需求。

食品经营管理办法（上）

食品经营管理办法（下）

6.3.2 食品经营许可证管理办法的结构

现行的《食品经营许可管理办法》由国家食品药品监督管理总局于2015年8月31日公布，2017年11月7日修正，共8章57条。

第一章　总则（8条）
第二章　申请与受理（7条）
第三章　审查与决定（6条）
第四章　许可证管理（5条）
第五章　变更、延续、补办与注销（12条）
第六章　监督检查（6条）
第七章　法律责任（7条）
第八章　附则（6条）

本部分简要介绍《食品经营许可管理办法》和餐饮服务量化分级管理的主要内容。

6.3.3 食品经营许可证管理办法的主要内容

6.3.3.1 食品经营许可证适用范围和许可原则

(1) 适用范围：在中华人民共和国境内，从事食品销售和餐饮服务活动，应当依法取得食品经营许可。

(2) 许可原则：①食品生产许可应当遵循依法、公开、公平、公正、便民、高效的原则。②食品生产许可实行一企一证原则，即同一个食品生产者从事食品生产活动，应当取得一个食品生产许可证。

6.3.3.2 食品经营许可证管理规定

① 按照食品经营主体业态和经营项目的风险程度对食品经营实施分类许可。

② 国家食品药品监督管理部门负责监督指导全国食品经营许可管理工作。县级以上地方食品药品监督管理部门负责本行政区域内的食品经营许可管理工作。

③ 省、自治区、直辖市食品药品监督管理部门可以根据食品类别和食品安全风险状况，确定市、县级食品药品监督管理部门的食品经营许可管理权限。

④ 国家食品药品监督管理部门负责制定食品经营许可审查通则。县级以上地方食品药品监督管理部门实施食品经营许可审查，应当遵守食品经营许可审查通则。

⑤ 各省、自治区、直辖市食品药品监督管理部门可以根据本行政区域实际情况，制定有关食品经营许可管理的具体实施办法。

6.3.3.3 食品经营许可证申请与食品类别

① 申请食品经营许可，应当先行取得营业执照等合法主体资格。企业法人、合伙企业、个人独资企业、个体工商户等，以营业执照载明的主体作为申请人。

② 机关、事业单位、社会团体、民办非企业单位、企业等申办单位食堂，以机关或者事业单位法人登记证、社会团体登记证或者营业执照等载明的主体作为申请人。

③ 申请食品经营许可，应当按照食品经营主体业态和经营项目分类提出。

④ 食品经营主体业态分为食品销售经营者、餐饮服务经营者、单位食堂。食品经营者申请通过网络经营、建立中央厨房或者从事集体用餐配送的，应当在主体业态后以括号标注。

⑤ 食品经营项目分为：预包装食品销售（含冷藏冷冻食品、不含冷藏冷冻食品）、散装食品销售（含冷藏冷冻食品、不含冷藏冷冻食品）、特殊食品销售（保健食品、特殊医学用途配方食品、婴幼儿配方乳粉、其他婴幼儿配方食品）、其他类食品销售；热食类食品制售、冷食类食品制售、生食类食品制售、糕点类食品制售、自制饮品制售、其他类食品制售等。

6.3.3.4 食品经营许可证申请条件与材料要求

(1) 申请食品经营许可条件。

① 具有与经营的食品品种、数量相适应的食品原料处理和食品加工、销售、贮存等场所，保持该场所环境整洁，并与有毒、有害场所以及其他污染源保持规定的距离。

② 具有与经营的食品品种、数量相适应的经营设备或者设施，有相应的消毒、更衣、盥洗、采光、照明、通风、防腐、防尘、防蝇、防鼠、防虫、洗涤以及处理废水、存放垃圾和废弃物的设备或者设施。

③ 有专职或者兼职的食品安全管理人员和保证食品安全的规章制度。

④ 具有合理的设备布局和工艺流程，防止待加工食品与直接入口食品、原料与成品交叉污染，避免食品接触有毒物、不洁物。

⑤ 法律法规规定的其他条件如环保要求等。

(2) 申请食品经营许可材料。

① 食品经营许可申请书。

② 营业执照或者其他主体资格证明文件复印件。

③ 与食品经营相适应的主要设备设施布局、操作流程等文件。

④ 食品安全自查、从业人员健康管理、进货查验记录、食品安全事故处置等保证食品安全的规章制度。

⑤ 利用自动售货设备从事食品销售的，申请人还应当提交自动售货设备的产品合格证明、具体放置地点，经营者名称、住所、联系方式、食品经营许可证的公示方法等材料。

⑥ 申请人委托他人办理食品经营许可申请的，代理人应当提交授权委托书以及代理人的身份证明文件。

6.3.3.5　食品经营许可证的审查和有效期

① 县级以上地方食品药品监督管理部门应当对申请人提交的许可申请材料进行审查。需要对申请材料的实质内容进行核实的，应当进行现场核查。仅申请预包装食品销售（不含冷藏冷冻食品）的，以及食品经营许可变更不改变设施和布局的，可以不进行现场核查。

② 现场核查应当由符合要求的核查人员进行。核查人员不得少于2人。核查人员应当出示有效证件，填写食品经营许可现场核查表，制作现场核查记录，经申请人核对无误后，由核查人员和申请人在核查表和记录上签名或者盖章。申请人拒绝签名或者盖章的，核查人员应当注明情况。

③ 食品经营许可证发证日期为许可决定作出的日期，有效期为5年。

6.3.3.6　食品经营许可证法律效力与证书内容和编号规定

① 食品经营许可证分为正本、副本。正本、副本具有同等法律效力。食品经营许可电子证书与印制的食品经营许可证书具有同等法律效力。

② 食品经营许可证应当载明：经营者名称、社会信用代码（个体经营者为身份证号码）、法定代表人（负责人）、住所、经营场所、主体业态、经营项目、许可证编号、有效期、日常监督管理机构、日常监督管理人员、投诉举报电话、发证机关、签发人、发证日期和二维码。

③ 在经营场所外设置仓库（包括自有和租赁）的，还应当在副本中载明仓库具体地址。

④ 食品经营许可证编号由JY（"经营"的汉语拼音字母缩写）和14位阿拉伯数字组成。数字从左至右依次为：1位主体业态代码、2位省（自治区、直辖市）代码、2位市（地）代码、2位县（区）代码、6位顺序码、1位校验码。

⑤ 食品经营者应当在经营场所的显著位置悬挂或者摆放食品经营许可证正本。

6.3.3.7　食品经营许可证变更、延续与注销

① 食品经营许可证载明的许可事项发生变化的，食品经营者应当在变化后10个工作日内向原发证的机关申请变更经营许可。

② 经营场所发生变化的，应当重新申请食品经营许可。外设仓库地址发生变化的，食品经营者应当在变化后10个工作日内向原发证的机关报告。

③ 原发证的机关决定准予变更的，应当向申请人颁发新的食品经营许可证。食品经营许可证编号不变，发证日期为食品药品监督管理部门作出变更许可决定的日期，有效期与原证书一致。

④ 原发证的食品药品监督管理部门决定准予延续的，应当向申请人颁发新的食品经营许可证，许可证编号不变，有效期自食品药品监督管理部门作出延续许可决定之日起

计算。

⑤ 食品经营许可证遗失、损坏的，应当向原发证的食品药品监督管理部门申请补发的食品经营许可证，许可证编号不变，发证日期和有效期与原证书保持一致。

⑥ 食品经营者终止食品经营，食品经营许可被撤回、撤销或者食品经营许可证被吊销的，应当在30个工作日内向原发证的食品药品监督管理部门申请办理注销手续。

⑦ 食品经营者未按规定申请办理注销手续的，原发证的食品药品监督管理部门应当依法办理食品经营许可注销手续。

6.3.3.8 食品经营许可证监督检查

① 县级以上地方食品药品监督管理部门应当依据法律法规规定的职责，对食品经营者的许可事项进行监督检查。

② 县级以上地方食品药品监督管理部门日常监督管理人员负责所管辖食品经营者许可事项的监督检查，必要时，应当依法对相关食品仓储、物流企业进行检查。

③ 日常监督管理人员应当按照规定的频次对所管辖的食品经营者实施全覆盖检查。

④ 县级以上地方食品药品监督管理部门及其工作人员履行食品经营许可管理职责，应当自觉接受食品经营者和社会监督。

⑤ 国家食品药品监督管理部门可以定期或者不定期组织对全国食品经营许可工作进行监督检查；省、自治区、直辖市食品药品监督管理部门可以定期或者不定期组织对本行政区域内的食品经营许可工作进行监督检查。

6.3.3.9 食品经营许可证法律责任

① 未取得食品经营许可从事食品经营活动的，由县级以上地方食品药品监督管理部门依照《中华人民共和国食品安全法》第一百二十二条的规定给予处罚。

② 许可申请人隐瞒真实情况或者提供虚假材料申请食品经营许可的，由县级以上地方食品药品监督管理部门给予警告。申请人在1年内不得再次申请食品经营许可。

③ 被许可人以欺骗、贿赂等不正当手段取得食品经营许可的，由原发证的食品药品监督管理部门撤销许可，并处1万元以上3万元以下罚款。被许可人在3年内不得再次申请食品经营许可。

④ 食品经营者伪造、涂改、倒卖、出租、出借、转让食品经营许可证的，由县级以上地方食品药品监督管理部门责令改正，给予警告，并处1万元以下罚款；情节严重的，处1万元以上3万元以下罚款。

⑤ 食品经营者未按规定在经营场所的显著位置悬挂或者摆放食品经营许可证的，由县级以上地方食品药品监督管理部门责令改正；拒不改正的，给予警告。

⑥ 食品经营许可证载明的许可事项发生变化，食品经营者未按规定申请变更经营许可的，由原发证的食品药品监督管理部门责令改正，给予警告；拒不改正的，处2 000元以上1万元以下罚款。

⑦ 食品经营者外设仓库地址发生变化，未按规定报告的，或者食品经营者终止食品经营，食品经营许可被撤回、撤销或者食品经营许可证被吊销，未按规定申请办理注销手续的，由原发证的食品药品监督管理部门责令改正；拒不改正的，给予警告，并处2 000元以下罚款。

⑧ 被吊销经营许可证的食品经营者及其法定代表人、直接负责的主管人员和其他直接责任人员自处罚决定作出之日起5年内不得申请食品生产经营许可，或者从事食品生产经营管理工作、担任食品生产经营企业食品安全管理人员。

6.3.4 餐饮业量化分级管理制度

2012年1月6日国家食品药品监督管理总局下发了《关于实施餐饮服务食品安全监督量化分级管理工作的指导意见》(以下简称《指导意见》),指出对持食品经营许可证的餐饮服务单位,包括餐馆、快餐店、小吃店、饮品店、食堂、集体用餐配送单位和中央厨房等,进行餐饮服务食品安全等级评定。

餐饮服务食品安全监督量化等级分为动态等级和年度等级。动态等级为监管部门对餐饮服务单位食品安全管理状况每次监督检查结果的评价。动态等级分为优秀、良好、一般三个等级,分别用大笑、微笑和平脸三种卡通形象表示。年度等级为监管部门对餐饮服务单位食品安全管理状况过去12个月期间监督检查结果的综合评价,年度等级分为优秀、良好、一般三个等级,分别用A、B、C三个字母表示。

《指导意见》规定动态等级评定标准由监督人员按照《餐饮服务食品安全监督动态等级评定表》进行现场监督检查并评分。评定总分除以检查项目数的所得,为动态等级评定分数。检查项目和检查内容可合理缺项。评定分数在9.0分以上(含9.0分),为优秀;评定分数在8.9分至7.5分(含7.5分),为良好;评定分数在7.4分至6.0分(含6.0分),为一般。评定分数在6.0分以下的,或2项以上(含2项)关键项不符合要求的,不评定动态等级。

《指导意见》规定年度等级评定标准由监督人员根据餐饮服务单位过去12个月期间的动态等级评定结果进行综合判定。年度平均分在9.0分以上(含9.0分),为优秀;年度平均分在8.9分至7.5分(含7.5分),为良好;年度平均分在7.4分至6.0分(含6.0分),为一般。

对新办《餐饮服务许可证》的餐饮服务单位,在《餐饮服务许可证》颁发之日起3个月内,不给予动态等级评定;在《餐饮服务许可证》颁发之日起4个月内,完成动态等级评定。

对造成食品安全事故的餐饮服务单位,要求其限期整改,并依法给予相应的行政处罚,6个月内不给予动态等级评定,并收回餐饮服务食品安全等级公示牌,同时监管部门加大对其监督检查频次,6个月期满后方可根据实际情况评定动态等级。

动态等级评定过程中,发现餐饮服务单位存在严重违法违规行为,需要给予警告以外行政处罚的,2个月内不给予动态等级评定,并收回餐饮服务食品安全等级公示牌,同时监管部门加大对其监督检查频次,2个月期满后方可根据实际情况评定动态等级。

实施餐饮服务食品安全监督量化分级管理制度是国家食品药品监督管理总局根据餐饮服务食品安全监管新形势要求推出的一项重要举措,是在总结过去管理制度基础上,根据餐饮业发展特点,结合监管需要提出的一项新的工作要求。既是餐饮服务食品安全监管工作本身的需要,也是社会对餐饮服务食品安全需求的必然结果,更是餐饮服务单位落实食品安全第一责任人的法律要求。

6.4 绿色食品管理与认证

6.4.1 绿色食品概述

绿色食品是指产自优良生态环境、按照绿色食品标准生产、实行全程质量控制并获得绿色食品标志使用权的安全、优质食用农产品及相关产品。绿色食品标准分为两个技术等级,即AA级绿色食品标准和A级绿色食品标准。与普通食品相比,绿色食品具有"产地环境优良""全程监控"和"依法实行标志管理"三个显著特征。

近10年我国绿色食品年均增长速度超过20%。截至2018年底,全国绿色食品企业总数达到9 500多家,产品总数达到23 000多个。绿色食品产品日益丰富,现有的产品门类包括农林产品及其加工产品、畜禽、水产品及其加工产品、饮品类产品等5个大类57个小类近150个品种,基本上覆盖了全国主要大宗农产品及加工产品。全国已创建665个绿色食品原料标准化生产基地,分布在25个省、自治区、直辖市,基地种植面积0.12亿公顷,产品总产量达到1亿吨。绿色食品生产资料企业总数发展到102家,产品达244个。绿色食品作为证明商标已在美国、俄罗斯、法国、澳大利亚、日本及世界知识产权局等11个国家/地区和国际组织注册。

全国已建立省级绿色食品工作机构36个,地(市)级绿色食品工作机构308个,县(市)级绿色食品工作机构1 558个,覆盖了全国88%的地(市)、56%的县(市)。全国共有专职工作人员6 000多人;还发展了绿色食品企业内检员1.8万人,实现了所有获证企业的全覆盖。同时,审核确定了绿色食品定点环境监测机构57家、产品质量检测机构58家。

6.4.2 绿色食品标准体系

从1993年开始,在绿色食品的申报审批过程中,将绿色食品分分成AA级和A级两个级别,它们的区别见表6-1。

绿色食品认证管理

表6-1 AA级和A级绿色食品的区别

项　　目	AA级绿色食品	A级绿色食品
环境评价	采用单项指数法,各项数据均不得超过有关标准	采用综合指数法,各项环境监测的综合污染指数不得超过1
生产过程	生产过程中禁止使用任何化学合成物质;禁止使用基因工程技术	生产过程中允许限量、限时间、限定方法使用限定品种的化学合成的肥料、农药及食品添加剂
产品	各种化学合成农药及合成食品添加剂均不得检出	允许限定使用的化学合成物质的残留量为国家或国际标准1/2,禁止使用的化学物质残留不得检出
标识标志编号	标志和标准字体为绿色,底色为白色,防伪标签的底色为蓝色,标志编号以AA结尾	标志和标准字体为白色,底色为绿色,防伪标签底色为绿色,标志编号以A结尾

绿色食品标准是由农业农村部发布的推荐性农业行业标准(NY/T),是绿色食品生产企业必须遵照执行的标准。绿色食品标准以全程质量控制为核心,由以下6个部分构成:

(1) 绿色食品产地环境质量标准。 绿色食品生产基地的环境质量必须符合NY/T 391—2000《绿色食品产地环境质量标准》。标准规定了产地的空气质量标准、农田灌溉水质标准、渔业水质标准、畜禽养殖用水标准和土壤环境质量标准的各项指标以及浓度限值、监测和评价方法。提出了绿色食品产地土壤肥力分级和土壤质量综合评价方法。

(2) 绿色食品生产技术标准。 绿色食品生产技术标准是绿色食品标准体系的核心,它包括绿色食品生产资料使用准则和绿色食品生产技术操作规程两部分。绿色食品生产资料使用准则是对生产绿色食品过程中物质投入的一个原则性规定,它包括生产绿色食品的农药、肥料、食品添加剂、饲料添加剂、兽药和水产养殖药的使用准则,对允许、限制和禁止使用的生产资料及其使用方法、使用剂量、使用次数和休药期等做出了明确规定。绿色食品生产技术操作规程是以上述准则为依据,按作物种类、畜禽种类和不同农业区域的生产特性分别制定的，用于指导绿色食品生产活动，规范绿色食品生产技术的规定，包括农产品种植、畜禽饲养、水产养殖和食品加工等技术操作规程。

① 绿色食品生产资料使用准则。包括：NY/T 391—2013《绿色食品 产地环境质量》、NY/T 392—2013《绿色食品 食品添加剂使用准则》、NY/T 393—2013《绿色食品 农药使用准则》、NY/T 394—2013《绿色食品 肥料使用准则》、NY/T 471—2018《绿色食品 饲料和饲料添加剂使用准则》、NY/T 472—2006《绿色食品 兽药使用准则》、NY/T 473—2016《绿色食品 畜禽卫生防疫准则》、NY/T 755—2013《绿色食品 渔药使用准则》。

② 绿色食品生产技术操作规程。绿色食品生产技术操作规程一般为行业或地方推荐性标准，也可以是企业标准。无论使用什么标准，在申报时必须向中国绿色食品发展中心上报准备使用的生产技术操作规程，并获得中国绿色食品发展中心批准。

(3) 绿色食品产品标准及其相关标准。 绿色食品产品标准是衡量绿色食品最终产品质量的指标尺度。它虽然跟普通食品的国家标准一样，规定了食品的外观品质、营养品质和卫生品质等内容，但其卫生品质要求高于国家现行标准，主要表现在对农药残留和重金属的检测项目种类多、指标严。而且，使用的主要原料必须是来自绿色食品产地的、按绿色食品生产技术操作规程生产出来的产品。

(4) 绿色食品包装与标签标准。 要求产品包装从原料、产品制造、使用、回收和废弃的整个过程都应有利于食品安全和环境保护，包括包装材料的安全、牢固性，节省资源、能源，减少或避免废弃物产生，易回收循环利用，可降解等具体要求和内容。绿色食品产品包装标签，除符合包装食品标签的基本要求和国家 GB 7718—2011《预包装食品标签通则》外，在包装装潢上应符合《中国绿色食品商标标志设计使用规范手册》的要求。农业部还颁发了关于绿色食品包装的行业标准 NY/T 658—2015《绿色食品 包装通用准则》。

(5) 绿色食品贮藏运输标准。 NY/T 1056—2006《绿色食品 贮藏运输准则》对绿色食品贮运的条件、方法、时间做出规定，以保证绿色食品在贮运过程中不遭受污染、不改变品质，并有利于环保、节能。

(6) 绿色食品的其他相关标准。 包括：NY/T 1055—2015《绿色食品 产品检验规则》、绿色食品推荐肥料标准、绿色食品推荐农药标准、绿色食品推荐食品添加剂标准、绿色食品生产基地标准等。

6.4.3 绿色食品管理与规范

现行的《绿色食品标志管理办法》于 2012 年 10 月 1 日正式施行，与旧办法相比，该办法严格了申请人的资质条件，包括生产加工条件、原料基地建设、质量管理水平和承担责任的能力；提高了产品受理的条件，即在符合相关法律法规的前提下，要求产地环境、投入品使用、产品质量、包装贮运等必须严格执行绿色食品标准。为了确保绿色食品认证工作，还相继出台了《绿色食品认证程序》《绿色食品检查员工作手册》《绿色食品 产地环境质量现状调查技术规范》《现场检查程序及要点》《绿色食品产品抽样技术规范》等。

(1) 绿色食品标志与产品要求。 绿色食品标志是经国家市场监督管理总局注册的质量证明商标，由农业农村部审核批准其使用权。按国家商标类别划分的第 29、30、31、32、33 类中的大多数产品均可申报绿色食品标志。例如，第 29 类的肉、家禽、水产品、奶及奶制品、食用油脂等；第 30 类的食盐、酱油、醋、米、面粉及其他谷物类制品、豆制品、调味用香料等；第 31 类的新鲜蔬菜、水果、干果、种子、活生物等；第 32 类的啤酒、矿泉水、水果饮料及果汁、固体饮料等；第33类的含酒精饮料等。新开发的一些新产品，只要经国家注册登记的保健食品，均可申报绿色食品标志。经卫生行政管理部门公告的既是食品又是药品的品种也可申报绿色食品标志。药品、香烟不可申报绿色食品标志。

(2) 绿色食品标志的使用。 绿色食品标志在产品上使用时，须严格按照《绿色食品标志设计标准手册》的规范要求正确设计。绿色食品编号实行"一品一号"原则，绿色食品标志见图6-1。绿色食品标志使用证书有效期为3年。

图6-1 绿色食品正式注册的标志形式

6.4.4 绿色食品申报与认证

6.4.4.1 绿色食品标志使用申报基本条件和准备工作

(1) 申请人条件。 申请人必须是企业法人，社会团体、民间组织、政府和行政机构等不可作为绿色食品的申请人。同时，还要求申请人具备以下条件：①能够独立承担民事责任；②具有绿色食品生产的环境条件和生产技术；③具有完善的质量管理和质量保证体系；④具有与生产规模相适应的生产技术人员和质量控制人员；⑤具有稳定的生产基地；⑥申请前三年内无质量安全事故和不良诚信记录。

(2) 申请认证产品条件。 ①产品或产品原料产地环境符合绿色食品产地环境质量标准；②农药、肥料、饲料、兽药等投入品使用符合绿色食品投入品使用准则；③产品质量符合绿色食品产品质量标准；④包装贮运符合绿色食品包装贮运标准。

(3) 申报材料清单。 ①标志使用申请书；②资质证明材料；③产品生产技术规程和质量控制规范；④预包装产品包装标签或其设计样张；⑤中国绿色食品发展中心规定提交的其他证明材料。

6.4.4.2 绿色食品标志使用的申报、论证程序

(1) 认证申请。 中国绿色食品发展中心负责全国绿色食品标志使用申请的审查、颁证和颁证后跟踪检查工作。省级人民政府农业行政主管部门所属绿色食品工作机构（以下简称省级工作机构）负责本行政区域绿色食品标志使用申请的受理、初审和颁证后跟踪检查工作。县级以上人民政府农业行政主管部门依法对绿色食品及绿色食品标志进行监督管理。

申请人按上述申报材料清单填写相关材料，并向省级工作机构提交材料。

(2) 受理及文审。 省级工作机构应当自收到申请之日起10个工作日内完成材料审查。符合要求的，予以受理，并在产品及产品原料生产期内组织有资质的检查员完成现场检查；不符合要求的，不予受理，书面通知申请人并告知理由。

现场检查合格的，省级工作机构应当书面通知申请人，由申请人委托符合具有资质

的检测机构对申请产品和相应的产地环境进行检测；现场检查不合格的，省级工作机构应当退回申请并书面告知理由。

(3) 现场检查、产品抽样。 检测机构接受申请人委托后，应当及时安排现场抽样，并自产品样品抽样之日起20个工作日内、环境样品抽样之日起30个工作日内完成检测工作，出具产品质量检验报告和产地环境监测报告，提交省级工作机构和申请人。检测机构应当对检测结果负责。

(4) 认证评审。 省级工作机构应当自收到产品检验报告和产地环境监测报告之日起20个工作日内提出初审意见。初审合格的，将初审意见及相关材料报送中国绿色食品发展中心；初审不合格的，退回申请并书面告知理由。省级工作机构应当对初审结果负责。

中国绿色食品发展中心应当自收到省级工作机构报送的申请材料之日起30个工作日内完成书面审查，并在20个工作日内组织专家评审。必要时，应当进行现场核查。

中国绿色食品发展中心应当根据专家评审的意见，在5个工作日内做出是否颁证的决定。同意颁证的，与申请人签订绿色食品标志使用合同，颁发绿色食品标志使用证书，并公告；不同意颁证的，书面通知申请人并告知理由。

6.4.4.3 申报产地环境质量监测及现状评价

(1) 申报产品产地环境监测。 产地是指申报产品或产品主原料的生长地。申报产品产地环境监测主要监测申报产品或产品主原料产地土壤、大气和水三个环境因子。监测工作由省绿色食品委托管理机构指定的环境监测机构承担。

(2) 绿色食品产地环境基本要求。 ①产地应远离工矿区、城市污染源以及交通干线，生态环境良好。②生产和加工应符合 NY/T 391—2013《绿色食品 产地环境技术条件》及国家和地方的环境保护法律法规要求。

(3) 产地环境质量现状调查基本要求。

① 任务书，省级工作机构对监测单位下发委托任务书。

② 调查人员，调查人员一般为2名或2名以上。

③ 调查原则：(a) 坚持科学、求真、务实的精神，调查与收集的数据和资料真实、可靠、有效。(b) 突出环境状况，兼顾社会影响。重点调查产地环境质量现状、变化趋势及区域污染控制措施，兼顾社会经济及工农业生产对产地环境质量的影响。

④ 适用范围，申请绿色食品认证的产品或产品原料产地环境质量现状调查。

⑤ 组织管理，中国绿色食品发展中心对全国绿色食品产地环境质量现状调查工作统一监督管理。

(4) 调查方法与技术路线。

① 调查方法，采用座谈会、实地考察、收集资料、发放问卷等多种形式相结合的方法。

② 技术路线：(a) 通过实地考察。(b) 通过召开座谈会。(c) 申请人应提供有关证明材料。(d) 对区域污染源分布情况和污染物排放的情况进行实地考察。(e) 如产地已进行过环境监测，申请人可提供县级以上（包括县级）农业、环保、卫生、水文等部门出具的具有法定效力的监测数据。

③ 调查内容：(a) 申请人及其申请认证产品的产地基本情况。(b) 气象条件（主要是风向玫瑰图）、水文状况、土壤类型、产地客土情况等。(c) 所在区域的土壤环境背景值、地方病情况。(d) 产地周围5 km内、主导风向20 km以内工矿企业（包括乡镇村办企业）污染源分布情况（包括企业名称、产品、生产规模、方位、距离），并在1∶50 000比例

尺的地图上标明。(e) 产地周围3 km范围内生活垃圾填埋场、工业固体废物和危险废物填埋场、电厂灰场等情况。(f) 农药、肥料使用情况，特别是产地是否施用过垃圾多元肥、稀土肥料、有机汞和有机砷制剂、污泥等，是否大量引进外源有机肥。(g) 产地灌溉条件，农田灌溉水、畜禽养殖水、渔业养殖水及加工用水水源情况。(h) 是否有县级以上农业、环保、卫生、水文等部门出具的具有法定效力的监测数据。

6.4.4.4 绿色食品申报产品检测与发证

(1) 抽样。为规范绿色食品产品抽样工作，保证样品的代表性、真实性和一致性，必须按《绿色食品产品抽样技术规范》进行抽样。

① 管理。中国绿色食品发展中心对全国绿色食品抽样工作实施统一监督管理，省级绿色食品办公室（中心）负责本区域内绿色食品抽样工作的实施。

② 抽样程序。(a) 省绿色食品委托管理机构接到中心的抽样单后，将委派2名或2名以上绿色食品标志专职管理人员赴申报企业进行抽样。(b) 抽样人员应持《绿色食品检查员证书》和《绿色食品产品抽样单》。(c) 抽样人员应佩戴随机抽样工具、封条，与被抽样单位当事人共同抽样。(d) 样品一般应在申请人的产品成品库中抽取。抽取的产品应已经出厂检验合格或交收检验合格。(e) 遇有下列情况之一的，不能进行抽样：抽样人员少于2人；抽样人员无《绿色食品检查员证书》；提供的抽样产品与申请认证产品名称或规格不符；产品未经被抽样单位出厂检验合格或交收检验合格。

③ 抽样方法。抽样应遵循以下几条原则：根据GB/T 10111—2008《随机数的产生及其在产品质量抽样检验中的应用程序》；总体数应包括所有出厂检验合格或交收检验合格的欲进入流通市场的产品，而非特制或特备的样品；抽取的样品应在保质期内。

成品库抽样步骤：(a) 确定样品重量、样品净含量应不超过3 000 g。价格昂贵的产品，按分析要求样量的3倍取样，即分析样、复验样及副样各1份。需测净含量的小包装样品应取10个包装进行净含量测定。大包装样品可不必测净含量。(b) 确定样本个体数 n 由以上样品重量决定，若在1箱中则 $n=1$，若在2箱中则 $n=2$，依次类推。(c) 确定总体数 N 应包括成品库中所有出厂检验合格或交收检验合格的产品。(d) 确定随机数 $R1$、$R2$ 及 $R3$。$R1$ 表示成品库中存放各堆中该取堆的序数，$R2$ 表示取样堆的层数中该取层的序数，$R3$ 表示从取样层中该取箱的序数。

非包装产品抽样方法按照有关规定和标准执行。

④ 填单封样。抽样结束时应如实填写《绿色食品产品抽样单》，双方签字，加盖公章。抽样单一式四联，被抽单位、绿色食品定点监测机构、中国绿色食品发展中心认证处、抽样单位各持一联。抽取的样品应立即装箱，贴上抽样单位封条。被抽样单位应在2个工作日内将样品寄/送绿色食品定点监测机构。抽样人员根据现场检查和国内外贸易的需要，有权提出执行标准规定项目以外的加测项目。

(2) 检测。

① 检测单位。绿色食品的检测由绿色食品定点产品监测机构完成。

② 接受检测任务的条件。绿色食品定点产品监测机构须收到样品、产品执行标准、绿色食品产品抽样单、检测费，才接受检测任务。

③ 检测程序。根据相关产品标准，确定检测项目；根据相关检测规范进行各项目检测。20个工作日内完成检测工作。出具产品检测报告，连同填写的绿色食品产品检测情况表，报送中心认证处，同时抄送省级工作机构。承担绿色食品产品和产地环境检测工作的技术机构伪造检测结果的，除依法予以处罚外，由中国绿色食品发展中心取消指定，永久不得再承担绿色食品产品和产地环境检测工作。

(3) 编号、颁发证书。 绿色食品标志使用证书是申请人合法使用绿色食品标志的凭证，应当载明准许使用的产品名称、商标名称、获证单位及其信息编码、核准产量、产品编号、标志使用有效期、颁证机构等内容。绿色食品标志使用证书分中文、英文版本，具有同等效力。

绿色食品标志使用证书有效期3年。证书有效期满，需要继续使用绿色食品标志的，标志使用人应当在有效期满3个月前向省级工作机构书面提出续展申请。省级工作机构应当在40个工作日内组织完成相关检查、检测及材料审核。初审合格的，由中国绿色食品发展中心在10个工作日内做出是否准予续展的决定。准予续展的，与标志使用人续签绿色食品标志使用合同，颁发新的绿色食品标志使用证书并公告；不予续展的，书面通知标志使用人并告知理由。标志使用人逾期未提出续展申请，或者申请续展未获通过的，不得继续使用绿色食品标志。

标志使用人有下列情形之一的，由中国绿色食品发展中心取消其标志使用权，收回标志使用证书，并予公告：(a) 生产环境不符合绿色食品环境质量标准的；(b) 产品质量不符合绿色食品产品质量标准的；(c) 年度检查不合格的；(d) 未遵守标志使用合同约定的；(e) 违反规定使用标志和证书的；(f) 以欺骗、贿赂等不正当手段取得标志使用权的。

标志使用人被取消标志使用权的，三年内中国绿色食品发展中心不再受理其申请；情节严重的，永久不再受理其申请。

绿色食品产品适用标准目录（2019版），共126个大类，使用者可自行在中国绿色食品发展中心官方网站上查询。

6.5 有机产品监管与认证

6.5.1 有机产品概述

有机食品认证管理

有机农业（organic agriculture）是遵照一定的有机农业生产标准，在生产中不采用基因工程获得的生物及其产物，不使用化学合成的农药、化肥、生长调节剂、饲料添加剂等物质，遵循自然规律和生态学原理，协调种植业和养殖业的平衡，采用一系列可持续发展的农业技术以维持持续稳定的农业生产体系的一种农业生产方式。有机产品（organic product）是指生产、加工、销售过程符合GB/T 19630.1标准供人类消费、动物食用的产品。有机食品（organic food）是指供人类食用的有机产品，包括粮食、蔬菜、水果、奶制品、禽畜产品、水产品、调料等。

自1991年3月联合国粮农组织与世界卫生组织召开关于食品标准、食品中的化学品和食品贸易的会议以来，为了制定关于食品进出口检查和认证的指导性文件，以供各国政府参考和采纳，国际食品法典委员会在1992年开始制定关于有机农业的标准。1999年该委员会在其23届会议上通过了"有机食品生产、加工、标识及销售指南"（CAC/GL 32—1999），该指南基本上参考了欧盟有机农业标准EU 2092/91以及国际有机农业运动联盟（IFOAM）的"基本标准"。只有植物生产标准、动物生产标准尚未通过，尚属于建议性标准。该指南在2001年的24届会议上修订，将畜禽养殖和蜂产品的内容纳入其中。该指南和IFOAM基本标准一起为希望制定有机标准的国家提供了基本的框架。

有机食品在生产过程中不使用化学合成的农药、化肥、生产调节剂、饲料添加剂等物质，以及基因工程生物及其产物，而是遵循自然规律和生态学原理，采取一系列可持续发展的农业技术，协调种植业和养殖业的平衡，维持农业生态系统持续稳定。

由于避免了农药残留、人工添加剂、抗生素等安全隐患,因此有机食品是质量等级最高的食品。

目前,全球有机食品市场以年均20%~30%的速度增长,我国国内对有机食品的需求也呈上升趋势,截至2018年,我国有机食品行业市场规模达到514亿元,同比增长17.88%。我国有机和有机转换产品已有约50大类400~500个品种,包括蔬菜、豆类、杂粮、水产品、野生采集产品。我国目前仅对蔬菜、牛奶、肉类、棉麻、竹、饲料等37类127种产品开展了有机认证。

6.5.2 有机产品标准体系

6.5.2.1 有机产品标准的内涵

有机产品标准是应用生态学和可持续发展原理,结合世界各国有机食品的生产实践而制定的技术性文件。有机食品标准是一种质量认证标准,不同于一般的产品标准。一般的产品标准是对产品的外观、规格以及若干构成产品内在品质的指标所做的定性和定量描述,并规定品质的标准检测方法。通过产品抽样检测,了解和控制产品的质量。有机食品标准则不然,它是对一种特定生产体系的共性要求,它不针对某个产品品种或类别,而是遵守这种生产规范生产出来的农产品及其粗加工品都可以冠以"有机食品"的称谓进行销售,并可以在包装上印制特定的有机产品质量证明商标。

6.5.2.2 有机食品标准制定的原则

制定有机食品标准有以下一些基本原则:(a)为消费者提供营养均衡、安全的食品;(b)加强整个系统内的生物多样性;(c)增加土壤生物活性,维持土壤长效肥力;(d)在农业生产系统中依靠可更新资源,通过循环利用植物性和动物性废料,向土地归还养分,并因此尽量减少不可更新资源的使用;(e)促进土壤、水及空气的健康使用,并最大限度地降低农业生产可能对其造成的各种污染;(f)采用谨慎的方法处理农产品,以便在各个环节保持产品的有机完整性和主要品质;(g)生产可完全生物降解的有机产品,使各种形式的污染最小化;(h)提高生产者和加工者的收入,满足他们的基本需求,努力使整个生产、加工和销售链都能向公正、公平和生态合理的方向发展。

总之,在有机食品的原料生产(包括作物种植、畜禽养殖、水产养殖等及加工、贮藏、运输、包装、标识、销售)等过程中不违背有机生产原则,保持有机完整性,从而生产出合格的有机产品。

6.5.2.3 我国有机产品标准

有机产品标准内容涵盖有机食品的原料生产(包括作物种植、畜禽养殖、水产养殖等)、加工、贮藏、运输、包装、标识、销售等过程。它的核心是有机农业生产,包括种植业和养殖业以及加工业。

我国的有机产品标准由国家质量监督检验检疫总局和国家标准化委员会于2005年1月19日正式发布,并于2005年4月1日起正式实施。其标准号为GB/T 19630—2005,分为4个部分:

GB/T 19630.1—2005 有机产品 第1部分:生产(本部分适用于有机生产的全过程,主要包括作物种植、食用菌栽培、野生植物采集、畜禽养殖、水产养殖及其产品的运输、贮藏和包装);

GB/T 19630.2—2005 有机产品 第2部分:加工;

GB/T 19630.3—2005 有机产品　第 3 部分：标识与销售；

GB/T 19630.4—2005 有机产品　第 4 部分：管理体系。

将管理体系单列为国家标准的一个部分，这在国际上属于第一次，表明了有机产品认证中管理体系的重要性。国家标准的发布和实施是我国有机产品事业的一个里程碑式的事件，标志着我国有机产品认证事业走上了一个新的台阶。

2019 年对有机产品标准进行了第三次修订，把过去的系列标准 GB/T 19630.1、GB/T 19630.2、GB/T 19630.3 和 GB/T 19630.4 整合为一个，即 GB/T 19630—2019《有机产品 生产、加工、标识与管理体系要求》。该标准 2019 年 8 月 30 日发布，2020 年 1 月 1 日实施。

此外，农业农村部和各省（自治区、直辖市）也制定有行业标准和地方标准，如：NY 5196《有机茶》、NY/T 5197《有机茶生产技术规程》、NY/T 5198《有机茶加工技术规程》、DB 22/T 1195—2011《有机产品　蓝莓生产技术规程》等。

6.5.2.4　有机食品管理与规范

目前，国际有机农业和农产品的管理体系和法规主要分为 3 个层次：联合国层次、国际性非政府组织层次以及国家层次。无论哪个层次，其主要参考依据是国际有机农业运动联盟（IFOAM）的标准。联合国层次的有机农业和有机农产品标准目前尚属于建议性标准，是《食品法典》的一部分，由联合国粮农组织（FAO）与世界卫生组织（WHO）制定。在整个标准的制定过程中，中国作为联合国的成员也参与了有关标准的制定。具体内容包括定义、种子与种苗、过渡期、化学品使用、收获、贸易和内部质量控制等内容。此外，标准也具体说明了有机农产品的检查、认证和授权体系。这个标准为各个成员制定有机农业标准提供了重要依据。

我国对有机食品实行认证管理，主要根据《中华人民共和国认证认可条例》《认证机构管理办法》《有机产品认证管理办法》和国家认证认可监督管理委员会发布的 CNCA - N - 009：2019《有机产品认证实施规则》《有机产品认证目录》（2019 年 11 月）等规章制度。

有机生产是指遵照特定的生产原则，在生产中不采用基因工程获得的生物及其产物，不使用化学合成的农药、化肥、生长调节剂、饲料添加剂等物质，遵循自然规律和生态学原理，协调种植业和养殖业的平衡，保持生产体系持续稳定的一种农业生产方式。

有机加工是指主要使用有机配料，加工过程中不采用基因工程获得的生物及其产物，尽可能减少使用化学合成的添加剂、加工助剂、染料等投入品，最大程度地保持产品的营养成分和/或原有属性的一种加工方式。

有机产品是指有机生产、有机加工的供人类消费、动物食用的产品。

6.5.2.5　有机产品申报与认证

为促进有机产品生产、加工和贸易发展，加强有机产品认证管理，维护生产者、销售者和消费者合法权益，促进生态环境保护和可持续发展，根据《中华人民共和国产品质量法》《中华人民共和国进出口商品检验法》及其实施条例、《中华人民共和国认证认可条例》等法律、行政法规的规定，制定了《有机产品认证管理办法》。

国家认证认可监督管理委员会负责全国有机产品认证的统一管理、监督和综合协调工作。地方各级市场监督管理部门和各地出入境检验检疫机构按照职责分工，依法负责所辖区域内有机产品认证活动的监督检查和执法查处工作。国家推行统一的有机产品认证制度，实行统一的认证目录、统一的标准和认证实施规则、统一的认证标志即"四统一"的认证管理。国家市场监督管理总局负责制定和调整有机产品认证目录、认证实施规则，并对外公布。关键认证程序如下：

(1) 申报人提交的材料。

① 申请人的合法经营资质文件，如土地使用证、营业执照、租赁合同等，当申请人不是有机产品的直接生产或加工者时，申请人还需要提交与各方签订的书面合同。

② 申请人及有机生产、加工的基本情况，包括申请人/生产者名称、地址、联系方式、产地（基地）、加工场所的名称、产地（基地）、加工场所情况；过去三年间的生产历史，包括对农事、病虫草害防治、投入物使用及收获情况的描述；生产、加工规模，包括品种、面积、产量、加工量等描述；申请和获得其他有机产品认证情况。

③ 产地（基地）区域范围描述，包括地理位置图、地块分布图、地块图、面积、缓冲带、周围临近地块的使用情况的说明等；加工场所周边环境描述、厂区平面图、工艺流程图等。

④ 申请认证的有机产品生产、加工、销售计划，包括品种、面积、预计产量、加工产品品种、预计加工量、销售产品品种和计划销售量、销售去向等。

⑤ 产地（基地）、加工场所有关环境质量的证明材料。

⑥ 有关专业技术和管理人员的资质证明材料。

⑦ 保证执行有机产品标准的声明。

⑧ 有机生产、加工的管理体系文件。

⑨ 其他相关材料。

(2) 受理。 认证机构应当自收到申请人书面申请之日起 10 个工作日内，完成对申请材料的评审，并做出是否受理的决定。同意受理的，认证机构与申请人签订认证合同；不予受理的，应当书面通知申请人，并说明理由。

认证机构的评审过程应确保：认证要求规定明确、形成文件并得到理解；与申请人之间在理解上的差异得到解决；对于申请的认证范围、申请人的工作场所和特殊要求有能力开展认证服务。

认证机构应当保证认证过程的完整、客观、真实，并对认证过程做出完整记录，归档留存，保证认证过程和结果具有可追溯性。记录保存期为 5 年。

(3) 检查准备与实施。

① 下达检查任务。认证机构在检查前应下达检查任务书，内容包括但不限于：申请人的联系方式、地址等；检查依据，包括认证标准和其他相关法律法规；检查范围，包括检查产品种类和产地（基地）、加工场所等；检查要点，包括管理体系、追踪体系和投入物的使用等；对于上一年度获得认证的单位或者个人，本次认证应侧重于检查认证机构提出的整改要求的执行情况等。

② 认证机构。根据检查类别，委派具有相应资质和能力的检查员，并应征得申请人同意，但申请人不得指定检查员。对同一申请人或生产者、加工者不能连续 3 年或 3 年以上委派同一检查员实施检查。

③ 文件评审。认证机构在现场检查前，应对申请人、生产者的管理体系等文件进行评审，确定其适宜性和充分性及与标准的符合性，并保存评审记录。

④ 检查计划。认证机构应制订检查计划并在现场检查前与申请人进行确认。检查计划应包括：检查依据、检查内容、访谈人员、检查场所及时间安排等。检查的时间应当安排在申请认证的产品生产过程的适当阶段，在生长期、产品加工期间至少需进行一次检查；对于产地（基地）的首次检查，检查范围应不少于 2/3 的生产活动范围。对于多农户参加的有机生产，访问的农户数不少于农户总数的平方根。

⑤ 检查实施。根据认证依据标准的要求对申请人的管理体系进行评估，核实生产、加工过程与申请人提交的文件的一致性，确认生产、加工过程与认证依据标准的符合性。

检查过程至少应包括：对生产地块、加工、贮藏场所等的检查；对生产管理人员、内部检查人员、生产者的访谈；对 GB/T 19630.4—2011《有机产品 第4部分：管理体系》所规定的生产、加工记录的检查；对追踪体系的评价；对内部检查和持续改进的评估；对产地环境质量状况及其对有机生产可能产生污染的风险的确认和评估；必要时，对样品采集与分析；适用时，对上一年度认证机构提出的整改要求执行情况进行的检查等。

⑥ 产地环境质量状况的评估和确认。认证机构在实施检查时应确保产地（基地）的环境质量状况符合 GB/T 19630—2011《有机产品》规定的要求。当申请人不能提供对于产地环境质量状况有效的监测报告（证明），认证机构无法确定产地环境质量是否符合 GB/T 19630—2011《有机产品》规定的要求时，认证机构应要申请人委托有资质的监测机构对产地环境质量进行监测并提供有效的监测报告（证明）。

⑦ 样品采集与分析。认证机构应按照相应的国家标准，制定样品采集与分析程序（包括残留物和转基因分析等）。如果检查员怀疑申请人使用了认证标准中禁止使用的物质，或者产地环境、产品可能受到污染等情况，应在现场采集样品；采集的样品应交给具有相关资质的检测机构进行分析。

⑧ 检查报告。检查报告应采用认证机构规定的格式。检查报告和检查记录等书面文件应提供充分的信息以使认证机构有能力做出客观的认证决定。检查报告应含有风险评估和检查员对生产者的生产、加工活动与认证标准的符合性判断，对检查过程中收集的信息和不符合项的说明等相关方面进行描述。检查报告应得到申请人的书面确认。

(4) 认证决定。

① 当生产过程检查完成后，认证机构根据认证过程中收集的所有信息进行评价，做出认证决定并及时通知申请人。

② 申请人、生产者符合下列条件之一，予以批准认证：（a）生产活动及管理体系符合认证标准的要求。（b）生产活动、管理体系及其他相关信息不完全符合认证标准的要求，认证机构应提出整改要求，申请人已经在规定的期限内完成整改或已经提交整改措施并有能力在规定的期限内完成整改以满足认证要求的，认证机构经过验证后可批准认证。

③ 申请人、生产者的生产活动存在以下情况之一，不予批准认证：（a）未建立管理体系，或建立的管理体系未有效实施。（b）使用禁用物质。（c）生产过程不具有可追溯性。（d）未按照认证机构规定的时间完成整改或提交整改措施；所提交的整改措施未满足认证要求。其他严重不符合有机标准要求的事项。

(5) 颁发证书与标志。

① 认证机构应对批准认证的申请人及时颁发认证证书，准许其使用认证标志、标识。

② 认证机构应当与获得认证的单位或者个人签订有机产品标志、标识使用合同，明确标志、标识使用的条件和要求。

③ 认证证书、标志。

——国家认证认可监督管理委员会负责制定有机产品认证证书的基本格式、编号规则和认证标志的式样、编号规则。中国有机产品认证标志标有中文"中国有机产品"字样和英文（ORGANIC）。见图6-2。

——有机产品认证证书应当包括以下内容：认证委托人的名称、地址；获证产品的生产者、加工者以及产地（基地）的名称、地址；获证产品的数量、

图6-2 有机产品标志

产地（基地）面积和产品种类；认证类别；依据的国家标准或者技术规范；认证机构名称及其负责人签字、颁证日期、有效期。在有机产品转换期内生产的产品或者以转换期内生产的产品为原料的加工产品，应当注明"转换"字样和转换期限。

——有机产品认证证书有效期为一年。

——获得有机产品认证证书的单位或者个人，在有机产品认证证书有效期内，发生下列情形之一的，应当在15日内向认证机构办理变更手续：获证单位或者个人发生变更的；有机产品生产、加工单位或者个人发生变更的；产品种类变更的；有机产品转换期满，需要变更的。

——获得有机产品认证证书的单位或者个人，在有机产品认证证书有效期内，发生下列情形之一的，认证机构应当暂停认证证书：未按规定使用认证证书或者认证标志的；获证产品的生产、加工、销售等活动或者管理体系不符合认证要求，且经认证机构评估在暂停期限内能够采取有效纠正或者纠正措施的。认证证书暂停期为1~3个月。

——获得有机产品认证证书的单位或者个人，发生下列情形之一的，认证机构应当在7日内撤销认证证书：获证产品质量不符合国家相关法规、标准强制要求或者被检出有机产品国家标准禁用物质；使用了有机产品国家标准禁用物质或者受到禁用物质污染；虚报、瞒报获证所需信息；超范围使用认证标志；环境质量不符合认证要求；生产、加工、销售等活动或者管理体系不符合认证要求，且在认证证书暂停期间，未采取有效纠正或者纠正措施；在认证证书标明的生产、加工场所外进行了再次加工、分装、分割；认证委托人对相关方重大投诉未能采取有效处理措施；认证委托人因违反国家农产品、食品安全管理相关法律法规，受到相关行政处罚；认证委托人拒不接受认证监管部门或者认证机构对其实施监督等。

——有机配料含量（指重量或者液体体积，不包括水和盐）等于或高于95%的产品，获得有机产品认证后，方可在产品包装及标签上加施"有机"字样，使用有机产品认证标志。认证机构不得对有机配料含量低于95%的产品进行有机认证。有机配料含量低于95%且等于或者高于70%的产品只能加施"有机配料生产"字样；有机配料含量低于70%的产品只能注明某种配料为"有机"字样。

2019年11月6日国家认证认可监督管理委员会修订公布了新的《有机产品认证目录》，产品类别46个，共涉及1 136种产品。使用者可自行查询。

6.6 农产品地理标志

6.6.1 农产品地理标志概述

农产品地理标志是指标示农产品来源于特定地域，产品品质和相关特征主要取决于自然生态环境和历史人文因素，并以地域名称冠名的特有农产品标志。根据《农产品地理标志管理办法》规定，农业农村部负责全国农产品地理标志的登记工作，农业农村部农产品质量安全中心负责农产品地理标志登记的审查和专家评审工作。省级人民政府农业行政主管部门负责本行政区域内农产品地理标志登记申请的受理和初审工作。农业农村部设立的农产品地理标志登记专家评审委员会，负责专家评审。农产品地理标志见图6-3。农产品地理标志公共标识图案由中华人民共和国农业

图6-3 农产品地理标志

农村部中英文字样、农产品地理标志中英文字样、麦穗、地球、日、月等元素构成。公共标识的核心元素为麦穗、地球、日、月相互辉映,体现了农业、自然、国际化的内涵。标识的颜色由绿色和橙色组成,绿色象征农业和环保,橙色寓意丰收和成熟。

6.6.2 农产品地理标志管理

农产品地理标志产品认证管理

为规范农产品地理标志的使用,保证地理标志农产品的品质和特色,提升农产品市场竞争力,依据《中华人民共和国农业法》《中华人民共和国农产品质量安全法》相关规定制定了《农产品地理标志管理办法》,该办法由中华人民共和国农业部于2008年2月1日颁布施行。自《农产品地理标志管理办法》颁布以来,在农业部农产品质量安全中心等相关单位的大力推动之下,农产品地理标志保护工作得到了长足发展。2013年农业部在全国范围内开展了农产品地理标志资源普查工作,编制《全国地域特色农产品普查备案名录》,符合农产品地理标志特征的农产品达6 000多个,将资源普查名录作为产业发展和品牌培育提升的重要载体。这些资源将在农产品地理标志制度框架下获得知识产权保护。截至2019年,全国已经登记农产品地理标志保护的农产品共有2 778个。

(1) 登记。

① 申请地理标志登记的农产品,应当符合下列条件:

(a) 称谓由地理区域名称和农产品通用名称构成;

(b) 产品有独特的品质特性或者特定的生产方式;

(c) 产品品质和特色主要取决于独特的自然生态环境和人文历史因素;

(d) 产品有限定的生产区域范围;

(e) 产地环境、产品质量符合国家强制性技术规范要求。

② 农产品地理标志登记申请人为县级以上地方人民政府根据下列条件择优确定的农民专业合作经济组织、行业协会等组织:

(a) 具有监督和管理农产品地理标志及其产品的能力;

(b) 具有为地理标志农产品生产、加工、营销提供指导服务的能力;

(c) 具有独立承担民事责任的能力。

③ 符合农产品地理标志登记条件的申请人,可以向省级人民政府农业行政主管部门提出登记申请,并提交下列申请材料:

(a) 登记申请书;

(b) 申请人资质证明;

(c) 产品典型特征特性描述和相应产品品质鉴定报告;

(d) 产地环境条件、生产技术规范和产品质量安全技术规范;

(e) 地域范围确定性文件和生产地域分布图;

(f) 产品实物样品或者样品图片;

(g) 其他必要的说明性或者证明性材料。

④ 农产品地理标志登记证书长期有效。有下列情形之一的,登记证书持有人应当按照规定程序提出变更申请:

(a) 登记证书持有人或者法定代表人发生变化的;

(b) 地域范围或者相应自然生态环境发生变化的。

(2) 标志使用。

① 符合下列条件的单位和个人,可以向登记证书持有人申请使用农产品地理标志:

(a) 生产经营的农产品产自登记确定的地域范围;

(b) 已取得登记农产品相关的生产经营资质;

(c) 能够严格按照规定的质量技术规范组织开展生产经营活动；
(d) 具有地理标志农产品市场开发经营能力。

使用农产品地理标志，应当按照生产经营年度与登记证书持有人签订农产品地理标志使用协议，在协议中载明使用的数量、范围及相关的责任义务。农产品地理标志登记证书持有人不得向农产品地理标志使用人收取使用费。

② 农产品地理标志使用人享有以下权利：
(a) 可以在产品及其包装上使用农产品地理标志；
(b) 可以使用登记的农产品地理标志进行宣传和参加展览、展示及展销。

③ 农产品地理标志使用人应当履行以下义务：
(a) 自觉接受登记证书持有人的监督检查；
(b) 保证地理标志农产品的品质和信誉；
(c) 正确规范地使用农产品地理标志。

(3) 监督管理。 县级以上人民政府农业行政主管部门应当加强农产品地理标志监督管理工作，定期对登记的地理标志农产品的地域范围、标志使用等进行监督检查。登记的地理标志农产品或登记证书持有人不符合《农产品地理标志管理办法》第七条、第八条规定的，由农业农村部注销其地理标志登记证书并对外公告。

地理标志农产品的生产经营者，应当建立质量控制追溯体系。农产品地理标志登记证书持有人和标志使用人，对地理标志农产品的质量和信誉负责。

任何单位和个人不得伪造、冒用农产品地理标志和登记证书。

国家鼓励单位和个人对农产品地理标志进行社会监督。

从事农产品地理标志登记管理和监督检查的工作人员滥用职权、玩忽职守、徇私舞弊的，依法给予处分；涉嫌犯罪的，依法移送司法机关追究刑事责任。

违反《农产品地理标志管理办法》规定的，由县级以上人民政府农业行政主管部门依照《中华人民共和国农产品质量安全法》有关规定处罚。

关键术语

食品生产许可证　食品经营许可证　绿色食品　有机食品　农产品地理标志

思考题

1. 食品生产许可证、食品经营许可证以及地理标志农产品的特点是什么？
2. 申请食品生产许可证、食品经营许可证以及地理标志农产品时应该注意什么？
3. 餐饮业量化分级的基本条件是什么？
4. 绿色食品分几类？有何区别？
5. 简述有机食品申报程序。
6. 绿色食品和有机食品以及地理标志农产品有何区别？

参考文献

李庆生，2008. 农产品质量安全实施技术 [M]. 北京：中国农业出版社.
王世平，2010. 食品标准与法规 [M]. 北京：科学出版社.
王文焕，李崇高，2008. 绿色食品概论 [M]. 北京：化学工业出版社.
余善鸣，2002. 绿色食品、有机食品和无公害食品生产的理论与应用 [M]. 北京：中国农业科学技术出版社.
张建新，2014. 食品标准与技术法规 [M]. 2版. 北京：中国农业出版社.

第 7 章 食品安全国家标准

> **内容要点**
> - 食品添加剂、食品营养强化剂和预包装食品以及食品标签基本概念
> - 食品添加剂使用原则
> - 食品添加剂功能类别
> - 食品营养强化剂的使用要求
> - 预包装食品标签标示内容
> - 核心营养素
> - 食品检验标准
> - 食品毒理学检验标准
> - 食品生产通用卫生规范

7.1 食品添加剂标准

7.1.1 概述

食品添加剂是指为改善食品品质和色、香、味,以及为防腐、保鲜和加工工艺的需要而加入食品中的人工合成或者天然物质。添加和使用食品添加剂是现代食品加工生产的需要,对于防止食品腐败变质,保证食品供应,繁荣食品市场,满足人们对食品营养、质量以及色、香、味的追求,食品添加剂起到了重要作用。随着食品工业的快速发展,食品添加剂已经成为现代食品工业的重要组成部分,并成为食品工业技术进步和科技创新的重要推动力。因此,现代食品工业不能没有食品添加剂。据中国食品工业协会统计,现有取得许可的食品添加剂生产经营企业有 3 000 多家,按照取得生产许可类别区分,其中食品添加剂生产企业 1 623 家,食用香精生产企业 720 多家,复配食品添加剂企业 957 家。2014—2018 年食品添加剂行业主要企业的品种产量从 947 万吨增长到 1 200 万吨,年均增长率为 6.7%;主要产品销售额从 935 亿元增长到 1 160 亿元,年均增长率为 6.0%;同期出口额则基本维持在 36 亿~37 亿美元。

由卫生行政部门于 2014 年 11 月 24 日发布、2015 年 5 月 24 日正式实施的 GB 2760—2014《食品安全国家标准 食品添加剂使用标准》是国家用来规定食品添加剂的使用原则、允许使用的食品添加剂品种、使用范围及最大使用量或残留量的标准,是食品安全

标准中的基础标准,是强制性国家标准。GB 2760 历次发布版本为 GB 2760—1981、GB 2760—1986、GB 2760—1996、GB 2760—2007、GB 2760—2011 和 GB 2760—2014。GB 2760 中食品添加剂的品种、使用范围及使用限量会根据科学发展和技术进步适时进行修订,确保了标准的科学性和先进性。

GB 2760—2014 包括了食品酸度调节剂、抗结剂、食品用加工助剂、食品用香料等 22 个功能类别。其中,有相应使用范围和使用量的食品添加剂 280 种;按生产需要适量使用的食品添加剂 77 种;食品用香料 1 853 种;食品工业用加工助剂 159 种;胶基糖果中基础剂物质及其配料 55 种。

食品添加剂的安全性和有效性是食品添加剂使用中最重要的两个方面,为了保证食品添加剂的合理使用和适应社会经济发展需要,相关部门根据《中华人民共和国食品安全法》《食品添加剂新品种管理办法》《食品安全国家标准管理办法》的规定,对食品添加剂的安全性和工艺必要性进行了严格审查,充分比较和吸收了国际食品法典委员会(CAC)和美国、欧盟、加拿大、澳大利亚等国家和地区的先进成果,广泛征求了有关专家和部门、行业协会及企业的意见,向世贸组织成员通报,并对社会各界反馈意见和世贸组织成员评议意见进行慎重研究,与以往食品添加剂使用标准相比,GB 2760—2014 进一步提高了标准的科学性和实用性。目前市场上存在的所有食品都能方便地找到对应可以使用的添加剂和使用要求,便于企业依法组织生产、有关部门监管以及社会监督。

食品添加剂标准(上)

食品添加剂标准(下)

7.1.2　GB 2760—2014 食品添加剂使用标准基本框架

第一部分是前言,主要阐述本标准的修订情况,即与 2011 年版本的不同内容。

第二部分是正文,包括 7 项内容:范围、术语和定义、食品添加剂的使用原则、食品分类系统、食品添加剂的使用规定、食品用香料、食品工业用加工助剂。

第三部分是附录,附录内容涵盖本标准正文部分规定的具体内容。

附录 A　食品添加剂的使用规定
附录 B　食品用香料使用规定
附录 C　食品工业用加工助剂使用规定
附录 D　食品添加剂功能类别
附录 E　食品分类系统
附录 F　附录 A 中食品添加剂使用规定索引

7.1.3　GB 2760—2014 中的术语与定义

(1) 食品添加剂:为改善食品品质和色、香、味,以及为防腐、保鲜和加工工艺的需要而加入食品中的人工合成或者天然物质。食品用香料、胶基糖果中基础剂物质、食品工业用加工助剂也包括在内。

(2) 最大使用量:食品添加剂使用时所允许的最大添加量。

(3) 最大残留量:食品添加剂或其分解产物在最终食品中的允许残留水平。

(4) 食品工业用加工助剂:保证食品加工能顺利进行的各种物质,与食品本身无关。如助滤、澄清、吸附、脱模、脱色、脱皮、提取溶剂、发酵用营养物质等。

(5) 国际编码系统(INS):食品添加剂的国际编码,用于代替复杂的化学结构名称表述。

(6) 中国编码系统(CNS):食品添加剂的中国编码,由食品添加剂的主要功能类别代码和在本功能类别中的顺序号组成。

7.1.4 食品添加剂使用原则

(1) 食品添加剂使用时应符合以下基本要求。
① 不应对人体产生任何健康危害；
② 不应掩盖食品腐败变质；
③ 不应掩盖食品本身或加工过程中的质量缺陷，或以掺杂、掺假、伪造为目的而使用食品添加剂；
④ 不应降低食品本身的营养价值；
⑤ 在达到预期目的前提下尽可能降低在食品中的使用量。

(2) 在下列情况下可使用食品添加剂。
① 保持或提高食品本身的营养价值；
② 作为某些特殊膳食用食品的必要配料或成分；
③ 提高食品的质量和稳定性，改进其感官特性；
④ 便于食品的生产、加工、包装、运输或者贮藏。

(3) 食品添加剂质量标准。 按照本标准使用的食品添加剂应当符合相应的质量规格要求。截至 2019 年 8 月，我国食品添加剂质量规格及相关标准共有 591 项。

(4) 带入原则。 在下列情况下食品添加剂可以通过食品配料（含食品添加剂）带入食品中：
① 根据本标准，食品配料中允许使用该食品添加剂；
② 食品配料中该添加剂的用量不应超过允许的最大使用量；
③ 应在正常生产工艺条件下使用这些配料，并且食品中该添加剂的含量不应超过由配料带入的水平；
④ 由配料带入食品中的该添加剂的含量应明显低于直接将其添加到该食品中通常所需要的水平。

7.1.5 食品添加剂功能类别

GB 2760—2014 把食品添加剂分为 22 类，每个添加剂在食品中常常具有一种或多种功能。在每种食品添加剂的具体规定中，列出了该食品添加剂常用的功能，并非详尽的列举。

(1) 酸度调节剂：用以维持或改变食品酸碱度的物质。
(2) 抗结剂：用于防止颗粒或粉状食品聚集结块，保持其松散或自由流动的物质。
(3) 消泡剂：在食品加工过程中降低表面张力，消除泡沫的物质。
(4) 抗氧化剂：能防止或延缓油脂或食品成分氧化分解、变质，提高食品稳定性的物质。
(5) 漂白剂：能够破坏、抑制食品的发色因素，使其褪色或使食品免于褐变的物质。
(6) 膨松剂：在食品加工过程中加入的，能使产品发起形成致密多孔组织，从而使制品具有膨松、柔软或酥脆的物质。
(7) 胶基糖果中基础剂物质：赋予胶基糖果起泡、增塑、耐咀嚼等作用的物质。
(8) 着色剂：使食品赋予色泽和改善食品色泽的物质。
(9) 护色剂：能与肉及肉制品中呈色物质作用，使之在食品加工、保藏等过程中不致分解、破坏，呈现良好色泽的物质。
(10) 乳化剂：能改善乳化体中各种构成相之间的表面张力，形成均匀分散体或乳化体的物质。

（11）**酶制剂**：由动物或植物的可食或非可食部分直接提取，或由传统或通过基因修饰的微生物（包括但不限于细菌、放线菌、真菌菌种）发酵、提取制得，用于食品加工，具有特殊催化功能的生物制品。

（12）**增味剂**：补充或增强食品原有风味的物质。

（13）**面粉处理剂**：促进面粉的熟化和提高制品质量的物质。

（14）**被膜剂**：涂抹于食品外表，起保质、保鲜、上光、防止水分蒸发等作用的物质。

（15）**水分保持剂**：有助于保持食品中水分而加入的物质。

（16）**防腐剂**：防止食品腐败变质、延长食品储存期的物质。

（17）**稳定剂和凝固剂**：使食品结构稳定或使食品组织结构不变，增强黏性固形物的物质。

（18）**甜味剂**：赋予食品甜味的物质。

（19）**增稠剂**：可以提高食品的黏稠度或形成凝胶，从而改变食品的物理性状、赋予食品黏润、适宜的口感，并兼有乳化、稳定或使呈悬浮状态作用的物质。

（20）**食品用香料**：能够用于调配食品香精，并使食品增香的物质。

（21）**食品工业用加工助剂**：有助于食品加工能顺利进行的各种物质，与食品本身无关。如助滤、澄清、吸附、脱模、脱色、脱皮、提取溶剂等。

（22）**其他**：上述功能类别中不能涵盖的其他功能。

7.1.6 食品分类系统

食品分类系统用于界定食品添加剂的使用范围。

GB 2760—2014 将食品分为 16 大类别，2014 年版对 2011 年版的食品分类系统修改了 01.0、02.0、04.0、08.0、09.0、11.0、12.0、13.0、14.0、16.0 等类别中的部分食品分类号及食品名称，并按照调整后的食品类别对食品添加剂使用规定进行了调整。该标准规定：如果允许某一食品添加剂应用于某一食品类别时，则允许其应用于该类别下的所有类别食品，除另有规定外。

每一类食品均有其对应的分类号。大类基础上细分为亚类、次亚类，原则上不超过 4 级，个别分到 5 级，各级之间以"."号分隔，食品分类号按级以 3~10 位数字组成。

> **示例：**
> 大类：04.0　水果、蔬菜（包括块根类）、豆类、食用菌、藻类、坚果以及籽类等；
> 　亚类：04.01　水果；
> 　　次亚类：04.01.01　新鲜水果；
> 　　　小类：04.01.02.08　蜜饯凉果；
> 　　　　次小类：04.01.02.08.01　蜜饯类。

食品分类系统见表 7-1。

表 7-1　食品分类系统

食品分类号	食品类别/名称
01.0	乳及乳制品（13.0 特殊膳食用食品涉及品种除外）
02.0	脂肪，油和乳化脂肪制品
03.0	冷冻饮品
04.0	水果、蔬菜（包括块根类）、豆类、食用菌、藻类、坚果以及籽类等
05.0	可可制品、巧克力和巧克力制品（包括代可可脂巧克力及制品）以及糖果
06.0	粮食和粮食制品，包括大米、面粉、杂粮、块根植物、豆类和玉米提取的淀粉等（不包括 07.0 焙烤制品）

(续)

食品分类号	食品类别/名称
07.0	焙烤食品
08.0	肉及肉制品
09.0	水产及其制品（包括鱼类、甲壳类、贝类、软体类、棘皮类等水产及其加工制品等）
10.0	蛋及蛋制品
11.0	甜味料，包括蜂蜜
12.0	调味品
13.0	特殊膳食用食品
14.0	饮料类
15.0	酒类
16.0	其他类（01.0～15.0除外）

7.1.7　GB 2760—2014标准中各类食品添加剂的使用规定

(1) 食品添加剂的使用规定。 GB 2760—2014中附录A是食品添加剂的使用规定。

附录A中表A.1规定了445种食品添加剂的允许使用品种、使用范围以及最大使用量或残留量。本标准的食品添加剂分类是按其功能品种以及它的中文拼音字母顺序分类排列的。

附录A中表A.1列出的同一功能的食品添加剂（相同色泽着色剂、防腐剂、抗氧化剂）在混合使用时，各自用量占其最大使用量的比例之和不应超过1。该条文是对标准中列出的具有同一功能和共同使用范围的着色剂、防腐剂、抗氧化剂在其共同的使用范围内混合使用时如何确定各自使用量的规定。不具有同一功能或具有同一功能没有相同的使用范围的食品添加剂不受本条约束。其中着色剂要求具有同一色泽，如果一种着色剂是红色，一种着色剂是蓝色，即使其具有相同的使用范围，在使用时也不受本条的约束。

例如：①GB 2760—2014规定果蔬汁（浆）类饮料中新红和胭脂红的最大使用量均为0.05 g/kg，如果这两种着色剂在果蔬汁饮料中同时使用且其实际使用量分别为 a 和 b，则应符合 $(a+b)/0.05 \leqslant 1$。②GB 2760—2014规定碳酸饮料中防腐剂苯甲酸钠和二甲基二碳酸盐（又名维果灵）的最大使用量分别为0.2 g/kg和0.25 g/kg，如果这两种防腐剂在碳酸饮料中同时使用且其实际使用量分别为 a 和 b，则应满足 $(a/0.2+b/0.25) \leqslant 1$。

附录A中表A.2规定了可在各类食品（表A.3所列食品类别除外）中按生产需要适量使用的食品添加剂。

附录A中表A.3规定了表A.2所例外的食品类别，这些食品类别使用添加剂时应符合表A.1的规定。同时，这些食品类别不得使用表A.1规定的其上级食品类别中允许使用的食品添加剂。

附录A中表A.1和表A.2未包括对食品用香料和用作食品工业用加工助剂的食品添加剂的有关规定。

另外，附录A中表A.1、表A.2和表A.3之间又有着一定的关系，表A.3规定了表A.2所例外的食品类别，这些食品类别使用添加剂时应符合表A.1的规定。同时，这些食品类别不得使用表A.1规定的其上级食品类别中允许使用的食品添加剂。附录A中表A.1、表A.2和表A.3中给出的"功能"栏为该添加剂的主要功能，供使用时参考。

(2) 食品用香料的使用规定。

GB 2760—2014 中附录 B 规定了食品用香料的使用规定。包括不得添加食品用香料、香精的食品名单共 28 种；允许使用的食品用天然香料名单共 393 种；允许使用的食品用合成香料名单 1 477 种。

① 食品用香料、香精的使用原则：

（a）在食品中使用食品用香料、香精的目的是使食品产生、改变或提高食品的风味。食品用香料一般配制成食品用香精后用于食品加香，部分也可直接用于食品加香。食品用香料、香精不包括只产生甜味、酸味或咸味的物质，也不包括增味剂。

（b）食品用香料、香精在各类食品中按生产需要适量使用，附录 B 中表 B.1 所列食品没有加香的必要，不得添加食品用香料、香精，法律、法规或国家食品安全标准另有明确规定者除外。除附录 B 表 B.1 所列食品外，其他食品是否可以加香应按相关食品产品标准规定执行。

（c）用于配制食品用香精的食品用香料品种应符合本标准的规定。用物理方法、酶法或微生物法（所用酶制剂应符合本标准的有关规定）从食品（可以是未加工过的，也可以是经过了适合人类消费的传统的食品制备工艺的加工过程）制得的具有香味特性的物质或天然香味复合物可用于配制食品用香精。

注：天然香味复合物是一类含有食用香味物质的制剂。

（d）具有其他食品添加剂功能的食品用香料，在食品中发挥其他食品添加剂功能时，应符合本标准的规定。如苯甲酸、肉桂醛、瓜拉纳提取物、双乙酸钠（又名二醋酸钠）、琥珀酸二钠、磷酸三钙、氨基酸等。

（e）食品用香精可以含有对其生产、储存和应用等所必需的食品用香精辅料（包括食品添加剂和食品）。食品用香精辅料应符合以下要求：

——食品用香精中允许使用的辅料应符合相关标准的规定。在达到预期目的的前提下尽可能减少使用品种。

——作为辅料添加到食品用香精中的食品添加剂不应在最终食品中发挥功能作用，在达到预期目的的前提下尽可能降低在食品中的使用量。

（f）食品用香精的标签应符合相关标准的规定。

（g）凡添加了食品用香料、香精的食品应按照国家相关标准进行标示。

② 食品用香料的分类。食品用香料包括天然香料和合成香料两种。天然香料是用纯物理方法从天然芳香原料中分离得到的物质，如丁香叶油、八角茴香油等。合成香料是用化学合成方法制得的，其化学结构尚未在人类消费的天然产品中存在的人造香，如乙基香兰素、乙基玫瑰酯等。

(3) 食品工业用加工助剂使用规定。 GB 2760—2014 中附录 C 是食品工业用加工助剂使用规定。

① 食品工业用加工助剂的使用原则：

（a）食品工业用加工助剂应在食品生产加工过程中使用，使用时应具有工艺必要性，在达到预期目的前提下应尽可能降低使用量。

（b）食品工业用加工助剂一般应在制成最终成品之前除去，无法完全除去的，应尽可能降低其残留量，其残留量不应对健康产生危害，不应在最终食品中发挥功能作用。

（c）食品工业用加工助剂应该符合相应的质量规格要求。

② 食品工业用加工助剂的使用规定：

（a）附录 C 中表 C.1 以食品工业用加工助剂名称汉语拼音顺序规定了可在各类食品

加工过程中使用，残留量不需限定的加工助剂名单（不含酶制剂）。该标准规定食品工业用加工助剂共有 38 种。

（b）附录 C 表 C.2 以食品工业用加工助剂名称汉语拼音顺序规定了需要规定功能和使用范围的食品工业用加工助剂名单（不含酶制剂）。该标准规定食品工业用加工助剂共有 77 种。

（c）附录 C 表 C.3 以酶制剂名称汉语拼音顺序规定了食品加工中允许使用的酶。各种酶的来源和供体应符合表中的规定。该标准酶的来源和供体规定共有 54 个。

7.2 食品营养强化剂使用标准

7.2.1 概述

食品营养强化、平衡膳食/膳食多样化、应用营养素补充剂是世界卫生组织推荐的改善人群微量营养素缺乏的三种主要措施。食品营养强化是在现代营养科学的指导下，根据不同地区、不同人群的营养缺乏状况和营养需要，以及为弥补食品在正常加工、储存时造成的营养素损失，在食品中选择性地加入一种或者多种微量营养素或其他营养物质。食品营养强化不需要改变人们的饮食习惯就可以增加人群对某些营养素的摄入量，从而达到纠正或预防人群微量营养素缺乏的目的。

食品营养强化的优点在于，既能覆盖较大范围的人群，又能在短时间内收效，是经济、便捷的营养改善方式。食品营养强化已经成为许多国家政府提高其国民整体健康水平、改善国民营养状况的重要方法之一，在世界范围内广泛应用。

国际社会十分重视食品营养强化工作。国际食品法典委员会（CAC）1987 年制定了《食品中必需营养素添加通则》，为各国的营养强化政策提供指导。在 CAC 原则的指导下，各国通过相关法规来规范本国的食品强化。美国制定了一系列食品营养强化标准，实施联邦法规第 21 卷 104 部分（21 CFR Part 104）中"营养强化政策"，对食品生产单位进行指导。欧盟 2006 年 12 月发布了 1925/2006《食品中维生素、矿物质及其他特定物质的添加法令》，旨在避免由于各成员国对于食品中营养素强化量不一致而造成的贸易影响。其他国家也通过标准或管理规范等途径对食品营养强化进行管理。

我国于 1994 年由卫生部批准颁布了《食品营养强化剂使用卫生标准》（GB 14880—1994），于 1994 年 9 月 1 日实施。同时每年以卫生部公告的形式扩大或增补新的营养素品种和使用范围。标准颁布实施后对于规范食品营养强化剂的使用、保护和促进消费者的健康、指导生产单位生产发挥了重要作用。随着食品工业的发展，近年来在标准实施过程中，也逐渐暴露出存在的一些问题，卫生部在 GB 14880—1994 的基础上，借鉴国际食品法典委员会和相关国家食物强化的管理经验，结合我国居民的最新营养状况和食品营养强化的实际情况，修订并于 2012 年 3 月 15 日公布了新版《食品安全国家标准 食品营养强化剂使用标准》（GB 14880—2012），自 2013 年 1 月 1 日正式施行。

GB 14880—2012 是食品安全国家标准中的基础标准，旨在规范我国食品生产单位的营养强化行为。本标准属于强制执行的标准，其强制性体现在一旦生产单位在食品中进行营养强化，则必须符合本标准的相关要求（包括营养强化剂的允许使用品种、使用范围、使用量、可使用的营养素化合物来源等），但是生产单位可以自愿选择是否在产品中强化相应的营养素。

7.2.2 食品营养强化剂使用标准基本框架

第一部分是前言,主要阐述本标准与1994年版本的不同内容。

第二部分是正文,包括8项内容:范围、术语和定义、营养强化的主要目的、使用营养强化剂的要求、可强化食品类别的选择要求、营养强化剂的使用规定、食品类别(名称)说明、营养强化剂质量标准。

第三部分是附录,附录内容涵盖本标准正文部分规定的具体内容。

  附录A 食品营养强化剂使用规定
  附录B 允许使用的营养强化剂化合物来源名单
  附录C 允许用于特殊膳食用食品的营养强化剂及化合物来源
  附录D 食品类别(名称)说明

食品营养强化剂使用标准

7.2.3 GB 14880—2012 中的术语与定义

(1) 食品营养强化剂:为了增加食品的营养成分(价值)而加入食品中的天然或人工合成的营养素和其他营养成分。

(2) 营养素:食物中具有特定生理作用,能维持机体生长、发育、活动、繁殖以及正常代谢所需的物质,包括蛋白质、脂肪、碳水化合物、矿物质、维生素等。

(3) 其他营养成分:除营养素以外的具有营养和(或)生理功能的其他食物成分。

(4) 特殊膳食用食品:为满足特殊的身体或生理状况和(或)满足疾病、紊乱等状态下的特殊膳食需求,专门加工或配方的食品。这类食品的营养素和(或)其他营养成分的含量与可类比的普通食品有显著不同。

7.2.4 营养强化的主要目的

① 弥补食品在正常加工、储存时造成的营养素损失。

② 在一定的地域范围内,有相当规模的人群出现某些营养素摄入水平低或缺乏,通过强化可以改善其摄入水平低或缺乏导致的健康影响。

③ 某些人群由于饮食习惯和(或)其他原因可能出现某些营养素摄入量水平低或缺乏,通过强化可以改善其摄入水平低或缺乏导致的健康影响。

④ 补充和调整特殊膳食用食品中营养素和(或)其他营养成分的含量。

7.2.5 食品营养强化剂的使用要求

① 营养强化剂的使用不应导致人群食用后营养素及其他营养成分摄入过量或不均衡,不应导致任何营养素及其他营养成分的代谢异常。

② 营养强化剂的使用不应鼓励和引导与国家营养政策相悖的食品消费模式。

③ 添加到食品中的营养强化剂应能在特定的储存、运输和食用条件下保持质量的稳定。

④ 添加到食品中的营养强化剂不应导致食品一般特性如色泽、滋味、气味、烹调特性等发生明显不良改变。

⑤ 不应通过使用营养强化剂夸大食品中某一营养成分的含量或作用误导和欺骗消费者。

7.2.6 可强化食品类别的选择要求

① 应选择目标人群普遍消费且容易获得的食品进行强化。

② 作为强化载体的食品消费量应相对比较稳定。
③ 我国居民膳食指南中提倡减少食用的食品不宜作为强化的载体。

7.2.7 营养强化剂的使用规定

GB 14880—2012 中附录 A 的内容是关于营养强化剂在食品中的使用范围和使用量的规定。

表 A.1 规定了 37 种营养强化剂的适用范围以及使用量。本标准的营养强化剂分类是按其功能（维生素、矿物质、其他）分类排列的。

例如，生产单位欲在调制乳粉中强化维生素 K，应首先查看附录 A 中允许强化维生素 K 的食品类别（名称），见表 7-2。调制乳粉中维生素 K 的使用量应符合本标准附录 A 中"使用量"的相关规定。维生素 K 只能在 01.03.02 调制乳粉（仅限儿童用乳粉和孕产妇用乳粉）中进行强化，在其他类别食品中不得强化维生素 K。

表 7-2 维生素 K 的使用范围及使用量

营养强化剂	食品分类号	食品类别（名称）	使用量
维生素 K	01.03.02	调制乳粉（仅限儿童用乳粉）	420~750 μg/kg
		调制乳粉（仅限孕产妇用乳粉）	340~680 μg/kg

又如，γ-亚麻酸的使用规定见表 7-3。

表 7-3 γ-亚麻酸的使用范围及使用量

营养强化剂	食品分类号	食品类别（名称）	使用量
γ-亚麻酸	01.03.02	调制乳粉	20~50 g/kg
	02.01.01.01	植物油	20~50 g/kg
	14.0	饮料类（14.01，14.06 涉及品种除外）	20~50 g/kg

GB 14880—2012 中附录 B 的内容是允许使用的营养强化剂化合物来源名单。例如，维生素 A 的化合物来源按照规定可以是醋酸视黄酯（醋酸维生素 A）、棕榈酸视黄酯（棕榈酸维生素 A）、全反式视黄醇、β-胡萝卜素。锌的化合物来源按照规定可以是硫酸锌、葡萄糖酸锌、甘氨酸锌、氧化锌、乳酸锌、柠檬酸锌、氯化锌、乙酸锌和碳酸锌。所以，我们可以通过往食品中添加上述物质来强化维生素 A 或锌。

GB 14880—2012 中附录 C 的内容是允许用于特殊膳食用食品的营养强化剂及化合物来源。由表 C.1 和 C.2 两部分组成。

表 C.1 规定了允许用于特殊膳食用食品的营养强化剂及化合物来源。其中包括 35 个品种的营养强化剂，主要包括维生素、矿物质、氨基酸、脂肪酸等营养成分。

表 C.2 规定了仅允许用于部分特殊膳食用食品的其他营养成分及使用量。其中包括 13 个品种的营养强化剂，它们是：低聚半乳糖（乳糖来源），低聚果糖（菊苣来源），多聚果糖（菊苣来源），棉籽糖（甜菜来源），聚葡萄糖，1，3-二油酸 2-棕榈酸甘油三酯，叶黄素（万寿菊来源），二十二碳六烯酸（DHA），核苷酸［来源包括 5′-单磷酸胞苷（5′-CMP）、5′-单磷酸尿苷（5′-UMP）、5′-单磷酸腺苷（5′-AMP）、5′-肌苷酸二钠、5′-鸟苷酸二钠、5′-尿苷酸二钠、5′-胞苷酸二钠］，乳铁蛋白，酪蛋白钙肽，酪蛋白磷酸肽，主要用于婴幼儿配方食品和婴幼儿谷类辅助食品。

GB 14880—2012 4 个附录的关系和使用方式见图 7-1。

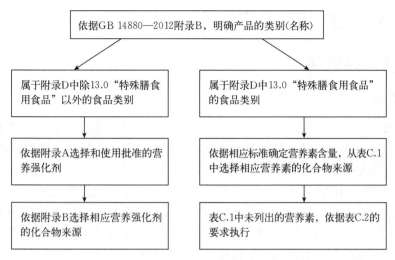

图 7-1 食品营养强化剂几个附录的关系

7.2.8 食品类别（名称）说明

GB 14880—2012 食品类别（名称）说明是用于界定营养强化剂的使用范围，只适用于本标准，见附录 D。GB 14880—2012 规定，如果允许某一营养强化剂应用于某一食品类别（名称）时，则允许其应用于该类别下的所有类别食品，另有规定的除外。

本标准将食品共分为 16 大类，与 GB 2760—2014 中食品分类基本一致。

7.2.9 食品营养强化剂与食品添加剂的关系

GB 14880—2012 规定了营养强化剂在不同食品类别中允许使用的种类、化合物来源和使用量要求；GB 2760—2014 规定了食品添加剂在不同食品类别中允许使用的种类和最大使用量要求。

对于部分既属于营养强化剂又属于食品添加剂的物质，如核黄素、维生素 C、维生素 E、柠檬酸钾、β-胡萝卜素、碳酸钙等，如果以营养强化为目的，其使用应符合食品营养强化剂使用标准（GB 14880—2012）的规定。如果作为食品添加剂使用，则应符合食品添加剂使用标准（GB 2760—2014）的要求。

7.2.10 营养强化剂的使用量和在终产品中的含量

GB 14880—2012 规定的营养强化剂的使用量，指的是在生产过程中允许的实际添加量，该使用量是考虑到所强化食品中营养素的本底含量、人群营养状况及食物消费情况等因素，根据风险评估的基本原则而综合确定的。

鉴于不同食品原料本底所含的各种营养素含量差异性较大，而且不同营养素在产品生产和货架期的衰减与损失也不尽相同，所以强化的营养素在终产品中的实际含量可能高于或低于本标准规定的该营养强化剂的使用量。

为保证居民均衡的营养素摄入，有效预防营养素摄入不足和过量，方便营养调查，我国发布的 GB 28050—2011《食品安全国家标准 预包装食品营养标签通则》特别规定，"使用了营养强化剂的预包装食品，在营养成分表中还应标示强化后食品中该营养成分的含量值及其占营养素参考值（NRV）的百分比"。因此，GB 28050—2011 与本标准配合使用，既有利于营养成分的合理强化，又保证了终产品中营养素含量的真实信息和消费者的知情权。

7.3 食品标签

7.3.1 食品标签概述

7.3.1.1 食品标签定义及功能

食品标签是指食品包装上的文字、图形、符号及一切说明物。食品标签是针对预包装食品而言的，所谓预包装食品是指预先定量包装或者制作在包装材料和容器中的食品，包括预先定量包装以及预先定量制作在包装材料和容器中并且在一定量限范围内具有统一的质量或体积标识的食品。预先包装和具有定量标识是预包装食品两个最重要的特征，也是和散装食品、裸装食品进行区分的关键，现制现售食品（如即食快餐盒饭、糕点等），简易包装的水果、蔬菜、畜禽（肉）、蛋类等均不属于预包装食品。预包装食品在某些情况下可转变为散装食品或裸装食品，如拆零销售的糖果、大米等。

食品标签是传递食品特征和性能信息的载体，是企业对食品质量的保证和企业信誉的承诺，也是执法监督机构监督检查的依据，对于引导消费者选购食品，维护食品制造者的合法权益，消除国际贸易技术壁垒具有重要作用。做好预包装食品标签管理，既是保障食品行业健康发展的有效手段，也是实现食品安全科学管理的需求。

7.3.1.2 食品标签标准

1982 年颁布的《食品卫生法（试行）》首次对食品标签做出了明确的规定，为食品标签标准的制定提供了法律依据。1987 年，我国发布了 GB 7718—1987《食品标签通用标准》，规定了食品标签的基本原则、标注内容和标注要求，使食品标签走上了标准化管理的轨道。1994 年，在参照采用国际食品法典委员会 CODEX STAN 1—1991《预包装食品标签通用标准》基础上，国家技术监督局修订颁布了 GB 7718—1994《食品标签通用标准》。2004 年对 GB 7718—1994 进行了修订，颁布了 GB 7718—2004《预包装食品标签通则》。GB 7718—2004 参考了美国联邦法规第 101 部分《食品标签》非等效采用国际食品法典委员会 CODEX STAN 1—1985（1991 年、1999 年分别修订）《预包装食品标签通用标准》。由于 GB 7718—2004《预包装食品标签通则》的部分内容与《食品安全法》的规定不尽相同，急需对相关的技术标准进行制修订，以落实《食品安全法》中有关规定。2011 年卫生部对 GB 7718—2004 进行了修订，颁布了 GB 7718—2011《食品安全国家标准 预包装食品标签通则》，属于强制执行的食品安全国家标准，是预包装食品生产和流通环节监管部门监督执法的重要依据。

GB 7718—2011 是食品标签系列国家标准之一，规定了预包装食品标签的通用性要求。此外，我国还相继制定颁布了其他与食品标签有关的国家标准，如 GB 28050—2011《食品安全国家标准 预包装食品营养标签通则》、GB 13432—2013《食品安全国家标准 预包装特殊膳食用食品标签》，使我国食品标签标准体系更加完善。

7.3.2 预包装食品标签通则

GB 7718—2011 适用于直接提供给消费者的预包装食品标签和非直接提供给消费者的预包装食品标签，不适用于为预包装食品在储藏运输过程中提供保护的食品储运包装标签、散装食品和现制现售食品的标识。直接提供给消费者包括：生产企业直接或通过食品经营者向消费者提供，或既提供给消费者也提供给其他食品生产者的预包装食品。非直接提供给消费者是指：生产企业提供给其他食品生产者或生产企业提供给食品经营者用于制作其他食品的预包装食品。

7.3.2.1 术语和定义

(1) 配料：在制造或加工食品时使用的，并存在（包括以改性的形式存在）于产品中的任何物质，包括食品添加剂。

(2) 生产日期（制造日期）：食品成为最终产品的日期，也包括包装或灌装日期，即将食品装入（灌入）包装物或容器中，形成最终销售单元的日期。

(3) 保质期：预包装食品在标签指明的贮存条件下，保持品质的期限。在此期限内，产品完全适于销售，并保持标签中不必说明或已经说明的特有品质。

(4) 规格：同一预包装内含有多件预包装食品时，对净含量和内含件数关系的表述。

(5) 主要展示版面：预包装食品包装物或包装容器上容易被观察到的版面。

7.3.2.2 预包装食品标签基本要求

GB 7718—2011 对标签的基本要求，包括食品标签应符合法律、法规及相关食品安全标准的规定，清晰醒目，持久而不与食品或包装物分离，标签内容应有科学依据，真实准确，避免对消费者造成误导，应使用规范的汉字（可使用拼音或少数民族文字及英文等，但不得大于相应的汉字），对于外包装易于开启识别或透过外包装物能清晰地识别内包装物（容器）上的所有强制标示内容或部分强制标示内容，可不在外包装物上重复标示相应的内容等。食品标签不得涉及疾病预防、治疗功能；非保健食品不得明示或者暗示具有保健作用；对具有装饰作用的艺术字应书写正确、易于辨认以及同一个销售单元的包装中含有不同品种、多个独立包装可单独销售的食品时标识应分别标注。包装物或包装容器的最大表面面积为 35 cm² 时，强制标示内容的文字、符号、数字的高度不得小于 1.8 mm。

预包装食品标签通则（上）

预包装食品标签通则（下）

7.3.2.3 预包装食品标签标示内容

对于直接提供给消费者的预包装食品，标签标示应包括食品名称、配料表、净含量和规格、生产者和（或）经销者的名称、地址和联系方式、生产日期和保质期、贮存条件、食品生产许可证编号、产品标准代号及其他需要标示的内容。非直接向消费者提供的预包装食品标签上必须标示食品名称、规格、净含量、生产日期、保质期和贮存条件，其他内容如未在标签上标注，则应在说明书或合同中注明。

(1) 食品名称。食品名称应醒目、清晰标示反映食品的真实属性的专用名称。为不使消费者误解或混淆食品的真实属性、物理状态或制作方法，可以在食品名称前或食品名称后附加相应的词或短语，如干燥的、浓缩的、复原的、熏制的、油炸的、粉末的、粒状的等。反映食品真实属性的专用名称是指国家标准、行业标准、地方标准中规定的食品名称或等效名称，无上述名称时，应使用不使消费者误解或混淆的常用名称或通俗名称。

可以标示"新创名称""奇特名称""音译名称""牌号名称""地区俚语名称"或"商标名称"，同时应在所示名称的同一展示版面标示反映食品真实属性的专用名称或常用名称或通俗名称。必要时应在所示名称的同一展示版面邻近部位使用同一字号、同一字体颜色标示食品真实属性的专用名称，以避免消费者误解食品属性。

(2) 配料表。预包装食品的标签上应标示配料表，包括单一配料的食品。加工过程中所用的原料已改变为其他成分（如酒、酱油、食醋等发酵产品）时，可用"原料"或"原料与辅料"代替"配料""配料表"，并按以下要求标示各种原料、辅料和食品添加剂。

① 配料名称：配料表中各种配料应遵照前述对食品名称的要求标示具体名称。食品添加剂应当标示其在 GB 2760—2011《食品安全国家标准 食品添加剂使用标准》中的通用名称，可以选择以下三种形式之一标示：一是全部标示食品添加剂的具体名称；二是全部标示食品添加剂的功能类别名称以及国际编码（INS 号），如果某种食品添加剂尚不存在相应的国际编码，或因致敏物质标示需要，可以标示其具体名称；三是全部标示食品添加剂的功能类别名称，同时标示具体名称。如食品添加剂"柠檬黄"可以选择标示为："柠檬黄"或"着色剂（102）"或"着色剂（柠檬黄）"。应在配料表中标示复合配料（两种或两种以上的其他配料构成，不包括复合食品添加剂）的名称，并将复合配料的原始配料在括号内按加入量的递减顺序标示。

② 配料标识顺序：各种配料应按制造或加工食品时加入量的递减顺序一一排列，加入量不超过 2%的配料可以不按递减顺序排列。

③ 配料免除标识：加工助剂以及在食品制造或加工过程中已挥发的水或其他挥发性配料不需要标示。加入量小于食品总量 25%的复合配料中含有的食品添加剂，若符合 GB 2760 规定的带入原则且在最终产品中不起工艺作用的，不需要标示。当某种复合配料已有国家标准、行业标准或地方标准，且其加入量小于食品总量的 25%时，不需要标示复合配料的原始配料。

④ 其他要求：在食品制造或加工过程中，加入的水应在配料表中标示。可食用的包装物（如糖糯纸）也应在配料表中标示原始配料，国家另有法律法规规定的除外。此外，下列食品配料，可以选择按表 7-4 的方式标示。

表 7-4 配料标示方式

配料类别	标示方式
各种植物油或精炼植物油，不包括橄榄油	"植物油"或"精炼植物油"；如经过氢化处理，应标示为"氢化"或"部分氢化"
各种淀粉，不包括化学改性淀粉	"淀粉"
加入量不超过 2%的各种香辛料或香辛料浸出物（单一的或合计的）	"香辛料"或"香辛料类"或"复合香辛料"
胶基糖果的各种胶基物质制剂	"胶姆糖基础剂"或"胶基"
添加量不超过 10%的各种果脯蜜饯水果	"蜜饯"或"果脯"
食用香精、香料	"食用香精"或"食用香料"或"食用香精香料"

(3) 配料定量标示。 当在食品标签或食品说明书上特别强调添加了或含有一种或多种有价值、有特性的配料或成分，或者在食品的标签上特别强调一种或多种配料或成分的含量较低或无时，应标示所强调配料或成分的添加量或在成品中的含量。食品名称中提及了某种配料或成分而未在标签上特别强调的，不需要标示该种配料或成分的添加量或在成品中的含量。

(4) 净含量和规格。 净含量的标示由净含量、数字和法定计量单位组成，如净含量（或净含量/规格）：500 g。液态食品、半固态或黏性食品可用体积或质量标示，固态食品用质量标示。当净含量小于 1 000 ml 时，用 ml（mL）（毫升）标示，大于 1 000 ml 时，用 l（L）（升）标示。当净含量小于 1 000 g 时，用 g（克）标示，大于 1 000 g 时，用 kg（千克）时标示。净含量标注字符的高度要求见表 7-5。

表 7-5 净含量标注字符的高度要求

净含量（Q）的范围	字符的最小高度/mm
$Q \leqslant 50$ mL；$Q \leqslant 50$ g	2
50 mL$< Q \leqslant 200$ mL；50 g$< Q \leqslant 200$ g	3
200 mL$< Q \leqslant 1$ L；200 g$< Q \leqslant 1$ kg	4
$Q > 1$ kg；$Q > 1$ L	6

以固相物质为主要配料的固、液两相物质的食品，除标示净含量外，还应以质量或质量分数的形式标示沥干物（固形物）的含量。如糖水橘子罐头，净含量（或净含量/规格）：510 g；沥干物（或固形物）：不低于 306 g（或不低于 60%）。

同一预包装内含有多个单件预包装食品时，大包装在标示净含量的同时还应标示规格。规格的标示应由单件预包装食品净含量和件数组成，以饼干为例，净含量（或净含量/规格）：200 g（5×40 g）。也可只标示件数，如净含量（或净含量/规格）：200 g（5 件）。同一预包装内含有多件不同种类的预包装食品时，净含量和规格可标示为净含量（或净含量/规格）：200 g（A 产品 40 g×3，B 产品 40 g×2）。单件预包装食品的规格即指净含量。净含量和规格标示方法包含示例中描述的但不限于上述形式，具体见 GB 7718—2011 附录 C。

(5) 生产者、经销者的名称、地址和联系方式。 与 GB 7718—2004 相比，食品标签除应标注依法登记注册，能够承担产品安全质量责任的生产者的名称、地址外，增加了联系方式的标示，从而进一步加强了预包装食品的可追溯性。联系方式应标示以下至少一项内容：电话、传真、网络联系方式等，或与地址一并标示的邮政地址。进口预包装食品应标示原产国国名或地区区名，以及在中国依法登记注册的代理商、进口商或经销者的名称、地址和联系方式，可不标示生产者的名称、地址和联系方式。

(6) 生产日期和保质期。 食品标签应清晰标示预包装食品的生产日期和保质期。日期标示不得另外加贴、补印或篡改。当同一预包装内含有多个标示了生产日期及保质期的单件预包装食品时，外包装上标示的保质期应按最早到期的单件食品的保质期计算，生产日期应为最早生产的单件食品的生产日期或外包装形成销售单元的日期，也可在外包装上分别标示各单件装食品的生产日期和保质期。日期标示应按年、月、日的顺序，如果不按此顺序标示，应注明日期标示顺序。

(7) 贮存条件。 预包装食品标签应标示贮存条件，贮存条件的标示形式如：常温（或冷冻，或冷藏，或避光，或阴凉干燥处）保存；××～××℃保存；请置于阴凉干燥处；常温保存，开封后需冷藏；温度：≤××℃，湿度：≤××%。

(8) 食品生产许可证编号。 为了保证食品的质量安全，国家对食品实施生产许可证制度，对列入生产许可证制度管理的预包装食品，标签上应标示食品生产许可证编号，标示形式按照相关规定执行。

(9) 产品标准代号。 在国内生产并在国内销售的预包装食品（不包括进口预包装食品）应标示产品所执行的标准代号和顺序号。

(10) 其他标示内容。 经电离辐射线或电离能量处理过的食品，应在食品名称附近标示"辐照食品"。经电离辐射线或电离能量处理过的任何配料，应在配料表中标明。

转基因食品的标示应符合相关法律、法规的规定。食品营养标签按 GB 28050 和 GB 13432 的相关要求执行。食品所执行的相应产品标准已明确规定质量（品质）等级的，应标示质量（品质）等级。

7.3.2.4 预包装食品标签标示内容的豁免

① 对于酒精度大于等于10%的饮料酒及食醋、食用盐、固态食糖类、味精可免除标示保质期。免除标示保质期,并不意味着产品可以无限期使用,只是在正常使用情况下,产品在使用期间不会变质。

② 当预包装食品包装物或包装容器的最大表面面积小于 10 cm² 时,可以只标示产品名称、净含量、生产者(或经销商)的名称和地址。

7.3.2.5 预包装食品标签推荐标示内容

由于食品安全国家标准是强制标准,因此 GB 7718—2011 不再分"强制"和"允许"标示内容,而分为"标示内容"和"推荐标示内容"。食品批号、食用方法以及致敏物质属于推荐标示内容,对于可能导致过敏反应的食品及其制品,如果用作配料或在加工过程中可能带入,宜在配料表中使用易辨识的名称,或在配料表邻近位置加以提示。

7.3.3 预包装食品营养标签通则

预包装食品营养标签通则(上)

预包装食品营养标签通则(下)

根据国家营养调查结果,我国居民既有营养不足,也有营养过剩的问题,由于膳食结构不尽合理,一些营养缺乏病依然存在,慢性非传染性疾病患病率如高血压、糖尿病、心血管疾病等上升迅速。通过实施营养标签标准,对于规范标示营养标签,科学宣传营养知识,促进消费者合理平衡膳食具有重要作用。食品营养标签在我国起步和推广较晚,但发展较快,2007 年,卫生部为了指导和规范食品营养标签的标示,引导消费者合理选择食品,颁布了《食品营养标签管理规范》,该规范对于营养标签的相关规定属于非强制性的范畴。2013 年 1 月 1 日正式实施的 GB 28050—2011《食品安全国家标准 预包装食品营养标签通则》首次对我国食品营养标签的技术要求做了强制性的规定,食品营养标签在我国预包装食品上全面正式的实施,标志着我国食品标签体系的完善。

许多国家都非常重视食品营养标签,早在 1985 年,国际食品法典委员会(CAC)首先制定了食品营养标签通用导则,并相继制定了声称通用指南、营养标签通用导则、营养和健康声称应用指南、特殊膳食用食品标签与声称通用标准等多个指导性文件。美国自 1993 年开始实施《营养标签和教育法案》和《特殊功能食品标签说明》,并不断对其内容进行修改和扩充。欧洲共同体早在 1990 年就推出了食品营养标签法令;日本于 1995 年推出《营养改善法》,规定了除肉禽以外的加工食品都需要标示营养标签。

GB 28050—2011 适用于预包装食品营养标签上营养信息的描述和说明。对于直接提供给消费者的预包装食品,应按照本标准规定标示营养标签;非直接提供给消费者的预包装食品,参照本标准执行,也可以按企业双方约定或合同要求标注或提供有关营养信息。不适用于保健食品及预包装特殊膳食用食品的营养标签标示。

7.3.3.1 术语和定义

营养标签:预包装食品标签上向消费者提供食品营养信息和特性的说明,包括营养成分表、营养声称和营养成分功能声称。营养标签是预包装食品标签的一部分。

营养素:食物中具有特定生理作用,能维持机体生长、发育、活动、繁殖以及正常代谢所需的物质,包括蛋白质、脂肪、碳水化合物、矿物质及维生素等。

营养成分:食品中的营养素和除营养素以外的具有营养和(或)生理功能的其他食物成分。各营养成分的定义可参照 GB/Z 21922—2008《食品营养成分基本术语》。

核心营养素：营养标签中的核心营养素包括蛋白质、脂肪、碳水化合物和钠。

营养成分表：标有食品营养成分名称、含量和占营养素参考值（NRV）百分比的规范性表格。

营养素参考值（NRV）：专用于食品营养标签，用于比较食品营养成分含量的参考值。

营养声称：对食品营养特性的描述和声明，如能量水平、蛋白质含量水平。营养声称包括含量声称和比较声称。

含量声称：描述食品中能量或营养成分含量水平的声称。声称用语包括"含有""高""低"或"无"等。

比较声称：与消费者熟知的同类食品的营养成分含量或能量值进行比较以后的声称。声称用语包括"增加"或"减少"等。

营养成分功能声称：某营养成分可以维持人体正常生长、发育和正常生理功能等作用的声称。

修约间隔：修约值的最小数值单位。

食部：预包装食品净含量去除其中不可食用的部分后的剩余部分。

7.3.3.2 营养成分的标示和表达

预包装食品营养标签应标在向消费者提供的最小销售单元的包装上，使用中文真实、客观地表达营养信息，如同时使用外文标示的，其内容应当与中文相对应，且字号不得大于中文字号。营养成分表是食品营养标签的核心内容，标示食品营养成分名称、含量和占营养素参考值（NRV）百分比。

(1) 强制标示的营养成分。

① 能量。

② 核心营养素。核心营养素是食品中存在的与人体健康密切相关，具有重要公共卫生意义的营养素。由于各国国情不同，对核心营养素的规定也不一样，如美国规定了14种核心营养素，加拿大规定13种，日本规定4种，国际食品法典委员会规定蛋白质、脂肪、可利用碳水化合物等3种为核心营养素。中国国家卫生健康委员会在考虑我国居民营养健康状况的基础上，结合国际贸易需要与我国社会发展需求等多种因素确定我国核心营养素为：蛋白质、脂肪、碳水化合物和钠。

③ 预包装食品中的营养强化剂。

④ 食品配料含有或生产过程中使用了氢化和（或）部分氢化油脂时，在营养成分表中还应标示出反式脂肪（酸）的含量。

(2) 选择标示内容。 除上述强制标示的营养成分外，营养成分表中还可选择标示表7-6中的其他成分。当食品中的营养成分标示值符合 GB 28050—2011 附录 C 中规定条件时，可对该成分进行含量声称或比较声称。同时还可按附录 D 中规定的标准用语进行功能声称。

(3) 营养成分的表达。 预包装食品中能量、核心营养素、进行营养声称或营养成分功能声称的以及营养强化剂等营养成分，应在营养成分表中标示出该营养成分的含量及其占营养素参考值（NRV）的百分比，未规定参考值的仅需标示含量。含量应以每100克（g）和（或）每100毫升（mL）和（或）每份食品可食部中的具体数值来标示，数值可通过原料计算或产品检测获得。当用份标示时，应标明每份食品的量，份的大小可根据食品的特点或推荐量规定。营养素参考值及占营养素参考值（NRV）的百分比的计算见 GB 28050—2011 附录 A。

营养成分表中强制标示和可选择性标示的营养成分的名称和顺序、标示单位、修约间隔、"0"界限值应符合表7-6的规定。当不标示某一营养成分时，依序上移。

当标示 GB 14880—2012《食品安全国家标准 食品营养强化剂使用标准》和国家卫生健康委员会公告中允许强化的除表7-6外的其他营养成分时，其排列顺序应位于表7-6所列营养素之后。

表7-6 能量和营养成分名称及顺序、表达单位、修约间隔和"0"界限值

能量和营养成分的名称及顺序	表达单位①	修约间隔	"0"界限值（每100 g 或 100 mL）②
能量	千焦（kJ）	1	≤17 kJ
蛋白质	克（g）	0.1	≤0.5 g
脂肪	克（g）	0.1	≤0.5 g
饱和脂肪（酸）	克（g）	0.1	≤0.1 g
反式脂肪（酸）	克（g）	0.1	≤0.3 g
单不饱和脂肪（酸）	克（g）	0.1	≤0.1 g
多不饱和脂肪（酸）	克（g）	0.1	≤0.1 g
胆固醇	毫克（mg）	1	≤5 mg
碳水化合物	克（g）	0.1	≤0.5 g
糖（乳糖③）	克（g）	0.1	≤0.5 g
膳食纤维（或单体成分，或可溶性、不可溶性膳食纤维）	克（g）	0.1	≤0.5 g
钠	毫克（mg）	1	≤5 mg
维生素 A	微克视黄醇当量（μg RE）	1	≤8 μg RE
维生素 D	微克（μg）	0.1	≤0.1 μg
维生素 E	毫克 α-生育酚当量（mg α-TE）	0.01	≤0.28 mg α-TE
维生素 K	微克（μg）	0.1	≤1.6 μg
维生素 B_1（硫胺素）	毫克（mg）	0.01	≤0.03 mg
维生素 B_2（核黄素）	毫克（mg）	0.01	≤0.03 mg
维生素 B_6	毫克（mg）	0.01	≤0.03 mg
维生素 B_{12}	微克（μg）	0.01	≤0.05 μg
维生素 C（抗坏血酸）	毫克（mg）	0.1	≤2.0 mg
烟酸（烟酰胺）	毫克（mg）	0.01	≤0.28 mg
叶酸	微克（μg）或微克叶酸当量（μg DFE）	1	≤8 μg
泛酸	毫克（mg）	0.1	≤0.10 mg
生物素	微克（μg）	0.1	≤0.6 μg
胆碱	毫克（mg）	0.1	≤9.0 mg
磷	毫克（mg）	1	≤14 mg

(续)

能量和营养成分的名称和顺序	表达单位①	修约间隔	"0"界限值 (每100 g或100 mL)②
钾	毫克（mg）	1	≤20 mg
镁	毫克（mg）	1	≤6 mg
钙	毫克（mg）	1	≤8 mg
铁	毫克（mg）	0.1	≤0.3 mg
锌	毫克（mg）	0.01	≤0.30 mg
碘	微克（μg）	0.1	≤3.0 μg
硒	微克（μg）	0.1	≤1.0 μg
铜	毫克（mg）	0.01	≤0.03 mg
氟	毫克（mg）	0.01	≤0.02 mg
锰	毫克（mg）	0.01	≤0.06 mg

注：① 营养成分的表达单位可选择表格中的中文或英文，也可以两者都使用。

② 当某营养成分含量数值≤"0"界限值时，其含量应标示为"0"；使用"份"的计量单位时，也要同时符合每100 g或100 mL的"0"界限值的规定。

③ 在乳及乳制品的营养标签中可直接标示乳糖。

(4) 豁免强制标示营养标签的预包装食品。 豁免强制标示营养标签的预包装食品：(a) 生鲜食品（如包装的生肉、生鱼、生蔬菜和水果、禽蛋等）以及现制现售的营养素含量波动较大的食品；(b) 基本不包含和提供营养素的，包括乙醇含量≥0.5%的饮料酒类和包装的饮用水；(c) 某些食品当包装总表面积≤100 cm² 或最大表面面积≤20 cm²，不能满足营养标签内容的；(d) 每日食用量小（≤10 g或10 mL）的预包装食品（如调味品、香辛料、甜味料、茶叶、淀粉等），因对机体营养素的摄入贡献较小可免除标示营养标签；(e) 其他法律、法规、标准规定可以不标示营养标签的预包装食品。

7.3.4 预包装特殊膳食用食品标签通则

为使预包装特殊膳食用食品标签的相关要求与新颁布的食品安全国家标准相一致，卫生部对GB 13432—2004进行了修订，并于2013年颁布了GB 13432—2013《食品安全国家标准 预包装特殊膳食用食品标签通则》。预包装特殊膳食用食品虽然有其适用人群的特殊性，但也是预包装食品的一类，因此，GB 7718—2011中确定的术语和定义、基本要求及标示内容都适用于GB 13432—2013，但某些特殊内容，应适当强调。此外，预包装特殊膳食用食品标签不应以药物名称和/或药物图形（不包括药食两用的物质）暗示疗效、保健功能。

预包装特殊膳食用食品标签通则

7.3.4.1 术语和定义

预包装特殊膳食用食品：为满足特殊的身体或生理状况和（或）疾病、紊乱等状态下的特定膳食需求而专门加工或配方的食品。这类食品的营养素和（或）其他营养成分的含量与可类比的普通食品有显著不同。

我国特殊膳食用食品主要包括：婴幼儿配方食品（婴儿配方食品、较大婴儿和幼儿配方食品、特殊医学用途婴儿配方食品）、婴幼儿辅助食品（婴幼儿谷类辅助食品、婴幼儿罐装辅助食品)、特殊医学用途配方食品、低能量配方食品及除上述外的其他特殊膳食用食品。

上述定义和分类参考了 CAC CODEX STAN 146 及我国相关标准。

推荐摄入量：可以满足某一特定性别、年龄及生理状况群体中绝大多数（97%~98%）个体每日需要的营养素摄入量。

适宜摄入量：通过观察或实验获得的健康人群中某种营养素每日的摄入量。

7.3.4.2 主要标示内容

预包装特殊膳食用食品标签的标示内容除应符合 GB 7718—2011 中相应条款的要求外，还应符合以下要求：

① 只有符合预包装特殊膳食用食品定义的食品方可在名称中使用"特殊膳食用食品"或其相应的描述产品特殊性的名称。

② 应标示能量和核心营养素及其含量，同时应根据相关国家标准的要求，标示其他营养成分及其含量，含量标示按 GB 28050—2011 规定执行。如有必要或相应国家标准中另有要求的，还应标示出每 100 千焦（100 kJ）产品中各营养成分的含量。若蛋白质由氨基酸提供，"蛋白质"项则可以用"蛋白质""蛋白质（等同物）"或"氨基酸总量"来标示。依法添加的可选择性成分若强化了某些营养物质，还需标示这些成分及其含量。能量或营养成分的标示数值可通过原料计算或产品检测获得。在产品保质期内，能量和营养成分的实际含量不应低于标示值的 80%。

③ 必要时应在标签上标明预包装特殊膳食用食品开封后的贮存条件。

④ 应标示预包装特殊膳食用食品的食用方法、每日或每餐食用量及适宜人群，对于需在医生指导下使用的特殊医学用途婴儿配方食品和特殊医学用途配方食品可不标示食用方法及用量。必要时还应标示调配方法或复水再制方法。

⑤ 对于特殊医学用途婴儿配方食品和特殊医学用途配方食品，必要时还应标示：产品的渗透压和（或）酸碱平衡的信息；对产品的性质或特征进行描述；在其标签中说明"在专业人士的指导下使用""在医师或临床营养师的指导下使用"，或类似用语。

⑥ 预包装特殊膳食用食品的相关国家标准中有关于标签、说明书要求的，还应按相应国家标准中相关规定标示。

7.3.4.3 推荐标示内容

① 依据适宜人群，按质量百分比标示每 100 g/100 mL 和（或）每份食品中的能量和营养成分含量占推荐摄入量（RNI）或适宜摄入量（AI）的量，如×%。推荐摄入量或适宜摄入量可参照《中国居民膳食营养素参考摄入量》，无推荐摄入量或适宜摄入量的营养成分，可不标示质量百分比，或者用"—"等方式标示。

② 被声称的营养成分在产品中的含量显著且含量与可类比的食品的相对差异不少于 25%，以及有充足的科学证据，或者提供其他国家或国际组织允许声称的依据的情况下，可以对能量或营养成分进行功能声称以及含量声称或比较声称。应注意，功能声称用语应有充足的科学证据，或者提供其他国家和（或）国际组织的依据。不得声称或暗示产品有治愈、治疗或防止疾病的作用。

③ 我国发布的系列婴幼儿食品安全国家标准中，对产品中必需成分的含量值都有明确的要求，同时 0~6 月龄婴儿需要全面、平衡的营养，因此，不应对 0~6 月龄的婴儿配方食品中必需成分进行含量声称、比较声称和功能声称。

7.4 食品感官理化与微生物检验

7.4.1 食品感官检验

食品的感官检验又称感官分析、感官检查或感官评价，是根据人的感觉器官对食品各种质量特征的"感觉"，如味觉、嗅觉、视觉、听觉、触觉等，用语言、文字、符号或数据进行记录，再运用概率统计原理进行统计分析，从而得出结论，对食品的色、香、味、形、质地、口感等各项指标做出评价的方法。现行有效的常用食品感官检测标准方法有GB/T 5750.4—2006《生活饮用水标准检验方法 感官性状和物理指标》、GB/T 29605—2013《感官分析 食品感官质量控制导则》、NY/T 2792—2015《蜂产品感官评价方法》、SN/T 4595—2016《进出口食品感官（不洁物）检验规程》、GB/T 23776—2018《茶叶感官审评方法》、GB/T 33405—2016《白酒感官品评术语》、GB/T 38495—2020《感官分析 花椒麻度评价 斯科维尔指数法》、GB/T 38493—2020《感官分析 食品货架期评估（测评和确定）》等80多项。

7.4.2 食品理化检验方法

食品理化检验方法，主要依据GB 5009系列标准，到2019年8月累计制定、修改标准273项。有关标准的查询，可以在食品安全国家标准数据检索平台（http://bz.cfsa.net.cn/db）和食品伙伴网（http://www.foodmate.net/）查找。

另外，还有兽药残留检测方法标准29项，农药残留检测方法标准116项。

7.4.3 微生物学检验标准

微生物检验主要采用培养法、显微镜法、免疫法、快速检验法和基因芯片检测法等，以检验微生物的种类和数量。主要依据GB 4789系列标准，到2019年8月累计制定修改标准30项。有关标准的查询，可以在食品安全国家标准数据检索平台和食品伙伴网查找。

此外，我国食品安全国家标准中增加了毒理学检验方法与规程标准，主要是GB 15193系列标准，到2019年8月累计制定、修改标准27项。该系列标准包括：

GB 15193.1—2014《食品安全国家标准 食品安全性毒理学评价程序》
GB 15193.2—2014《食品安全国家标准 食品毒理学实验室操作规范》
GB 15193.3—2014《食品安全国家标准 急性经口毒性试验》
GB 15193.4—2014《食品安全国家标准 细菌回复突变试验》
GB 15193.5—2014《食品安全国家标准 哺乳动物红细胞微核试验》
GB 15193.6—2014《食品安全国家标准 哺乳动物骨髓细胞染色体畸变试验》
GB 15193.8—2014《食品安全国家标准 小鼠精原细胞或精母细胞染色体畸变试验》
GB 15193.9—2014《食品安全国家标准 啮齿类动物显性致死试验》
GB 15193.10—2014《食品安全国家标准 体外哺乳类细胞DNA损伤修复（非程序性DNA合成）试验》
GB 15193.11—2015《食品安全国家标准 果蝇伴性隐性致死试验》
GB 15193.12—2014《食品安全国家标准 体外哺乳类细胞HGPRT基因突变试验》
GB 15193.13—2015《食品安全国家标准 90天经口毒性试验》
GB 15193.14—2015《食品安全国家标准 致畸试验》
GB 15193.15—2015《食品安全国家标准 生殖毒性试验》

GB 15193.16—2014《食品安全国家标准　毒物动力学试验》

GB 15193.17—2015《食品安全国家标准　慢性毒性和致癌合并试验》

GB 15193.18—2015《食品安全国家标准　健康指导值》

GB 15193.19—2015《食品安全国家标准　致突变物、致畸物和致癌物的处理方法》

GB 15193.20—2014《食品安全国家标准　体外哺乳类细胞TK基因突变试验》

GB 15193.21—2014《食品安全国家标准　受试物试验前处理方法》

GB 15193.22—2014《食品安全国家标准　28天经口毒性试验》

GB 15193.23—2014《食品安全国家标准　体外哺乳类细胞染色体畸变试验》

GB 15193.24—2014《食品安全国家标准　食品安全性毒理学评价中病理学检查技术要求》

GB 15193.25—2014《食品安全国家标准　生殖发育毒性试验》

GB 15193.26—2015《食品安全国家标准　慢性毒性试验》

GB 15193.27—2015《食品安全国家标准　致癌试验》

7.4.4　食品生产通用卫生规范

食品生产通用卫生规范

1988—2019年，我国制定了罐头、蒸馏酒及配制酒、酱油、食醋、食用植物油及其制品、蜜饯、糕点、乳制品、特殊医学用途配方食品、粉状婴儿配方食品、饮料、啤酒、食品添加剂、食品辐照加工、食品经营过程、谷物加工、水产制品、肉及肉制品、航空食品、包装饮用水、速冻食品生产和经营、食品接触材料及制品生产、糖果和巧克力生产、膨化食品、畜禽屠宰加工等食品卫生规范。

对其他食品生产企业，制定了GB 14881—1994《食品企业通用卫生规范》，适用于食品生产、经营的企业、工厂，并作为制定各类食品厂的专业卫生规范的依据。2013年对GB 14881—1994进行了修订，并于2013年5月24日发布了GB 14881—2013《食品安全国家标准　食品生产通用卫生规范》，从2014年6月1日开始施行。该规范对于食品企业卫生管理和指导食品工厂设计及建设具有重要的意义，主要包括以下内容：

(1) 选址及厂区环境。

① 选址：

——厂区不应选择对食品有显著污染的区域。如某地对食品安全和食品宜食用性存在明显的不利影响，且无法通过采取措施加以改善，应避免在该地址建厂。

——厂区不应选择有害废弃物以及粉尘、有害气体、放射性物质和其他扩散性污染源不能有效清除的地址。

——厂区不宜择易发生洪涝灾害的地区，难以避开时应设计必要的防范措施。

——厂区周围不宜有虫害大量孳生的潜在场所，难以避开时应设计必要的防范措施。

② 厂区环境：

——应考虑环境给食品生产带来的潜在污染风险，并采取适当的措施将其降至最低水平。

——厂区应合理布局，各功能区域划分明显，并有适当的分离或分隔措施，防止交叉污染。

——厂区内的道路应铺设混凝土、沥青或者其他硬质材料；空地应采取必要措施，如铺设水泥、地砖或铺设草坪等方式，保持环境清洁，防止正常天气下扬尘和积水等现象的发生。

——厂区绿化应与生产车间保持适当距离，植被应定期维护，以防止虫害的孳生。

——厂区应有适当的排水系统。

——宿舍、食堂、职工娱乐设施等生活区应与生产区保持适当距离或分隔。

(2) 厂房和车间。

① 设计和布局：

——厂房和车间的内部设计和布局应满足食品卫生操作要求，避免食品生产中发生交叉污染。

——厂房和车间的设计应根据生产工艺合理布局，预防和降低产品受污染的风险。

——厂房和车间应根据产品特点、生产工艺、生产特性以及生产过程对清洁程度的要求合理划分作业区，并采取有效分离或分隔。例如：通常可划分为清洁作业区、准清洁作业区和一般作业区；或清洁作业区和一般作业区等。一般作业区应与其他作业区分隔。

——厂房内设置的检验室应与生产区域分隔。

——厂房的面积和空间应与生产能力相适应，便于设备安置、清洁消毒、物料存储及人员操作。

② 建筑内部结构与材料：

——内部结构，建筑内部结构应易于维护、清洁或消毒。应采用适当的耐用材料建造。

——顶棚，顶棚应使用无毒、无味、与生产需求相适应、易于观察清洁状况的材料建造；若直接在屋顶内层喷涂涂料作为顶棚，应使用无毒、无味、防霉、不易脱落、易于清洁的涂料。

顶棚应易于清洁、消毒，在结构上不利于冷凝水垂直滴下，防止虫害和霉菌孳生。

蒸汽、水、电等配件管路应避免设置于暴露食品的上方；如确需设置，应有能防止灰尘散落及水滴掉落的装置或措施。

——墙壁，墙面、隔断应使用无毒、无味的防渗透材料建造，在操作高度范围内的墙面应光滑、不易积累污垢且易于清洁；若使用涂料，应无毒、无味、防霉、不易脱落、易于清洁。

墙壁、隔断和地面交界处应结构合理、易于清洁，能有效避免污垢积存。例如，设置漫弯形交界面等。

——门窗，门窗应闭合严密。门的表面应平滑、防吸附、不渗透，并易于清洁、消毒。应使用不透水、坚固、不变形的材料制成。

清洁作业区和准清洁作业区与其他区域之间的门应能及时关闭。

窗户玻璃应使用不易碎材料。若使用普通玻璃，应采取必要的措施防止玻璃破碎后对原料、包装材料及食品造成污染。

窗户如设置窗台，其结构应能避免灰尘积存且易于清洁。可开启的窗户应装有易于清洁的防虫害窗纱。

——地面，地面应使用无毒、无味、不渗透、耐腐蚀的材料建造。地面的结构应有利于排污和清洗的需要。

地面应平坦防滑、无裂缝、易于清洁、消毒，并有适当的措施防止积水。

(3) 设施与设备。

① 设施：

——供水设施，应能保证水质、水压、水量及其他要求符合生产需要。

食品加工用水的水质应符合 GB 5749—2006《生活饮用水卫生标准》的规定，对加工用水水质有特殊要求的食品应符合相应规定。间接冷却水、锅炉用水等食品生产用水的水质应符合生产需要。

食品加工用水与其他不与食品接触的用水（如间接冷却水、污水或废水等）应以完全分离的管路输送，避免交叉污染。各管路系统应明确标识以便区分。

自备水源及供水设施应符合有关规定。供水设施中使用的涉及饮用水卫生安全产品还应符合国家相关规定。

——排水设施，排水系统的设计和建造应保证排水畅通、便于清洁维护；应适应食品生产的需要，保证食品及生产、清洁用水不受污染。

排水系统入口应安装带水封的地漏等装置，以防止固体废弃物进入及浊气逸出。

排水系统出口应有适当措施以降低虫害风险。

室内排水的流向应由清洁程度要求高的区域流向清洁程度要求低的区域，且应有防止逆流的设计。

污水在排放前应经适当方式处理，以符合国家污水排放的相关规定。

——清洁消毒设施，应配备足够的食品、工器具和设备的专用清洁设施，必要时应配备适宜的消毒设施。应采取措施避免清洁、消毒工器具带来的交叉污染。

——废弃物存放设施，应配备设计合理、防止渗漏、易于清洁的存放废弃物的专用设施；车间内存放废弃物的设施和容器应标识清晰。必要时应在适当地点设置废弃物临时存放设施，并依废弃物特性分类存放。

——个人卫生设施，生产场所或生产车间入口处应设置更衣室；必要时特定的作业区入口处可按需要设置更衣室。更衣室应保证工作服与个人服装及其他物品分开放置。

生产车间入口及车间内必要处，应按需设置换鞋（穿戴鞋套）设施或工作鞋靴消毒设施。如设置工作鞋靴消毒设施，其规格尺寸应能满足消毒需要。

应根据需要设置卫生间，卫生间的结构、设施与内部材质应易于保持清洁；卫生间内的适当位置应设置洗手设施。卫生间不得与食品生产、包装或贮存等区域直接连通。

应在清洁作业区入口设置洗手、干手和消毒设施；如有需要，应在作业区内适当位置加设洗手和（或）消毒设施；与消毒设施配套的水龙头的开关应为非手动式。

洗手设施的水龙头数量应与同班次食品加工人员数量相匹配，必要时应设置冷热水混合器。洗手池应采用光滑、不透水、易清洁的材质制成，其设计及构造应易于清洁消毒。应在临近洗手设施的显著位置标示简明易懂的洗手方法。

根据对食品加工人员清洁程度的要求，必要时应可设置风淋室、淋浴室等设施。

——通风设施，应具有适宜的自然通风或人工通风措施；必要时应通过自然通风或机械设施有效控制生产环境的温度和湿度。通风设施应避免空气从清洁度要求低的作业区域流向清洁度要求高的作业区域。

应合理设置进气口位置，进气口与排气口和户外垃圾存放装置等污染源保持适宜的距离和角度。进、排气口应装有防止虫害侵入的网罩等设施。通风排气设施应易于清洁、维修或更换。

若生产过程需要对空气进行过滤净化处理，应加装空气过滤装置并定期清洁。

根据生产需要，必要时应安装除尘设施。

——照明设施，厂房内应有充足的自然采光或人工照明，光泽和亮度应能满足生产和操作需要；光源应使食品呈现真实的颜色。

如需在暴露食品和原料的正上方安装照明设施，应使用安全型照明设施或采取防护措施。

——仓储设施,应具有与所生产产品的数量、贮存要求相适应的仓储设施。

仓库应以无毒、坚固的材料建成;仓库地面应平整,便于通风换气。仓库的设计应能易于维护和清洁,防止虫害藏匿,并应有防止虫害侵入的装置。

原料、半成品、成品、包装材料等应依据性质的不同分设贮存场所、或分区域码放,并有明确标识,防止交叉污染。必要时仓库应设有温、湿度控制设施。

贮存物品应与墙壁、地面保持适当距离,以利于空气流通及物品搬运。

清洁剂、消毒剂、杀虫剂、润滑剂、燃料等物质应分别安全包装,明确标识,并应与原料、半成品、成品、包装材料等分隔放置。

——温控设施,应根据食品生产的特点,配备适宜的加热、冷却、冷冻等设施,以及用于监测温度的设施。

根据生产需要,可设置控制室温的设施。

② 设备:

——生产设备。

一般要求:应配备与生产能力相适应的生产设备,并按工艺流程有序排列,避免引起交叉污染。

材质:与原料、半成品、成品接触的设备与用具,应使用无毒、无味、抗腐蚀、不易脱落的材料制作,并应易于清洁和保养;设备、工器具等与食品接触的表面应使用光滑、无吸收性、易于清洁保养和消毒的材料制成,在正常生产条件下不会与食品、清洁剂和消毒剂发生反应,并应保持完好无损。

设计:所有生产设备应从设计和结构上避免零件、金属碎屑、润滑油、或其他污染因素混入食品,并应易于清洁消毒、易于检查和维护;设备应不留空隙地固定在墙壁或地板上,或在安装时与地面和墙壁间保留足够空间,以便清洁和维护。

——监控设备,用于监测、控制、记录的设备,如压力表、温度计、记录仪等,应定期校准、维护。

——设备的保养和维修,应建立设备保养和维修制度,加强设备的日常维护和保养,定期检修,及时记录。

(4) 卫生管理。

① 卫生管理制度:

——应制定食品加工人员和食品生产卫生管理制度以及相应的考核标准,明确岗位职责,实行岗位责任制。

——应根据食品的特点以及生产、贮存过程的卫生要求,建立对保证食品安全具有显著意义的关键控制环节的监控制度,良好实施并定期检查,发现问题及时纠正。

——应制定针对生产环境、食品加工人员、设备及设施等的卫生监控制度,确立内部监控的范围、对象和频率。记录并存档监控结果,定期对执行情况和效果进行检查,发现问题及时整改。

——应建立清洁消毒制度和清洁消毒用具管理制度。清洁消毒前后的设备和工器具应分开放置妥善保管,避免交叉污染。

② 厂房及设施卫生管理:

——厂房内各项设施应保持清洁,出现问题及时维修或更新;厂房地面、屋顶、天花板及墙壁有破损时,应及时修补。

——生产、包装、贮存等设备及工器具、生产用管道、裸露食品接触表面等应定期清洁消毒。

③ 食品加工人员健康管理与卫生要求：

——食品加工人员健康管理，应建立并执行食品加工人员健康管理制度；食品加工人员每年应进行健康检查，取得健康证明；上岗前应接受卫生培训。食品加工人员如患有痢疾、伤寒、甲型病毒性肝炎、戊型病毒性肝炎等消化道传染病，以及患有活动性肺结核、化脓性或者渗出性皮肤病等有碍食品安全的疾病，或有明显皮肤损伤未愈合的，应当调整到其他不影响食品安全的工作岗位。

——食品加工人员卫生要求，进入食品生产场所前应整理个人卫生，防止污染食品；进入作业区域应规范穿着洁净的工作服，并按要求洗手、消毒；头发应藏于工作帽内或使用发网约束。进入作业区域不应配戴饰物、手表，不应化妆、染指甲、喷洒香水；不得携带或存放与食品生产无关的个人用品；使用卫生间、接触可能污染食品的物品、或从事与食品生产无关的其他活动后，再次从事接触食品、食品工器具、食品设备等与食品生产相关的活动前应洗手消毒。

——来访者，非食品加工人员不得进入食品生产场所，特殊情况进入时应遵守与食品加工人员同样的卫生要求。

④ 虫害控制：

——应保持建筑物完好、环境整洁，防止虫害侵入及孳生。

——应制定和执行虫害控制措施，并定期检查。生产车间及仓库应采取有效措施（如纱帘、纱网、防鼠板、防蝇灯、风幕等），防止鼠类昆虫等侵入。若发现有虫鼠害痕迹时，应追查来源，消除隐患。

——应准确绘制虫害控制平面图，标明捕鼠器、粘鼠板、灭蝇灯、室外诱饵投放点、生化信息素捕杀装置等放置的位置。

——厂区应定期进行除虫灭害工作。

——采用物理、化学或生物制剂进行处理时，不应影响食品安全和食品应有的品质、不应污染食品接触表面、设备、工器具及包装材料。除虫灭害工作应有相应的记录。

——使用各类杀虫剂或其他药剂前，应做好预防措施避免对人身、食品、设备工具造成污染；不慎污染时，应及时将被污染的设备、工具彻底清洁，消除污染。

⑤ 废弃物处理：

——应制定废弃物存放和清除制度，有特殊要求的废弃物其处理方式应符合有关规定。废弃物应定期清除；易腐败的废弃物应尽快清除；必要时应及时清除废弃物。

——车间外废弃物放置场所应与食品加工场所隔离，防止污染；应防止不良气味或有害有毒气体溢出；应防止虫害孳生。

⑥ 工作服管理：

——进入作业区域应穿着工作服。

——应根据食品的特点及生产工艺的要求配备专用工作服，如衣、裤、鞋靴、帽和发网等，必要时还可配备口罩、围裙、套袖、手套等。

——应制定工作服的清洗保洁制度，必要时应及时更换；生产中应注意保持工作服干净完好。

——工作服的设计、选材和制作应适应不同作业区的要求，降低交叉污染食品的风险；应合理选择工作服口袋的位置、使用的连接扣件等，降低内容物或扣件掉落污染食品的风险。

(5) 食品原料、食品添加剂和食品相关产品。

① 一般要求：应建立食品原料、食品添加剂和食品相关产品的采购、验收、运输和贮存管理制度，确保所使用的食品原料、食品添加剂和食品相关产品符合国家有关要求。不得将任何危害人体健康和生命安全的物质添加到食品中。

② 食品原料：

——采购的食品原料应当查验供货者的许可证和产品合格证明文件；对无法提供合格证明文件的食品原料，应当依照食品安全标准进行检验。

——食品原料必须经过验收合格后方可使用。经验收不合格的食品原料应在指定区域与合格品分开放置并明显标记，并应及时进行退、换货等处理。

——加工前宜进行感官检验，必要时应进行实验室检验；检验发现涉及食品安全项目指标异常的，不得使用；只应使用确定适用的食品原料。

——食品原料运输及贮存中应避免日光直射、备有防雨防尘设施；根据食品原料的特点和卫生需要，必要时还应具备保温、冷藏、保鲜等设施。

——食品原料运输工具和容器应保持清洁、维护良好，必要时应进行消毒。食品原料不得与有毒、有害物品同时装运，避免污染食品原料。

——食品原料仓库应设专人管理，建立管理制度，定期检查质量和卫生情况，及时清理变质或超过保质期的食品原料。仓库出货顺序应遵循先进先出的原则，必要时应根据不同食品原料的特性确定出货顺序。

③ 食品添加剂：

——采购食品添加剂应当查验供货者的许可证和产品合格证明文件。食品添加剂必须经过验收合格后方可使用。

——运输食品添加剂的工具和容器应保持清洁、维护良好，并能提供必要的保护，避免污染食品添加剂。

——食品添加剂的贮藏应有专人管理，定期检查质量和卫生情况，及时清理变质或超过保质期的食品添加剂。仓库出货顺序应遵循先进先出的原则，必要时应根据食品添加剂的特性确定出货顺序。

④ 食品相关产品：

——采购食品包装材料、容器、洗涤剂、消毒剂等食品相关产品应当查验产品的合格证明文件，实行许可管理的食品相关产品还应查验供货者的许可证。食品包装材料等食品相关产品必须经过验收合格后方可使用。

——运输食品相关产品的工具和容器应保持清洁、维护良好，并能提供必要的保护，避免污染食品原料和交叉污染。

——食品相关产品的贮藏应有专人管理，定期检查质量和卫生情况，及时清理变质或超过保质期的食品相关产品。仓库出货顺序应遵循先进先出的原则。

⑤ 其他：

——盛装食品原料、食品添加剂、直接接触食品的包装材料的包装或容器，其材质应稳定、无毒无害，不易受污染，符合卫生要求。

——食品原料、食品添加剂和食品包装材料等进入生产区域时应有一定的缓冲区域或外包装清洁措施，以降低污染风险。

(6) 生产过程的食品安全控制。

① 产品污染风险控制：

——应通过危害分析方法明确生产过程中的食品安全关键环节，并设立食品安全关键环节的控制措施。在关键环节所在区域，应配备相关的文件以落实控制措施，如配料（投料）表、岗位操作规程等。

——鼓励采用危害分析与关键控制点体系（HACCP）对生产过程进行食品安全控制。

② 生物污染的控制：

——清洁和消毒，应根据原料、产品和工艺的特点，针对生产设备和环境制定有效的清洁消毒制度，降低微生物污染的风险。

清洁消毒制度应包括以下内容：清洁消毒的区域、设备或器具名称；清洁消毒工作的职责；使用的洗涤、消毒剂；清洁消毒方法和频率；清洁消毒效果的验证及不符合的处理；清洁消毒工作及监控记录。

应确保实施清洁消毒制度，如实记录；及时验证消毒效果，发现问题及时纠正。

——食品加工过程的微生物监控，根据产品特点确定关键控制环节进行微生物监控。必要时应建立食品加工过程的微生物监控程序，包括生产环境的微生物监控和过程产品的微生物监控。

食品加工过程的微生物监控程序应包括微生物监控指标、取样点、监控频率、取样和检测方法、评判原则和整改措施等，结合生产工艺及产品特点制定。

微生物监控应包括致病菌监控和指示菌监控，食品加工过程的微生物监控结果应能反映食品加工过程中对微生物污染的控制水平。

③ 化学污染的控制：

——应建立防止化学污染的管理制度，分析可能的污染源和污染途径，制定适当的控制计划和控制程序。

——应当建立食品添加剂和食品工业用加工助剂的使用制度，按照 GB 2760 的要求使用食品添加剂。

——不得在食品加工中添加食品添加剂以外的非食用化学物质和其他可能危害人体健康的物质。

——生产设备上可能直接或间接接触食品的活动部件若需润滑，应当使用食用油脂或能保证食品安全要求的其他油脂。

——建立清洁剂、消毒剂等化学品的使用制度。除清洁消毒必需和工艺需要，不应在生产场所使用和存放可能污染食品的化学制剂。

——食品添加剂、清洁剂、消毒剂等均应采用适宜的容器妥善保存，且应明显标示、分类贮存；领用时应准确计量、做好使用记录。

——应当关注食品在加工过程中可能产生有害物质的情况，鼓励采取有效措施减低其风险。

④ 物理污染的控制：

——应建立防止异物污染的管理制度，分析可能的污染源和污染途径，并制定相应的控制计划和控制程序。

——应通过采取设备维护、卫生管理、现场管理、外来人员管理及加工过程监督等措施，最大程度地降低食品受到玻璃、金属、塑胶等异物污染的风险。

——应采取设置筛网、捕集器、磁铁、金属检查器等有效措施降低金属或其他异物污染食品的风险。

——当进行现场维修、维护及施工等工作时，应采取适当措施避免异物、异味、碎屑等污染食品。

⑤ 包装：

——食品包装应能在正常的贮存、运输、销售条件下最大限度地保护食品的安全性和食品品质。

——使用包装材料时应核对标识，避免误用；应如实记录包装材料的使用情况。

(7) 检验。

① 应通过自行检验或委托具备相应资质的食品检验机构对原料和产品进行检验，建立食品出厂检验记录制度。

② 自行检验应具备与所检项目适应的检验室和检验能力；由具有相应资质的检验人员按规定的检验方法检验；检验仪器设备应按期检定。

③ 检验室应有完善的管理制度，妥善保存各项检验的原始记录和检验报告。应建立产品留样制度，及时保留样品。

④ 应综合考虑产品特性、工艺特点、原料控制情况等因素合理确定检验项目和检验频次以有效验证生产过程中的控制措施。净含量、感官要求以及其他容易受生产过程影响而变化的检验项目的检验频次应大于其他检验项目。

⑤ 同一品种不同包装的产品，不受包装规格和包装形式影响的检验项目可以一并检验。

(8) 食品的贮存和运输。

① 根据食品的特点和卫生需要选择适宜的贮存和运输条件，必要时应配备保温、冷藏、保鲜等设施。不得将食品与有毒、有害或有异味的物品一同贮存运输。

② 应建立和执行适当的仓储制度，发现异常应及时处理。

③ 贮存、运输和装卸食品的容器、工器具和设备应当安全、无害，保持清洁，降低食品污染的风险。

④ 贮存和运输过程中应避免日光直射、雨淋、显著的温湿度变化和剧烈撞击等，防止食品受到不良影响。

(9) 产品召回管理。

① 应根据国家有关规定建立产品召回制度。

② 当发现生产的食品不符合食品安全标准或存在其他不适于食用的情况时，应当立即停止生产，召回已经上市销售的食品，通知相关生产经营者和消费者，并记录召回和通知情况。

③ 对被召回的食品，应当进行无害化处理或者予以销毁，防止其再次流入市场。对因标签、标识或者说明书不符合食品安全标准而被召回的食品，应采取能保证食品安全、且便于重新销售时向消费者明示的补救措施。

④ 应合理划分记录生产批次，采用产品批号等方式进行标识，便于产品追溯。

(10) 培训。

① 应建立食品生产相关岗位的培训制度，对食品加工人员以及相关岗位的从业人员进行相应的食品安全知识培训。

② 应通过培训促进各岗位从业人员遵守食品安全相关法律法规、标准和执行各项食品安全管理制度的意识和责任，提高相应的知识水平。

③ 应根据食品生产不同岗位的实际需求，制定和实施食品安全年度培训计划并进行考核，做好培训记录。

④ 当食品安全相关的法律法规、标准更新时，应及时开展培训。

⑤ 应定期审核和修订培训计划，评估培训效果，并进行常规检查，以确保培训计划的有效实施。

(11) 管理制度和人员。

① 应配备食品安全专业技术人员、管理人员，并建立保障食品安全的管理制度。

② 食品安全管理制度应与生产规模、工艺技术水平和食品的种类特性相适应，应根据生产实际和实施经验不断完善食品安全管理制度。

③ 管理人员应了解食品安全的基本原则和操作规范，能够判断潜在的危险，采取适当的预防和纠正措施，确保有效管理。

(12) 记录和文件管理。

① 记录管理。

——应建立记录制度，对食品生产中采购、加工、贮存、检验、销售等环节详细记录。记录内容应完整、真实，确保对产品从原料采购到产品销售的所有环节都可进行有效追溯。

应如实记录食品原料、食品添加剂和食品包装材料等食品相关产品的名称、规格、数量、供货者名称及联系方式、进货日期等内容。

应如实记录食品的加工过程（包括工艺参数、环境监测等）、产品贮存情况及产品的检验批号、检验日期、检验人员、检验方法、检验结果等内容。

应如实记录出厂产品的名称、规格、数量、生产日期、生产批号、购货者名称及联系方式、检验合格单、销售日期等内容。

应如实记录发生召回的食品名称、批次、规格、数量、发生召回的原因及后续整改方案等内容。

——食品原料、食品添加剂和食品包装材料等食品相关产品进货查验记录、食品出厂检验记录应由记录和审核人员复核签名，记录内容应完整。保存期限不得少于2年。

—— 应建立客户投诉处理机制。对客户提出的书面或口头意见、投诉，企业相关管理部门应作记录并查找原因，妥善处理。

② 应建立文件的管理制度，对文件进行有效管理，确保各相关场所使用的文件均为有效版本。

③ 鼓励采用先进技术手段（如电子计算机信息系统），进行记录和文件管理。

关键术语

食品添加剂　食品营养强化剂　预包装食品　食品标签　营养声称　预包装特殊膳食用食品　食品生产通用卫生规范

思考题

1. 什么是预包装食品？预包装食品与非预包装食品有何区别？
2. 我国食品安全国家标准包括哪些标准？
3. 什么是食品添加剂？食品添加剂的使用原则是什么？
4. 预包装食品标签标示内容是什么？其与预包装饮料酒标签标示有何区别？
5. 为什么制定食品营养标签？什么是核心营养素？简述核心营养素的意义。
6. 什么是含量声称？说明比较声称、功能声称的异同处。进行含量声称、比较声称、功能声称应符合什么要求？
7. 什么是预包装特殊膳食用食品？其标签主要标示内容有哪些？
8. 什么是食品营养强化剂？简述食品营养强化剂与食品添加剂的关系。

9. 我国特殊膳食用食品主要有哪些?

10. GB 14881—2013《食品安全国家标准 食品生产通用卫生规范》的主要内容是什么?其对食品工厂设计有何意义?

参考文献

邓春源,2011. 解读 GB 2760—2011《食品安全国家标准 食品添加剂使用标准》[J]. 中国调味品,36(9):26-29.

王世平,2010. 食品标准与法规 [M]. 北京:科学出版社.

吴晓彤,王尔茂,2010. 食品法律法规与标准 [M]. 北京:科学出版社.

张建新,2014. 食品标准与技术法规 [M]. 2 版. 北京:中国农业出版社.

张水华,余以刚,2011. 食品标准与法规 [M]. 北京:中国轻工业出版社.

张晓燕,2010. 食品安全与质量管理 [M]. 2 版. 北京:化学工业出版社.

第 8 章　国际食品法规与国际标准

内容要点

- CAC 组织机构与运行机制
- CAC 标准构成及其制修订
- WTO 组织机构与原则
- ISO 组织机构与运行机制
- ISO 标准分类及其制修订
- 采用国际标准的原则
- 欧盟食品安全标准体系及相关机构
- 美国食品安全监管体系
- 日本食品卫生管理体制

8.1　国际食品标准与法规

8.1.1　国际食品法典委员会

(1) **食品法典的概述**。国际食品法典委员会（Codex Alimentarius Commission，CAC），是由联合国粮农组织（Food and Agriculture Organization of United Nations，FAO）和世界卫生组织（World Health Organization，WHO）在 1963 年联合成立的，以保障消费者的健康和确保食品贸易公平为宗旨的一个制定国际食品标准的政府间组织。CAC 旨在建立一套食品安全和质量的国际标准、食品加工规范和准则，以保护消费者的健康，并消除国际贸易不平等的行为。

食品法典标准已经成为消费者、食品生产者和加工者、各国食品管理机构和国际食品贸易的全球参照标准。它对食品生产、加工者观念以及消费者的意识产生了巨大影响，对维护公众健康和食品贸易做出了重要贡献。

(2) **国际食品法典委员会的组成及运行机制**。目前，CAC 已拥有成员方 189 个［包括 188 个成员国和 1 个成员国组织（欧盟）］，以及众多政府间组织和来自国际科学团体、食品工业和贸易界及科技界、消费者组织的观察员 236 个，表明 CAC 被世界普遍认可。

CAC 大会每两年召开一次，在意大利罗马和瑞士日内瓦轮流举行。CAC 秘书处设在罗马FAO食品政策与营养部食品质量标准处，由FAO及WHO总干事直接领导。

CAC的组织机构包括执行委员会、秘书处、专业委员会（包括综合主题委员会、商品委员会）、特设政府间工作组和地区协调委员会（图8-1）。

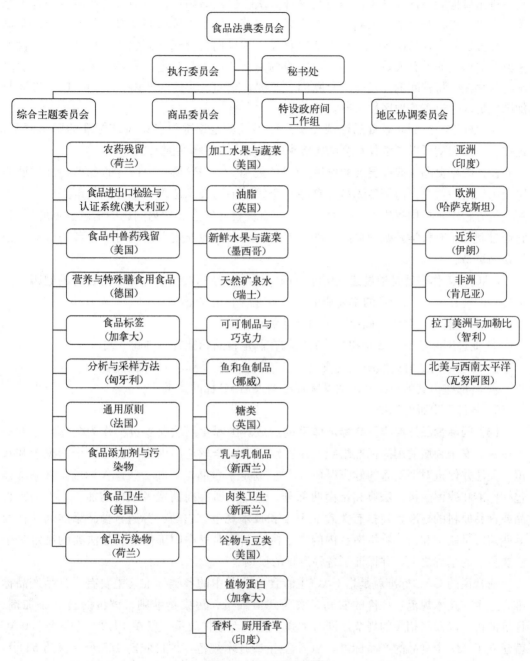

图8-1 CAC组织结构

CAC系统程序规定委员会成立两类分支机构：一类是法典工作委员会，负责标准草案的准备和呈交工作；一类是法典协调委员会，负责协调区域或成员间在该地区的食品标准，包括制定和协调地区标准。

在休会期间，执行委员会是食品法典委员会的执行机构，可就食品法典委员会的总体方向、战略规划和工作计划向食品法典委员会提出建议。执行委员会成员在地区分布上是均等的，同一国家不得有两名成员。主席和三个副主席的任期不得超过四年。各分支机构委员会有一个主办成员方，主要负责委员会机构的费用，并委派主席（少部分是例外），各分支机构委员会分为综合主题委员会和商品委员会。

CAC 的主要工作是通过其分委会和其他分支机构来完成的。负责标准制定的两大组织类别分别是食品添加剂与污染物、食品污染物、食品标签、食品卫生、农药残留、食品进出口检验与认证系统、分析与采样方法、通用原则、食品中兽药残留等综合主题委员会以及谷物与豆类、油脂、新鲜水果与蔬菜、加工水果与蔬菜等商品委员会。两类委员会分别制定食品的横向（针对所有食品）和纵向（针对不同食品）标准，以"食品法典"的形式向所有成员方发布。地区协调委员会负责与本地区利益相关的事宜，解决本地区存在的特殊问题。目前已有欧洲、亚洲、非洲、北美与西南太平洋、拉丁美洲与加勒比地区、近东等地区性法典委员会。

某个标准一旦颁布，食品法典委员会秘书处就定期提供已认可该标准的国家清单。这样出口商们就可以了解其符合法典要求的商品将运往哪些国家。

(3) 国际食品法典委员会的作用。 CAC 是 WTO/SPS 协定中指定的 SPS 措施领域的协调组织之一，负责协调各成员在食品安全领域中的技术法规、标准的制定工作。CAC 为成员方和国际机构提供了一个聚会和交流有关食品安全和贸易问题的信息意见的论坛，它通过制定具有科学基础的食品标准、生产规范和其他准则以促进对消费者的保护及公平食品贸易。

CAC 的工作宗旨是通过建立国际协调一致的食品标准体系，保护消费者的健康，促进公平的食品贸易。CAC 的主要职能或作用有以下几方面：

① 保护消费者健康和确保公正的食品贸易。
② 促进国际组织、政府和非政府机构在制定食品标准方面协调一致。
③ 通过或与适宜的组织一起决定、发起和指导食品标准的制定工作。
④ 将那些由其他组织制定的国际标准纳入 CAC 标准体系。
⑤ 修订已出版的标准。

(4) 国际食品法典委员会标准体系的组成。 国际食品法典委员会作为全球唯一的一个在食品安全领域的国际标准组织，一贯致力于在全球范围内推广食品安全的观念和知识，关注并促进对消费者的健康保护。CAC 制定了食品法典和一些操作标准。食品法典包括标准和残留限量、法典和指南两部分，包含了所有向消费者销售的加工、半加工食品或食品原料的标准，包括有关食品卫生和技术规范、农药、兽药、食品添加剂评估及其残留限量制定和污染物指南在内的广泛内容。法典程序则确保了食品法典的制定是建立在科学的基础之上，并保证了各种意见的反馈。

通常说的 CAC 标准就是指 CAC 主管食品法典中的各类标准，主要有：食品产品标准、卫生或技术规范、评价的农药、农药残留限量、污染物准则、评价的食品添加剂、评价的兽药以及其相关的规范，同时加强了消费者保护政策。仅在 1992—1999 年，CAC 就建立了 237 个食品的产品标准，41 个卫生或技术规范，评价农药 185 个、兽药 54 个，制定食品污染物准则 25 个，评价食品添加剂 1 005 个。经过 50 多年卓有成效的工作，CAC 已制定了 8 000 个左右的国际食品标准，CAC 标准已成为衡量一个国家食品措施和法规是否一致的基准。

食品法典体系中的标准可分为通用标准和专用标准两大类。通用标准包括通用的技术标准、法规和良好规范等，由综合主题委员会负责制定；专用标准是针对某一特定或某一类别食品的标准，由各个商品委员会负责制定。

食品法典以统一的形式提出并汇集了国际已采用的全部食品标准，CAC 标准共分 13 卷，结构见表 8-1。

表 8-1　食品法典目录（List of volumes）

卷（volume）	标题（title）
1A	一般要求（General requirements）
1B	一般要求（食品卫生）[General requirements (food hygiene)]
2A	食品中农药残留（Pesticides residues in food）
2B	食品中农药残留—最大限量值（Pesticides residues in food - maximum residue limits）
3	食品中兽药残留（Veterinary drugs residues in food and maximum residue limits）
4	特殊膳食用食品（包括婴幼儿食品）[Foods for special dietary uses (including foods for infants and children)]
5A	加工和速冻水果及蔬菜（Processed and quick frozen fruits and vegetables）
5B	热带鲜水果及蔬菜（Tropical fresh fruits and vegetables）
6	果汁及相关产品（Fruit juices and related products）
7	谷物、豆类及其制品以及植物蛋白（Cereals, pulses, legumes and derived products, vegetable proteins）
8	油脂和相关制品（Fats, oils and related products）
9	鱼和鱼制品（Fish and fishery products）
10	肉和肉制品（Meat and meat products）
11	糖、可可制品、巧克力及其他制品（Sugars, cocoa products and chocolate and miscellaneous）
12	乳和乳制品（Milk and milk products）
13	分析和采样方法（Methods of analysis and sampling）

（5）食品标准的制定、修订。

① CAC 制定标准的原则及步骤。CAC 根据《确定工作重点和建立附属机构的准则》，决定应制定哪个标准以及由哪一个附属机构或组织承担这项工作。根据准则，CAC 的附属机构也可以做出制定标准的决定，随后应尽早得到委员会或其执行委员会的批准。CAC 的秘书处安排编写标准草案建议（proposed draft standard），送交各国政府征求意见，供有关附属机构向委员会提交标准草案（draft standard）时参考。如果委员会认可了该标准草案，则再送交各国政府进一步征求意见，经有关的附属机构参考这些意见及进行深入研究之后，委员会重审该草案，可将其作为法典标准（codex standard）通过。该过程通常需经过 8 个步骤：(a) CAC 或其附属机构经协商决定制定标准；(b) 秘书处安排推荐标准草案的准备；(c) 推荐标准草案送交各成员及有关国际组织评审；(d) 评审意见交附属机构或其他有关机构研究、修改推荐标准草案；(e) 推荐标准草案经秘书处交 CAC 采纳为标准草案；(f) 秘书处将标准草案送交各成员和有关国际组织评审；(g) 评审意见交附属机构和其他有关机构研究，修改标准草案；(h) 秘书处将标准草案及有关成员的书面建议交 CAC 正式采纳为法典标准。

② CAC 对食品标准的修订。CAC 及其附属机构负责法典标准及相关内容的修订，以确保其与科学技术同步发展。在具有充分的科学依据和相关信息的前提下，CAC 的每位成员有责任向委员会提议对现有法典标准或相关内容进行修订，修订程序与法典标准制定程序相同。

（6）成员国对法典标准的采纳。 食品法典标准是保护消费者健康和最大可能地方便国际贸易的先决条件，基于此，乌拉圭回合卫生与植物检疫措施协定（SPS）和技术性贸易壁垒协定（TBT）均鼓励采用一致的国际食品标准。

只有在所有国家都采纳相同的标准时，才能达到保护消费者和方便贸易的目的。食品法典的通用原则指明成员国应"接受"法典标准，接受的程度可略有不同，这取决于该标准是商品标准、一般标准还是关于农药、兽药残留、食品添加剂问题方面的标准。然而，通用原则一般提倡成员国最大限度地接受法典标准；同时，在通用原则中对接受的方法也有明确的规定，不同成员国的接受方法也由法典委员会按通用原则根据具体情况而定。

尽管有诸多困难，但在方便贸易的强大国际动力的推动下，各成员国标准与法典标准趋于一致的工作取得了巨大进展。调整本国食品标准和部分相关标准（尤其是那些与安全有关的标准），使其与食品法典标准一致的国家在不断增加，特别是在一些不可见的指标方面，如添加剂、污染物和残留等。

CAC 标准供各国政府采纳的形式有三种：

① 完全采纳（full acceptance）：有关国家保证产品符合 CAC 标准所规定的所有要求。符合 CAC 标准的产品不能因本国法律和管理问题阻碍其流通。不符合 CAC 标准的产品不允许以 CAC 标准规定的名称和内容在本国流通。

② 目标采纳（target acceptance）：有关国家计划在几年后采纳 CAC 标准，同时将允许符合 CAC 标准的产品在本国流通。

③ 参照采纳（acceptance with specified deviations）：有关国家虽然采纳 CAC 标准，但修改或不同意某些特殊的规定。

(7) 食品法典与食品贸易。 今天的世界处处可品尝异国风味，越来越多的食品走出国门，食品贸易在一个国家的经济发展中起着日趋显著的作用。然而非关税的贸易壁垒和无法协调的食品标准给食品进出口方都带来不必要的障碍。如果出口商重视进口方的要求或依照共同认可的法典程序和标准，那么大部分问题就可以解决了。因此有必要协调食品标准，"协调"（harmonization）一词在国际食品贸易中由来已久，它是使世界各国认可食品法规的简捷途径。协调的目的是在食品要求、检验监督程序以及实验数据认可等方面达成一致意见。

由于各国都有众多的本国因素使其坚持某一标准，并且科学家、团体可能由于不同原因而得出不同的结论，完全协调食品标准可能有一定困难，以致非关税壁垒对世界贸易的阻碍日趋显著。

为了更好地协调标准，食品法典委员会将提供由世界各国食品与贸易专家达成共识的、以科学和技术为基础的食品标准。国际贸易谈判人员将越来越多地采取这些标准解决争端。

(8) 世界贸易组织的两项协定（SPS 协定及 TBT 协定）**与食品法典委员会。** SPS 协定是世界贸易组织成员间签署的不利用卫生和植物检疫规定作为人为或不公正的食品贸易障碍的协定。卫生（人与动物的卫生）与植物检疫（植物卫生）措施协定在保护食品安全、防止动植物病害传入本国方面是必要的。SPS 协定确定了各国有权制定或采用这些规定以保护本国的消费者、野生动物以及植物的健康。SPS 协定采用食品法典委员会的标准作为食品安全决策上的依据。为什么 SPS 可成为限制贸易的手段呢？因为 SPS 的建立可以是人为的、非科学的，并不反映消费者的利益，而是为了保护本国生产者和生产企业的利益。SPS 协定很清楚地表明，在保护消费者健康安全上是完全合理和必要的，但它决不能人为地或不公正地对各国商品存在不平等待遇，或超过保护消费者要求的更严格的标准，造成潜在的贸易限制。各国政府有义务向此协定的其他签署国公开本国的

SPS 规定，增加透明度。另外，各国的 SPS 规定必须符合国际标准，它可以充分保护消费者健康，促进食品贸易的发展。

除 SPS 协定外，另有一项贸易技术壁垒协定（TBT 协定），它涉及的是间接对消费者及健康产生影响的标准及规定（如食品标签规定等），TBT 协定同样建议各成员使用法典标准。食品法典标准经定期审核以确保上述两项协定依据最新的科学资料。

(9) 我国食品法典工作状况。 我国于 1986 年正式加入食品法典委员会，并于同年经国务院批准成立中国食品法典国内协调小组，负责组织协调国内食品法典工作事宜。目前，国家卫生健康委员会为协调小组组长单位，负责小组协调工作；农业农村部为副组长单位，负责对外组织联系工作。协调小组秘书处设在国家食品安全风险评估中心，负责日常事宜，各部门工作均有明确分工。30 多年来，我国在食品安全领域加强了与联合国粮农组织和世界卫生组织的合作，加强了与其他成员方在食品贸易、卫生安全立法等方面的联系，在提高食品质量安全与竞争力等方面取得了显著的成就。

我国食品法典工作主要包括：信息交流，组织研究 CAC 提出的有关问题和建议，参与国际和地区标准的制/修订以及参加法典委员会及其专业委员会会议等。在信息交流方面，协调小组秘书处组织编译各类 CAC 标准、标准工作进展情况等，供国内食品生产管理人员参考，并回复 CAC 对我国制标工作的问卷调查，反馈我们的意见和建议。此外 CAC 国内协调小组还定期举行工作会议，商讨有关食品法典工作具体问题。近些年来，在国际和地区标准的制/修订工作方面，我国从被动接受到主动参与标准制定，如"竹笋标准""腌菜标准""干鱼片标准"等都是我国参与制定的，保护了我国贸易利益和消费者身体健康。从 20 世纪 80 年代初，我国开始派专家以观察员身份参加各种类型的食品法典工作会议，积极提出议案，并得到大会的响应，在国际食品法典委员会工作中的地位也越发重要。

8.1.2 世界贸易组织

(1) 组织概况。 世界贸易组织（WTO）成立于 1995 年 1 月 1 日，其前身是关税和贸易总协定（GATT）。WTO 现有成员 160 多个，其总部设在瑞士日内瓦。WTO 是世界上最大的多边贸易组织，成员的贸易量占世界贸易的 98% 以上。WTO 与世界银行、国际货币基金组织被称为当今世界经济体制的"三大支柱"。GATT 主持了多轮多边贸易谈判，持续时间最长的一轮是乌拉圭回合谈判，该回合从 1986 年开始，前后长达 7 年半之久，其重要成果之一就是创立了 WTO。

世界贸易组织的宗旨：提高生活水平，保证充分就业和大幅度、稳步提高实际收入和有效需求；扩大货物和服务的生产与贸易；坚持走可持续发展之路，各成员方应促进对世界资源的最优利用、保护和维护环境，并以符合不同经济发展水平下各成员需要的方式，加强采取各种相应的措施；积极努力确保发展中国家，尤其是最不发达国家在国际贸易增长中获得与其经济发展水平相适应的份额和利益；建立一体化的多边贸易体制，通过实质性削减关税等措施，建立一个完整的、更具活力的、持久的多边贸易体制；以开放、平等、互惠的原则，逐步调降各成员方的关税与非关税贸易障碍，并消除成员在国际贸易上的歧视待遇；在处理该组织成员之间的贸易和经济事业的关系方面，以提高生活水平、保证充分就业、保障实际收入和有效需求的巨大持续增长，扩大世界资源的充分利用以及发展商品生产与交换为目的，努力达成互惠互利协议，大幅度削减关税及其他贸易障碍和政治国际贸易中的歧视待遇。

(2) 组织机构。 WTO 的最高决策权力机构是部长会议，至少每两年召开一次会议，可对多边贸易协议的所有事务做出决定。部长会议下设总理事会和秘书处，负责 WTO 日常会议和工作。秘书处设总干事一人。组织机构见图 8-2。

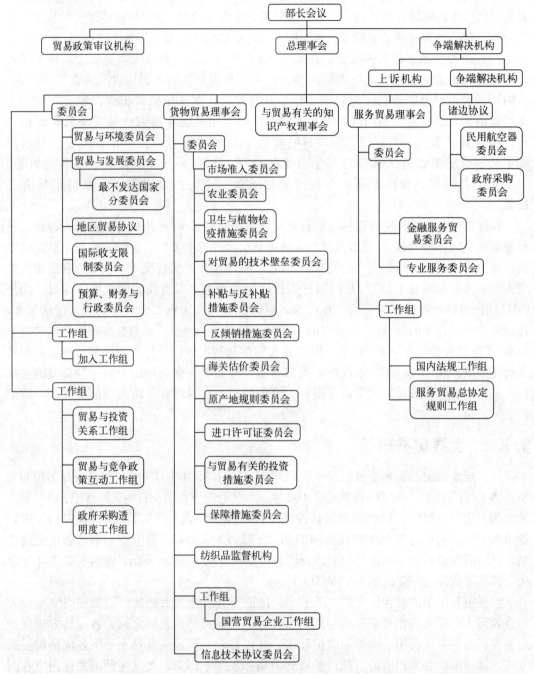

图 8-2 WTO 的组织机构

(3) 运作机制。 通过协商确定规则，并遵从制定的规则。WTO 的规则，即各项协定，是 WTO 全体成员协商的结果。目前采用的规则是 1986—1994 年乌拉圭回合谈判制定的。

(4) 目标及地位。 WTO 的具体目标：建立一个完整的、更具活力和永久性的多边贸易体制，以巩固原来的关贸总协定为贸易自由化所做的努力和乌拉圭回合多边贸易谈判的所有成果。为实现这些目标，各成员应通过互惠互利的安排，切实降低关税和其他贸易壁垒，在国际贸易中消除歧视性待遇。

WTO 的地位：WTO 是具有法人地位的国际组织，与其前身关贸总协定相比，WTO 在调解成员间争端方面具有更高的权威性和有效性。

(5) 原则。
——公平贸易原则：反倾销、补贴。
——关税减让原则：双边，最惠国待遇。
——透明度原则：法律、法规等及其实施。
——针对"国营贸易企业"原则：商业标准和竞争。
——非歧视性贸易原则：最惠国待遇原则。
——一般禁止数量限制原则：配额、许可证。

WTO 中关于货物贸易的主要规则仍然沿用关贸总协定中的规则。乌拉圭回合还制定了有关服务贸易、知识产权、解决争端和贸易政策审议等方面的规则。整套文件长达 30 000 页，包括 60 个协定及一些成员在某些特定领域，如降低关税、开放服务市场等做出的承诺（称作"安排"）。

WTO 的各项协定使各成员在一个非歧视的贸易体制中享受各自的权利并履行义务。在这一体制中，每个成员方都得到保障：其出口将在他方市场上受到公平、一致的待遇；每个成员必须承诺采取同样的原则对待各项进口。该贸易体制还规定，发展中国家在实施承诺的过程中可享受一些灵活性。

① 货物。1947—1994 年，关贸总协定成为协商降低关税和减少其他贸易障碍的论坛；关贸总协定制定了一些重要原则，尤其是非歧视原则。自 1995 年起，经过不断完善的关贸总协定成为 WTO 中关于货物贸易的主要协定。其中的附件专门对一些具体领域，如农业和纺织品及一些具体问题，如国家贸易、产品标准、补贴和反倾销行为等做出了规定。

② 服务。那些希望到国外去做生意的银行、保险公司、电信公司、旅行社、连锁饭店和运输公司现在也能享受到过去只适用于货物贸易的自由、公平原则了。这些原则出现在新的"服务贸易总协定"中。WTO 成员方还在该协定中做出各种承诺，表明有哪些服务领域是本国希望对外国开放的，以及开放的程度。

③ 知识产权。WTO 的"知识产权协定"由有关思想和创造力等方面的贸易和投资规则构成。这些规则阐明了如何利用专利、商标及地理名称来识别产品。它指出贸易中的知识产权应该予以保护。

④ 争端解决。"争端解决规则和程序的谅解"下制定的有关解决贸易纠纷的程序是促使各成员方遵守规则，保障贸易活动顺利进行的关键。当成员认为其权利遭受损害时，可以诉诸 WTO，以求解决争端。专门任命的独立专家们在协定和各成员方承诺的基础上做出判决。该体制鼓励争议双方尽量采取友好协商的原则来解决问题。如不能协商解决，可以采取成立专家小组审查案件和上诉的程序。

⑤ 政策审议。贸易政策审议机制的目的是为了提高透明度，增强人们对各国贸易政策的理解程度，并评价各国贸易政策的影响。许多成员将此机制看作是对其政策的建设性反馈。所有成员方必须定期接受审议，审议报告包括成员方报告和 WTO 秘书处报告。自 WTO 成立以来，已有 45 个成员方的贸易政策接受了审议。

(6) 成员权利与义务。 包括平等、优惠、最惠国待遇等。对发展中国家来说，通过这一组织，可以提出自己的要求和建议；通过谈判达成协议，使其在履行义务与承诺的同时，享受相应的权利和优惠。世界贸易组织在许多协定、协议中均考虑到发展中国家的利益要求，允许其有更多的时间适应世界贸易组织相关条款的规定，并给予人均国民生产总值在 765 美元以下的最不发达国家（1995 年世界银行标准）特殊优惠，这些国家几乎不承担任何义务,却可享受世界贸易组织成员的一切权利。人均国民生产总值在1 000美元以下的发展中国家可以在较低水平的义务、给予较长的过渡期安排,发达国家尽最大努力对发展中国家成员开放其货物和服务市场、技术援助和培训人力资源等方面资源。

(7) 加入 WTO 后对我国食品标准的影响。 WTO的基本原则是非歧视性贸易(最惠国条款和国民待遇)及透明度。

在WTO的文件中明确指出在食品安全方面应以国际食品法典委员会标准为协调各成员方食品标准的依据。换言之,WTO在解决成员间食品贸易争端中是以CAC标准为仲裁标准的。尽管CAC标准在性质上仍然是推荐性的而不是强制性的,但所有参与国际贸易的国家和地区都十分重视CAC标准,并积极参加CAC的各项活动和认真研究CAC标准。

随着中国加入世界贸易组织,一些国外贸易团体利用我国现行食品标准与CAC标准不一致这一现象,通过设置各种技术壁垒阻碍我国食品的进口。为此,2001年卫生部专门组织专家审议,对464个国家食品卫生标准及其检验方法进行了清理,使得标准的安全指标及其他卫生要求的提出与设置更符合CAC的有关原则,并最大程度地采用CAC标准,逐步形成更加完善、科学、合理的,能与国际标准接轨,且具有中国特色的食品安全标准体系。

8.1.3 国际标准化组织

(1) 组织(ISO)概况。 国际标准化组织(ISO)是目前世界上最大、最具权威的非政府性标准化专门机构,其前身是国家标准化协会国际联合会和联合国标准协调委员会。1946年10月14日,25个国家标准化机构的代表在伦敦召开会议,决定成立一个新的国际标准化机构,以促进国际合作和工业标准的统一。大会起草了ISO的第一个章程和议事规则,并认可通过了该章程草案。1947年2月23日,国际标准化组织正式成立,总部设在瑞士的日内瓦。根据ISO章程,每个国家只能有一个团体被接纳为成员,ISO现有140多个成员团体;目前和ISO建立联系的有400多个国际组织,其中包括所有有关的联合国专门机构。ISO的工作语言为英语、法语和俄语。

因此,可以说ISO是世界标准制定、协调、统一化的重要决策智囊团,在世界科学技术发展和经济领域发挥着重要作用。ISO创立和工作的宗旨就是在全世界范围内促进标准化工作及其相关活动的发展,以便于国际物资交流和服务,并扩大在知识、科学、技术和经济方面的合作。其工作领域涉及除了电工、电子标准以外的所有学科,其活动主要是制定国际标准,直辖世界范围内的标准化工作,组织各成员方和各技术委员会进行情报交流,以及与其他国际组织合作,共同研究有关标准化问题。

制定国际标准的工作通常由ISO的技术委员会完成,各成员团体若对某技术委员会已确定的标准项目感兴趣,均有权参加该委员会的工作。技术委员会正式通过的国际标准草案提交给各成员团体表决,国际标准需取得至少75%参加表决的成员团体同意才能正式通过。

国际标准化组织制定国际标准的工作步骤和顺序,一般可分为7个阶段:(a) 提出项目;(b) 形成建议草案;(c) 转国际标准草案处登记;(d) ISO成员团体投票通过;(e) 提交ISO理事会批准;(f) 形成国际标准;(g) 公布出版。

(2) 组织结构。 按照ISO章程,其成员为团体成员和通讯成员,团体成员由ISO认可的国家和地区标准化机构构成。通讯成员是尚未建立标准化机构的发展中国家和地区。通讯成员不能参加ISO技术工作。

理事会是 ISO 常务领导机构。理事会下设 8 个工作委员会，包括执行委员会、技术委员会、合格评定委员会、消费者政策委员会、发展委员会、情报委员会、标准样品委员会、标准化原理委员会。其中，技术委员会又根据不同学科、专业要求下设若干技术委员会分会，现有 200 多个技术委员会（TC）和 600 多个分技术委员会（SC），如 ISO/TC 176 是质量管理专业技术委员分会，ISO/TC 207 是环境管理专业技术委员分会等。

（3）我国在 ISO 中的角色。 我国是 ISO 25 个创始国之一。但因中华民国政府多年拖欠会费，成员国资格于 1950 年被取消。1978 年 9 月 1 日，我国以中国标准化协会（CSA）的名义重新进入 ISO，1998 年起改为由国家技术监督局（CSBTS）作为中国在 ISO 的代表。目前，中国已成为 ISO 的重要成员，中国人开始在此领域担任重要角色，各种有关标准的国际性学术活动等也频频在中国召开，既增强了与国际标准化的交流协作，又促进了我国标准化工作的开展。

（4）我国采用国际标准的原则。 国际标准是世界各国进行贸易的基本准则和基本要求。《中华人民共和国标准化法》规定："国家鼓励积极采用国际标准。"采用国际标准是我国一项重要的技术经济政策，是技术引进的重要组成部分。

根据《采用国际标准管理办法》的规定，我国采用国际标准的原则如下：

① 采用国际标准，应符合我国有关法律、法规，遵循国际惯例，做到技术先进、经济合理、安全可靠。

② 制定（包括修订）我国标准应当以相应国际标准（包括即将制定完成的国际标准）为基础。对于国际标准中通用的基础性标准、试验方法标准应当优先采用。采用国际标准中的安全标准、卫生标准、环境保护标准制定我国标准，应当以保障国家安全、防止欺骗、保护人体健康和人身财产安全、保护动植物的生命和健康、保护环境为正当目标；除非这些国际标准由于基本气候、地理因素或者基本技术问题等原因而对我国无效或者不适用。

③ 采用国际标准时，应当尽可能等同采用国际标准。由于基本气候、地理因素或者基本的技术问题等原因对国际标准进行修改时，应当将与国际标准的差异控制在合理的、必要的并且是最小的范围之内。

④ 一个标准应当尽可能采用一个国际标准。当一个标准必须采用几个国际标准时，应当说明该标准与所采用的国际标准的对应关系。

⑤ 采用国际标准制定我国标准，应当尽可能与相应国际标准的制定同步。

⑥ 采用国际标准，应当同我国的技术引进、企业的技术改造、新产品开发、老产品改进相结合。

⑦ 采用国际标准的我国标准的制定、审批、编号、发布、出版、组织实施和监督，同我国其他标准一样，按我国有关法律、法规和规章规定执行。

⑧ 企业为了提高产品质量和技术水平，提高产品在国际市场上的竞争力，对于贸易需要的产品标准，如果没有相应的国际标准或者国际标准不适用时，可以采用国外先进标准。

（5）我国采用国际标准的意义和作用。

① 促进技术进步，提高经济效益。国际标准反映了国际先进水平，它具有技术的先进性、完整性和实用性。采用和推广国际标准是世界上一项重要的技术转让，也是一种廉价的技术引进。它有利于吸收国外先进的科学技术，也是提高产品质量和技术水平的重要手段。

② 消除贸易壁垒，扩大产品出口。国际标准是国际贸易的基本要素和共同依据，采

用国际标准和国外先进标准有利于消除国际贸易上的技术壁垒,开拓国际市场,扩大产品的出口。

③ 确定攻关方向,提高企业素质。通过采用国际标准能及时了解国际上先进的生产技术。有利于我国确定科技攻关方向,有计划、有步骤地改进设计、工艺、工装与配置检测手段,有目标地进行技术改造和设备更新,促进企业管理水平的提高,建立正常的生产秩序,确保产品质量的不断提高。

(6) 国际标准化组织负责的食品标准化工作内容。 国际标准化组织在食品标准化领域的活动,包括术语、分析方法和取样方法、产品质量和分级、操作、运输和贮存要求等方面。

① 术语。术语和定义协议可视为国际标准化活动的首要要求,它确保所有相关组织都使用一致的语言。目前,许多国家采用了ISO标准词汇,而且译成了其他语言,这将有助于在全球范围内促进一致性,也更便于理解。

② 分析方法和取样方法。物品和服务国际交换的先决条件就是要有检验质量的认可分析方法和取样方法。因此,要求国际标准具有:质量测定,确定即将出售的产品质量;质量保证,验证交易的产品质量符合合同的有关协议条款;质量控制或管理,有关显著的变化、深加工或调整、调配等,以保证或改善质量,符合市场需要。

③ 产品质量和分级。每类产品都应有一个标准充分和明确地判定或描述产品质量,以使国际贸易更加便利。进口方和出口方都对应用已承认的国际标准代替特定的协议的效果和价值感兴趣。

④ 操作、运输和贮存要求。由ISO制定的产品标准包括了相关物品的操作、运输和贮存规定,同时ISO还有专门的技术委员会涉及包装和物品操作的标准化,以及地面、空中、水上运输和集装箱化。

(7) ISO系统的食品标准。 目前国际食品标准分属两大系统:ISO系统的食品标准和FAO/WHO系统的CAC标准。ISO系统的食品标准主要由ISO/TC34农产品、食品类包括14个分支标准委员会及6个相关的技术委员会(TC)加上若干ISO指南组成的及其与食品实验室工作有关的标准分委员会。见表8-2。与食品技术相关的标准,绝大部分是由ISO/TC34制定的,少数标准是由ISO/TC93淀粉(包括衍生物和副产品)、TC47化学和TC5铁管、钢管和金属配件技术委员会制定的。

表8-2 食品领域的ISO技术委员会

类别	标准号	产品
TC34 农产品、食品	TC34/SC2	油料种子和果实
	TC34/SC3	水果和蔬菜制品
	TC34/SC4	谷物和豆类
	TC34/SC5	乳和乳制品
	TC34/SC6	肉和肉制品
	TC34/SC7	香料和调味品
	TC34/SC8	茶叶
	TC34/SC9	微生物
	TC34/SC10	动物饲料
	TC34/SC11	动物和植物油脂

(续)

类别	标准号	产品
	TC34/SC12	感官检验
	TC34/SC13	脱水与干制水果和蔬菜
	TC34/SC14	新鲜水果和蔬菜
	TC34/SC15	咖啡
TC93 淀粉		
TC147 水质量		
TC47 化学		
TC54 芳香油		
TC69 统计方法的应用		
TC5727		
ISO-REMCO 关于标准物商讨		
ISO-指南 25 关于分析质量保证		
ISO/IEC 17025 关于检测和校准实验室能力的通用要求		

(8) 国际标准分类法。 国际标准分类法（international classification for standards，ICS）是由国际标准化组织编制的。它主要用于国际标准、区域性标准和国家标准以及其他标准文献的分类。国际标准分类法的应用，有利于标准文献分类的协调统一，有利于促进国际、区域和国家间标准文献的交换和传播。世界贸易组织委托国际标准化组织负责贸易技术壁垒协定（TBT）中有关标准通报工作，规定标准化机构在通报工作计划时要使用国际标准分类法。

国际标准分类法采用三级分类：第一级由 41 个大类组成，第二级为 387 个二级类目，第三级为 789 个类目（小类）。国际标准分类法采用数字编号。第一级采用两位阿拉伯数字，第二级采用三位阿拉伯数字，第三级采用两位阿拉伯数字表示，各级类目之间以下脚点相隔。食品领域的国际标准分类法编号、分类情况见表 8-3。

表 8-3 食品领域的国际标准分类法编号、分类情况

编号	产品或过程	英文
67	食品技术	Food technology
67.020	食品工业加工过程	Processes in the food industry
67.040	农产食品综合	Food products in general
67.050	食品试验和分析通用方法	General methods of tests and analysis for food products
67.060	谷类、豆类及其衍生物	Cereals, pulses and derived products
67.080	水果、蔬菜，包括罐装、干制和速冻的水果和蔬菜 水果、蔬菜汁和露见 67.160.20	Fruits, vegetables
67.080.01	水果、蔬菜和衍生物综合	Fruits, vegetables and derived products in general
67.080.10	水果及其衍生制品（包括坚果）	Fruits and derived products

(续)

编号	产品或过程	英文
67.080.20	蔬菜及其衍生制品	Vegetables and derived products
67.100	乳和乳制品	Milk and milk products
67.100.01	乳和乳制品综合	Milk and milk products in general
67.100.10	乳和加工乳制品	Milk and processed milk products
67.100.20	奶油	Butter
67.100.30	干酪	Cheese
67.100.40	冰淇淋和冰淇淋糖果（包括果酒冰水）	Icecream and ice confectionery
67.100.99	其他乳制品	Other milk products
67.120	肉、肉制品和其他畜产品	Meat, meat products and other animal produce
67.120.01	畜产品综合	Animal produce in general
67.120.10	肉、肉制品	Meat and meat products
67.120.20	家禽和蛋	Poultry and eggs
67.120.30	鱼和水产品（包括水产软体动物和其他海产品）	Fish and fishery products
67.120.99	其他畜产品	Other animal produce
67.140	茶、咖啡、可可	Tea, coffee, cocoa
67.140.10	茶	Tea
67.140.20	咖啡和咖啡代用品	Coffee and coffee substitutes
67.140.30	可可	Cocoa
67.160	饮料	Beverages
67.160.01	饮料综合	Beverages in general
67.160.10	含醇饮料	Alcoholic beverages
67.160.20	无醇饮料（包括果汁，露，矿泉水，柠檬水，以黄樟油、冬青油为香料的无醇饮料，可乐饮料等）	Non-alcoholic beverages
67.180	糖、糖制品、淀粉	Sugar, sugar products, starch
67.180.10	糖和糖制品（包括糖蜜、甜味剂、糖果、蜂蜜等）	Sugar and sugar products
67.180.20	淀粉及其衍生制品（包括葡萄糖浆）	Starch and derived products
67.190	巧克力	Chocolate
67.200	食用油和脂肪脂、含油种子	Edible oils and fats, oilseeds
67.200.10	动植物油和脂肪	Animal and vegetable fats and oils
67.200.20	油菜籽	Oilseeds
67.220	香辛料和调味品、食品添加剂	Spices and condiments, food additives
67.220.10	香辛料和调味品	Spices and condiments
67.220.20	食品添加剂（包括盐、醋、食品防腐剂等）	Food additives

(续)

编　号	产品或过程	英　文
67.230	预包装食品和方便食品（包括婴儿食品）	Prepackaged and prepared foods
67.240	感官分析	Sensory analysis
67.250	与食品接触的材料和制品	Materials and articles in contact with foodstuffs
67.260	食品工厂和设备	Plants and equipment for the food industry
07.100	微生物	Microbiology
07.100.01	微生物综合	Microbiology in general
07.100.20	医用卫生学	Medical microbiology
07.100.30	食品微生物（包括动物饲料微生物）	Microbiology of water
07.100.99	有关微生物学的其他标准	Other standards related to microbiology

8.2 其他国家食品法规与标准

8.2.1 欧盟食品法规与标准

技术规定和标准的统一，不仅有利于产品在内部市场的自由流通，也有利于以统一的技术标准来协调成员国之间的生产合作，进而提高各国的生产效率和竞争力。而统一的技术规定和标准也意味着欧盟对国外产品的进口更加严格。

欧洲共同体早在1985年即通过立法程序，决定对涉及安全、健康和环境保护与消费者保护的产品，统一实施单一的CE（欧洲共同体市场）安全合格认证标志制度。1993年一个没有内部边境的欧洲统一大市场——欧洲联盟建成，在欧盟建成前的欧共体理事会和1994年由欧盟理事会与欧洲议会陆续通过了17个实施CE标志的产品技术协调指令。这些指令具体规定了适用范围、投放市场和自由流通、基本安全要求、标准的采用及处理、合格评定程序、合格声明与技术文件档案、CE标志、安全保护条款以及各成员国将指令转换为本国法律的转换期限、实施日期与开始实施后给予宽限的过渡期限等，是使用CE标志时必须直接面对和认真执行的规定和技术要求。

（1）欧盟食品安全标准体系及相关机构。 欧盟食品安全体系涉及食品安全法律法规和食品标准两个方面的内容。其中，欧共体指令是欧共体技术法规的一种主要表现形式。在1985年以前，欧共体的政策是通过发布欧共体的统一规定（即指令）来协调各国的不同规定，而欧共体指令涉及所有的细节问题，又要得到各成员国的一致同意，所以协调工作进展缓慢。为简化并加快各国的协调过程，欧共体于1985年发布了《关于技术协调和标准化的新方法》，改变了以往的做法，只有涉及产品安全、工作安全、人体健康、消费者权益保护的内容时才制定相关的指令。指令中只写出基本要求，具体要求由技术标准规定，这样就形成了上层为欧共体指令，下层为包含具体要求内容、厂商可自愿选择的技术标准组成的两层结构的欧共体指令和技术标准体系。该体系有效地消除了欧共体内部市场的贸易障碍，但欧共体同时规定，属于指令范围内的产品必须满足指令的要求才能在欧共体市场销售，达不到要求的产品不许流通。这一规定对欧共体以外的国家，常常增加了贸易障碍。而技术标准则是自愿执行的。

上述体系中，与欧共体新方法指令相互联系，依照新方法指令规定的具体要求制定的标准称为协调标准。欧洲标准化委员会（CEN）、欧洲电工标准化委员会（CENELEC）和欧洲电信标准协会（ETSI）均为协调标准的制定组织。协调标准被给予与其他欧洲标准统一的标准编号。因此，从标准编号等表面特征看，协调标准与欧洲标准中的其他标准没有区别,没有单独列为一类,均为自愿执行的欧洲标准。但协调标准的特殊之处在于,凡是符合协调标准要求的产品可被视为符合欧共体技术法规的基本要求,从而可以在欧共体市场内自由流通。

欧洲标准(EN)和欧共体各成员国国家标准是欧共体标准体系中的两级标准,其中欧洲标准是欧共体各成员国统一使用的区域级标准,对贸易有重要的作用。欧洲的标准化机构主要有欧洲标准化委员会、欧洲电工标准化委员会和欧洲电信标准协会。这3个组织都是被欧洲委员会(European Commission)按照83/189/EEC指令正式认可的标准化组织,他们分别负责不同领域的标准化工作。CENELEC负责制定电工、电子方面的标准;ETSI负责制定电信方面的标准;而CEN负责制定除CENELEC和ETSI负责领域外所有领域的标准。

欧洲标准化委员会成立于1961年,在法国标准化组织协会(AFNOR)支持下工作。1975年移址至比利时布鲁塞尔,并正式成为一个国际性的非营利科技组织。目前共有20名成员。当时建立欧洲标准化委员会的宗旨,是以协调或制定产品或材料的共同标准方式,减少欧洲国家间的技术性贸易壁垒,实现货物流通便利化为目的。该机构的作用随着1983年欧共体开始重视建立统一市场而得到加强。

欧洲电工标准化委员会与欧洲标准委员会成立的时间差不多,而欧洲电信标准协会则成立于1988年,目的是贯彻欧洲邮电管理委员会和欧洲委员会确定的电信政策,目前共有52个国家的773个成员。

欧洲标准化机构与国际标准化机构既有合作又有竞争。欧洲标准化委员会与国际标准化组织签订了技术合作协议即维也纳协议,欧洲电工标准化委员会也与国际电工委员会签订了合作协议即德累斯顿协议。欧洲标准化机构在起草新标准时,积极采用国际标准作为欧洲标准。目前欧洲标准化委员会采纳的欧洲标准中,32%是直接采用ISO的标准,其他两个标准化机构也在积极将国际标准引用为欧洲标准。

欧洲标准化机构与欧洲委员会及其成员国政府机构没有直接关系。如欧洲标准化委员会与欧洲委员会相互之间的工作来往,主要是接受欧洲委员会起草欧洲标准的授权,根据这些授权起草的欧洲标准占其起草标准总量的20%。它与成员国政府机构的工作来往,主要是由成员国市场监督机构的人员担任标准起草小组的主席等职务。

欧盟委员会和欧共体理事会是欧盟有关食品安全卫生的政府立法机构。其对于食品安全控制方面的职责分得十分明确。欧盟委员会负责起草、制定与食品质量安全相应的法律法规,如有关食品化学污染和残留的32002R221——委员会法规No.221/2002,还有食品安全卫生标准,如体现欧盟食品最高标准的《欧共体食品安全白皮书》,以及各项委员会指令,如关于农药残留立法相关的委员会指令2002/63/EC和2000/24/EC。而欧共体理事会同样也负责制定食品卫生规范要求,在欧盟的官方公报上以欧盟指令或决议的形式发布,如有关食品卫生的理事会指令93/43/EEC。以上两个部门在控制食品链的安全方面只负责立法,而不介入具体的执行工作。

总之,欧盟已经建立了一套比较完善的技术法规和标准体系,该体系以深入食品生产全过程的法律法规为主,辅之以严密的食品标准,具有强制性、实用性和修订及时的特点。欧盟委员会制定的有关食品安全方面的法规数量较多,贯穿于整个标准体系的每一个部分,由于技术法规具有立法性,在保证产品的安全性及环保要求方面具有强制性和权威性,因此技术法规是对企业行为起到指引作用的一个主要的法律规范。欧盟技术标准是为了通用或反复使用的目的,由公认的机构批准,供共同和反复使用的非强制性实施的文件是对技术法规的有效补充。尽管从理论上讲,技术标准本身不具备强制执行的性质,但一旦与技术法规相配套而成为市场准入的必备条件后,其强制性质也就不言而喻了。

(2) 欧洲标准化委员会的食品标准化概况。 自1998年以来，欧洲标准化委员会（CEN）致力于食品领域的分析方法，为工业、消费者和欧洲法规制定者提供了有价值的经验。新的欧洲法规为CEN提供了更多的支持，CEN致力于跟踪和实施这些改革方针。

CEN的技术委员会（CEN/TC）具体负责标准的制/修订工作，各技术委员会的秘书处工作由CEN各成员国分别承担。此外，作为一种新推出的形式，CEN研讨会提供了在一致基础上制定相关规范的新环境，如CEN研讨会协议、暂行标准、指南或其他资料。到目前为止，CEN已经发布了260多个欧洲食品标准，主要用于取样和分析方法，这些标准由7个技术委员会制定，与食品安全有关的技术委员会有：TC174（水果和蔬菜汁——分析方法）、TC194（与食品接触的器具）、TC275（食品分析——协调方法）、TC307（含油种子、蔬菜及动物脂肪和油以及其副产品的取样与分析方法）等。

CEN与ISO有密切的合作关系，于1991年签订了维也纳协议。维也纳协议是ISO和CEN间的技术合作协议，主要内容是CEN采用ISO标准（当某一领域的国际标准存在时，CEN即将其直接采用为欧洲标准），ISO参与CEN的草案阶段工作（如果某一领域还没有国际标准，则CEN先向ISO提出制订标准的计划）等。CEN的目的是尽可能使欧洲标准成为国际标准，以使欧洲标准有更广阔的市场。40%的CEN标准也是ISO标准。

(3) 欧盟食品标准与法规的组成。 自欧洲经济共同体建立初期开始，食品安全措施已经构成欧盟立法的一个部分。不过，这些措施主要是建立在部门基础上的。随着各国经济在单一市场内的不断统一，农场和食品加工的发展，以及新的包装与流通形式的出现，欧盟已开始制定新的综合统一措施和标准。目前，主要包含以下几个方面。

① 欧盟食品安全白皮书。欧盟委员会于2000年1月12日在比利时布鲁塞尔正式发表了《食品安全白皮书》。欧盟《食品安全白皮书》长达52页，包括执行摘要和9章的内容，用116项条款对食品安全问题进行了详细阐述，制定了一套连贯和透明的法规，提高了欧盟食品安全科学咨询体系的能力。白皮书提出了一项根本改革，就是食品法以控制"从农田到餐桌"全过程为基础，包括普通动物饲养、动物健康与保健、污染物和农药残留、新型食品、添加剂、香精、包装、辐射、饲料生产、农场主和食品生产者的责任，以及各种农田控制措施等。在此体系框架中，法规制度清晰明了，易于理解，便于所有执行者实施。同时，它要求各成员国权威机构加强工作，以保证措施可靠、合适地执行。

白皮书中的一个重要内容是建立欧洲食品管理局，主要负责食品风险评估和食品安全议题交流；设立食品安全程序，规定了一个综合的涵盖整个食品链的安全保护措施；并建立一个对所有饲料和食品在紧急情况下的综合快速预警机制。欧洲食品管理局由管理委员会、行政主任、咨询论坛、科学委员会和8个专门科学小组组成。另外，白皮书还介绍了食品安全法规、食品安全控制、消费者信息、国际范围等几个方面。白皮书中各项建议所提的标准较高，在各个层次上具有较高透明性，便于所有执行者实施，并向消费者提供对欧盟食品安全政策的最基本保证，是欧盟食品安全法律的核心。

② 178/2002号法令。178/2002号法令是2002年1月28日颁布的，主要制定了食品法律的一般原则和要求、建立欧洲食品安全局（EFSA）和制定食品安全事务的程序，是欧盟的又一个重要法规。178/2002号法令包含5章65项条款。范围和定义部分主要阐述法令的目标和范围，界定食品、食品法律、食品商业、饲料、风险、风险分析等20多个概念。一般食品法律部分主要规定食品法律的一般原则、透明原则、食品贸易的一般原则、食品法律的一般要求等。EFSA详述EFSA的任务和使命、组织机构、操作规程；

EFSA 的独立性、透明性、保密性和交流性；EFSA 财政条款；EFSA 其他条款等方面。快速预警系统、危机管理和紧急事件部分主要阐述了快速预警系统的建立和实施、紧急事件处理方式和危机管理程序。程序和最终条款主要规定委员会的职责、调解程序及一些补充条款。

③ 欧盟食品安全法案。一项由 84 条法律建议组成的食品安全行动计划于 2003 年 1 月 1 日全面启动，标志着统一的欧盟食品安全法开始全面实施。欧盟食品安全法案的基本原则：第一，由于欧盟内一部分国家已实行无签证制度，必须建立全面统一的食品安全原则。第二，明确食品生产和消费过程中各当事人责任，并采取一定的措施保障食品安全。第三，对动植物食品的成分必须有可追溯性和检验手段及法定依据。第四，对各种食品实行风险分析评估制度及采用有效的监管和信息交流。第五，建立对食品安全的科学建议的独立性、权威性及透明度原则。第六，对食品安全的风险管理建立防范预警体系。

欧盟食品安全法案的措施主要包括：第一，建立欧盟统一、独立的食品管理机构，为食品安全提供科学的、独立的、透明的意见，实施快速预警系统和危险通告。第二，完善食品安全各个环节，强化从农业生产到消费整个过程的监控体系。第三，各国建立国家级食品安全的监控制度。第四，建立同消费者及其他有关方（包括食品输出国）的对话制度。

为了实施和贯彻上述原则和措施，欧盟决定建立独立的食品管理机构。

欧盟食品安全行动计划新的法律框架已经构建。一整套严密的、清晰的食品安全法规，将明确欧盟各国食品法共同原则，将食品安全作为欧盟食品法的主要目的。各国尚存的未被统一或有矛盾的食品法案都将被限制在这统一法律的框架内。

在食品安全的监管方面，欧盟制定了监管规定，将监管工作渗透到食品生产的各个环节，强制企业承担遵守食品安全法规的责任。国家机关必须负责对此监管，欧盟的食品安全专业委员会和兽医办公室进行合作共同实施检查和监管。

为强化食品安全风险防范，必须保证消费者的知情权和选择权。主要是对食品安全风险报道必须及时、透明，并建立与消费者信息反馈体系。要重视消除消费者的忧虑，为之提供食品安全全面咨询。提供专家与消费者的对话平台，方便消费者国际对话。欧盟强化对易伤害群体（老、弱、孕、残）的食品安全风险交流。强制实行标签制度，让消费者在知情情况下选择食品。除标签制度法律化外，欧盟还要求供应商和生产商在食品上标明所有成分，而不允许只注明如大于 25% 的成分标示。欧盟还注重审核有关功效注明（如营养品对正常身体器官功能的益处）和营养标准（如食品中某项营养成分的有无及含量）及适当使用方法。消费者的知情范围除生物、化学和物理营养成分以外，还应该涉及食品的营养价值。欧盟将低糖食品、补充食品及高营养食品作为推荐标准。

该项食品安全行动将强化国际食品健康标准，规定了进口食品及动植物食品至少要达到欧盟内部生产的同样卫生标准。欧盟出口产品的安全标准也要达到欧盟内销产品水平，并与第三世界国家建立多边和双边的协议，强调采纳欧盟标准的重要性。

④ 欧盟食品安全其他法律、法规。欧盟现有主要的农产品（食品）质量安全方面的法律有《通用食品法》《食品卫生法》《添加剂、调料、包装和放射性食物的法规》等；另外，还有一些由欧洲议会、欧盟理事会、欧洲委员会单独或共同批准，在《官方公报》公告的一系列 EC、EEC 指令，如关于动物饲料安全法律的、关于动物卫生法律的、关于化学品安全法律的、关于食品添加剂与调味品法律的、关于与食品接触的物料法律的、关于转基因食品与饲料法律的、关于辐照食物法律的等。

8.2.2 美国食品法规与标准

美国实行立法、执法、司法三权分立的食品安全管理体系，由美国国会按照国家宪法的规定制定相关的食品安全法规。美国国会制定法令以保证食品供应的安全性并建立全国性的保护机制。行政部门负责法令的实施，并可以颁布规章来实施法令，美国的这些规章都在（联邦记录）上发表而且还有电子版。由国会制定的法令授予管理机构很大的权力，但也对管理行为设置了限制措施。在必须强调新技术、产品或健康风险的时候，管理机构可以有一定的灵活性，在没有新的立法的情况下就可以对规章进行修订或修改。管理机构能够保持其先进的研究方法和分析方法，因为这些方法的改变在管理或技术层面上就可以进行。

(1) 美国食品安全监管体系。 美国的食品安全监管体系主要由食品安全相关法律、法规和管理机构组成。美国已经建立由总统食品安全管理委员会综合协调，人类与健康服务部（HHS）、农业部（USDA）、环境保护局（EPA）等多个部门具体负责的综合性监管体系。该体系以联邦和各州的相关法律及生产者生产安全食品的法律责任为基础，通过联邦政府授权管理的食品安全机构间的通力合作，形成一个相互独立、互为补充、综合有效的食品安全监管体系。

美国是一个十分重视食品安全的国家，有关食品安全的法律、法规在美国非常繁多，如《食品、药品和化妆品法》《食品质量保护法》《公共卫生服务法》等。这些法律、法规覆盖了所有食品和相关产品，并且为食品安全制定了非常具体的标准及监管程序。

美国进行食品管制的政府机构是美国食品和药品管理局（FDA）、农业部食品安全检验局（FSIS）以及农业部动植物卫生检验局（APHIS）以及环境保护局（EPA）。

FDA 相当于最高执法机关，由超过 2 000 多名医生、律师、药理学家、化学家等专业人员组成，具有很高的专业技术水准。FDA 承担着最多的食品安全工作，每年监控的产品价值高达 1 万亿美元。FDA 主管所有进入美国市场的食品、药品、添加剂、化妆品、洗涤用品和医疗设备。进口产品必须从原材料采购到生产、包装、销售、运输各个环节都保证不受污染，不发生霉变，不掺有任何违反 FDA 规定的成分，保证人类健康、卫生与安全。FDA 负责对进口商品进行抽样检测，如果检测结果不符合其标准，该产品将不准入境。而对于预先获得 FDA 认证的产品，进口商一般在出具认可证后即可放行。FDA 是从美国农业部中分离出来的，其分离后，肉类、家畜和蛋类产品的法规也从其他食品产品的法规中独立出来。除肉类、家禽、蛋类、酒精饮料和大众性饮用水外，其他所有食品都要受 FDA 的监督管理。

美国实行多部门联合监管制度，地方、州和全国的每一个层次都要监督食品的原料采集、生产、流通、销售、企业售后行为等各个环节。地方卫生局和联邦政府的许多部门都聘用流行病学专家、微生物学家、食品检查员以及其他食品科研专家，采取专业人员进驻食品加工厂、饲养场等方式，对食品供应的各个环节进行全方位的监管，构成了覆盖全国的联合监管体系。联邦和地方食品安全执法机构则通过签署协议、人员培训交流等方式加强相互之间的协调和联络。与这种监管体系相对应的是涵盖食品产业各个环节、数量繁多的法律和产业标准。

(2) 美国的食品法规组成。 美国的食品产业庞大，在安全方面有着出色的记录，美国人在日常生活中对食品安全的信任度也很高。这种安全感来源于时刻高效运转的联合监管体系，完备的法律法规和安全评估技术，先进的检测手段以及每年数亿美元的科研投入，当然还有美国人强烈的法律意识。

美国超市里的食品五花八门，不少食品进口自世界各地，但无一例外都用统一的格式标明营养成分、食用期限、可快速追查产品来源的编号、生产地区、厂家等。肉类、海鲜等食品则有黑体"警告"二字打头的警示性标签，说明如果保存或加工不当可能滋生致病微生物。一些常用的调料或者食用油则用标签提醒消费者，产品的维生素C、维生素A、钙和铁等成分含量很少或者没有。这些警示标签和营养声明在字体大小、格式、印刷上都是整齐划一的，印刷在包装袋的显著位置。这些标签的背后是美国食品产业严格的安全标准。

美国食品安全授权法令主要包括：《食品、药品和化妆品管理法》（FDCA）、《肉类检查法》（FACA）、《禽类产品检查法》（PPIA）、《蛋制品检查法》（EPIA）、《食品质量保护法》（FQPA）、《公众卫生服务法》（PHSA）等。这些安全法规实施的特点是：

① 立法、执法各司其职。美国政府的三个法律机构——立法、司法和执法，在确保美国食品与包装安全中各司其职。国会发布法令，确保食品供应的安全，从而在国家水平上建立对公众的保护。执法部门和机构通过颁布法规负责法令的实施，这些法规在"联邦登记"（Federal Register，FR）中颁布，公众可得到这些法规的电子版。

② 科学决策、权利分开。美国的食品安全决策以科学为基础，权利和决策分开。食品安全法律授权之下的机构所做出的决策在法庭解决争端时具有法律效力。

③ 授权执法、即时修改美国的食品法。包括食品、药品和化妆品法，包装和标签法，并被列入联邦法规第21章。整个食品工业都必须了解并自愿遵守。建立食品法律、法规的目的是保证食品符合微生物指标、物理指标和化学指标；保证市场竞争正当、公平。

(3) 食品、药品和化妆品法。 美国大部分食品法的精髓来自1938年建立的《食品、药品和化妆品法》（FDCA），至今仍在不断地修订。按时间顺序美国食品法的发展过程如下。

1906年：纯净食品和药品法

1938年：食品、药品和化妆品法

1957年：禽类产品检查法

1958年：食品添加剂法规

1959年：食用色素法规

1966年：食品包装及标签法

1969年：白宫关于食品、营养与健康的研讨会

1970年：蛋制品检查法

1972年：清洁水法

1977年：美国参议院特别委员会关于营养与人类需求方面的美国膳食目标

1990年：营养标签与教育法

1991年：美国工业奖励法

1994年：膳食补充物健康与教育法

1994年：公共卫生服务法或称美国检疫法

1996年：安全饮用水法

2002年：公共健康安全生物恐怖主义预防法

2004年：食品致敏原标识和消费者保护法规

2008年：食品质量保护法

2011年：FDA食品安全现代化法案

2013年：联邦杀虫剂、杀菌剂和灭鼠剂法

自从1906年有了《纯净食品和药品法》之后，尽管法律本身还存在许多不足之处，执法不够严；但掺假的食品、内容与标签不符的食品明显减少了，食品的质量显著提高；

不过违反道德的情况却不断发生，而且很多情况是法律管辖不到的，必须制定严密的法规才能进一步提高食品的质量。

1938年，经过多次反复国会终于通过了《食品、药品和化妆品法》（删去原有的广告内容，另立广告法，由州际商业委员会主管）。直到今天，此法一直是美国食品的主要基本法，其中有禁止掺假和乱贴标签的规定，还提出了制定食品标准的方法，以及美国食品卫生要求。

其中，FDCA对食品的掺假更详细的规定分为：

① 食品不能含有任何有毒的或有害的物质，如果食品腐烂变质，或包装不卫生，或含有患病的或未经屠宰而死亡的禽畜的肉，或容器里存在有害物，都视为掺假。

② 如果提走了某种贵重成分，如果采用了代用品，如果隐瞒了缺陷或损破处，如果用添加物来增加食品体积或重量或改善外观，亦属掺假。

③ 如果使用了未经批准的煤焦油色素，可视为掺假。

④ 如果糖果含有酒精或没有营养的物质，可视为掺假。

⑤ 如果黄油或人造奶油是用变质的或不卫生的原料制成的，亦属掺假。

就内容物与标签的情况而言，FDCA列出了以下10种违法情况：标签是假的或会使人误解的；盗用他人的名称；仿制品；包装未标明生产厂家的名称、地址、内容物的重量或数量；故意使人误解的容器；标签上的说明含糊不清；不符合食品标准；未写明原料成分；疗效食品未注明维生素、矿物质含量或治疗功能；未说明所使用的合成色素、合成香精或化学防腐剂。

就食品标准而言，FDCA制定了200多种食品标准，并以法规形式固定下来，作为执行食品法时不可缺少的依据。这些标准包括巧克力及可可制品、粮谷及其制品、各种面条、焙烤食品、奶与奶油、干酪及干酪制品、冷冻甜食、食用香精、罐头水果与罐头果汁、果酱果脯、贝类、金枪鱼罐头、人造黄油等13大类。

当然FDA按标准检查食品时是允许存在一定误差的，但是可允许的误差究竟是多少，FDA是不公开的，以免厂家钻法规空子。

如果查出了掺假，内容物与标签不符，或不符标准的违法行为，就会对其实施惩罚。第一次违法时，罚款1 000美元或一年的监禁或两者并罚。如果是明知故犯，重则10 000美元，另加三年有期徒刑。

总之，FDCA的一个基本目的是保护公众，使其不受有毒或有害，不洁或腐烂，或在不卫生条件下生产，可能遭到污染，或对健康有害的产品的伤害。

(4) 美国的食品商标法。 美国特别重视食品的保健功能和各种专用保健食品的发展，1993年初，联邦政府颁发新的《食品商标法》，该法令要求在食品商标上必须同时标出食品的营养价值及可防治何种疾病。

① 要求大多数食品商标上必须注明营养成分（蛋白质、脂肪、纤维素等），而对生鱼、生肉、蔬菜、水果及家禽等食物，采取自愿标注营养的原则。

② 为实施标写营养成分，建立合理的规格标准。

③ 食品商标必须使用标准的限定词（如易消化的）及使用何种原料。

④ 标出那些已被科学实验证明有助于健康的食品。例如，有助于防癌的高纤维食品；有助于预防心脏病的低钠、低脂肪、低胆固醇的食品；有助于防治骨质疏松的高钙质食品等。

⑤ 标出各类营养成分的含量，这样顾客可以根据医生建议，决定每天的食用量。

为了保障人的健康，美国进出口商品检验法中检验最严的是食品和医药产品。按检验法规定，电子产品抽验率为1%，食品则必须逐一检验。

FDA 仅批准了下列保健食品的标签中可使用的词句：钙能预防骨质疏松；低饱和脂肪和低胆固醇能预防冠心病；低脂肪食物能够预防肿瘤；含有纤维素的谷物、水果、蔬菜能预防肿瘤；水果、蔬菜和谷物含有纤维素，特别是可溶性纤维素能预防冠心病；低钠盐能预防高血压；多吃水果、蔬菜能够预防肿瘤；叶酸能预防胎儿、婴儿的神经管缺陷。

(5) 美国的膳食补充物健康与教育法。 美国没有颁布关于保健食品或功能性食品管理的专项法律或法规，所有的食品都按照《食品、药品和化妆品法》来管理。该法规定一般食品及成分均不得声称有特殊功能；当然有些保健功能在具有充分科学证据和经 FDA 批准后是可以在标签上标示的，如叶酸可预防新生儿的神经管畸形，钙可预防骨质疏松症，但不允许声称有诊断或治疗疾病的功效。为了明确对越来越多的功能性食品的开发、生产和经营的管理政策，美国国会于 1994 年 10 月 25 日通过一项《膳食补充物健康与教育法》。该法的主要内容如下：

① 美国国会认识到增进美国国民的健康状况是联邦政府的首要任务；营养的重要性和膳食补充物在健康促进和疾病预防方面的效益已有越来越多的科学报道；摄入某些营养素和膳食补充物与预防某些慢性疾病（如癌症、心脏病和骨质疏松症）之间有一定的联系；为此美国联邦政府认为在严格防止不安全或伪劣产品进入市场的同时，不应采取不合理的管理措施对优质产品的上市制造障碍；本法的最终目的在于保护消费者获得安全的膳食补充物的权益。

② 膳食补充物包括维生素、矿物质、草药或植物、氨基酸，人们用来增加总的膳食摄入量的膳食物质，以及以浓缩物、代谢物、成分或提取物形式出现的以上各种补充物的混合物；不作为传统的食物，也不作为一餐或膳食的唯一内容；标示为膳食补充物；不包括食品添加剂；其形式可包括粉末、软胶囊和胶囊。

③ 必须要保证安全，但不规定需要向 FDA 送审哪些安全性资料。

④ 不得声称有哪些保健功能，但某些已有充分科学证据的营养成分例外。

⑤ 必须明确标示主要成分的名称和含量。

⑥ 1994 年 10 月 15 日以前未曾在美国上市的膳食成分称为"新膳食成分"，需要向 FDA 提出申请（包括安全性资料和用途），FDA 在收到申请后 180 d 内做出审批决定。

⑦ 生产过程必须按照良好操作规范（GMP）的要求。

⑧ 将建立一个"膳食补充物标签委员会"，以向政府当局提出关于膳食补充物标示的要求。

⑨ 在国家卫生研究院（NIH）内设立一个"膳食补充物办公室"来探讨膳食补充物在保健方面的作用，以及促进膳食补充物的保健和防病作用的科学研究。

(6) 美国食品产品标签要求。 1938 年的《食品、药品和化妆品法》，1966 年的《食品包装及标签法》及 1990 年的《营养标签与教育法》都是食品产品标签应遵循的法规。其目的是让消费者在购买商品时能方便地了解产品的必要信息，同时知道该产品的食用方法。标签的具体要求可以在文件中找到：21CFR101（FDA 限制性食品）、QCFR317（肉类产品）、QCFR381（禽类产品）。

管理食品标签的法律法规及政策非常复杂，而且根据特定销售对象（如直接消费者、食品经销商、食品加工商等）、包装（货运大包装、多层包装、单位量包装或非包装即食食品等）、销售方法（自销、商店经销或餐饮机构经销的即食食品等）不同而不同。许多必需的标签说明在包装袋上的位置及型号、尺寸都有明确规定，如产品名称、总含量、营养成分、成分说明、生产商名称及地址、包装商及批发商名称等。现在，致敏物也应写在标签上。

在绝大多数营养标签上，下面几条是必须的：①营养事实。②适合的用量。③每份食品的热值；来自脂肪的热值；总脂肪、饱和脂肪酸酯、胆固醇、钠、总糖、膳食纤维、蔗糖及蛋白质的每日摄入百分含量；维生素 A、维生素 C、钙和铁的每日摄入百分含量。

某种维生素或矿物质如果被添加到食品中或声明某产品添加了某维生素或矿物质，那么该维生素或矿物质的每日摄入量必须标明。对多不饱和、单不饱和脂肪酸，其他多糖、糖醇、可溶或不溶性膳食纤维及钾的说明是自愿的。营养事实的说明方式有很多种，包括标准式、表格、合计、二维列表、简化式、缩写式及线条图案，但它们在提出过程中必须经过论证。

自 2006 年 1 月 1 日起，美国开始实施《食品致敏原标识和消费者保护法规》。该法规规定除美国农业部管辖的肉制品、禽肉制品和蛋制品外，所有在美国销售的包装食品，必须符合有关食品致敏原标注要求。其中，致敏原主要指以下 8 种产品：牛奶、蛋、鱼类、甲壳贝类、坚果类、小麦、花生、大豆。对于鱼类、甲壳贝类、坚果类等三类食品必须标注具体的食品名称。此法规涵盖了大约 90% 的导致过敏的食物。但初级农产品如在自然状态下的新鲜蔬菜和水果不受法规约束。如果违反要求，对于公司和其管理者将受到民事制裁或刑事处罚，或两者并罚；对于不符合要求的产品将进行扣留；对于含有未声明致敏原的产品，美国 FDA 可能会要求产品召回。

(7) 美国食品产品检验标准。 检验标准可以帮助消费者在购买时做出自己有见地的选择。一个标准会给一种食品在市场上一个普通的或常用的名字；任何一种产品，冠以这种名字就必须符合相应标准的要求。而这些要求通常是在其实际的或评估出的经济因素上建立的。

检验标准可以帮助食品生产商建立他们必须符合的最低要求，以使各厂家能在一个"公平的舞台"上竞争。例如，花生酱中，花生含量必须大于等于 90%，否则只能叫"花生酱制品"，而不能叫"花生酱"；葡萄酱中，葡萄汁含量必须大于等于 45%，否则只能叫"葡萄酱制品"，而不能叫"葡萄酱"。

8.2.3 日本食品标准与法规

日本市场规模大、消费水平高，对商品质量要求高，市场日趋开放，进口的制成品比重较大。日本的技术标准不仅数量多，而且很多技术标准不同于国际通行的标准。日本对进口商品规格要求很严，在品质、形状、尺寸和检验方法上均规定了特定标准，如对入境的农产品，首先由农林水产省的动物检疫所对具有食品性质的农产品，以食品的角度进行卫生防疫检查。

日本对绿色产品格外重视，通过立法手段，制定了严格的强制性技术标准，包括绿色环境标志、绿色包装制度和绿色卫生检疫制度等。进口产品不仅要求质量符合标准，而且生产、运输、消费及废弃物处理过程也要符合环保要求，对生态环境和人类健康均无损害。在包装制度方面，要求产品包装必须有利于回收处理，且不能对环境产生污染。在绿色卫生检疫制度方面，日本对食品、药品的安全检查卫生标准十分敏感，尤其对农药残留、放射性残留、重金属含量的要求非常严格。

(1) 日本食品卫生法规及管理。 日本 1947 年制定了《食品卫生法》，1948 年制定了《食品卫生法实施规则》，1953 年颁布了《食品卫生法实施令》。《食品卫生法》是食品卫生管理的根本大法和基础，明确规定了禁止销售：腐烂、变质或未熟的食品；含有或附着有毒、有害物质，疑为有害物质的食品；病原微生物污染或疑为污染而可能危及人体健康的食品；混入或加入异物、杂质或其他原因而危及人体健康的食品；病死畜禽肉；未附有出口国政府签发兽医证的畜禽肉、内脏及制品（火腿、腊肠、腊肉）；未经证实以作为食品添加剂为目的的化学合成品及含有此成分的制剂、食品；有毒器具；新开发的尚未证实对人体无害的食品，并制定了处罚措施。

所有食品和添加剂，必须在洁净卫生状态下进行采集、生产、加工、使用、烹调、贮藏、搬运和陈列。自日本发现"疯牛病"后，日本政府决定成立由科学家和专家组成的独立委员会——食品安全委员会，并由政府任命担当大臣，委员会对食品安全性进行评价，同时还提出了全面改正《食品卫生法》、确保食品安全的"改革宣言"。该宣言强调《食品卫生法》的目的要从"确保食品卫生"改为"确保食品安全"，必须明确规定国家和地方政府在食品安全方面应负的责任。

除《食品卫生法》外，与此相关的主要法规还有：《产品责任法》《食品卫生小六法》《屠宰场法》《禽类屠宰及检验法》《关于死毙牲畜处理场法》《自来水法》《水质污染防治法》《植物检疫法》《保健所法》《营养改善法》《营养师法》《厨师法》《糕点卫生师法》《生活消费用品安全法》《家庭用品品质标示法》《关于限制含有有害物质的家庭用品的法律》《关于化学物质的审查及对其制造等进行限制的法律》《计量法》《关于农林产品规格化及品质标示合理化的法律》及日本农林规格（JAS）、食品卫生检查指针、卫生试验法注解、残留农药分析、食品、添加剂等的规格标准，在食品或添加剂的制造过程中防止混入有毒有害载体的措施标准、关于奶制品成分规格的省令、标签内容的规定、行业自定标准，与进出口食品有关的还有输出入贸易法、关税法等。

（2）日本食品卫生管理体制。 日本的食品卫生监督管理由中央和地方两级政府共同承担，中央政府负责有关法律规章的制定、进口食品的检疫检验管理、国际性事务及合作；地方政府负责国内食品卫生及进口食品在国内加工、使用、市场销售的监管和检验。

① 对饮食业、食品加工业等涉及公共卫生行业的设施和设备制定必要的标准。此标准类似于我国颁布的出口食品厂、库注册卫生要求和实施细则，对企业周围的环境、车间布局、建筑结构、工艺流程、卫生设施、设备、加工人员、工器具的卫生、质量保证体系等都有明确的规定，并实施许可证制度，未取得卫生许可证一律不准营业。日本新制定的国家标准有90%以上采用国际标准化组织等的标准，但是仍有不少技术规定和标准与国际通行标准不一致。例如，日本要求进口化妆品与其指定的化妆品成分标准（JSCL）、添加剂标准（JSFA）和药理标准（JP）一致，只要其中一项不合要求，产品就将被拒之门外。

日本对很多产品的技术标准要求是强制性的，进口货物入境时须经日本官员检验的判定。另外，日本对商品规格要求很严，如果产品不满足相关规格标准，也不可能进入日本市场。

② 监督检查。在各级政府卫生机构中设立食品卫生监督员，监督员必须具有规定的学历并经过专门培训，由厚生大臣或都道府县知事任命，负责对营业设施和加工厂进行监督检查；经营、加工企业要配置食品卫生管理员，负责对营业或制造、加工过程中的卫生状况进行监督管理。

设立规定的实验室，应对产品进行必要的理化、细菌、农残等项目的检验，结果单须保存三年。

对于违反卫生规格标准加工、制造、使用和销售无合格证的产品，或就其设施、设备、检验能力来看，担心其以后制造的产品还会继续出现危害人身安全时，或认为必要时，卫生主管机构可进行强制性检查，对于同类产品生产或销售企业，经营者在接到卫生当局采取必要措施的通知后，应在规定的不超过2个月期限内，进行全面自查并申请接受检查。

③ 卫生管理。在日本设有许多大型食品批发市场，一些中小型批发市场及零售商的

货源主要来自大型批发市场。因此，管理好大型批发市场的食品卫生就能有效保障人民的生命健康。在大型食品批发市场设立食品卫生检查所，也便于检验人员及时对进出的食品监督检验，如东京中心批发市场的食品卫生检验人员每天要对进场交易的水产品、肉类、蔬菜、瓜果等鲜活商品进行检查，不符合要求的商品不准进场。在每天正常营业时，检查人员进行实验室检验，如生物学检验和理化检验。

(3) 日本食品卫生管理机构。

① 厚生劳动省。

食品卫生科：制定食品和器具的卫生规定标准；检查产品和卫生设施；出口粮食的标准制定和保健检查；糕点卫生和卫生师法的实施；食物中毒的防止；食品卫生检查员；食品卫生调查委员会。

乳肉卫生科：奶、肉等动物性食品卫生、规格、标准的制定和检查；屠宰场法、屠宰及检验法、死毙牲畜处理场、狂病预防法等法律的实施；人畜共患病的调查研究。

指导科：与环境卫生有关的经营管理的改进；环境卫生行政上必要的调查、指导；与环境卫生有关经营合理化法律的实施；公共场所卫生管理；中央环境卫生合理化审议会。

检疫所：从事进口食品检疫检验，此外，检疫所还负责进出境人员和运输工具的检疫，空、海港区域内的卫生状态的管理，防止传染病的侵入和蔓延。

食品化学科：添加剂、包装容器、玩具（婴幼儿接触后有可能损害身体健康的）、洗涤剂（用于洗涤蔬菜、水果、餐具的）卫生、规格、标准的制定和制品检查；因食用含有或附着农药的食物而引起中毒的预防。

新开发食品对策室：营养标签标准的制定，特殊营养食品的管理。

② 农林水产省。

植物防疫科：病虫害发生的预测；进出口植物检疫；农药的管理及农药生产、流通、消费的促进、改善、调整；植物防疫所；农药检验所；农业资材审议会。

卫生科：家畜、家禽、蜜蜂的卫生；有关进出口动物、畜产品的检疫；畜禽疾病的防治；饲料添加剂的指定及规格标准制定；兽医师及兽医师许可审议会等。

牛奶奶制品科和食肉鸡蛋科：牛奶、奶制品、畜产品包括罐头的生产、流通、消费的促进、改善和调整等业务。日本对进口农产品、畜产品以及食品类的检疫防疫制度非常严格，对于入境农产品，首先由农林水产省下属的动物检疫所和植物防疫所从动植物病虫害角度进行检疫。同时，由于农产品中很大部分用作食品，在接受动植物检疫之后，还要由日本厚生劳动省下属的检疫所对具有食品性质的农产品从食品角度进行卫生防疫检查等。

消费经济科：有关农、林、牧、水产品的消费的促进、改善和调整的全面事务；有关农林水产省所辖事务中所有涉及消费者利益的事务；日本农林规格标准、农林产品品质标示标准的制定；关于农林产品规格化及品质标示合理化的法律、生活消费用品安全法的实施；农、林、牧、水产品、饮食产品、油脂输出检验标准的制定和出口检验；农林规格检验所；农林产品规格调查委员会。

(4) 日本食品卫生检验和管理。

日本食品检验和管理，在厚生劳动省、农林水产省等中央政府机构领导下由地方政府卫生机构完成，其组织机构包括以下几种。

食品保健科：负责对营业场所考核、颁发营业许可证，食品规格标准的制定，食品中毒的预防，食品卫生行政事务的管理。

食品环境指导监督科：负责大规模食品制造、销售场所的监视指导；食肉卫生检查所进行牲畜及肉类的检查。

卫生研究所：负责对食品进行化验，并对卫生指标如微生物、农残、兽残、重金属等进行调查研究。

保健所：负责对饮食店、食品贩卖店等的营业许可、监视指导。

市场卫生检查所：是政府设在大型批发市场的检验机构，负责批发市场的食品卫生监视指导、试验检查。市场卫生检查所的主要职能有以下几种：①监视指导，对违反卫生和不良的食品进行监督管理。②试验检查，对食品进行新鲜度、毒性、微生物、农药和兽药残留的实验室检验。③调查研究，对水产品、水果蔬菜的产地生长期间施药情况及各种食品的卫生进行实地调查。④安全卫生教育，定期对经营者培训，为普通消费者提供普及安全卫生知识与咨询。

关键术语

CAC　WTO　ISO　欧共体指令　欧盟食品安全白皮书　欧洲食品安全局　欧盟食品安全行动计划　美国食品和药品管理局　营养标签　改革宣言

思考题

1. 简述欧盟食品安全白皮书的主要内容。
2. 简述欧盟食品安全法案的原则和基本措施。
3. 简述美国食品安全监管体系。
4. 简述美国主要的食品安全法规组成。
5. 简述日本食品卫生管理体制和机构。

参考文献

陈志成，2005.食品法规与管理［M］.北京：化学工业出版社.

胡秋辉，2013.食品标准与法规［M］.2版.北京：中国质检出版社.

王世平，2017.食品标准与法规［M］.2版.北京：科学出版社.

吴澎，赵丽芹，2010.食品法律法规与标准［M］.北京：化学工业出版社.

杨玉红，魏晓华，2018.食品标准与法规［M］.2版.北京：中国轻工业出版社.

张建新，2014.食品标准与技术法规［M］.2版.北京：中国农业出版社.

图书在版编目（CIP）数据

食品标准与技术法规/张建新，于修烛主编．—3版．—北京：中国农业出版社，2020.10（2023.8重印）
普通高等教育农业农村部"十三五"规划教材
ISBN 978-7-109-26889-0

Ⅰ.①食… Ⅱ.①张… ②于… Ⅲ.①食品标准—中国—高等学校—教材②食品卫生法—中国—高等学校—教材 Ⅳ.①TS207.2②D922.16

中国版本图书馆 CIP 数据核字（2020）第 090026 号

中国农业出版社出版

地址：北京市朝阳区麦子店街 18 号楼
邮编：100125
责任编辑：甘敏敏　张柳茵
版式设计：王　晨　　责任校对：周丽芳
印刷：北京通州皇家印刷厂
版次：2007 年 8 月第 1 版　　2020 年 10 月第 3 版
印次：2023 年 8 月第 3 版北京第 2 次印刷
发行：新华书店北京发行所
开本：889mm×1194mm　1/16
印张：17.75
字数：465 千字
定价：45.80 元

版权所有・侵权必究
凡购买本社图书，如有印装质量问题，我社负责调换。
服务电话：010-59195115　010-59194918